科学版研究生教学丛书

应用常微分方程

葛渭高　田　玉　廉海荣　著

科学出版社

北　京

内 容 简 介

与偏重理论体系完整、推理严谨的理科教材不同，本书侧重从应用的需要出发介绍常微分方程的理论和方法．力求概念准确清晰，理论有据，方法实用，并将这些方法和数值计算、微分方程建模结合起来．

本书突出了非线性常微分方程与线性微分方程，隐式微分方程与显式微分方程的差异，介绍了分支、混沌等非线性问题中的特有现象，有助于理解非线性问题的复杂性．在线性微分系统的求解中，吸收作者的科研成果，用微分算子法作为求解的普遍方法，用算子多项式分解及算子矩阵的伴随阵，将微分算子法用于变系数高阶线性方程和常系数线性微分系统的通解计算．书中有大量计算示例和模型构建实例．可以对方法的掌握起到导引作用．

本书可供需要学习常微分方程理论的工科高年级学生和研究生作为教材或阅读之用．也可供教师、科研人员及理科学生参考．

图书在版编目(CIP)数据

应用常微分方程/葛渭高，田玉，廉海荣著. —北京：科学出版社，2010
(科学版研究生教学丛书)
ISBN 978-7-03-027506-6

Ⅰ. 应… Ⅱ. ①葛… ②田… ③廉… Ⅲ. 常微分方程-研究生-教材
Ⅳ. O175.1

中国版本图书馆 CIP 数据核字(2010) 第 083408 号

责任编辑：王丽平　房　阳／责任校对：鲁　素
责任印制：徐晓晨／封面设计：陈　敬

科 学 出 版 社 出版
北京东黄城根北街 16 号
邮政编码：100717
http://www.sciencep.com

北京虎彩文化传播有限公司 印刷
科学出版社发行　各地新华书店经销

*

2010 年 6 月第 一 版　　开本：B5(720 × 1000)
2019 年 1 月第二次印刷　　印张：20 1/2
字数：403 000

定价：99.00 元
(如有印装质量问题，我社负责调换)

前　言

常微分方程是理科学生, 尤其是数学类专业学生的一门必修课程. 同时, 由于常微分方程与实际问题联系密切, 随着科学技术的发展, 多数工科学生也需要掌握常微分方程的基本理论和方法, 以便从理论上提升实验或经验成果.

迄今为止, 国内外为理科学生编写的教材为数众多, 但适合工科学生的教材寥寥无几. 这两类教材包含相同的核心内容, 即常微分方程的基本理论和方法, 但前者侧重于理论的缜密、完整和深入; 后者更关注理论与实际的结合, 偏重于方法的运用.

鉴于此, 本书是一本为工科高年级学生和研究生学习常微分方程而撰写的教材, 以理论有据、方法通用、联系实际为目标. 因此, 书中对常微分方程的基本定理给出了数学的论证, 而对这些原理的更深层次的数学基础引而不证; 对方程求解除了传统的初等积分方法外, 还介绍了数值解的方法和数学软件的使用; 结合实际问题讨论了建立常微分方程模型的原则. 考虑到多数工科学生初学时对纯数学推导会不很适应, 建议对第 1 章中的基本定理以理解定理的条件和结论为主, 在学过本书后再回到 1.3 节体会证明的方法和要点.

全书分 5 章. 第 1 章讲授常微分方程的概念和基本定理. 第 2 章在介绍微分算子相关运算的基础上, 讨论线性微分方程和线性微分系统通解的构成, 讲解用算子法解齐次和非齐次系统的方法. 第 3 章讲授非线性微分方程和系统, 除一阶方程的求解外, 重点讨论因非线性而产生的解的非唯一性、分支和混沌现象. 第 4 章讲授微分方程数值解. 第 5 章讲解建立常微分方程数学模型的原则和过程. 数学软件的应用分散在第 2～5 章, 结合各类求解方法的讲授而作简要介绍.

书末的附录给出了常系数高阶齐次线性微分系统基本解组中线性无关解的个数, 讨论了非齐次系统的可解性和初值问题的提法. 其中线性无关解个数的论证, 实际给出了寻求基本解组的途径.

本书的出版得到了北京理工大学研究生院的资助, 谨致谢意.

书中疏漏不当之处, 敬请专家、读者指正.

作　者

2010 年 1 月于北京

目 录

第1章 基本概念、预备知识及基本定理

1.1 基 本 概 念

1.1.1 常微分方程

常微分方程及微分系统 (即常微分方程组) 是本课程研究的主要对象.

定义 1.1 设未知变量 x 是自变量 t 的一元函数, 将自变量 t, 未知变量 x 及 x 的直至 n 阶的导数 $x^{(n)}$ 联系起来的等式

$$F(t, x, x', \cdots, x^{(n)}) = 0, \qquad n \geqslant 1 \tag{1.1}$$

称为一个**常微分方程**, 其中 x 关于 t 的最高求导阶次 n 称为常微分方程的阶. 当 n 确定时, (1.1) 称为一个**n 阶常微分方程**.

例如,

$$x' = ax, \tag{1.2}$$

$$x' = a(t)x + b, \tag{1.3}$$

$$x' = ax - bx^2, \quad b \neq 0, \tag{1.4}$$

$$\frac{x}{t} = \frac{2x'}{1 - (x')^2}, \tag{1.5}$$

$$x'' + ax' + bx = 0, \tag{1.6}$$

$$t^2 x'' + tx' + (t^2 - a^2)x = 0, \tag{1.7}$$

$$(EJ(t)x'')'' = q(t), \tag{1.8}$$

各等式中都含有一元未知函数 $x = x(t)$ 的导数, 因此每个等式都是一个常微分方程, 其中方程 (1.2)~(1.5) 是一阶常微分方程, (1.6), (1.7) 是二阶常微分方程, 而 (1.8) 则是一个 4 阶常微分方程.

对于一般形式的常微分方程 (1.1), 当未知函数的最高求导阶次从等式中解出后, 得到形式为

$$x^{(n)} = f(t, x, x', \cdots, x^{(n-1)}) \tag{1.9}$$

的方程, 称为**n 阶显式常微分方程**, 简称显式方程. 依据这一概念, 方程 (1.2)~(1.4) 都是一阶显式常微分方程, 方程 (1.5)~(1.8) 则都不是显式方程, 称为**隐式常微分方程**, 简称隐式方程.

显然, 很多情况下隐式方程可以通过解出 $x^{(n)}$ 而成为显式方程. 例如,

$$(x')^2 + 2x' - x = 0$$

是一个隐式方程, 但它可以解出 x', 得到两个显式方程:

$$x' = -1 + \sqrt{1+x}, \quad x \geqslant -1,$$

$$x' = -1 - \sqrt{1+x}, \quad x \geqslant -1,$$

在这种情况下, 对方程作显式和隐式的区分, 只是一种形式上的分类. 但是应该注意, 1.3 节所给的常微分方程基本定理都是针对显式常微分方程给出的, 因而读者需掌握这种形式上的分类.

定义 1.2   设未知变量 $x_1, x_2, \cdots, x_m$ 都是自变量 t 的一元函数, 联系自变量 t, 变量 $x_1, x_2, \cdots, x_m$ 及其最高为 n 阶的各阶导数的 m 个等式

$$\begin{cases} F_1(t, x_1, \cdots, x_m, x_1', \cdots, x_m', \cdots, x_1^{(n)}, \cdots, x_m^{(n)}) = 0, \\ \cdots\cdots \\ F_m(t, x_1, \cdots, x_m, x_1', \cdots, x_m', \cdots, x_1^{(n)}, \cdots, x_m^{(n)}) = 0 \end{cases} \tag{1.10}$$

称为 m 个未知变量的**n 阶常微分方程组**或**常微分方程系统**, 简称**n 阶常微分系统**.

需要注意, 在常微分系统 (1.10) 中, 并非每个等式中的每个未知函数 $x_1, x_2, \cdots, x_m$ 都必须出现最高为 n 阶的导数, 而是只要至少有一个等式中出现某个未知函数的 n 阶导数, 就可以说是 n 阶常微分系统. 例如,

$$\begin{cases} x_1'' = -a_1 x_1 + a_2(x_2 - x_1), \\ x_2'' = -b_1(x_2 - x_1) + b_2(x_3 - x_2), \\ x_3'' = -c_1(x_3 - x_2) - c_2 x_3 \end{cases} \tag{1.11}$$

和

$$\begin{cases} x_1' - x_2 = 0, \\ \ -x_1 + x_3' = 0, \\ x_1 - x_4 = 0, \\ x_2 + x_3 + x_4 = u(t) \end{cases} \tag{1.12}$$

分别为二阶和一阶常微分系统. 由于系统 (1.12) 中第 3 和第 4 个方程中不含任一未知函数的导数, 也称为**广义系统**, 在控制理论中会出现这样的问题.

对于一个具体的常微分方程, 除了按照显式、隐式加以区分或根据阶次进行分类外, 还可以按照方程是否为线性而区分为**线性常微分方程**和**非线性常微分方程**.

定义 1.3 在 n 阶微分方程 (1.1) 中, 如果 F 是未知变量 x 及其各阶导数 $x', x'', \cdots, x^{(n)}$ 的线性函数, 即

$$F = a_0(t)x^{(n)} + a_1(t)x^{(n-1)} + \cdots + a_{n-1}(t)x' + a_n(t)x - f(t),$$

则方程 (1.10) 成为

$$a_0(t)x^{(n)} + a_1(t)x^{(n-1)} + \cdots + a_{n-1}(t)x' + a_n(t)x = f(t), \tag{1.13}$$

称为 n 阶线性常微分方程, 其中 $a_0(t) \neq 0$, 通常设 $a_0(t) \equiv 1$, 并将方程记为

$$x^{(n)} + \sum_{i=1}^{n} a_i(t)x^{(n-i)} = f(t). \tag{1.14}$$

当 F 不能表示为 (1.13) 的形式时, 就是一个 **n 阶非线性常微分方程**.

需要注意, 线性是针对未知变量 x 及其各阶导数作出判定的, 并不要求它们的系数函数 $a_i(t)(i = 0, 1, \cdots, n)$ 是线性函数, 因此

方程 (1.2) 和 (1.3) 是两个一阶线性方程;

方程 (1.4) 和 (1.5) 是两个一阶非线性方程;

方程 (1.6) 和 (1.7) 是两个二阶线性方程;

当 $J(t)$ 二次可导时方程 (1.8) 可以写成

$$EJ(t)x^{(4)} + 2EJ'(t)x^{(3)} + EJ''(t)x'' = q(t). \tag{1.15}$$

可知它是一个 4 阶线性常微分方程. 对常微分方程作线性和非线性的区分, 不仅因为非线性方程的求解远比线性方程困难, 而且由于非线性问题的解的性态往往显示更大程度的复杂性.

在一个常微分方程中, 我们通常用 t 表示自变量, 用 x 表示未知函数; 在一个常微分系统中, 自变量仍用 t 表示, m 个未知变量分别用 $x_1, x_2, \cdots, x_m$ 表示. 这仅仅是一个习惯, 完全可以采用其他变量符号. 例如, 常微分方程中用 x 表示自变量, 用 y 表示未知函数十分常见. 在两个未知函数的常微分系统中, 未知变量也常用 y, z 或 u, v 表示.

1.1.2 常微分方程的来源

常微分方程的类型多种多样, 绝大部分来源于实际问题或根据实际问题建立方程后在数学上所作的推广. 只有很少一部分是为阐明结果而刻意构造的人为例子.

现在讨论几个实际问题.

问题 1.1 20 世纪初英国物理学家 Rutherford 发现放射性元素的原子是不稳定的, 在每一段时间内总有一定比例的原子自然衰变而形成新元素的原子.

记 t 时刻放射性物质的原子数为 $x(t)$, 据观测, 单位时间内衰变原子的个数 Δx 与当时放射性原子数 $x(t)$ 之比为常数 a. 考虑到放射过程中 $\Delta x < 0$, 因此 a 为负实数. 这时有方程

$$\frac{\Delta x}{x} = a\Delta t,$$

即

$$\frac{\Delta x}{\Delta t} = ax, \quad a < 0.$$

令 $\Delta t \to 0$, 就得到方程 (1.2),

$$x' = ax,$$

其中常数 $a < 0$.

对碳的放射性同位素 ^{14}C, 衰减常数

$$a = -0.0001216,$$

其中 t 以年为单位. 测定古生物遗存中 ^{14}C 的残留含量及放射后生成物 ^{12}C 的含量, 就可以确定该种生物的生存年代.

问题 1.2   世界上生物种类多种多样, 对特定生物种群的数量进行预测, 是制定对该生物实施保护还是控制的依据. 设 t 时刻某种群的数量为 $x(t)$, 单位时间内种群数量的增加量 Δx 与当时数量的比值为 $a - bx(t)$, 其中 $a, b > 0$ 为常数. 这样的假设考虑了一定地域内食物资源的制约, 当种群数量较小时 $\left(x(t) < \dfrac{a}{b} \right)$, 增加量 Δx 是正的; 当种群数量很大时 $\left(x(t) > \dfrac{a}{b} \right)$, Δx 是负的, 即出现负增长. 由此得到方程

$$\frac{\Delta x}{x(t)} = (a - bx(t))\Delta t,$$

即

$$\frac{\Delta x}{\Delta t} = ax - bx^2,$$

令 $\Delta t \to 0$, 得出方程 (1.4),

$$x' = ax - bx^2,$$

这是由荷兰生物学家 Verhulst 首先提出的. 根据实测数据确定 a, b 的值, 通过解方程就可预测种群数量变化情况. 这里给出的方程也可以用来预测世界上某一地区的人口变化. 当 $a, b > 0$ 时, 方程 (1.4) 称为**Logistic 方程**.

问题 1.3   设有一个轴对称的反射镜, 它使点光源 O 发出的光线由镜面反射后成为平行光束. 又设 O 位于坐标原点, 反射后的平行光束与 x 轴的正向平行且

为同方向 (图 1.1), 记镜面轮廓曲线的表示式为 $y = y(x)$, 下面来建立 $y(x)$ 所应满足的微分方程.

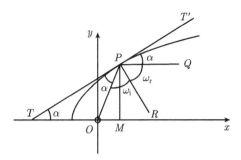

图 1.1 轴对称反射镜

设曲线 $y = y(x)$ 已在图 1.1 上给出. 在曲线上取一点 $P(x, y)$, 由点 P 作曲线的切线 TT', 其中 T 点是切线和 x 轴的交点. 连接 O 点和 P 点, 则光线 OP 经镜面反射后沿着和 Ox 平行的方向 PQ 前进, 记 ω_{i} 和 ω_{r} 分别为入射角和反射角, $\omega_{\mathrm{i}} = \omega_{\mathrm{r}}$, 则可令

$$\alpha = \angle PTO = \angle T'PQ.$$

由 P 作切线 TT' 的垂线 PR, 可知

$$\angle OPR = \angle RPQ = \frac{\pi}{2} - \alpha.$$

且

$$\angle OPT = \frac{\pi}{2} - \angle OPR = \alpha.$$

由此得 $TO = OP$. 由 P 点作 y 轴的平行线交 x 轴于 M 点, 则 $\angle POM = 2\alpha$. 于是

$$\tan 2\alpha = \frac{PM}{OM} = \frac{y}{x}.$$

由 $y' = \tan \alpha$, 得方程

$$\frac{y}{x} = \frac{2 \tan \alpha}{1 - \tan^2 \alpha} = \frac{2y'}{1 - (y')^2},$$

即

$$\frac{2y'}{1 - (y')^2} = \frac{y}{x}.$$

如果将自变量换为 t, 未知函数换为 x, 上述方程就是方程 (1.5).

问题 1.4 设有一个由物体、弹簧和阻尼件组成的质量–弹簧–阻尼系统, 见图 1.2. 记物体质量为 m, 弹簧的弹性系数为 k, 阻尼件的阻尼常数为 C, 当物体偏离

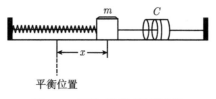

图 1.2　质量–弹簧–阻尼系统

平衡位置 x 个单位 (规定物体右移使弹簧处于拉伸状态时, $x > 0$; 物体所在位置使弹簧压缩时, $x < 0$) 且随同物体一起运动的阻尼件速度为

$$v = x'$$

时, 物体受到弹簧力 F_{S} 和阻尼力 F_{R}. 由

$$F_{\mathrm{S}} = -kx, \quad F_{\mathrm{R}} = -Cx' \tag{1.16}$$

及 Newton 运动定律

$$F = F_{\mathrm{S}} + F_{\mathrm{R}} = mx''$$

得

$$mx'' + Cx' + kx = 0,$$

即

$$x'' + \frac{C}{m}x' + \frac{k}{m}x = 0. \tag{1.17}$$

记 $a = \dfrac{C}{m}, b = \dfrac{k}{m}$, 就得到方程 (1.6). 式 (1.16) 中关于 $F_{\mathrm{S}}, F_{\mathrm{R}}$ 的表示式, 右方取 "–" 号, 这是因为这些力的方向分别和位移 x 及速度 x' 的方向相反.

　　由实际问题建立常微分方程的例子不胜枚举. 以上 4 个问题, 既可用于说明常微分方程来源于实际, 也可以说明常微分方程是解决实际问题的一个有用工具.

1.1.3　常微分方程的解

　　建立常微分方程以后, 面临的任务是设法求出未知函数的数学表达式, 使它在自变量 t 的规定取值区间上满足方程, 也就是求出方程的解. 寻找常微分方程的解, 是数学层面上的工作, 也是本书的中心内容. 对常微分方程 (1.1), 给出下列定义.

　　定义 1.4　设 Ω 是 $\mathbb{R} \times \mathbb{R}^{n+1}$ 中的一个连通区域, $F: \Omega \to \mathbb{R}, J \subset \mathbb{R}$ 是一个实数区间. 如果 $t \in J$ 时, 有 $\varphi \in C^n(J, \mathbb{R})$ 使

$$(t, \varphi(t), \varphi'(t), \cdots, \varphi^{(n)}(t)) \in \Omega$$

且满足

$$F(t, \varphi(t), \varphi'(t), \cdots, \varphi^{(n)}(t)) = 0,$$

则说 $x = \varphi(t)$ 是方程 (1.1) 在**区间 J 上的一个解**, 其中 $\varphi \in C^n(J, \mathbb{R})$ 表示 φ 在 J 上有直到 n 阶连续导数.

对于微分系统 (1.10), 也有相应的定义.

定义 1.5 设 G 是 $\mathbb{R} \times \mathbb{R}^{m(n+1)}$ 中的一个连通区域, $F = (F_1, F_2, \cdots, F_m)$: $G \to \mathbb{R}^m, J \subset \mathbb{R}$ 是一个实数区间. 如果函数向量 $\phi = (\phi_1, \phi_2, \cdots, \phi_m) \in C^n(J, \mathbb{R}^m)$, 对 $\forall t \in J$, 有 $(t, \phi(t), \cdots, \phi^{(n)}(t)) \in G$, 且满足

$$\begin{cases} F_1(t, \phi(t), \phi'(t), \cdots, \phi^{(n)}(t)) = 0, \\ \cdots\cdots \\ F_m(t, \phi(t), \phi'(t), \cdots, \phi^{(n)}(t)) = 0, \end{cases}$$

则说 $x = \phi(t)$ 是常微分系统 (1.10) 在**区间 J 上的解**, 其中 $\phi \in C^n(J, \mathbb{R}^m)$ 表示 ϕ 的每个分量都有直到 n 阶连续导数.

当 $\phi(t)$ 是常微分系统 (1.10) 在区间 J 上的解时, 集合

$$\{(t, \phi(t)) : t \in J\}$$

成为 $\mathbb{R}^{m+1}$ 空间中的一条曲线, 称为常微分系统 (1.10) 的一条**解曲线**. 在 $F_1, F_2, \cdots,$ F_m 中不显含 t 时, 常将解曲线投影到**相空间** $\mathbb{R}^m$ 中:

$$(t, \phi(t)) \mapsto \phi(t), \quad t \in J,$$

得到 $\mathbb{R}^m$ 中的曲线 $\{\phi(t) : t \in J\}$, 称为常微分系统 (1.10) 的一条**相轨线**, 简称**轨线**. 轨线上以 t 增大的方向为正向, 用箭头 "→" 标示.

可以验证, $(x, y) = (\cos t, \sin t)$ 和 $(x, y) = (0, 0)$ 都是常微分系统

$$\begin{cases} x' = -y, \\ y' = x \end{cases} \tag{1.18}$$

在 $J = \mathbb{R}$ 上的解, 由它们确定的解曲线分别为

$$r_1 = \{(t, \cos t, \sin t) : t \in \mathbb{R}\}, \quad r_2 = \{(t, 0, 0) : t \in \mathbb{R}\}.$$

r_1 是三维空间 $Oxyt$ 上的一条螺线, r_2 则是位于 t 轴上的一条直线, 如图 1.3 所示. 由于系统 (1.18) 不显含自变量 t (这样的系统称为**自治微分系统**), 可将解曲线 r_1, r_2 投影到相平面 Oxy(即二维相空间 $\mathbb{R}^2$) 中, 得到相应的轨线

$$\Gamma_1 = \{(\cos t, \sin t) : t \in \mathbb{R}^2\}, \quad \Gamma_2 = \{(0, 0) : t \in \mathbb{R}^2\}.$$

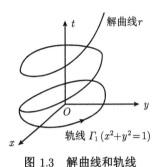

图 1.3　解曲线和轨线

Γ_1 在相平面中成为一个单位圆周 $x^2 + y^2 = 1$, Γ_2 是相平面上的原点 O : $(x, y) = (0, 0)$. Γ_1 的正向为逆时针转向, Γ_2 因为退化为一点, 正向不确定 (这时要确定正向已无意义).

定义 1.4 和定义 1.5 中的 Ω 和 G 分别称为方程 (1.1) 和 (1.10) 的**定义域**.

我们注意到在定义 1.4 和定义 1.5 中, 我们都要求解 $\varphi(t)$ 或 $\phi(t)$ 是区间 J 上的给定函数或函数向量, 这样的解称为**显式解**. 除显式解外, 还可以定义隐式解.

定义 1.6　设 Ω 是 $\mathbb{R} \times \mathbb{R}^{n+1}$ 中的连通域, 方程 (1.1) 中的 F 定义在 Ω 上, $J \subset \mathbb{R}$ 是一个实数区间. 又设有函数 $u(t, x)$ 定义在 $J \times \mathbb{R}$ 上, 且由等式

$$u(t, x) = 0$$

定义的隐函数 $x = x(t)$, 可确定直至 n 阶的导数

$$x^{(k)}(t) = \phi_k(t, x(t)), \quad k = 1, 2, \cdots, n.$$

对 $t \in J$, 如果 $(t, x(t), \phi_1(t, x(t)), \cdots, \phi_n(t, x(t))) \in \Omega$, 且满足

$$F(t, x(t), \phi_1(t, x), \cdots, \phi_n(t, x)) = 0,$$

则 $u(t, x)$ 为方程 (1.1) 在 J 上的一个**隐式解**.

无论显式解还是隐式解, 都是给定方程的解.

例 1.1　方程

$$xx' + t = 0. \tag{1.19}$$

考虑 $u(t, x) = t^2 + x^2 - 1$, 若令 $u(t, x) = 0$, 则由隐函数求导法得

$$x' = -\frac{t}{x}, \quad x \neq 0.$$

将上式代入 (1.19) 得

$$xx' + t = x \cdot \left(-\frac{t}{x} \right) + t = 0, \quad \forall t \in \mathbb{R}.$$

因此当 $x \neq 0$ 时, $x^2 + t^2 = 1$ 是方程 (1.19) 的隐式解.

当事前没有给定 F 的定义域时, 通常取 $\mathbb{R} \times \mathbb{R}^{n+1}$ 中使 F 有意义的点的集合作为它的定义域, 即

$$\Omega = \{(t; x_0, x_1, \cdots, x_n) \in \mathbb{R} \times \mathbb{R}^{n+1} : F(t, x_0, x_1, \cdots, x_n) \text{有意义}\}.$$

例如, 方程 (1.19) 中, 定义域 $\Omega = \mathbb{R} \times \mathbb{R}^2$.

同样当函数向量 $(F_1, F_2, \cdots, F_m)$ 的定义域未曾预先限定时, 其定义域也取为

$$G = \{(t; x^{\langle 0 \rangle}, x^{\langle 1 \rangle}, \cdots, x^{\langle n \rangle}) \in \mathbb{R} \times \mathbb{R}^{m(n+1)} : (F_1, \cdots, F_m) \text{有意义}\},$$

其中 $x^{\langle i \rangle} = (x_{1i}, x_{2i}, \cdots, x_{mi})$, $i = 0, 1, \cdots, n$, 为 m 维数组.

另外需要注意, 在求解方程的过程中常会对方程乘上或除以一个函数, 这时会改变函数的定义域. 以方程 (1.1) 为例, 如果两边乘上 $Q(t, x, x', \cdots, x^{(n)})$ 得方程 $\hat{F}(t, x, x', \cdots, x^{(n)}) = 0$, 其中 $\hat{F}(t, x, x', \cdots, x^{(n)}) := Q(t, x, x', \cdots, x^{(n)}) F(t, x, x', \cdots, x^{(n)})$, 则当 Q 在 $\mathbb{R} \times \mathbb{R}^{n+1}$ 有定义且无零点时, 可保证 F 和 $\hat{F}$ 有相同的定义域; 当 Q 只在 $\mathbb{R} \times \mathbb{R}^{n+1}$ 的部分区域上有定义时, 有可能使方程的定义域减小; 反之当 Q 在 $\mathbb{R} \times \mathbb{R}^{n+1}$ 上有零点时, 方程的定义域有可能扩大. 不论哪一种情况, 最终给出的解, 当 $t \in J$ 时都需要位于原方程的定义域中.

例 1.2 对一阶方程

$$t^{\frac{1}{3}} x' = \frac{2}{3}, \tag{1.20}$$

两边乘 $t^{-\frac{1}{3}}$, 得

$$x' = \frac{2}{3} t^{-\frac{1}{3}}, \tag{1.21}$$

对 t 积分可得一个解

$$x(t) = t^{\frac{2}{3}}. \tag{1.22}$$

作为方程 (1.21) 的解, 应限制 $t \neq 0$, 因此这个解要分成两段:

$$x(t) = t^{\frac{2}{3}}, \quad t > 0 \text{ 和 } x(t) = t^{\frac{2}{3}}, \quad t < 0.$$

但 $t^{\frac{2}{3}}$ 作为原方程 (1.20) 的解, (1.20) 的定义域允许 $t = 0$, 且 $(t^{\frac{2}{3}})' = \frac{2}{3} t^{-\frac{1}{3}}$. 导数在 $t = 0$ 时虽然无意义, 但将 $x' = \frac{2}{3} t^{-\frac{1}{3}}$ 代入 (1.20), 得

$$\lim_{t \to 0} t^{\frac{1}{3}} (t^{\frac{2}{3}})' = \lim_{t \to 0} \frac{2}{3} = \frac{2}{3}.$$

这时可以认为 (1.22) 所给函数是方程 (1.20) 在整个实数域 $\mathbb{R}$ 上的解.

由本例可体会到方程定义域的改变对解的适用区间是有影响的.

除此之外需要强调的是: 任一解的存在域必须是一个区间, 如果解的同一表达式在多个不相连的区间上满足解的定义, 则在不同区间上它们应视为不同的解.

例 1.3 对二阶线性常微分方程

$$t^2 x'' + 2tx' - 2x = 0 \tag{1.23}$$

记 $F(t, x_0, x_1, x_2) = t^2 x_2 + 2t x_1 - 2x_0$, 则 F 在 $\mathbb{R} \times \mathbb{R}^3$ 上都有定义, 可以验证 $x = t^{-2}$, 当 $t \neq 0$ 时满足方程 (1.23), 因此

$$x = \frac{1}{t^2}, \quad t > 0 \quad \text{和} \quad x = \frac{1}{t^2}, \quad t < 0 \tag{1.24}$$

是方程 (1.23) 的两个解.

比较例 1.2 和例 1.3, 显然就定义域而言, 方程 (1.20) 和方程 (1.23) 都允许 $t = 0$, 但方程 (1.20) 的解 $x = t^{\frac{2}{3}}$ 在 $t = 0$ 处有确定的值 $x = 0$, 而方程 (1.23) 的解 在 $t = 0$ 处无意义, 故 $x = t^{\frac{2}{3}}$ 可以是方程 (1.20) 在整个实数域 $\mathbb{R}$ 上的解, 而 $x = \frac{1}{t^2}$ 必须将实数域区分为 $t > 0$ 和 $t < 0$ 两部分, 得出 (1.24) 所示的两个解.

1.1.4 常微分方程的求解途径及任意常数的出现与确定

求解常微分方程的基本途径是根据微分方程阶次的不同进行逐次积分. 设有 最简单的两个常微分方程,

$$x' = f(t), \tag{1.25}$$

$$x'' = f(t), \tag{1.26}$$

其中 $f(t) = \cos t$. 在方程 (1.25) 两边积分得

$$x(t) = \int f(t) \mathrm{d}t = \int \cos t \, \mathrm{d}t = \sin t + C, \tag{1.27}$$

得到一族解 $\{\sin t + C\}$, 其中 C 是任意常数. 如果取定 C 的值, 如 $C = 0$, 则 $\sin t$ 是方程 (1.25) 的一个解.

由方程 (1.26), 先求 $x''(t)$ 的原函数

$$x'(t) = \int f(t) \mathrm{d}t = \sin t + C_1.$$

再求 $x'(t)$ 的原函数, 得

$$x(t) = \int \left(\int f(t) \mathrm{d}t \right) \mathrm{d}t = \int (\sin t + C_1) \mathrm{d}t = -\cos t + C_1 t + C_2. \tag{1.28}$$

一般来说, 一个 n 阶常微分方程需积分 n 次才能求出未知变量 $x(t)$ 的表达式, 每 次积分会出现一个任意常数, 则 n 阶微分方程的解中可以出现 $C_1, C_2, \cdots, C_n$ 等 n 个任意常数.

在微积分教材中 $f(t)$ 的不定积分 $\int f(t) \mathrm{d}t$ 表示一族原函数, 仅当给出原函数 族中一个确定的原函数, 如方程 (1.27) 中的 $\sin t$ 后, 才需要加上一个任意常数 C. 但在常微分方程求解中规定: $\int f(t) \mathrm{d}t$ 只表示 $f(t)$ 的一个原函数, 整个原函数族用

$\int f(t)\mathrm{d}t + C$ 表示. 在这个意义上, 即使没有指定 $f(t) = \cos t$, 方程 (1.25) 和 (1.26) 的解族也可以分别表示为

$$x(t) = \int f(t)\mathrm{d}t + C$$

和

$$x(t) = \int\left(\int f(t)\mathrm{d}t\right)\mathrm{d}t + C_1 t + C_2.$$

需要注意, 像方程 (1.25) 和 (1.26) 这样可以直接进行积分求出解的情况是非常少的. 绝大多数方程在求解时需要作适当变形, 并设置辅助变量. 在求出辅助变量后, 再得出待求未知函数的数学表达式. 以下就方程 (1.2)~(1.6) 为例作出说明, 具体的求解法则将在第 2 章和第 3 章中介绍.

例 1.4 方程 (1.2) 的求解.

在方程 (1.2) 中将 ax 移到等式左方得

$$x' - ax = 0.$$

之后在等式两边同乘 e^{-at}, 则方程 (1.2) 变形为

$$\mathrm{e}^{-at}(x' - ax) = 0. \tag{1.29}$$

由于 e^{-at} 在 $\mathbb{R}$ 上有定义, 且无零点, 故方程 (1.29) 的解即方程 (1.2) 的解. 方程 (1.29) 可以写成

$$(x\mathrm{e}^{-at})' = 0.$$

将 $x\mathrm{e}^{-at} = u$ 作为辅助变量, 由 $u' = 0$ 可得 $u = C$, C 是任意常数, 即

$$x\mathrm{e}^{-at} = C,$$

并得

$$x = C\mathrm{e}^{at}. \tag{1.30}$$

这就是方程 (1.2) 的解族.

例 1.5 方程 (1.3) 的解.

在方程 (1.3) 中同样将 $a(t)x$ 移到等式左方, 之后两边同乘 $\mathrm{e}^{-\int a(t)\mathrm{d}t}$, 则方程 (1.3) 变形为

$$(x' - a(t)x)\mathrm{e}^{-\int a(t)\mathrm{d}t} = b\mathrm{e}^{-\int a(t)\mathrm{d}t},$$

即

$$(x\mathrm{e}^{-\int a(t)\mathrm{d}t})' = b\mathrm{e}^{-\int a(t)\mathrm{d}t}.$$

辅助变量 $u = x\mathrm{e}^{-\int a(t)\mathrm{d}t}$ 是 $b\mathrm{e}^{-\int a(t)\mathrm{d}t}$ 的原函数族,

$$x\mathrm{e}^{-\int a(t)\mathrm{d}t} = C + b \int \mathrm{e}^{-\int a(t)\mathrm{d}t}\mathrm{d}t,$$

其中 C 是任意常数. 于是方程 (1.3) 的解族是

$$x = C\mathrm{e}^{\int a(t)\mathrm{d}t} + b\mathrm{e}^{\int a(t)\mathrm{d}t} \int \mathrm{e}^{-\int a(t)\mathrm{d}t}\mathrm{d}t. \tag{1.31}$$

例 1.6　方程 (1.4) 的解.

方程 (1.4) 是一个非线性微分方程, 不像方程 (1.2) 和 (1.3) 那样两边乘上一个指数函数就可以变形为一个对辅助变量求原函数的问题.

为此, 考虑方程两边同乘 $\dfrac{1}{ax - bx^2}$, 而这一函数在 $x = 0$, $\dfrac{a}{b}$ 时无意义, 故原方程经变形后的方程是

$$\frac{1}{ax - bx^2}x' = 1, \quad x \neq 0, \frac{a}{b}. \tag{1.32}$$

两者的解集不是完全相同的. 实际上令 $ax - bx^2 = 0$ 得 $x = 0$ 和 $x = \dfrac{a}{b}$, 易验证

$$x \equiv 0 \quad 和 \quad x \equiv \frac{a}{b}, \quad t \in \mathbb{R} \tag{1.33}$$

是方程 (1.4) 的解, 但不是方程 (1.32) 的解.

由

$$\frac{1}{ax - bx^2}x' = \frac{1}{a}\left(\frac{1}{x} + \frac{b}{a - bx}\right)x' = \left(\frac{1}{a}\ln\left|\frac{x}{a - bx}\right|\right)',$$

取辅助变量 $u = \dfrac{1}{a}\ln\left|\dfrac{x}{a - bx}\right|$, 则由

$$u' = 1$$

得

$$\frac{1}{a}\ln\left|\frac{x}{a - bx}\right| = t + \widehat{C}, \quad x \neq 0, \frac{a}{b},$$

$$\frac{x}{a - bx} = \pm\mathrm{e}^{at + a\widehat{C}} = \pm\mathrm{e}^{a\widehat{C}}\mathrm{e}^{at}, \quad x \neq 0, \frac{a}{b}.$$

记 $C = \pm\mathrm{e}^{a\widehat{C}}$ 为不等于 0 的任意常数, 则

$$\frac{x}{a - bx} = C\mathrm{e}^{at}, \quad x \neq 0, \frac{a}{b}.$$

进一步得

$$x = \frac{aC\mathrm{e}^{at}}{1 + bC\mathrm{e}^{at}}, \quad x \neq 0, \frac{a}{b}$$

是方程 (1.32) 的解. 考虑到方程 (1.4) 另有式 (1.33) 中的解, 故方程 (1.4) 的解族是

$$x = \frac{aC\mathrm{e}^{at}}{1 + bC\mathrm{e}^{at}} \tag{1.34}$$

及

$$x = \frac{a}{b}. \tag{1.35}$$

这时 (1.34) 中的任意常数 C 允许为 0.

需要注意, 在 (1.34) 中, 当 $bC \geqslant 0$ 时, 解的定义域在整个实数域 $\mathbb{R}$ 上; 当 $bC < 0$ 时, 令 $t_0 = -\dfrac{1}{a}\ln|bC|$, 则 (1.34) 中对每个 C 的取值, 都表示方程 (1.4) 在 $t < t_0$ 和 $t > t_0$ 的两个解.

例 1.7   方程 (1.5) 的解.

方程 (1.5) 也是一个一阶非线性微分方程, 但由于其中出现了 $(x')^2$, 求解过程更复杂一些.

直接令 $u = x'$ 为辅助变量, 原函数变形为

$$x = \frac{2tu}{1 - u^2}, \quad u \neq \pm 1. \tag{1.36}$$

然后两边对 u 求导得

$$\frac{\mathrm{d}x}{\mathrm{d}u} = 2\left[\frac{\mathrm{d}t}{\mathrm{d}x} \cdot \frac{\mathrm{d}x}{\mathrm{d}u} \cdot \frac{u}{1 - u^2} + t\frac{1 + u^2}{(1 - u^2)^2}\right].$$

由 $\dfrac{\mathrm{d}t}{\mathrm{d}x} = \dfrac{1}{x'} = \dfrac{1}{u}$, 得

$$\frac{\mathrm{d}x}{\mathrm{d}u} = \frac{2}{1 - u^2} \cdot \frac{\mathrm{d}x}{\mathrm{d}u} + 2t\frac{1 + u^2}{(1 - u^2)^2}.$$

进一步整理, 由 (1.36) 解出 $2t = \dfrac{x(1 - u^2)}{u}$, 再代入上式则有

$$-\frac{1 + u^2}{1 - u^2}\frac{\mathrm{d}x}{\mathrm{d}u} = \frac{x}{u} \cdot \frac{1 + u^2}{1 - u^2},$$

即

$$\frac{\mathrm{d}x}{\mathrm{d}u} + \frac{x}{u} = 0, \quad u \neq \pm 1,$$

$$\frac{\mathrm{d}}{\mathrm{d}u}\left(\ln|ux|\right) = 0,$$

故辅助变量 $\ln|ux| = \widehat{C}$, 即

$$ux = C, \quad C = \pm \mathrm{e}^{\widehat{C}}. \tag{1.37}$$

将 (1.36) 代入 (1.37) 得

$$\frac{2tu^2}{1-u^2} = C, \quad C \neq 0.$$

解得 $u^2 = \dfrac{C}{2t+C}$, $1-u^2 = \dfrac{2t}{2t+C}$. 于是

$$x^2 = \frac{4t^2u^2}{(1-u^2)^2} = 2Ct + C^2, \quad C \neq 0.$$

由于 $x = 0$ 是方程 (1.5) 的解, 故得隐式解族

$$x^2 = 2Ct + C^2, \tag{1.38}$$

C 为任意实数, 当 $C \neq 0$ 时, (1.38) 所给的两个解为 $x = \pm\sqrt{2Ct + C^2}$, 其存在区间为

$$J = \begin{cases} \left[-\dfrac{C}{2}, +\infty \right), & C > 0, \\[3mm] \left(-\infty, -\dfrac{C}{2} \right], & C < 0. \end{cases}$$

例 1.8 方程 (1.6) 的解.

不妨设 r_1, r_2 满足

$$r_1 + r_2 = a, \quad r_1 r_2 = b$$

(也就是假设 $-r_1$, $-r_2$ 是代数方程 $\lambda^2 + a\lambda + b = 0$ 的两个根). 这时可以验证方程 (1.6) 可以写成

$$(x' + r_1 x)' + r_2(x' + r_1 x) = 0.$$

取辅助变量 $u = x' + r_1 x$, 则

$$u' + r_2 u = 0. \tag{1.39}$$

参照例 1.4, 由同样的方法解得

$$u = \widehat{C}_2 e^{-r_2 t}.$$

再由

$$x' + r_1 x = \widehat{C}_2 e^{-r_2 t},$$

参照例 1.5, 解得

$$x = C_1 e^{-r_1 t} + \widehat{C}_2 e^{-r_1 t} \int e^{(r_1 - r_2)t} dt.$$

当 $r_1 \neq r_2$ 时, 记 $C_2 = \dfrac{\widehat{C}_2}{r_1 - r_2}$, 有

$$x = C_1 \mathrm{e}^{-r_1 t} + C_2 \mathrm{e}^{-r_2 t}. \tag{1.40}$$

当 $r_1 = r_2$ 时, 记 $C_2 = \widehat{C}_2$, 则

$$x = C_1 \mathrm{e}^{-r_1 t} + C_2 t \mathrm{e}^{-r_1 t} = (C_1 + C_2 t) \mathrm{e}^{-r_1 t}. \tag{1.41}$$

以上各例, 例 1.4~ 例 1.7 都是一阶常微分方程, 所以它们的解族中只含一个任意常数. 例 1.8 是二阶微分方程, 所以解族中有两个任意常数. 一般地说,

定义 1.7 一个 n 阶常微分方程, 如果在求解过程中经过 n 次积分运算得到含 n 个任意常数 $C_1, C_2, \cdots, C_n$ 的解族 $x(t; C_1, C_2, \cdots, C_n)$, 则说这个解族是所给方程的**通解**.

例如, 式 (1.40) 和式 (1.41) 就是方程 (1.6) 在 $r_1 \neq r_2$ 和 $r_1 = r_2$ 两种情况下的通解. 我们需要注意通解所给的解族, 不一定包含方程的所有解. 在例 1.6 中, (1.34) 所给的函数族是方程 (1.4) 的通解, 但是只有当加进解 $x = \dfrac{a}{b}$ 后, 才是方程 (1.4) 的全部解.

由实际问题建立常微分方程以后, 在数学上首先关注能不能求出通解来, 而在实际应用上往往只关注满足特定要求的解. 这些特定要求就称为方程的**定解条件**.

仍以方程 (1.4) 为例, 它是由种群数量的预测而建立的微分方程模型. 要预测今后某个时间 t 的种群数量, 就要知道当时或此前某个时刻 t_0 时的数量 $x(t_0) = x_0$. 方程 (1.4) 加上这个定解条件就是微分方程的一个定解问题:

$$\begin{cases} x' = ax - bx^2, \\ x(t_0) = x_0. \end{cases} \tag{1.42}$$

由于方程 (1.4) 的全部解由通解 (1.34) 及解 (1.35) 构成, 当 $x_0 = \dfrac{a}{b}$ 时, (1.42) 的解就是

$$x(t) = \frac{a}{b};$$

当 $x_0 \in \left[0, \dfrac{a}{b}\right) \cup \left(\dfrac{a}{b}, \infty\right)$ 时, 将 $x(t_0) = x_0$ 代入通解 (1.34) 得

$$x_0 = \frac{aC\mathrm{e}^{at_0}}{1 + bC\mathrm{e}^{at_0}}.$$

于是

$$C = \frac{x_0}{a - bx_0} \mathrm{e}^{-at_0}.$$

将 C 代入 (1.34), 得

$$x(t) = \frac{ax_0 \mathrm{e}^{a(t-t_0)}}{(a - bx_0) + bx_0 \mathrm{e}^{a(t-t_0)}}.$$

同样, 对于由质量–弹簧–阻尼系统导出的方程 (1.6), x 表示物体所处位置相对于平衡位置 (即弹簧既不拉伸又不压缩时物体所在位置) 的偏离, x' 则是物体运动的速度. 为了确定物体位置随时间变化的运动规律, 需要知道

在某个时刻 $t = \alpha$, $x(t)$ 及 $x'(t)$ 的值 $x(\alpha) = A$, $x'(\alpha) = B$

或是

在两个特定时刻 $t = \alpha$ 和 $t = \beta$, $x(t)$ 的值 $x(\alpha) = A$, $x(\beta) = B$, $\alpha < \beta$.

在这两种情况下分别得到定解问题:

$$\begin{cases} x'' + ax' + b = 0, \\ x(\alpha) = A, \quad x'(\alpha) = B \end{cases} \tag{1.43}$$

和

$$\begin{cases} x'' + ax' + b = 0, \\ x(\alpha) = A, \quad x(\beta) = B. \end{cases} \tag{1.44}$$

显然式 (1.43) 和 (1.44) 中的常微分方程相同, 但定解条件不一样, 因此它们是两个不同的定解问题.

一般来说, 一个 n 阶常微分方程需要给出 n 个定解条件才有可能将其中的任意常数全部确定.

在定解问题 (1.43) 和 (1.44) 中, 其微分方程就是 (1.6). 在例 1.8 中, 考虑 $r_1 = r_2$ 的情况, 即

$$2r_1 = a, \quad r_1^2 = b,$$

则方程的解由 (1.41) 给出.

对定解问题 (1.43), 将 (1.41) 的解代入边界条件, 则由

$$\begin{cases} x(\alpha) = (C_1 + \alpha C_2)\mathrm{e}^{-r_1\alpha} = A, \\ x'(\alpha) = (-r_1 C_1 + C_2 - r_1\alpha C_2)\mathrm{e}^{-r_1\alpha} = B \end{cases}$$

解出

$$C_1 = [(1 - r_1\alpha)A - \alpha B]\mathrm{e}^{r_1\alpha},$$
$$C_2 = (r_1 A + B)\mathrm{e}^{r_1\alpha}.$$

再代回 (1.43), 就得到满足定解条件的解

$$x(t) = [A + r_1 A(t - \alpha) + B(t - \alpha)]\mathrm{e}^{-r_1(t-\alpha)}. \tag{1.45}$$

下面再讨论定解问题 (1.44), 同样将式 (1.41) 代入定解条件中, 由

$$\begin{cases} x(\alpha) = (C_1 + \alpha C_2)\mathrm{e}^{-r_1\alpha} = A, \\ x(\beta) = (C_1 + \beta C_2)\mathrm{e}^{-r_1\beta} = B \end{cases}$$

解出

$$C_1 = \frac{1}{\beta - \alpha}(A\beta\mathrm{e}^{r_1\alpha} - B\alpha\mathrm{e}^{r_1\beta}),$$

$$C_2 = \frac{1}{\beta - \alpha}(-A\mathrm{e}^{r_1\alpha} + B\mathrm{e}^{r_1\beta}).$$

将 C_1, C_2 代回 (1.43), 得到定解问题 (1.44) 的解

$$x(t) = \frac{1}{\beta - \alpha}[A(\beta - t)\mathrm{e}^{-r_1(t-\alpha)} + B(t - \alpha)\mathrm{e}^{-r_1(t-\beta)}]. \tag{1.46}$$

根据定解条件将通解中的任意常数一一确定之后, 就得到了方程的一个**特解**. 所谓**特解**, 就是**常微分方程的不含任意常数的解**. 因此式 (1.45) 和 (1.46) 所给的解都是方程 (1.6) 的特解. 另外, 在通解 (1.41) 中分别令

$$C_1 = 0, \quad C_2 = 1 \quad \text{或} \quad C_1 = 1, \quad C_2 = 0$$

得到的两个解

$$x(t) = \mathrm{e}^{-r_1 t} \quad \text{和} \quad x(t) = t\mathrm{e}^{-r_1 t}$$

也都是当 $r_1 = r_2$ 时方程 (1.6) 的特解.

最后还需说明, 对方程求特解时所提的定解条件中, 如果所有条件都是在自变量的同一点上对未知函数及其各阶导数的取值作出规定, 这样的定解条件称为**初值条件**, 相应的定解问题则称为**初值问题**; 如果对未知变量及其各阶导数的取值是在自变量的多个点上作出规定, 则定解条件称为**边界条件**, 相应的定解问题就是**边值问题**. 因此, 问题 (1.43) 是初值问题, 问题 (1.44) 是边值问题.

面对一个常微分方程, 我们首先想到的是如何用初等的方法, 也就是逐次积分的方法求出解来. 但是在绝大多数情况下, 方程是很难用初等的方法求出解的, 要给出通解尤其困难. 这时我们常根据具体方程和所给的定解条件求**数值解**. 数值解对微分方程而言是一种近似解, 但由于计算误差可以控制在实际允许的范围内, 因而随着计算机的普及和功能的迅速提高, 对微分方程定解问题求数值解已经成为解决实际问题的重要途径. 具体方法将在第 4 章中介绍, 同时也要注意, 求微分方程数值解, 即使采用功能强大的数学软件, 也需要编写程序, 编写程序的基础离不开微分方程数学求解的思路.

1.1.5 常微分方程的应用

常微分方程来源于实际问题, 因此讲授常微分方程的理论和方法, 目的在于应用. 当将数学推导的结果用于实际问题时, 需要注意数学的合理性与实际背景的合理性是有差别的. 以方程 (1.4) 为例, 从数学上考虑, 参数 a, b 在实数域上可以任意取值, 但是如果用这个方程讨论种群数量变化的规律, 则取 $a, b > 0$ 才合理. 即使限定 $a, b > 0$, 就方程本身的求解而言, $x(t)$ 出现负值并无不妥, 但用于研究种群数量增减时, 种群在任何时刻的数量都不能是负值.

以下结合前面提到的问题, 简单介绍常微分方程的应用, 更多的应用实例和相关方法将在第 5 章讲授.

应用 1.1　古生物生存年代.

设从古生物头骨中提取的碳, 其中所含放射性同位素 ^{14}C 仅为现在该种生物含碳量的 $1/6$. 我们依据例 1.4 中所得通解 (1.30) 来估计古生物的生存年代.

为此, 需要以下知识:

(1) 不论古代还是现代, 同种生物在其生命存续期间单位质量头骨中 ^{14}C 的含量是一样的.

(2) ^{14}C 的半衰期为 5700 年, 即 ^{14}C 放射衰减过程中由最初含量减到 $\frac{1}{2}$ 含量时, 所需时间为 5700 年.

不妨设该生物死亡的时间为 $t = 0$, 由 (1.30),

$$x(0) = C.$$

记 $\tau = 5700$, 则

$$x(\tau) = Ce^{a\tau} = \frac{1}{2}x(0) = \frac{1}{2}C.$$

于是 $a = -\dfrac{\ln 2}{\tau}$. 令 $x(t) = \dfrac{1}{6}x(a) = \dfrac{1}{6}C$, 则

$$Ce^{at} = \frac{1}{6}C,$$
$$t = -\frac{\ln 6}{a} = \frac{\tau \ln 6}{\ln 2} = 5700\frac{\ln 6}{\ln 2} = 14734.$$

由此可知遗留下该头骨的生物的生存年代约在 14734 年前.

应用 1.2　以百万为单位, 已知美国 1800 年的人口数是 5.308, 1850 年是 23.192, 1900 年是 76.212. 试用 Logistic 方程 (即方程 (1.4)) 对美国从 1800 年到 2000 年间每隔 40 年的人口作预测.

由于方程 (1.4) 的通解已给出,

$$x(t) = \frac{ax_0\mathrm{e}^{a(t-t_0)}}{(a-bx_0)+bx_0\mathrm{e}^{a(t-t_0)}} = \frac{\frac{a}{b}x_0}{\left(\frac{a}{b}-x_0\right)\mathrm{e}^{-a(t-t_0)}+x_0}, \qquad (1.47)$$

取 $t_0 = 1800$, $x_0 = 5.308$. 如果参数 a, b 已知, 则由式 (1.47) 就可以对各年人口数作估算. 但实际上 a, b 只能根据人口变动情况确定, 因此在人口估算之前首先要由 1850 年和 1900 年人口数求出 a, $\frac{a}{b}$. 分别令 $t = 1850$ 和 $t = 1900$ 得

$$\begin{cases} \dfrac{5.308\dfrac{a}{b}}{\left(\dfrac{a}{b}-5.308\right)\mathrm{e}^{-50a}+5.308} = 23.192, \\[6mm] \dfrac{5.308\dfrac{a}{b}}{\left(\dfrac{a}{b}-5.308\right)\mathrm{e}^{-100a}+5.308} = 76.212. \end{cases}$$

这是两个超越方程构成的方程组, 将它改写为

$$\begin{cases} \mathrm{e}^{-50a} = \dfrac{0.229\dfrac{a}{b}-5.308}{\dfrac{a}{b}-5.308}, \\[6mm] \mathrm{e}^{-100a} = \dfrac{0.0696\dfrac{a}{b}-5.308}{\dfrac{a}{b}-5.308}. \end{cases}$$

由

$$\left(\frac{0.229\dfrac{a}{b}-5.308}{\dfrac{a}{b}-5.308}\right)^2 = \frac{0.0696\dfrac{a}{b}-5.308}{\dfrac{a}{b}-5.308},$$

得

$$0.0173\left(\frac{a}{b}\right)^2 - 3.250\left(\frac{a}{b}\right) = 0,$$

故

$$\frac{a}{b} = 187.838.$$

于是由

$$\mathrm{e}^{-50a} = \frac{37.654}{182.53} = 0.2063,$$

得

$$a = 0.03155.$$

在 a 和 $\dfrac{a}{b}$ 确定之后, 式 (1.47) 成为

$$x(t) = \frac{997.044}{5.308 + 182.53\mathrm{e}^{-0.03155(t-1800)}}.$$

由此就可以对 1800~2000 年的美国人口进行预测 (表 1.1).

表 1.1　美国 1800~2000 年预测人口与实际人口数比较　　　　　(单位: 百万)

年　　份	1800	1840	1880	1920	1960	2000
预测人口	5.308	17.501	50.034	105.612	154.052	177.038
实际人口	5.308	17.064	50.189	106.022	179.323	281.422
误差	0	0.437	−0.155	−0.410	−25.271	−4.384

应用 1.3　镜面轮廓曲线的表示式.

在问题 1.3 中我们导出了反射镜曲面轮廓应满足的常微分方程, 当将 x,y 分别用 t,x 表示后, 成为方程 (1.5). 在例 1.7 中, 我们对方程 (1.5) 从数学的角度进行求解, 得出隐式解 (1.38),

$$x^2 = 2Ct + C^2,$$

C 为任意常数. 但就实际问题而言, $C = 0$ 显然不合要求. 此外, 在问题 1.3 中要求反射光沿平行于 x,y 坐标系下的正 x 轴方向前进, 即在 t,x 坐标系下反射光正向与 t 轴正向一致. 因此在式 (1.38) 中应取 $C > 0$. 由

$$x^2 = 2C\left(t + \frac{C}{2}\right)$$

可知, 这是以 $\left(-\dfrac{C}{2}, 0\right)$ 为顶点, O 点为焦点, $t = -C$ 为准线的抛物线族. 给定顶点位置或准线的位置, 就可以确定 C 值, 从而得到满足定解要求的唯一抛物线.

应用 1.4　质量–弹簧–阻尼系统的运动规律.

假设在一个质量、弹簧、阻尼系统中, 质量 $m = 9$, 阻尼系数 $C = 12$, 弹簧系数 $k = 4$, 则由式 (1.17) 得方程

$$x'' + \frac{4}{3}x' + \frac{4}{9} = 0. \tag{1.48}$$

由于 $\lambda^2 + \dfrac{4}{3}\lambda + \dfrac{4}{9} = \left(\lambda + \dfrac{2}{3}\right)^2$, 故有通解

$$x(t) = (C_1 + C_2 t)\mathrm{e}^{-\frac{2}{3}t}.$$

对初值条件 $x(\alpha) = A$, $x'(\alpha) = B$, 由式 (1.45) 得

$$x(t) = \left[A + \frac{2}{3}A(t-\alpha) + B(t-\alpha) \right] e^{-\frac{2}{3}(t-\alpha)}$$
$$= \left[A + \left(\frac{2}{3}A + B \right)(t-\alpha) \right] e^{-\frac{2}{3}(t-\alpha)}.$$

因此无论初值中 A, B 是何值, 都有

$$\lim_{t \to \infty} x(t) = 0,$$

即在阻尼力的作用下, 运动最终将停止下来. 而且初值 A, B 满足

$$A\left(\frac{2}{3}A + B \right) > 0, \quad \text{则} x(t) \text{无大于 } \alpha \text{ 的零点},$$

$$A\left(\frac{2}{3}A + B \right) < 0, \quad \text{则} x(t) \text{有大于 } \alpha \text{ 的零点}.$$

对边值问题 $x(\alpha) = A$, $x(\beta) = B$, $\beta > \alpha$, 由式 (1.46) 得

$$x(t) = \frac{1}{\beta - \alpha} \left[A(\beta - t)e^{-\frac{2}{3}(t-\alpha)} + B(t-\alpha)e^{-\frac{2}{3}(t-\beta)} \right]. \tag{1.49}$$

当

$$AB > 0, \quad \text{则 } x(t) \text{ 在区间 } [\alpha, \beta] \text{ 中无零点},$$

$$AB < 0, \quad \text{则 } x(t) \text{ 在区间 } [\alpha, \beta] \text{ 中有零点},$$

这里 $x(t)$ 有零点, 即表明质量为 m 的物体会在某个时刻位于平衡位置; 否则就到不了平衡位置.

说到微分方程, 除常微分方程外, 还有**偏微分方程**, 也就是说, 方程中的未知变量是多个自变量的函数, 且方程中必须出现未知变量关于某个或某几个自变量的偏导数. 例如, 假设 $u = u(x, y, z)$, 则

$$\frac{\partial u}{\partial t} = \frac{\partial^2 u}{\partial^2 x} + \frac{\partial^2 u}{\partial^2 y}$$

就是一个**偏微分方程**. 由物理问题导出的微分方程也称为**数理方程**.

本书只讨论常微分方程和常微分系统, 因此以后凡提到微分方程和微分系统, 都是指常微分方程和常微分系统.

习 题 1.1

1. 区分下列微分方程哪些是显式常微分方程, 哪些是隐式常微分方程:

(1) $x = xy' + (y')^3$ (自变量为 x);

(2) $(x')^3 = tx + x^2$;

(3) $x''' = 3x'' + 2x' + x$;

(4) $x'' = f(t, x)$ (f 是 $\mathbb{R} \times \mathbb{R}$ 上的连续函数);

(5) $t^2 x' = 1 + t^3$;

(6) $(x')^2 + x^2 = 1$.

2. 确定下列微分方程的阶:

(1) $x''' + (x')^2 + t^4 = 3$;

(2) $t^2 x'' - 2tx' + x = 0$;

(3) $(xy')' + 3x^2 y = x^3$ (自变量为 x);

(4) $\cos(x' - x) = \sin t^4$.

3. 判断下列方程哪些是线性方程:

(1) $t^2 x^{(4)} + 2tx = t^2 \sin x$;

(2) $t^2 x'' - tx' + (1 + t^2)x = x \sin t$;

(3) $(x')^2 + x^2 = 1$;

(4) $((a(t)y')' + b(t)y')' + c(t)y = d(t)$, $a(t), b(t), c(t), d(t)$ 在区间 $[0, 1]$ 上连续, 且可二次求导.

4. 验证:

(1) $\sin 2t$, $\cos 2t$ 是二阶线性方程 $x'' + 4x = 0$ 的解;

(2) $\sin t$, $\cos t$ 是一阶非线性微分方程 $(x')^2 + x^2 = 1$ 的解;

(3) $x = 0$ 是 $(x')^2 + x^2 = 0$ 的唯一解;

(4) $x = (t + 2)e^{-t}$ 是 $x'' + 2x' + x = 0$ 的解.

5. 解方程.

(1) 求二阶方程 $x'' = \sin t$ 的通解;

(2) 求一阶方程 $x' = te^t$ 满足定解条件 $x(0) = 2$ 的解;

(3) 一阶方程 $(x')^2 + t^2 = -1$ 是否有解, 为什么;

(4) 求解隐式方程 $(x')^2 - t^2 = 1$ (提示: 先将 x' 求出, 分别对两个一阶显式方程求解).

6. 某种放射性物质的质量为 m. 因放射作用而不断衰减, 其衰减速率 $m'(t)$ 与该种物质当时质量 $m(t)$ 成正比, 设比例常数为 k.

(1) 列出方程并求解;

(2) 设定解条件 $m(0) = 50$, 求特解;

(3) 设 $t = 2$ 时质量 $m(2)$ 减少到最初质量 $m(0)$ 的 90%, 求比例常数 k;

(4) 当 $m(t) = \dfrac{1}{2}m(0)$ 时, 求出 t 值.

注　(4) 中求出的 t 值就是这种物质的半衰期.

7. 求二阶微分方程 $x'' = -1$ 的通解, 并给出满足定解条件 $x(0) - x'(0) = x(1) + x'(1) = 0$ 的特解 (注意特解有性质 $x(t) > 0$, $0 \leqslant t \leqslant 1$).

8. 求解一阶方程 $x' = \dfrac{2}{x}$, 给出通解. 分别给出满足 $x(0) = 1$ 和 $x(0) = -1$ 的两个特解, 并给出特解的存在区间 (提示: 两边乘 x, 令 $u = x^2$ 为新的未知函数).

9. 设某个国家现有人口 500 万, 其人口增长率与当时人口数成比例, 比例系数 C 为常数. 如果此国人口 10 年前是 450 万, 预测下个 10 年之末人口会有多少.

10. 一个电阻–电容 (RC) 电路中, 电阻为 10Ω, 电容为 $0.04\mathrm{F}$, 设电容器上的初始电量为 5C.

(1) 求电容器上电量 $Q(t)$ 的表达式;

(2) 求电流强度 $I(t)$ (提示: 根据物量定律 $RI + \dfrac{Q}{C} = 0$ 及 $\dfrac{\mathrm{d}Q}{\mathrm{d}t} = I$, 先给出以一阶方程表示的数学模型).

1.2 预 备 知 识

常微分方程的理论和方法建立在微积分的基础之上, 同时需要线性代数和泛函分析的基本知识, 有关定理只给出结论, 证明见文献 [2] 附录 A.

1.2.1 范数及运算关系

由于对象的不同, 范数的定义也不一样, 通常用符号 $\|\cdot\|$ 表示范数, 当讨论的对象是有限维向量时, 范数也常用 $|\cdot|$ 表示. 本书除 a 为实数的情况外, 对 $a \in \mathbb{R}^m$, 采用 $\|a\|$ 表示 a 的范数.

对实数集的元素 $a \in \mathbb{R}$, 它的范数通常定义为它的绝对值, 即 $\|a\| = |a|$.

对分量在实数集中的 m 维向量 $a = (a_1, a_2, \cdots, a_m) \in \mathbb{R}^m$, 它的范数通常定义为向量的长度, 即

$$\|a\| = \left(\sum_{i=1}^{m} |a_i|^2 \right)^{\frac{1}{2}}.$$

对定义在闭区间 J 上的 m 维连续函数向量 $x(t)$, 通常定义范数

$$\|x\| = \max_{t \in J} \|x(t)\| = \max_{t \in J} \left(\sum_{i=1}^{m} |x_i(t)|^2 \right)^{\frac{1}{2}}.$$

显然, 对闭区间 J 上的函数 (包括函数向量)$x(t)$, $\|x\|$ 和 $\|x(t)\|$ 是不同的. 后者是 J 上取定任一值 t 后常向量 $x(t)$ 的范数.

对 $m \times m$ 的常矩阵 A, 记 $b \in \mathbb{R}^m$ 为 m 维向量, 定义 $\|A\| = \max_{\|b\|=1} \|Ab\|$.

同样对各元素 $a_{i,j}(t)$, $i, j = 1, 2, \cdots, m$, 定义在闭区间 J 上的函数矩阵 $A(t) = (a_{i,j}(t))$, 定义

$$\|A\| = \max_{t \in J} \|A(t)\|.$$

从以上的定义可知, 符号 $\|\cdot\|$ 和 $|\cdot|$ 必须结合具体对象, 才有确定的意义.

设 $\alpha \in \mathbb{R}$ 是实数, A, B 是 m 阶矩阵, b 是 m 维向量, 有

$$\|\alpha A\| = |\alpha| \, \|A\|, \quad \|Ab\| \leqslant \|A\| \|b\|, \quad \|AB\| \leqslant \|A\| \|B\|, \quad \|A+B\| \leqslant \|A\| + \|B\|. \tag{1.50}$$

1.2.2   函数向量组的线性相关

设 $\alpha_1, \alpha_2, \cdots, \alpha_m$ 是 m 个 n 维常向量, 由它们构成的向量组 $\mathscr{A} = \{\alpha_1, \alpha_2, \cdots, \alpha_m\}$, 如果存在 m 个不全为零的常数 $k_1, k_2, \cdots, k_m$, 使

$$\sum_{i=1}^{m} k_i \alpha_i = \theta,$$

就说向量组 $\mathscr{A}$ 是线性相关的, 其中 θ 为零向量.

又 $\alpha_1(t), \alpha_2(t), \cdots, \alpha_m(t)$ 是定义在区间 J 上 m 个 n 维向量组 $\mathscr{A}(t) = \{\alpha_1(t), \alpha_2(t), \cdots, \alpha_m(t)\}$, 如果存在 m 个不全为 0 的常数 $k_1, k_2, \cdots, k_m$, 使

$$\sum_{i=1}^{m} k_i \alpha_i(t) = \theta, \tag{1.51}$$

对 $\forall t \in J$ 成立, 则说向量组 $\mathscr{A}(t)$ 在 J 上是**线性相关**的. 如果 (1.51) 仅当 $k_1, k_2, \cdots, k_m$ 全为 0 时在 J 上成立, 则说向量组 $\mathscr{A}(t)$ 在 J 上是**线性无关**的. 线性无关也称**为线性独立**.

例如, 函数组 $\{t, \cos t, \sin t\}$ 在 $\mathbb{R}$ 上是线性无关的. 因为如果有

$$k_1 t + k_2 \cos t + k_3 \sin t = 0$$

对 $\forall t \in \mathbb{R}$ 上成立, 则分别令 $t = 0, \dfrac{\pi}{6}, \dfrac{\pi}{2}$, 有

$$\begin{cases} k_2 = 0, \\ \dfrac{\pi}{2} k_1 + k_3 = 0, \\ \dfrac{\pi}{6} k_1 + \dfrac{\sqrt{3}}{2} k_2 + \dfrac{1}{2} k_3 = 0. \end{cases}$$

从而 $k_1 = k_2 = k_3 = 0$, 所以所给函数组在 $\mathbb{R}$ 上是线性无关的.

又如, 函数向量组 $\{(1,0), (\cos^2 t, -\sin t), (\sin^2 t, \sin t)\}$ 在 $\mathbb{R}$ 上线性相关. 这是因为取 $k_1 = -1$, $k_2 = k_3 = 1$, 有

$$k_1(1,0) + k_2(\cos^2 t, -\sin t) + k_3(\sin^2 t, \sin t) = (0,0)$$

对 $\forall t \in \mathbb{R}$ 成立.

对函数向量组, 很容易证明

定理 1.1   设 $\mathscr{A}(t)$ 是定义在区间 J 上的 m 维函数向量组, $\mathscr{A}_1(t)$ 是它的子向量组, 则 $\mathscr{A}(t)$ 在 J 上线性无关, 可导出 $\mathscr{A}_1(t)$ 在 J 上线性无关.

证 设 $\mathscr{A}(t)$ 中向量的个数是 r 个, $\mathscr{A}_1(t)$ 中有 r_1 个向量, $r_1 < r$, 记 $r_2 = r - r_1 > 0$. 不妨设 $\mathscr{A}(t)$ 中向量为 $\alpha_1(t), \alpha_2(t), \cdots, \alpha_r(t)$, $\mathscr{A}_1(t)$ 中的向量由 $\mathscr{A}(t)$ 中前 r_1 个向量构成.

假设结论不成立, 即存在不全为 0 的常数 $k_1, k_2, \cdots, k_{r_1}$, 使 $\sum\limits_{i=1}^{r_1} k_i \alpha_i(t) = \theta$ 对 $t \in J$ 成立, 则取 $k_{r_1+1}, k_{r_1+2}, \cdots, k_r = 0$, 有

$$\sum_{i=1}^{r} k_i \alpha_i(t) = \theta, \quad t \in J.$$

显然 $k_1, k_2, \cdots, k_r$ 不全为 0, 从而 $\mathscr{A}(t)$ 在 J 上线性相关. 这和条件矛盾, 定理得证.

定理 1.2 设 $s_1, s_2, \cdots, s_l$ 是 l 个互不相等的实数, $s_1 < s_2 < \cdots < s_l$, $n > 0$ 是一个整数, 且

$$\mathscr{A}_{1,0}, \mathscr{B}_{1,0}, \mathscr{C}_{1,0}, \cdots, \mathscr{A}_{1,n}, \mathscr{B}_{1,n}, \mathscr{C}_{1,n};$$
$$\mathscr{A}_{2,0}, \mathscr{B}_{2,0}, \mathscr{C}_{2,0}, \cdots, \mathscr{A}_{2,n}, \mathscr{B}_{2,n}, \mathscr{C}_{2,n};$$
$$\cdots\cdots$$
$$\mathscr{A}_{l,0}, \mathscr{B}_{l,0}, \mathscr{C}_{l,0}, \cdots, \mathscr{A}_{l,n}, \mathscr{B}_{l,n}, \mathscr{C}_{l,n}$$

都是由 m 维常向量构成的向量组, 并设 $\mathscr{A}_{i,j}, \mathscr{B}_{i,j}, \mathscr{C}_{i,j}$ 中向量的个数分别为 α_{ij}, β_{ij}, δ_{ij}, 且各组内向量线性无关, 则定义在 $J = \mathbb{R}$ 上的函数向量组

$$\{\mathscr{A}_{i,j} t^j \mathrm{e}^{s_i t}, \mathscr{B}_{i,j} t^j \mathrm{e}^{s_i t} \cos \beta_i t, \mathscr{C}_{i,j} t^j \mathrm{e}^{s_i t} \sin \beta_i t : 0 \leqslant j \leqslant n, \ 1 \leqslant i \leqslant l\}$$

是线性无关的, 其中 $\beta_i > 0$, $i = 1, 2, \cdots, l$.

证明见附录中定理 A.1.

由定理 1.2 的同样证法可证

定理 1.3 设 $s_1, s_2, \cdots, s_l$ 是 l 个互不相等的实数, $s_1 < s_2 < \cdots < s_l$, n 是一个整数, 且

$$\mathscr{A}_{i,j}, \mathscr{B}_{i,j}, \mathscr{C}_{i,j}, \quad 1 \leqslant i \leqslant l, 0 \leqslant j \leqslant n$$

都是由 m 维常向量构成的线性无关向量组, 则定义在 $J = \mathbb{R}$ 上的向量组

$$\{(\mathscr{A}_{i,j} t^j + P_{i,j}(t)) \mathrm{e}^{s_i t}, (\mathscr{B}_{i,j} t^j + Q_{i,j}(t)) \mathrm{e}^{s_i t} \cos \beta_i t,$$
$$(\mathscr{C}_{i,j} t^j + R_{i,j}(t)) \mathrm{e}^{s_i t} \sin \beta_i t : 0 \leqslant j \leqslant n, \ 1 \leqslant i \leqslant l\}$$

线性无关, 其中 $P_{i,j}(t), Q_{i,j}(t), R_{i,j}(t)$ 是 m 维关于 t 的多项式函数向量组, 各分量中多项式幂次都小于 j, 且它们中列向量的个数分别和 $\mathscr{A}_{i,j}, \mathscr{B}_{i,j}, \mathscr{C}_{i,j}$ 中向量个数相同, $\beta_i > 0$, $i = 1, 2, \cdots, l$.

另外, 对定义在区间 J 上的 m 维函数向量 $\alpha_1(t), \alpha_2(t), \cdots, \alpha_m(t)$, 设

$$\alpha_i(t) = (a_{1,i}(t), a_{2,i}(t), \cdots, a_{m,i}(t))^{\mathrm{T}},$$

则

$$A(t) = (\alpha_1(t), \cdots, \alpha_m(t)) = \begin{pmatrix} a_{11}(t) & \cdots & a_{1m}(t) \\ \vdots & & \vdots \\ a_{m1}(t) & \cdots & a_{mm}(t) \end{pmatrix} \tag{1.52}$$

为定义在 J 上的 $m \times m$ 函数矩阵, 由线性代数的结论可知

定理 1.4 m 个 m 维函数向量 $\alpha_1(t), \alpha_2(t), \cdots, \alpha_m(t)$ 构成的向量组在定义域 J 上某一点 $t \in J$ 处线性无关的充要条件是对应矩阵 $A(t)$ 的行列式不为零, 即

$$\det A(t) = \begin{vmatrix} a_{11}(t) & \cdots & a_{1m}(t) \\ \vdots & & \vdots \\ a_{m1}(t) & \cdots & a_{mm}(t) \end{vmatrix} \neq 0.$$

m 阶函数矩阵 $A(t)$ 的行列式 $\det A(t)$. 通常也记为 $|A(t)|$.

1.2.3   函数向量, 函数矩阵及函数行列式的求导

设 $x(t) = (x_1(t), x_2(t), \cdots, x_m(t))$, 其中 $x_i \in C^1(J, \mathbb{R})$, 即对每个分量在区间 J 上连续可微, 则

$$x'(t) = (x_1'(t), x_2'(t), \cdots, x_m'(t)).$$

这时, 当 $\| x(t) \| \neq 0$ 时, 范数对 t 求导, 由

$$\frac{\mathrm{d}}{\mathrm{d}t} \| x(t) \| = \frac{\mathrm{d}}{\mathrm{d}t} \left(\sum_{i=1}^{m} x_i^2(t) \right)^{\frac{1}{2}} = \frac{1}{2} \left(\sum_{i=1}^{m} x_i^2(t) \right)^{-\frac{1}{2}} (2x_1'(t), 2x_2'(t), \cdots, 2x_m'(t)),$$

得

$$\frac{\mathrm{d}}{\mathrm{d}t} \| x(t) \| = \frac{x'(t)}{\| x(t) \|}.$$

又设矩阵 $A(t) = \begin{pmatrix} a_{11}(t) & \cdots & a_{1j}(t) & \cdots & a_{1m}(t) \\ \vdots & & \vdots & & \vdots \\ a_{i1}(t) & \cdots & a_{ij}(t) & \cdots & a_{im}(t) \\ \vdots & & \vdots & & \vdots \\ a_{m1}(t) & \cdots & a_{mj}(t) & \cdots & a_{mm}(t) \end{pmatrix}$ 在区间 J 上连续可

微, 则 $A(t)$ 对 t 求导是矩阵中各元素对 t 求导, 即

$$A'(t) = \begin{pmatrix} a'_{11}(t) & \cdots & a'_{1j}(t) & \cdots & a'_{1m}(t) \\ \vdots & & \vdots & & \vdots \\ a'_{i1}(t) & \cdots & a'_{ij}(t) & \cdots & a'_{im}(t) \\ \vdots & & \vdots & & \vdots \\ a'_{m1}(t) & \cdots & a'_{mj}(t) & \cdots & a'_{mm}(t) \end{pmatrix}.$$

记 $D(t) = \det A(t)$, 于是行列式求导是分别对行列式中每一行元素求导后将所得行列式相加, 即

$$D'(t) = \sum_{i=1}^{m} \begin{vmatrix} a_{11}(t) & \cdots & a_{1j}(t) & \cdots & a_{1m}(t) \\ \vdots & & \vdots & & \vdots \\ a'_{i1}(t) & \cdots & a'_{ij}(t) & \cdots & a'_{im}(t) \\ \vdots & & \vdots & & \vdots \\ a_{m1}(t) & \cdots & a_{mj}(t) & \cdots & a_{mm}(t) \end{vmatrix}. \tag{1.53}$$

现在考虑一类特殊的函数矩阵

$$X(t) = \big(x_1(t), x_2(t), \cdots, x_m(t)\big),$$

其中 $x_j(t) = \big(x_{ij}(t), x_{2j}(t), \cdots, x_{mj}(t)\big)^{\mathrm{T}}$ 是在区间 J 上的函数向量, $j = 1, 2, \cdots, m$, 并在 J 上满足

$$x'_j(t) = A(t)x_j(t), \quad j = 1, 2, \cdots, m.$$

$A(t)$ 由 (1.52) 给出, 于是

$$x'_{ij}(t) = \sum_{k=1}^{m} a_{ik}(t)x_{kj}(t).$$

记 $W(t) = \det X(t)$, 则类似 (1.53) 有

$$W'(t) = \sum_{i=1}^{m} \begin{vmatrix} x_{11}(t) & \cdots & x_{1j}(t) & \cdots & x_{1m}(t) \\ \vdots & & \vdots & & \vdots \\ x'_{i1}(t) & \cdots & x'_{ij}(t) & \cdots & x'_{im}(t) \\ \vdots & & \vdots & & \vdots \\ x_{m1}(t) & \cdots & x_{mj}(t) & \cdots & x_{mm}(t) \end{vmatrix}$$

$$= \sum_{i=1}^{m} \begin{vmatrix} x_{11}(t) & \cdots & x_{1j}(t) & \cdots & x_{1m}(t) \\ \vdots & & \vdots & & \vdots \\ \sum_{k=1}^{m} a_{ik}(t)x_{k1}(t) & \cdots & \sum_{k=1}^{m} a_{ik}(t)x_{kj}(t) & \cdots & \sum_{k=1}^{m} a_{ik}(t)x_{km}(t) \\ \vdots & & \vdots & & \vdots \\ x_{m1}(t) & \cdots & x_{mj}(t) & \cdots & x_{mm}(t) \end{vmatrix}$$

$$= \sum_{i=1}^{m} \begin{vmatrix} x_{11}(t) & \cdots & x_{1j}(t) & \cdots & x_{1m}(t) \\ \vdots & & \vdots & & \vdots \\ a_{ii}(t)x_{i1}(t) & \cdots & a_{ii}(t)x_{ij}(t) & \cdots & a_{ii}(t)x_{im}(t) \\ \vdots & & \vdots & & \vdots \\ x_{m1}(t) & \cdots & x_{mj}(t) & \cdots & x_{mm}(t) \end{vmatrix}$$

$$= \left(\sum_{i=1}^{m} a_{ii}(t) \right) W(t).$$

就方程

$$W'(t) = \left(\sum_{i=1}^{m} a_{ii}(t) \right) W(t)$$

而言, 将 $W(t)$ 看作 $x(t)$, $\left(\sum_{i=1}^{m} a_{ii}(t) \right)$ 看作 $a(t)$, 它就是方程 (1.3) 中 $b=0$ 时的特殊情况, 因此由 (1.31) 得解族

$$W(t) = Ce^{\int \sum\limits_{i=1}^{m} a_{ii}(t)\mathrm{d}t}.$$

由于 $\int \sum\limits_{i=1}^{m} a_{ii}(t)\mathrm{d}t$ 只是表示一个函数而不是一族函数, 因此可用变上限积分 $\int_{t_0}^{t} \sum\limits_{i=1}^{m} a_{ii}(s)\mathrm{d}s$ 代替, 得

$$W(t) = Ce^{\int_{t_0}^{t} \sum\limits_{i=1}^{m} a_{ii}(s)\mathrm{d}s},$$

其中 $t_0 \in J$ 为 J 中任意给定一点. 如果 $W(t_0)$ 已知, 则由 $C = W(t_0)$, 即得

$$W(t) = W(t_0)e^{\int_{t_0}^{t} \sum\limits_{i=1}^{m} a_{ii}(s)\mathrm{d}s}. \tag{1.54}$$

1.2.4　不动点定理

在建立常微分方程基本理论时, 不动点定理是重要依据. 为此, 先介绍一些基本的数学概念.

设 X 是一个非空集合, 在 X 上规定加法运算 "+" 和数乘运算 "·", 如果对 $\forall x, y \in X$, $\alpha, \beta \in \mathbb{R}$(或复数域 $\mathbb{C}$), 使

$$\alpha x + \beta y = \beta y + \alpha x \in X$$

成立, 则 X 就是一个**线性空间**.

实数域、复数域及所有 m 维常向量构成的集合都是线性空间. 设 $J \subset \mathbb{R}$ 是一个区间, $x(t)$ 是定义在 J 上的函数向量, 即对每个给定值 $t \in J$, $x(t) \in \mathbb{R}^m$. 又设

$x(t)$ 的每个分量都是区间 J 上的连续函数, 则由所有这类函数向量构成的集合也是一个线性空间, 记为 $C(J, \mathbb{R}^m)$. 如果进一步要求 $x(t)$ 的各分量关于 t 是 k 次连续可微的, 就得到线性空间 $C^k(J, \mathbb{R}^m)$, 其中 $J, \mathbb{R}^m$ 分别表示空间中每个元素的定义域和值域, C^k 表示每个元素在定义域上是 k 次连续可微的. 由连续与可导间的关系可知, 当 $k \leqslant l$ 时, 有

$$C^l(J, \mathbb{R}^m) \subset C^k(J, \mathbb{R}^m),$$

这时说 $C^l(J, \mathbb{R}^m)$ 是 $C^k(J, \mathbb{R}^m)$ 的**子空间**.

在线性空间 X 上定义范数 $\| \cdot \|$, 则 $(X, \| \cdot \|)$ 称为**赋范线性空间**, 也可简单地说 X 是**赋范线性空间**.

设 $G \subset X$ 是赋范线性空间 X 中的一个子集, ∂G 表示 G 在 X 中的边界, $\text{int}G = G \backslash \partial G$ 表示 G 中内点的集合, $\overline{G} = G \cup \partial G$ 表示 G 在 X 中的闭包.

如果对 G 中的任意一个无穷点列 $\{x_n\} \subset G$, 都有一个无穷子点列 $\{x_{n_k}\} \subset \{x_n\}$, 使

$$\lim_{n_k \to \infty} x_{n_k} = x_0 \in X,$$

就说 G 是 X 中的**相对紧集**. 如果所有这样的极限点 x_0 都在 G 中, 即 $x_0 \in G$, 就说 G 是 X 中的**紧子集**. 实数域上的闭子区间, $\mathbb{R}^m$ 中的有界闭集, 都是紧子集. 连续函数空间 $C(J, \mathbb{R}^m)$ 中的有界闭集则不能保证是紧子集, 最简单的例子是 $C(J, \mathbb{R})$ 中的有界闭集

$$A = \{x \in C(J, \mathbb{R}) : 0 \leqslant x(t) \leqslant 1\}.$$

显然 $\{t^n : n \in \mathbb{N}, 0 \leqslant t \leqslant 1\} \subset A$, 但是

$$\lim_{t \to \infty} t^n = \begin{cases} 1, & t = 1, \\ 0, & 0 \leqslant t < 1. \end{cases}$$

极限函数不连续, 不在 A 中. 这就是说连续函数中的有界闭集要成为紧子集, 必须另加条件.

在 $C(J, \mathbb{R}^m)$ 的子集 $C^1(J, \mathbb{R}^m)$ 中取有界子集 $B = \{x \in C^1(J, \mathbb{R}^m) : \| x(t) \| \leqslant M_1, \| x'(t) \| \leqslant M_2\}$. B 作为 $C(J, \mathbb{R}^m)$ 的闭子集, 就是紧的.

仍设 $G \subset X$ 是赋范线性空间 X 中的一个子集, T 是定义域在 G 上, 值域在 X 中的一个算子, 即 $T: G \subset X \to X$. 对任一点 $x \in G$ 及任意正数 $\epsilon > 0$, 存在 $\delta > 0$ (δ 和 ϵ 及点 x 有关), 当 $y \in \{z \in G : \| z - x \| < \delta\}$ 时,

$$\| Tx - Ty \| < \epsilon,$$

就说算子 T **在 G 上是连续的**; 如果存在正数 $M > 0$, 使 $\forall x \in G$, 有

$$\| Tx \| \leqslant M,$$

就说算子 T 在 G 上是一致有界的.

设算子 $T : G \subset X \to X$ 在 G 上连续, 且对 G 中的任一有界集 $\Omega \subset G$, 其映像 $T(\Omega)$ 在 X 中相对紧, 就说算子 T **是 G 上的全连续算子**. 又如果存在 $x_0 \in G$, 使 $Tx_0 = x_0$, 就说 x_0 是 T 的一个**不动点**.

Schäuder 不动点定理   设 X 是赋范线性空间, G 是 X 中的非空有界凸集, $T : \overline{G} \to \overline{G}$ 是全连续算子, 则 T 在 $\overline{G}$ 中有不动点.

Banach 不动点定理   设 X 为赋范线性空间, $G \subset X$ 是一个非空子集, $T : \overline{G} \to \overline{G}$ 是全连续算子. 又设存在 $l \in (0,1)$, 使 $\forall x, y \in \overline{G}$, 有

$$\| Tx - Ty \| \leqslant l \| x - y \|, \tag{1.55}$$

则 T 在 $\overline{G}$ 中有唯一的不动点.

以上两个定理的证明参见文献 [2] 中附录的 A.2 和 A.3. 需要注意的是, A.3 的证明中没有假设算子 T 是全连续的, 因而对空间 X 有完备性的要求, 即当点列 $\{x_n\} \subset X$, $x_n \to x_0$ 时, 有

$$x_0 \in X$$

成立.

比较 Schäuder 不动点定理及 Banach 不动点定理, 总体上说, 由于 Banach 不动点定理中增加了条件 (1.55), 因而结论强于 Schäuder 不动点定理, 而且正因为有了条件 (1.55), 在 Banach 不动点定理中对集合 G 的要求反倒有所减弱.

为了应用上述两个不动点定理, 关键是要证明算子在 $\overline{G}$ 上是全连续的. 当 $X = C(J, \mathbb{R}^m)$ 是有界闭区间 J 上的连续函数向量时, 可以用 Arzela-Ascoli 定理来判定算子的全连续性.

设 $X = C(J, \mathbb{R}^m)$, J 为有界闭区间, $G \subset X$ 是 X 中的子集. 如果对 $\forall \epsilon > 0$ 及 $\forall x \in G$, $\exists \delta = \delta(\epsilon) > 0$, 当 $t_1, t_2 \in J$, $|t_2 - t_1| < \delta$ 时,

$$\| x(t_2) - x(t_1) \| < \epsilon$$

成立, 则说 X 的子集 G 是**等度连续**的.

Arzela-Ascoli 定理   设 $J \subset \mathbb{R}$ 是有界闭区间, 线性空间 $X = C(J, \mathbb{R}^m)$ 按 $\| x \| = \max\limits_{t \in J} |x(t)|$ 定义范数. 如果子集 $G \subset X$ 在范数意义下有界且等度连续, 则 G 在 X 中是相对紧的.

证明见文献 [2] 中附录 A.4. 对 $x \in C(J, \mathbb{R}^m)$, Arzela-Ascoli 定理的条件比要求 $x(t)$ 导数一致有界要弱. 容易证明导数一致有界必定等度连续.

推论 1.1 设 $J \subset \mathbb{R}$ 是有界闭区间, G 是赋范线性空间 $X = C(J, \mathbb{R}^m)$ 的非空凸集,

$$T : \overline{G} \to \overline{G}$$

是连续算子, $T(\overline{G})$ 有界且等度连续, 则算子 T 在 $\overline{G}$ 中有不动点.

1.2.5 隐函数定理

隐函数定理在研究隐式常微分方程的求解过程中有重要作用.

设 $(X, \| \cdot \|)$ 是一个赋范线性空间, $\{x_n\}$ 是 X 中的一个无穷点列, 如果 $\forall \epsilon > 0$, 存在 $N = N(\epsilon)$, 当 $m, n > N$ 时, 有

$$\| x_n - x_m \| < \epsilon,$$

则说 $\{x_n\}$ 是 X 中的一个**Cauchy 点列**. 如果对 X 中的任一 Cauchy 点列 $\{x_n\}$, 都有 $x_0 \in x$, 使

$$x_n \to x_0 \quad (n \to \infty),$$

则说 $(X, \| \cdot \|)$ 是一个**完备的赋范线性空间**. 完备的赋范线性空间也称为**Banach 空间**. 这时, 常简单地说 X 是一个**Banach 空间**, 不将范数标示出来. n 维欧氏空间 $\mathbb{R}^n$ 是一个 Banach 空间. $C^k(J, \mathbb{R}^m)$ 也是 Banach 空间.

隐函数定理 设 X, Y, Z 都是 Banach 空间, $U \subset X \times Y$ 为非空开集, 又设 $F \in C^1(U, Z)$, 即对 $\forall (x, y) \in U$, $F(x, y)$ 是连续可微的, 并有一点 $(x_0, y_0) \in U$, 使 $F(x_0, y_0) = 0$, 且

$$F_y'(x_0, y_0) : Y \to Z$$

为满单射, 则存在 $\delta, r > 0$, 使方程

$$F(x, y) = 0$$

在 $\| x - x_0 \| < \delta$, $\| y - y_0 \| < r$ 时有唯一连续解 $y = f(x)$, 满足

$$F(x, f(x)) \equiv 0, \quad \| x - x_0 \| < \delta, \quad 及 \quad f(x_0) = y_0.$$

证明见文献 [2] 附录 A.5.

注 1.1 隐函数定理中的 $F(x_0, y_0) = 0$ 是能够在 (x_0, y_0) 邻域中从方程 $F(x, y) = 0$ 中解出 $y = y(x)$ 的必要条件.

注 1.2　在常微分方程中, 主要利用隐函数定理讨论隐式微分方程或隐式微分系统

$$F\left(t, x, x', \cdots, x^{(n-1)}, x^{(n)}\right) = 0 \tag{1.56}$$

在何种条件下可以唯一地转换成显式微分方程或显式微分系统. 当 $x \in \mathbb{R}^n$ 时, 隐函数定理中的 Banach 空间 X, Y, Z 分别是

$$X = \mathbb{R} \times \mathbb{R}^{mn}, \quad Y = \mathbb{R}^m, \quad Z = \mathbb{R}^m,$$

$V \subset X \times Y$ 是 $\mathbb{R} \times \mathbb{R}^{m(n+1)}$ 中的开集, 取 $y = x^{(n)}$, $F = (F_1, F_2, \cdots, F_m)^{\mathrm{T}}$, 则 $F'_y(x_0, y_0)$ 为满单射就等价于行列式

$$\det \begin{pmatrix} F'_{1,y_1}(x_0, y_0) & F'_{1,y_2}(x_0, y_0) & \cdots & F'_{1,y_m}(x_0, y_0) \\ F'_{2,y_1}(x_0, y_0) & F'_{2,y_2}(x_0, y_0) & \cdots & F'_{2,y_m}(x_0, y_0) \\ \vdots & \vdots & & \vdots \\ F'_{m,y_1}(x_0, y_0) & F'_{m,y_2}(x_0, y_0) & \cdots & F'_{m,y_m}(x_0, y_0) \end{pmatrix} \neq 0. \tag{1.57}$$

特别是当 $m = 1$, 即所讨论的是隐式微分方程时, 条件 (1.57) 可简单地记为

$$F'_y(x_0, y_0) \neq 0. \tag{1.58}$$

在 (1.57) 的条件下, 就可以在 (x_0, y_0) 的一个邻域中解出唯一的 $x^{(n)}$, 从而转换成为显式微分系统.

注 1.3　由隐函数定理得出的解 $y = f(x)$ 是在 x_0 的一个小邻域 $\| x - x_0 \| < \delta$ 中得出的, 且这时 $\| f(x) - y_0 \| < r$, 因此这样的解只是 (x_0, y_0) 邻域中的一个局部解. 这就决定了即使 (1.57) 成立, 隐式微分系统只在 (x_0, y_0) 的某个局部邻域中可以保证它转换为一个相应的显式微分系统.

例 1.9　讨论隐式一阶方程

$$(x')^2 - 2x' + t^2 = 0 \tag{1.59}$$

在点 (t_0, x_0, x'_0) 分别为

$$(1, 1, 0), \quad \left(\frac{1}{2}, 0, 1 + \frac{\sqrt{3}}{2}\right), \quad (1, 1, 1)$$

时, 能否在其邻域内转换为一个显式方程.

解　令 $F(t, x, y) = y^2 - 2y + t^2$, 则 $F \in C(\mathbb{R}^3, \mathbb{R})$.

因为 $F(1, 1, 0) = 1 \neq 0$, 故隐式方程在 $(1, 1, 0)$ 邻域内不能转换为一个显式方程.

由于 $F\left(\dfrac{1}{2}, 0, 1 + \dfrac{\sqrt{3}}{2}\right) = 0$, 且

$$F'_y\left(\frac{1}{2}, 0, 1 + \frac{\sqrt{3}}{2}\right) = 2y - 2 \mid_{y=1+\frac{\sqrt{3}}{2}} = \sqrt{3} \neq 0,$$

故方程 (1.59) 在点 $\left(\dfrac{1}{2}, 0, 1 + \dfrac{\sqrt{3}}{2}\right)$ 的一个邻域中可转换为一个显式方程.

最后, 由于 $F(1,1,1) = 0$, 但

$$F'_y(1,1,1) = 2y - 2 \mid_{y=1} = 0,$$

故 (1.59) 在点 $(1,1,1)$ 的邻域中转换为显式微分方程时可能不唯一.

实际上, 由 (1.59) 可以直接解出

$$x' = 1 + \sqrt{1 - t^2} \tag{1.60}$$

和

$$x' = 1 - \sqrt{1 - t^2}. \tag{1.61}$$

显然当 $(t, x, y) = (1, 1, 0)$ 时, 将 $(t, x) = (1, 1)$ 无论代入 (1.60) 还是 (1.61), 只能得出

$$x' = 1 \neq 0,$$

故在 $(1, 1, 0)$ 的邻域中, (1.59) 不能转换为显式微分方程. 对 $(t, x, y) = \left(\dfrac{1}{2}, 0, 1 + \dfrac{\sqrt{3}}{2}\right)$, 将 $(t, x) = \left(\dfrac{1}{2}, 0\right)$ 代入 (1.60) 有 $x' = 1 + \dfrac{\sqrt{3}}{2}$, 将 $(t, x) = \left(\dfrac{1}{2}, 0\right)$ 代入 (1.61), 则 $x' = 1 - \dfrac{\sqrt{3}}{2}$. 这时可知在 $\left(\dfrac{1}{2}, 0, 1 + \dfrac{\sqrt{3}}{2}\right)$ 的邻域中从 (1.59) 只能得出显式方程 (1.60).

对 $(t, x, y) = (1, 1, 1)$, 将 $(t, x) = (1, 1)$ 分别代入 (1.60) 和 (1.61) 中, 都能得到

$$x' = 1.$$

这时隐式方程 (1.59) 在点 $(1, 1, 1)$ 的一个邻域中可以表示为两个显式方程, 即 (1.60) 和 (1.61) 分别满足

$$F(t, x, 1 + \sqrt{1 - t^2}) \equiv 0, \quad |t| \leqslant 1, x \in \mathbb{R},$$

$$F(t, x, 1 - \sqrt{1 - t^2}) \equiv 0, \quad |t| \leqslant 1, x \in \mathbb{R}$$

及 $F(1,1,1) = 0$.

需要注意的是: 由于隐式微分系统通常应转换为显式微分系统才能讨论解的存在性, 所以当 F 在 $V \subset \mathbb{R} \times \mathbb{R}^{m(n+1)}$ 上有定义时, 对隐式微分系统

$$F(t, x, \cdots, x^{(n+1)}, x^n) = 0, \quad x \in \mathbb{R}^m,$$

其有解的区域只能限定在集合

$$\{(t, x_0, \cdots, x_{n-1}, x_n) \in V : F(t, x_0, x_1, \cdots, x_n) = \theta\}$$

之中, 这是因为即使 $(t, x_0, \cdots, x_{n-1}, x_n) \in V$, 即 F 有意义, 如果 $F(t, x_0, x_1, \cdots, x_n) \neq \theta$, 在该点邻域内微分系统仍然无解.

1.2.6　Gronwall 不等式

Gronwall 不等式在证明常微分系统初值问题解的存在唯一性时是一个重要工具. 建立 Gronwall 不等式的依据是: 导数之间的大小关系可以导出它们相应积分之间的大小关系.

定理 1.5　设 $J \subset \mathbb{R}$ 是一个区间, $t_0 \in J$. 又设 $A, B \geqslant 0$ 是两个常数, $u \in C(J, \mathbb{R})$, 其中 $\mathbb{R}$ 是实数的集合, 如果

$$|u(t)| \leqslant A + B \left| \int_{t_0}^{t} |u(s)| \mathrm{d}s \right|, \quad t \in J, \tag{1.62}$$

则

$$|u(t)| \leqslant A \mathrm{e}^{B|t-t_0|}, \quad t \in J. \tag{1.63}$$

证　不妨设 $t \geqslant t_0$, $B > 0$. 在不等式 (1.62) 两边同乘 $\mathrm{e}^{-B(t-t_0)}$, 得

$$|u(t)| \mathrm{e}^{-B(t-t_0)} \leqslant A \mathrm{e}^{-B(t-t_0)} + B \int_{t_0}^{t} |u(s)| \mathrm{d}s \cdot \mathrm{e}^{-B(t-t_0)},$$

整理后成为

$$\left(|u(t)| - B \int_{t_0}^{t} |u(s)| \mathrm{d}s \right) \mathrm{e}^{-B(t-t_0)} \leqslant A \mathrm{e}^{-B(t-t_0)}.$$

记 $w(t) = \mathrm{e}^{-B(t-t_0)} \int_{t_0}^{t} |u(s)| \mathrm{d}s$, 上式左方恰好是 $w'(t)$. 由

$$w'(t) \leqslant A \mathrm{e}^{-B(t-t_0)}, \quad t \in J, \, t \geqslant t_0, \tag{1.64}$$

显然不等式 (1.64) 左右两方各有原函数 $w(t)$ 和 $-\dfrac{A}{B} \mathrm{e}^{-B(t-t_0)}$. 由导数在 $t \in J$, $t \geqslant 0$ 上的大小关系得出区间 $[t_0, t]$ 上相应定积分的关系, 即

$$w(t) - w(t_0) \leqslant \frac{A}{B} \left(1 - \mathrm{e}^{-B(t-t_0)} \right),$$

于是

$$w(t) \leqslant w(t_0) + \frac{A}{B}\left(1 - \mathrm{e}^{-B(t-t_0)}\right) = \frac{A}{B}\left(1 - \mathrm{e}^{-B(t-t_0)}\right),$$

即

$$\int_{t_0}^{t} |u(s)| \mathrm{d}s \leqslant \frac{A}{B}\left(\mathrm{e}^{B(t-t_0)} - 1\right),$$

于是结合条件 (1.62), 就有

$$|u(t)| \leqslant A + B\int_{t_0}^{t} |u(s)| \mathrm{d}s \leqslant A\mathrm{e}^{B(t-t_0)},$$

在 $t \geqslant t_0$ 时的情况得证.

同样可证 $t \leqslant t_0$ 时的情况. 结合起来即知 Gronwall 不等式成立.

习　题　1.2

1. 计算范数:

(1) $x(t) = 3\cos t + 4\sin t$, $0 \leqslant t \leqslant 2\pi$, 求 $\| x \|$;

(2) 矩阵 $A = \begin{pmatrix} 1 & 1 \\ 0 & -2 \end{pmatrix}$, 求 $\| A \|$;

(3) $x(t) = (1 + t, t^2 - 1)$, $0 \leqslant t \leqslant 2$, 求 $\| A \|$;

(4) 函数矩阵 $A = \begin{pmatrix} \cos t & 0 \\ 0 & \sin t \end{pmatrix}$, $0 \leqslant t \leqslant 2\pi$, 求 $\| A \|$.

2. 证明下列各函数组在给定区间上线性无关:

(1) 在实数域 $\mathbb{R}$ 上, $\{1, t, t^2\}$ 线性无关;

(2) 在实数域 $\mathbb{R}$ 上, $\{\mathrm{e}^t, t\mathrm{e}^{-t}, \mathrm{e}^{-t}\}$ 线性无关;

(3) 在 $[0, 1]$ 上, 函数向量组

$$\begin{pmatrix} t \\ 0 \\ 2t \end{pmatrix}, \quad \begin{pmatrix} t+1 \\ 1 \\ 2t+1 \end{pmatrix}, \quad \begin{pmatrix} \mathrm{e}^t \\ \mathrm{e}^t \\ \mathrm{e}^t \end{pmatrix}$$

线性无关;

(4) 在 $\mathbb{R}$ 上, $\{\mathrm{e}^t, \cos t, \sin t\}$ 线性无关.

3. 设函数矩阵 $A = \begin{pmatrix} \mathrm{e}^t & 2\mathrm{e}^{-2t} \\ 3\mathrm{e}^t & -\mathrm{e}^{-2t} \end{pmatrix}$, 计算 $A'(t)$, $|A(t)|$, $|A'(t)|$.

4. 设函数矩阵 $A = \begin{pmatrix} \cos 2t & \mathrm{e}^t \sin 2t \\ \mathrm{e}^{-t}\cos 2t & \sin 2t \end{pmatrix}$, 计算 $A'(t)$, $|A(t)|$, $|A'(t)|$.

5. 设 X 是区间 $J = [0, T]$ 上所有连续函数构成的集合, 即 $X = C([0, T], \mathbb{R})$. 又设存在 $l > 0$, 对 $\forall x \in X$, 满足

$$|x(t_2) - x(t_1)| < l|t_2 - t_1|.$$

证明 X 是等度连续的.

6. 设 $X = \mathbb{R}$, $T : X \to X$ 由

$$Tx = 1 + \sin x$$

给定, 证明算子 T 在 X 上一致有界.

7. 讨论隐式方程 $(x')^2 - 4x' + x^2 = 0$ 在

(1) $(t_0, x_0, x_0') = (0, 1, 1)$;

(2) $(t_0, x_0, x_0') = (0, 2, 2)$;

(3) $(t_0, x_0, x_0') = (1, 1, 2 + \sqrt{3})$;

(4) $(t_0, x_0, x_0') = (1, 3, 2)$

的邻域中能否化为显式方程.

8. 设连续函数 $f \in C(\mathbb{R}^2, \mathbb{R})$, 且

$$|f(t, x)| \leqslant M|x|.$$

$x(t)$ 是一阶方程

$$x' = f(t, x)$$

满足 $x(0) = x_0$ 的解, 证明:

$$|x(t)| \leqslant |x_0| \mathrm{e}^{Mt}.$$

(提示: $x = x(t)$ 满足

$$\begin{cases} x' = f(t, x(t)), \\ x(0) = x_0. \end{cases}$$

由方程积分得 $x(t) = x_0 + \displaystyle\int_0^t f(s, x(s))\mathrm{d}s$, 于是

$$|x(t)| \leqslant |x_0| + \left| \int_0^t f(s, x(s))\mathrm{d}s \right|$$
$$\leqslant |x_0| + M \left| \int_0^t |x(s)|\mathrm{d}s \right|.$$

记 $u(t) = |x(s)|$, 再利用 Gronwall 不等式.)

1.3   基 本 定 理

依据实际问题建立常微分方程模型之后, 人们随即面临着如何解方程的问题. 但在数学上能给出确切解的情况是非常少的, 这就需要在未求出确切解时尽可能根据方程的特点判定方程是否有解; 有解的话, 解是否唯一; 解的大小如何比较; 解的最大存在区间如何确定. 这些就是常微分方程基本理论所关注的问题.

微分方程和微分系统解的存在性、唯一性、多解性及解的最大存在区间, 不仅和方程或系统的形式有关, 而且和定解条件有关. 即使是同一个方程, 初值问

题解的存在性、唯一性不能保证边值问题解的存在性和唯一性. 反之亦然. 设集合 $G \subset \mathbb{R} \times \mathbb{R}^n$, 内点集合 $\mathrm{int}G \neq \varnothing$. 本节讨论的微分方程为

$$x^{(n)} = f(t, x, x', \cdots, x^{(n-1)}) \tag{1.65}$$

及一阶微分系统

$$z' = F(t, z), \tag{1.66}$$

其中 $f \in C(G, \mathbb{R})$, $z = (z_1, z_2, \cdots, z_n) \in \mathbb{R}^n$, $F \in C(G, \mathbb{R}^n)$.

令 $z_1 = x$, $z_2 = x', \cdots, z_n = x^{(n-1)}$, 并记

$$F(t, z) = (z_2, z_3, \cdots, z_n, f(t, z_1, z_2, \cdots, z_n))^{\mathrm{T}}.$$

方程 (1.65) 可以转换为一阶微分系统 (1.66), 所以以下只讨论微分系统 (1.66). 至于定解条件, 仅研究初值条件. 对自变量 t_0 的取值, 要求 $(t_0, z(t_0)) = (t_0, z_0) \in \mathrm{int}G$.

这样, 本节要研究的是初值问题

$$\begin{cases} z' = F(t, z), & (t, z) \in G, \\ z(t_0) = z_0. \end{cases} \tag{1.67}$$

1.3.1 Peano 存在定理

Peano 存在定理的实质是: 初值问题 (1.67) 中 F 的连续性保证解的存在性. 这一定理在 1890 年由意大利数学家 G.Peano 给出.

定理 1.6 (Peano 定理) 设 $F \in C(G, \mathbb{R}^m)$, $(t_0, z_0) \in \mathrm{int}G$, 则存在 $h > 0$, 使初值问题 (1.67) 在区间 $[t_0, t_0 + h]([t_0 - h, t_0])$ 上有解 $z = z(t)$, 且此解可沿 t 增大的方向和 t 减少的方向延拓到 G 的边界.

在定理证明之前, 先对其中的一些概念作出说明.

如果初值问题 (1.67) 在区间 $[t_0, t_0 + h]$ 上有解 $z = z(t)$, 记 $(t_0 + h, z(t_0 + h)) = (t_1, z_1) \in G$. 如果 $(t_1, z_1) \in \partial G$, 则 $(t, z(t))$ 在区间右端 (t_1, z_1) 处已经到达 G 的边界. 如果 $(t_1, z_1) \in \mathrm{int}G$, 则讨论初值问题

$$\begin{cases} z' = F(t, z), & (t, z) \in G, \\ z(t_1) = z_1. \end{cases} \tag{1.68}$$

在区间 $[t_1, t_2] = [t_1, t_1 + h_1]$ 上解的存在性, $h_1 > 0$. 在得出初值问题 (1.68) 在 $[t_1, t_2]$ 上的解 $z = z_1(t)$ 之后, 令

$$z(t) = \begin{cases} z(t), & t \in [t_0, t_1], \\ z_1(t), & t \in [t_1, t_2]. \end{cases}$$

显然 $z(t)$ 在 $t = t_1$ 处连续可微, $z'(t_1) = F(t_1, z(t_1))$. 这时就将初值问题 (1.67) 的解延拓到了 $[t_0, t_2]$. 如果 $(t_2, z(t_2)) \in \partial G$, 则解 $(t, z(t))$ 右端已经到达 G 的边界. 如果 $(t_2, z(t_2)) \in \text{int} G$, 则继续讨论

$$\begin{cases} z' = F(t, z), & (t, z) \in G, \\ z(t_2) = z_2 \end{cases}$$

在区间 $[t_2, t_2 + h_2]$ 上的解, 其中 $h_2 > 0$. 依次进行, 可以得到初值问题 (1.67) 在区间 $[t_0, t_n]$ 上的解 $z = z(t)$. 对 $n = 1, 2, \cdots$, 有

$$t_0 < t_1 \leqslant t_2 \leqslant t_3 \leqslant \cdots \leqslant t_n \leqslant \cdots,$$

其中 $(t_i, z(t_i)) \in G$. 如果 $\exists l > 1$, 使 $(t_l, z(t_l)) \in \partial G$, 则

$$t_{i-1} < t_i, \quad 1 \leqslant i \leqslant l; \quad t_i = t_l, \quad i \geqslant l.$$

这样的过程称为解 $z = z(t)$ 的向右延拓.

至于 $z = z(t)$ 右延拓到 G 的边界, 是指下列三种情况之一:

(1) $\lim\limits_{n \to \infty} t_n = +\infty$;

(2) $\lim\limits_{n \to \infty} \| z(t_n) \| = +\infty$;

(3) $\lim\limits_{n \to \infty} \rho((t_n, z(t_n)), \partial G) = 0$.

$\rho(P, \partial G)$ 表示点 P 到集合 ∂G 的距离.

对 $z = z(t)$ 的左延拓可以给出类似的说明. 系统 (1.67) 向右 (左) 延拓得出的解, 称为右 (左) 行解.

定理 1.6 的证明　先证定理结论的第一部分.

用 $\| \cdot \|$ 表示向量空间 $\mathbb{R}^m$ 中的范数, 由于 $(t_0, z_0) \in \text{int} G$, 故有 $h_0, r_0 > 0$, 使

$$U = \{(t, z): \ t_0 \leqslant t \leqslant t_0 + h_0, \ \| z - z_0 \| \leqslant r_0\} \subset G.$$

不妨设在闭集 U 上 $F(t, z) \not\equiv \theta$, 则由 F 的连续性有

$$M = \max_{(t, z) \in U} \| F(t, z) \| > 0.$$

取 $h = \min \left\{ h_0, \dfrac{1}{M} r_0 \right\}$, $X = C([t_0, t_0 + h], \mathbb{R}^m)$, 可知

$$\overline{\Omega} = \{x \in X : \| x(t) - z_0 \| \leqslant r_0\}$$

是 X 中非空闭凸集. 任取 $z \in \overline{\Omega}$, 由

$$(Tz)(t) = z_0 + \int_{t_0}^{t} F(s, z(s)) \mathrm{d}s, \quad t_0 \leqslant t \leqslant t_0 + h, \tag{1.69}$$

定义算子 $T : \overline{\Omega} \to X$, 由于 $t_0 \leqslant t \leqslant t_0 + h$ 时,

$$\| (Tz)(t) - z_0 \| \leqslant \int_{t_0}^t \| F(s, z(s)) \| \, \mathrm{d}s \leqslant M(t - t_0) \leqslant Mh \leqslant r_0,$$

故 $T(\overline{\Omega}) \subset \overline{\Omega}$.

对 $\overline{\Omega}$ 中的任一无穷点列 $\{z_n\}$, 设 $\{z_n\} \to \hat{z} \in \overline{\Omega}$. $\forall t \in (t_0, t_0 + h]$, 由 F 的连续性、有界性及满足

$$\lim_{n \to \infty} \int_{t_0}^t F(s, z_n(s)) \mathrm{d}s = \int_{t_0}^t \lim_{n \to \infty} F(s, z_n(s)) \mathrm{d}s$$

成立的条件[1], 有

$$(Tz_n)(t) = z_n + \int_{t_0}^t F(s, z_n(s)) \mathrm{d}s \to z_0 + \int_{t_0}^t F(s, z(s)) \mathrm{d}s = (Tz)(t),$$

于是 T 在 $\overline{\Omega}$ 上是连续的.

与此同时, $\forall z \in \overline{\Omega}$, 由 (1.69) 得

$$\| (Tz)(t) \| \leqslant \| z_0 \| + Mh := M_1,$$

且 $\forall t_1, t_2 \in [t_0, t_0 + h]$, 对 $\epsilon > 0$, 只要 $|t_2 - t_1| < \dfrac{\epsilon}{M}$, 就有

$$\| (Tz)(t_2) - (Tz)(t_1) \| = \left\| \int_{t_1}^{t_2} F(s, z(s)) \mathrm{d}s \right\| \leqslant M |t_2 - t_1| < \epsilon.$$

因此 $T(\overline{\Omega})$ 是 X 中的紧子集, 从而

$$T : \overline{\Omega} \to X$$

是一个全连续算子. 根据 Schäuder 不动点定理, 有 $z \in \overline{\Omega}$, 使 $z = Tz$, 即 $z = z(t)$ 满足

$$z(t) = z_0 + \int_{t_0}^t F(s, z(s)) \mathrm{d}s, \quad t_0 \leqslant t \leqslant t_0 + h. \tag{1.70}$$

由于在 $t_0 \leqslant t \leqslant t_0 + h$ 时 $z(t)$ 满足 (1.70), 则易验证它是区间 $[t_0, t_0 + h]$ 上初值问题 (1.64) 的解.

定理结论的第二部分用反证法予以证明.

设 $z = z(t)$ 向右延拓不到 G 的边界, 则

$$\lim_{n \to \infty} t_n = \hat{t} < \infty, \tag{1.71}$$

---

[1] 极限和积分可交换次序的依据是 Lebesgue 控制收敛定理. 为避免引入太多的纯数学概念, 不作具体讨论.

$$\varlimsup_{n\to\infty} \parallel z(t_n) \parallel < \infty, \tag{1.72}$$

$$\lim_{n\to\infty} \rho((t_n, z(t_n)), \partial G) = d < \infty \tag{1.73}$$

同时成立, 记 $U = \{(t, z(t)) : \ t \in [t_0, \hat{t}\,)\}$, 则 $\overline{U} \subset \mathrm{int}G$, 于是

$$\widehat{M} = \max\{\parallel F(t, z) \parallel : (t, z) \in \overline{U}\} < \infty,$$

而且 $[t_0, \hat{t}\,)$ 是 $z = z(t)$ 的右方最大存在区间.

下证 $\lim\limits_{n\to\infty} z(t_n) = \hat{z}$ 存在, 而且 $(\hat{t}, \hat{z}) \in \mathrm{int}G$.

首先由 (1.71) 和 (1.72) 知, $\overline{U}$ 是有界闭集, 而由 (1.73) 知 $\overline{U} \subset \mathrm{int}G$, 这时,

$$A = \overline{\{z(t) : \ t_0 \leqslant t < \hat{t}\,\}} \subset \mathbb{R}^m$$

为非空有界闭集, 故 $\{z(t_n)\} \subset A$ 有极限点 $\hat{z}$. 如果

$$\lim_{n\to\infty} z(t_n) = \hat{z} \tag{1.74}$$

不成立, 则有 $\{\hat{t}_n\}$, $\{t_n^*\} \subset \{t_n\}$, $\hat{t}_n$, $t_n^* \to \hat{t}$. 但

$$\lim_{n\to\infty} z(\hat{t}_n) \to \hat{z}, \qquad \lim_{n\to\infty} z(t_n^*) \to z^* \neq \hat{z}.$$

不妨设

$$t_0 < \hat{t}_1 < t_1^* < \hat{t}_2 < \cdots < \hat{t}_n < t_n^* < \hat{t}_{n+1} < \cdots < \hat{t}.$$

显然 $|\hat{t}_n - t_n^*| \to 0$, $\parallel z(\hat{t}_n) - z(t_n^*) \parallel \to \parallel \hat{z} - z^* \parallel > 0$. 但由

$$z(\hat{t}_n) - z(t_n^*) = \int_{\hat{t}_n}^{t_n^*} F(s, z(s))\mathrm{d}s$$

得

$$\parallel z(\hat{t}_n) - z(t_n^*) \parallel \leqslant \widehat{M}|\hat{t}_n - t_n^*| \to 0,$$

出现矛盾, 于是 (1.74) 成立, 这时令

$$z(t) = \begin{cases} z(t), & t_0 \leqslant t < \hat{t}, \\ \hat{z}, & t = \hat{t}, \end{cases}$$

则 $z(t) = z_0 + \displaystyle\int_{t_0}^{t} F(s, z(s))\mathrm{d}s$ 在 $[t_0, \hat{t}\,]$ 上成立. 从而 $z(t)$ 是 (1.67) 在区间 $[t_0, \hat{t}\,]$ 上的解, 且 $(\hat{t}, \hat{z}) \in \mathrm{int}G$.

这时讨论

$$\begin{cases} z' = F(t, z), & (t, z) \in G, \\ z(\hat{t}) = \hat{z} \end{cases} \tag{1.75}$$

的解. 利用定理第一部分已经证明的结论, 可知存在 $\hat{h} > 0$, 使初值问题 (1.75) 在区间 $[\hat{t}, \hat{t} + \hat{h}]$ 上有解 $z = \hat{z}(t)$, 定义

$$z(t) = \begin{cases} z(t), & t \in [t_0, \hat{t}), \\ \hat{z}(t), & t = [\hat{t}, \hat{t} + \hat{h}], \end{cases}$$

则 $z = z(t)$ 在区间 $[t_0, \hat{t} + \hat{h}]$ 上是初值问题 (1.67) 的解, 这和 $[t_0, \hat{t})$ 是解的右方最大存在区间矛盾, 定理的第二部分得证.

需要提醒读者注意, 定理 1.6 中 F 在 G 上的连续性要求是初值问题 (1.67) 有解的充分条件, 而不是必要条件. 但是如果连续性要求不满足, 可以很容易给出结论不成立的示例.

例 1.10 设

$$F(t, x) = \begin{cases} \dfrac{1}{t^2} \sin \dfrac{1}{t}, & t \neq 0, \\ 0, & t = 0, \end{cases}$$

则 F 在全平面有定义. 这时 F 在直线 $t = 0$ 上不连续, 导致一阶方程初值问题

$$\begin{cases} x' = F(t, x), & (t, x) \in \mathbb{R}^2, \\ x(0) = 0 \end{cases} \tag{1.76}$$

无解. 实际上由 $x' = \dfrac{1}{t^2} \sin \dfrac{1}{t}$, 积分得

$$x(t) = \cos \dfrac{1}{t} + C, \quad t \neq 0, \tag{1.77}$$

其中 C 是任意常数. 显然通解 (1.77) 中没有一个解是满足 $x(0) = 0$ 的, 所以初值问题 (1.76) 无解.

1.3.2 Picard 定理

早在 Peano 给出初值问题解的存在性条件之前, 法国数学家 Cauchy 和德国数学家 Lipschitz 就先后给出了初值问题解的存在唯一性条件. 1893 年, 法国数学家 Picard 在 Lipschitz 条件下用逐次逼近法给出了新证明. 为简单起见, 我们在 Peano 定理的基础上证明 Picard 定理.

设集合 $G \subset \mathbb{R} \times \mathbb{R}^m$, 其内点的集合 $\text{int}G \neq \varnothing$, $(t_0, x_0) \in \text{int}G$ 是给定的一点. 先建立 Lipschitz 条件和局部 Lipschitz 条件的概念.

Lipschitz 条件 对函数 $F : G \subset \mathbb{R}^m$, 如果存在常数 $L > 0$, 使 $\forall (t, x), (t, z) \in G$, 有

$$\| F(t, z) - F(t, x) \| \leqslant L \| x - z \|$$

成立, 则称 F 在 G 上满足**Lipschitz 条件**. L 为**Lipschitz 常数**.

局部 Lipschitz 条件　　对函数 $F: G \to \mathbb{R}^m$ 及任一 $(t_0, z_0) \in \text{int}G$, 设 $\exists d, r, l > 0$ 及 (t_0, z_0) 的一个邻域

$$U = \{(t, z) \in \text{int}G : |t - t_0| < d, \parallel z - z_0 \parallel < r\} \subset \text{int}G,$$

使当 $(t, x), (t, z) \in U$ 时,

$$\parallel F(t, z) - F(t, x) \parallel \leqslant l \parallel z - x \parallel$$

成立, 其中 l 和 (t_0, z_0) 及 d, r 有关, 则称函数 F 在 G 上关于 z 满足**局部 Lipschitz 条件**. 由于这里的常数 l 和其相应的邻域 U 有关, 称为**局部 Lipschitz 常数**.

定理 1.7 (Picard 定理)　　设函数 $F \in C(G, \mathbb{R}^m)$, 且在 G 上 F 对 z 满足局部 Lipschitz 条件, 则任取 $(t_0, z_0) \in \text{int}G$, 初值问题 (1.67) 有唯一解 $z = z(t)$, 且此解向右、向左延拓到达 G 的边界.

证　　由于 $F \in C(G, \mathbb{R}^m)$, 初值问题 (1.67) 的有解性及解向右、向左延拓到达边界的性态已在定理 1.6 中证明, 下证解的唯一性.

设 $z = z(t)$ 是初值问题 (1.67) 在区间 J 上的解, J 的左右端点分别为 α 和 β. 我们只需证: $\forall t_1 \in (\alpha, \beta)$, 对于 $(t_1, z_1) = (t_1, z(t_1)) \in \text{int}G$, $\exists h_1 > 0$, 使初值问题

$$\begin{cases} z' = F(t, z), & (t, x) \in G, \\ z(t_1) = z_1 \end{cases} \tag{1.78}$$

在区间 $[t_1 - h_1, t_1 + h_1]$ 上有唯一解, 这样由初值问题 (1.67) 的解在区间 J 中每点处的唯一性, 就得到解 $z = z(t)$ 在整个存在区间 J 上的唯一性.

为此, 取 $h, r > 0$, 使 $F(t, z)$ 在 (t_1, z_1) 的邻域

$$U = \{(t, z) \in G : |t - t_1| < 2h, \parallel z - z_1 \parallel < 2r\} \subset \text{int}G$$

上有局部 Lipschitz 常数 $l > 0$. 之后取

$$D = \{(t, z) \in G : |t - t_1| \leqslant h, \parallel z - z_1 \parallel \leqslant r\} \subset U.$$

记 $M_1 = \max\{\parallel F(t, z) \parallel : (t, z) \in D\}$. 令 $h_1 = \min\{h, r/M_1\}$. 设初值问题 (1.78) 在区间 $[t_1 - h_1, t_2 + h_1]$ 上有解 $z(t)$ 和 $y(t)$. $\forall \epsilon > 0$, 取 $\eta = \epsilon e^{-lh_1}$, 则由 (1.78) 知 $z(t)$ 和 $y(t)$ 满足

$$z(t) = z_1 + \int_{t_1}^{t} F(s, z(s))\mathrm{d}s, \quad t_1 - h_1 \leqslant t \leqslant t_1 + h_1,$$

$$y(t) = z_1 + \int_{t_1}^{t} F(s, y(s))\mathrm{d}s, \quad t_1 - h_1 \leqslant t \leqslant t_1 + h_1.$$

于是有

$$\| z(t) - y(t) \| \leqslant \eta + l \left| \int_{t_1}^{t} \| z(s) - y(s) \| \, \mathrm{d}s \right|, \quad t_1 - h_1 \leqslant t \leqslant t_1 + h_1.$$

利用 Gronwall 不等式得

$$\| z(t) - y(t) \| \leqslant \eta \mathrm{e}^{l|t - t_1|} \leqslant \epsilon, \quad |t - t_1| \leqslant h_1.$$

由于 ϵ 可以任意小, 故 $z(t) \equiv y(t)$, 也就是说, 在区间 $[t_1 - h_1, t_2 + h_1]$ 上初值问题 (1.78) 的解唯一.

由函数 $F(t, z)$ 关于 z 有连续偏导数 (也就是 $F(t, z)$ 的每个分量对向量 z 中的各个变量都有连续偏导数) 可以导出 $F(t, z)$ 在 G 上对 z 满足局部 Lipschitz 条件. 故由定理 1.6 可得

推论 1.2 设 $F \in C(G, \mathbb{R}^m)$, 且 F 在 G 有关于 z 的连续偏导数, 则对任一 $(t_0, z_0) \in \mathrm{int} G$, 初值问题 (1.67) 有唯一解 $z = z(t)$, 它可以向右, 向左延拓到边界.

对定理 1.7 和推论 1.2, 需要注意两个方面. 一个方面是, 定理或推论中对 z 的局部 Lipschitz 条件或连续可微条件虽不是必要条件, 但如果缺失这类条件有可能导致解的唯一性不成立. 另一方面是, 解 $z = z(t)$ 只要在其存在区间 J 中的一点 $t_1 \in \mathrm{int} J$ 处唯一性破坏, 则它在区间 J 上就不唯一.

例 1.11 设 $F(t, x) = 2x^{\frac{1}{2}}$, 则函数 F 定义在 $G = \mathbb{R} \times \mathbb{R}^+$ 上, 且在半平面 G 上连续. 同时, 当 $x > 0$ 时, $\frac{\partial F}{\partial x} = x^{-\frac{1}{2}}$ 在 G 的子集 $\mathbb{R} \times (\mathbb{R}^+ \backslash \{0\})$ 上连续可微. 但在直线 $x = 0$ 上, $\frac{\partial F}{\partial x}$ 不存在, 因此初值问题

$$\begin{cases} x' = 2x^{\frac{1}{2}}, & x \geqslant 0, \\ x(t_0) = x_0 > 0 \end{cases} \tag{1.79}$$

的任一解 $x = x(t)$, 只要不和直线 $x = 0$ 有公共点, 则解的唯一性就有保证.

实际上, 初值问题 (1.79) 中的一阶微分方程有通解 $x = (t - C)^2$ 及特解 $x = 0$. 其中特解 $x = 0$ 在 (t, x) 平面中的解曲线 $\{(t, 0): t \in \mathbb{R}\}$ 恰好就是 F 定义域 G 的边界 ∂G.

当 $(t_0, x_0) \in \mathrm{int} G$ 时, 意味着 $x_0 > 0$, 这时将边界条件代入通解中得

$$x_0 = (t_0 - C)^2.$$

由此解得 $C = t_0 \pm \sqrt{x_0}$. 对 $x(t) = (t - C)^2$, 由

$$x(C) = 0 < x_0 = x(t_0)$$

及 $x'(t) \geqslant 0$ 知 $C < t_0$, 因此有 $C = t_0 - \sqrt{x_0}$, 故 (1.79) 在 $x_0 > 0$ 时的唯一解为

$$x(t) = (t - t_0 + \sqrt{x_0})^2, \quad t_0 - \sqrt{x_0} \leqslant t < \infty. \tag{1.80}$$

此解右方延拓到 $t = +\infty$, 左方延拓到 G 的边界.

本例中边界 ∂G 恰好是微分方程的解曲线, 因此解 (1.80) 还可以沿边界向左方延拓到 $t = -\infty$, 得到问题 (1.79) 在 $\mathbb{R}$ 上的唯一解

$$x(t) = \begin{cases} 0, & t < t_0 - \sqrt{x_0}, \\ (t - t_0 + \sqrt{x_0})^2, & t \geqslant t_0 - \sqrt{x_0}. \end{cases}$$

当 $(t_0, x_0) \in \partial G$, 即 $x_0 = 0$ 时, 初值问题 (1.79) 除有解 $x(t) \equiv 0$ 外, 还有由

$$x(t) = \begin{cases} 0, & t < C, \\ (t - C)^2, & t \geqslant C \end{cases}$$

给出的无数多个解, 其中 $C \geqslant t_0$ 为任意常数.

从本例可知, 即使 $(t_0, z_0) \in \partial G$, 也还可以讨论初值问题解的存在唯一性和沿着边界的延拓性, 甚至可以由边界向区域 G 内部延拓.

1.3.3　比较定理

对同一方程的不同解或对不同方程在相同定解条件下的对应解进行比较, 也是常微分方程研究中的重要方面. 这里只介绍一阶显式微分方程解的大小比较.

设有两个一阶显式微分方程初值问题

$$\begin{cases} x' = f(t, x), & (t, x) \in G, \\ x(t_0) = x_0 \end{cases} \tag{1.81}$$

和

$$\begin{cases} y' = g(t, y), & (t, y) \in G, \\ y(t_0) = y_0, \end{cases} \tag{1.82}$$

其中平面区域 $G = (a, b) \times \mathbb{R}$, $t_0 \in (a, b)$, $f, g \in C(G, \mathbb{R})$.

定理 1.8 (第一比较定理)　在初值问题 (1.81) 和 (1.82) 中, 设 $f(t, x) < g(t, x)$ 在 $[t_0, b) \times \mathbb{R}((a, t_0] \times \mathbb{R})$ 上成立, $x_0 \leqslant y_0(y_0 \leqslant x_0)$. 又设 $x = x(t)$, $y = y(t)$ 分别是上述初值问题在区间 $[t_0, b)((a, t_0])$ 上的解, 则有

$$x(t) < y(t), \quad t \in (t_0, b),$$

$$(y(t) < x(t), \quad t \in (a, t_0)).$$

证 记 $w(t) = y(t) - x(t)$, $t \in [t_0, b)$. 如果 $x_0 < y_0$, 则 $w(t_0) > 0$, 由 $w(t)$ 的连续性, $\exists h > 0$ 使 $t_0 + h \leqslant b$, 且有

$$w(t) > 0, \quad t \in (t_0, t_0 + h]. \tag{1.83}$$

如果 $x_0 = y_0$, 则 $w(t_0) = 0$ 且

$$w'(t_0) = y'(t_0) - x'(t_0) = g(t_0, y_0) - f(t_0, x_0) > 0.$$

由 $w(t)$ 连续可微, 可知存在正数, 不妨仍记为 h, 使 (1.83) 成立.

用反证法. 设定理结论不真, 则

$$Z = \{t \in [t_0 + h, b) : \ w(t) = 0\} \neq \varnothing.$$

记 $\eta = \min Z$, 有

$$w(\eta) = 0, \quad w(t) > 0, \quad t \in (t_0, \eta).$$

因此 $w'(\eta) \leqslant 0$. 但由 $x(\eta) = y(\eta)$ 可得

$$w'(\eta) = y'(\eta) - x'(\eta) = g(\eta, y(\eta)) - f(\eta, x(\eta)) > 0,$$

导出矛盾, 由此定理得证.

在定理 1.8 中, 如果用 $f(t,x) \leqslant g(t,x)$ 代替原有条件中的严格不等式, 则定理结论也要作相应变动.

例 1.12 在 (1.81) 和 (1.82) 中分别令

$$f(t,x) = x^{\frac{2}{3}}, \quad g(t,y) = 2y^{\frac{2}{3}},$$
$$x(0) = -1, \quad y(0) = 0.$$

在取 $t_0 = 0$ 时, 容易验证

$$x(t) = \frac{1}{27}(t-3)^3, \quad y(t) = 0$$

分别是初值问题 (1.81) 和 (1.82) 的解. 显然

$$f(t,x) \leqslant g(t,x), \quad (t,x) \in \mathbb{R}^2,$$
$$x(0) < y(0)$$

满足, 但是 $x(t) < y(t)$, 对 $t > 0$ 不成立. 实际上 $t > 3$ 时,

$$x(t) > 0 = y(t).$$

出现这种现象的原因是, 在定理 1.8 中我们仅假设 f, g 是连续函数. 这类条件只能保证初值问题有解, 不能保证解的唯一性.

当初值问题有多个解时, 定义

最大 (最小) 右行解　设 $\varphi(t)$ 和 $\psi(t)$ 是初值问题 (1.81) 在区间 $[t_0, b)$ 上的右行解, 如果 (1.81) 在 $[t_0, b)$ 上的任一解 $x = x(t)$, 有

$$x(t) \leqslant \psi(t)(\varphi(t) \leqslant x(t)), \quad t \in [t_0, b)$$

成立, 则说 $\psi(t)(\varphi(t))$ 是初值问题 (1.81) 在 $[t_0, b)$ 上的**最大 (最小) 右行解**.

同样可以定义**最大 (最小) 左行解**.

例 1.13　对初值问题

$$\begin{cases} x' = x^{\frac{2}{3}}, \\ x(0) = -1, \end{cases} \tag{1.84}$$

只要 $x \neq 0$, $f(t, x) = x^{\frac{2}{3}}$ 在点 (t, x) 是连续可微的. 因此方程 $x' = x^{\frac{2}{3}}$ 的解 $x = x(t)$ 只要不和直线 $x = 0$ 相交, 初值问题的解在延拓过程中就可以保证唯一.

首先 $x = 0$ 是 $x' = x^{\frac{2}{3}}$ 的解. 同时, 当 $x \neq 0$ 时, 两边用 $x^{\frac{2}{3}}$ 相除得

$$x^{-\frac{2}{3}} x' = 1,$$

即

$$\left(x^{\frac{1}{3}}\right)' = \frac{1}{3},$$

因此 $x^{\frac{1}{3}} = \frac{1}{3}(t - C)$,

$$x = \frac{1}{27}(t - C)^3.$$

用边界条件 $x(0) = -1$ 代入上式得 $C = 3$, 于是有

$$x = \frac{1}{27}(t - 3)^3.$$

如果 $x(t) < 0$, 即 $t < 3$, 则解曲线 $\{(t, x(t)) : t < 3\}$ 经过的区域各点都保证解的唯一性. 当 $t > 3$ 时, 初值问题 (1.84) 的解必定与直线 $x = 0$ 有公共点. 从而右行解的唯一性不能保证. 这时任取 $C > 3$, 函数族

$$x(t) = \begin{cases} \dfrac{1}{27}(t - 3)^3, & t < 3, \\ 0, & 3 \leqslant t \leqslant C, \\ \dfrac{1}{27}(t - C)^3, & t > C \end{cases}$$

中每一个函数都是初值问题 (1.84) 的解 (图 1.4).

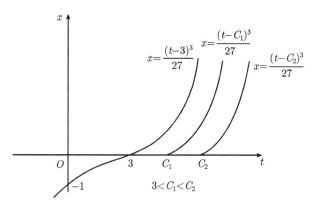

图 1.4 初值问题 (1.84) 的解

在初值问题 (1.84) 的右行解中,

$$\psi(t) = \frac{1}{27}(t-3)^3, \quad t \geqslant 0$$

是最大的,

$$\varphi(t) = \begin{cases} \dfrac{1}{27}(t-3)^3, & 0 \leqslant t < 3, \\ 0, & t \geqslant 3 \end{cases}$$

是最小的. 同时, 由于初值问题 (1.84) 的左行解唯一, 故

$$\varphi(t) = \psi(t) = \frac{1}{27}(t-3)^3, \quad t \leqslant 0.$$

定理 1.9 (第二比较定理) 设在定义域 G 上,

$$f(t,x) \leqslant g(t,x)$$

恒成立, $x = x(t)$, $y = y(t)$ 分别是初值问题 (1.81) 和 (1.82) 在区间 $[t_0,b)((a,t_0])$ 上的解, $x_0 \leqslant y_0 (y_0 \leqslant x_0)$. 如果 $x(t)$ 是初值问题 (1.81) 的最小右行解或 $y(t)$ 是初值问题 (1.82) 的最大右行解 ($x(t)$ 是初值问题 (1.81) 的最大左行解或 $y(t)$ 是初值问题 (1.82) 的最小左行解) 时, 有

$$x(t) \leqslant y(t), \quad t \in [t_0,b)$$

$$(x(t) \geqslant y(t), \quad t \in (a,t_0]).$$

证 不妨设 $y(t)$ 是初值问题 (1.82) 的最大右行解. 为证 $t \in [t_0,b)$ 时 $x(t) \leqslant y(t)$ 成立, 只需证 $\forall c \in (t_0,b)$, 有

$$x(t) \leqslant y(t), \quad t \in [t_0,c], \tag{1.85}$$

其中 $x(t)$ 是初值问题 (1.81) 的任一解.

考虑初值问题

$$
\begin{cases}
y' = g(t,y) + \dfrac{1}{n}, \\
y(t_0) = y_0,
\end{cases}
\tag{1.86}
$$

$n > 0$ 是任一整数. 由定理 1.6 可知初值问题 (1.86) 在 $[t_0, c]$ 上有解. 取其一解记为 $y_n(t)$. 由定理 1.8 得, $x(t) < y_n(t) < y_{n-1}(t)$, $t_0 < t \leqslant c$, 即

$$
y_1(t) > y_2(t) > \cdots > y_n(t) > \cdots > x(t), \quad t \in (t_0, c].
\tag{1.87}
$$

显然函数列 $\{y_n(t)\}$ 在 $[t_0, c]$ 上一致有界, 记

$$
M = \max\{|g(t,y)| + 1 : t_0 \leqslant t \leqslant c, \ x(t) \leqslant y \leqslant y_1(t)\},
$$

同时, $y_n(t)$ 满足

$$
\begin{cases}
y_n'(t) = g(t, y_n(t)) + \dfrac{1}{n}, & t \in [t_0, c], \\
y_n(t_0) = y_0,
\end{cases}
$$

因此

$$
y_n(t) = y_0 + \int_{t_0}^{t} \left[g(s, y_n(s)) + \frac{1}{n} \right] \mathrm{d}s, \quad t \in [t_0, c].
\tag{1.88}
$$

这样, $\forall t_1, t_2 \in [t_0, c]$ 有

$$
|y_n(t_2) - y_n(t_1)| \leqslant \left| \int_{t_1}^{t_2} \left[g(s, y_n(s)) + \frac{1}{n} \right] \right|
$$
$$
\leqslant M|t_2 - t_1|.
$$

可见 $\{y_n(t)\}$ 在 $[t_0, c]$ 上是等度连续的.

在空间 $X = C([t_0, c], \mathbb{R})$ 上定义范数 $\| x \| = \max\limits_{t_0 \leqslant t \leqslant c} |x(t)|$, 则 $\{y_n\}$ 作为 X 中的等度连续和一致有界单调点列, 由 Arzela-Ascoli 定理知, 存在 $\psi \in X$, 使 $y \to \psi$, 即 $\{y_n\}$ 在 $[t_0, c]$ 上一致收敛于 $\psi(t)$.

在 (1.88) 两边令 $n \to \infty$, 则

$$
\psi(t) = y_0 + \int_{t_0}^{t} g(s, \psi(s)) \mathrm{d}s, \quad t \in [t_0, c].
$$

因此 $\psi(t)$ 是初值问题 (1.82) 在 $[t_0, c]$ 上的解, 显然 $\psi(t) \leqslant y(t)$. 同时由 (1.88) 可得 $x(t) \leqslant \lim\limits_{n \to \infty} y_n(t) = \psi(t)$. 于是

$$
x(t) \leqslant \psi(t) \leqslant y(t), \quad t \in [t_0, c]
$$

成立, 定理得证.

注 1.4 定理 1.9 只对右行解的比较给出了证明, 读者自证左行解的情况.

例 1.14 讨论一阶微分方程初值问题

$$\begin{cases} x' = x + \sin\left(t^2 + x^2\right), \\ x(0) = 1 \end{cases}$$

解的最大存在区间.

解 记 $f(t,x) = x + \sin(t^2 + x^2)$, 则 f 在 $G = \mathbb{R} \times \mathbb{R}$ 上连续, 由此可知所给方程有满足初值 $x(0) = 1$ 的解存在, 记为 $x(t)$. 令

$$g(t,x) = x - 2, \quad h(t,x) = x + 2,$$

则初值问题

$$\begin{cases} x' = g(t,x), \\ x(0) = 1 \end{cases} \quad \text{和} \quad \begin{cases} x' = h(t,x), \\ x(0) = 1 \end{cases}$$

都有解, 由 $x' = x - 2$ 得

$$\frac{\mathrm{d}x}{x - 2} = \mathrm{d}t,$$

两边积分

$$\ln|x - 2| = t + \ln C,$$

$$x = 2 + C\mathrm{e}^t,$$

代入初值条件 $x(0) = 1$, 得 $C = -1$, 故 $x' = g(t,x)$ 满足 $x(0) = 1$ 的解为

$$x_1(t) = 2 - \mathrm{e}^t, \quad t \in \mathbb{R}.$$

同样, $x' = h(t,x)$ 满足 $x(0) = 1$ 的解为

$$x_2(t) = -2 + 3\mathrm{e}^t, \quad t \in \mathbb{R}.$$

由定理 1.8 知, 在 $x(t)$ 的存在区间上,

$$2 - \mathrm{e}^t < x(t) < -2 + 3\mathrm{e}^t, \quad t > 0,$$

$$-2 + 3\mathrm{e}^t < x(t) < 2 - \mathrm{e}^t, \quad t < 0.$$

可见 $x(t)$ 在任何有界区间内都到不了 G 的边界, 因而 $x(t)$ 的最大存在区间为 $J = \mathbb{R}$.

1.3.4　解对初值和参数的连续依赖

用微分系统模型研究实际问题时, 由于建立模型和测定初始条件时的误差, 必定使依据模型得到的数学解和实际情况不能完全相符. 这就需要讨论微分系统的解在怎样的条件下可以连续依赖于初值和参数. 参数在一定范围内用于体现微分系统和实际问题间的差异.

设 $G \subset \mathbb{R} \times \mathbb{R}^n$ 为单连通域, $\Lambda \subset \mathbb{R}^m$ 为 m 维立方体, $F: G \times \Lambda \to \mathbb{R}^n$, 对含参数系统

$$x' = F(t, x, \lambda) \tag{1.89}$$

给定 $(t_0, x_0) \in \text{int}G$, $\lambda \in \text{int}\Lambda$. 记满足 $x(t_0) = x_0$ 的解为 $\varphi(t) = \varphi(t; t_0, x_0, \lambda)$.

定理 1.10　设 $F \in C(G \times \Lambda, \mathbb{R}^m)$, 且 F 在 $G \times \Lambda$ 上关于 x 满足局部 Lipschitz 条件, 则微分系统 (1.89) 满足 $x(t_0) = x_0$ 的解 φ 在其最大存在区间 J 的任一紧子区间上关于 (t_0, x_0, λ) 连续.

J 的紧子区间是指 J 的有界闭子区间.

证　先证 φ 关于 (t_0, x_0) 的连续性.

记 $J = (a, b)$. 对 $t_0 \in (a, b)$ 有

$$(t, \varphi(t), \lambda) \in G \times \Lambda, \quad t \in (a, b).$$

不妨取 $t \in [t_0, b)$, 使 $s \in [t_0, t]$ 时满足

$$(s, \varphi(s), \lambda) \in \text{int}G \times \text{int}\Lambda.$$

由 F 的连续性, $\exists r > 0$, 使

$$B_r = \{(s, x, \mu) \in \mathbb{R} \times \mathbb{R}^n \times \mathbb{R}^m : t_0 \leqslant s \leqslant t, \| x - \varphi(s) \| \leqslant r, \| \mu - \lambda \| \leqslant r\} \subset G \times \Lambda.$$

由 F 关于 x 满足局部 Lipschitz 条件以及 B_r 是一个紧集, 可知 $\exists L > 0$, 使 $(s, x_1, \mu), (s, x_2, \mu) \in B_r$ 时,

$$\| F(s, x_2, \mu) - F(s, x_1, \mu) \| \leqslant L \| x_2 - x_1 \|.$$

任意给定 $\epsilon \in (0, r)$, 由 F 关于 λ 的连续性, $\exists \eta \in (0, r)$, 使 $s \in [t_0, t]$, $\| x - \varphi(s) \| < r$, $\| \mu - \lambda \| < \eta$ 时,

$$\| F(s, x, \mu) - F(s, x, \lambda) \| < \frac{\epsilon}{2} \min \left\{ 1, \frac{1}{t - t_0} \right\} e^{-L(t - t_0)}. \tag{1.90}$$

由此, 任取 $\hat{x}_0 \in \mathbb{R}^n$, $\mu \in \mathbb{R}^m$, 使 $(t, \hat{x}_0, \mu) \in B_r$, 且

$$\| \hat{x}_0 - x_0 \| < \frac{\epsilon}{2} e^{-L(t - t_0)}.$$

记微分系统 $x' = F(t, x, \mu)$ 满足 $x(t_0) = \hat{x}_0$ 的唯一解为

$$\psi(s) = \varphi(s; t_0, \hat{x}_0, \mu).$$

现证 $\psi(s)$ 在 $[t_0, t]$ 上存在, 且成立不等式

$$\| \varphi(s) - \psi(s) \| < \epsilon, \quad t_0 \leqslant s \leqslant t.$$

设上式不成立, 由于 $\| \varphi(t_0) - \psi(t_0) \| < \dfrac{\epsilon}{2} < \epsilon < r$, 根据解的延拓性必有 $t_2 \in (t_0, t)$, 使

$$\| \varphi(t_2) - \psi(t_2) \| = \epsilon, \quad \| \varphi(s) - \psi(s) \| < \epsilon, \quad t_0 \leqslant s < t_2. \tag{1.91}$$

当 $s \in [t_0, t_2]$ 时, φ 和 ψ 分别满足

$$\varphi(s) = x_0 + \int_{t_0}^{s} F(\tau, \varphi(\tau), \lambda) \mathrm{d}\tau,$$

$$\psi(s) = \hat{x}_0 + \int_{t_0}^{s} F(\tau, \psi(\tau), \lambda) \mathrm{d}\tau,$$

由 (1.90), (1.91) 得

$$
\begin{aligned}
\| \psi(s) - \varphi(s) \| &\leqslant \| \hat{x}_0 - x_0 \| + \int_{t_0}^{s} \| F(\tau, \psi(\tau), \mu) - F(\tau, \varphi(\tau), \lambda) \| \, \mathrm{d}\tau \\
&\leqslant \frac{\epsilon}{2} \mathrm{e}^{-L(t-t_0)} + \int_{t_0}^{s} \| F(\tau, \psi(\tau), \mu) - F(\tau, \psi(\tau), \lambda) \| \, \mathrm{d}\tau \\
&\quad + \int_{t_0}^{s} \| F(\tau, \psi(\tau), \lambda) - F(\tau, \varphi(\tau), \lambda) \| \, \mathrm{d}\tau \\
&< \epsilon \mathrm{e}^{-L(t-t_0)} + \int_{t_0}^{s} \| F(\tau, \psi(\tau), \lambda) - F(\tau, \varphi(\tau), \lambda) \| \, \mathrm{d}\tau \\
&\leqslant \epsilon \mathrm{e}^{-L(t-t_0)} + L \int_{t_0}^{s} \| \psi(\tau) - \varphi(\tau) \| \, \mathrm{d}\tau.
\end{aligned}
$$

由 Gronwall 不等式得

$$\| \psi(t_2) - \varphi(t_2) \| \leqslant \epsilon \mathrm{e}^{-L(t-t_0)} \mathrm{e}^{L(t_2-t_0)} < \epsilon,$$

和 (1.91) 矛盾. 于是 ψ 在 $[t_0, t]$ 上有定义, 这说明 φ 在 J 的紧子区间上关于 (x_0, λ) 连续.

下证 φ 在 J 的紧子区间上关于 (t_0, x_0, λ) 连续.

仍记 φ 的最大存在区间 $J = (a, b)$. 对 $(\hat{t}_0, \hat{x}_0, \mu) \in \mathrm{int}G \times \mathrm{int}\Lambda$, 有 $\hat{t}_0 \in (a, b)$. 记微分系统

$$x' = F(t, x, \mu)$$

满足初值条件 $x(\hat{t}_0) = \hat{x}_0$ 的解为

$$\psi(t) = \varphi(t; \hat{t}_0, \hat{x}_0, \mu).$$

令 $\bar{x}_0 = \varphi(\hat{t}_0)$, 则

$$\varphi(t) = \varphi(t; t_0, x_0, \lambda) = \varphi(t; \hat{t}_0, \bar{x}_0, \lambda).$$

对 J 中的紧子区间 $[t_1, t_2]$, 不妨设 $t_0, \hat{t}_0 \in (t_1, t_2)$. 由第一步中已证结果知, $\forall \epsilon > 0$, $\exists \eta, \delta > 0$, 在 $\| \mu - \lambda \| < \eta$, $\| \hat{x}_0 - \bar{x}_0 \| < \delta$ 时,

$$\| \psi(t) - \varphi(t) \| < \epsilon, \quad t \in [t_1, t_2]. \tag{1.92}$$

再由 φ 关于 t 的连续性, $\exists \delta_1 \in (0, \delta)$, 当 $|\hat{t}_0 - t_0| < \delta_1$ 时,

$$\| \bar{x}_0 - x_0 \| = \| \varphi(\hat{t}_0) - \varphi(t_0) \| < \frac{\delta}{2}.$$

于是在 $\| \bar{x}_0 - x_0 \| < \frac{\delta}{2}$, $|\hat{t}_0 - t_0| < \delta_1$ 时,

$$\| \hat{x}_0 - \bar{x}_0 \| \leqslant \| \hat{x}_0 - x_0 \| + \| \bar{x}_0 - x_0 \| < \delta. \tag{1.93}$$

结合 (1.92) 和 (1.93) 就知, $\| \mu - \lambda \| < \eta$, $|\hat{t}_0 - t_0| < \delta_1$, $\| \hat{x}_0 - x_0 \| < \frac{\delta}{2}$ 时,

$$\| \psi(t) - \varphi(t) \| = \| \varphi(t; \hat{t}_0, \hat{x}_0, \mu) - \varphi(t; t_0, x_0, \lambda) \| < \epsilon, \quad t \in [t_1, t_2].$$

定理得证.

需要注意, 定理中解对初值和参数的连续依赖性是在解 $\varphi(t)$ 最大存在区间 J 的紧子区间 $[t_1, t_2]$ 上给出的, 而不是对整个 J 给出. 当然如果 J 本身恰好是一个有界闭区间, 定理结论也可以在 J 上成立.

以不含参数 (或是参数取定值) 的情况为例, 作一说明.

例 1.15　考虑放射性元素的放射衰减模型

$$x' = -kx, \quad k > 0.$$

设 $t = 0$ 时的初值 $x(t_0) = x_0$, 则 1.1 节已解得

$$x(t) = x_0 e^{-kt}, \quad t \in \mathbb{R}.$$

记 $f(t, x) = -kx$, 则 $f \in C^1(\mathbb{R}^2, \mathbb{R})$. 因此所给方程在 t, x 平面上满足解的存在唯一性. 但是由于这时 $J = \mathbb{R}$ 不是一个紧区间 (区间无界), 故不论 $|\hat{x}_0 - x_0| < \delta$ 多么小, 只要 $\hat{x}_0 - x_0 \neq 0$, 则满足 $x(0) = \hat{x}_0$ 的解 $\hat{x}(t)$, 当 $t \to -\infty$ 时, 有

$$|\hat{x}(t) - x(t)| = |\hat{x}_0 - x_0| e^{-kt} = +\infty.$$

解对初值的连续依赖性在 J 上不成立.

习 题 1.3

1. 当 $f(t,x) = t(x - 2\sqrt{x})$ 时, 对初值问题

$$\begin{cases} x' = f(t,x), \\ x(0) = x_0 \end{cases}$$

确定 $f(t,x)$ 的定义域, 并在 $x_0 = 2$ 时, 利用 Peano 定理证明初值问题有解且可延拓到整个实数域 $\mathbb{R}$ 上 (提示: $x = 0$ 和 $x = 4$ 是两个定常解).

2. 利用 Picard 定理证明初值问题

$$\begin{cases} x' = 1 - x^2, \\ x(0) = 0 \end{cases}$$

有唯一解, 且这一解可以延拓到 $(-\infty, +\infty)$ 上.

3. 已知 $f(t,x)$ 在 $\mathbb{R}^2$ 上连续, 且

$$-x \leqslant f(t,x) \leqslant 4 - x,$$

则初值问题

$$\begin{cases} x' = f(t,x), \\ x(0) = 2 \end{cases}$$

的任一解 $x(t)$ 满足 $0 < x(t) < 4$ 可延拓到 $(-\infty, +\infty)$ 上.

4. 在例 1.15 中, 如果取区间 $J = [0, +\infty)$, 在 J 上是否满足解对初值的连续依赖性? 如满足, 请证明.

第 2 章 线性微分方程和微分系统

在常微分方程和微分系统中, 对求解方法研究得最充分的是线性微分方程和一阶显式线性微分系统. 至今不仅就解的结构有了理论上的结果, 而且建立了特征函数法、常数变易法、待定系数法、Laplace 变换法等一系列具体解法. 即使如此, 这类微分方程或微分系统也并非总能用逐次积分的初等方法求解, 尤其是变系数的情况, 更是面临巨大的困难.

设区间 $J \subset \mathbb{R}$, 考虑微分方程

$$x^{(n)} + a_1(t)x^{(n-1)} + \cdots + a_n(t)x = f(t), \tag{2.1}$$

其中 $a_i, f : J \to \mathbb{R}$, 以及显式一阶微分系统

$$z' = A(t)z + F(t), \quad (t, z) \in J \times \mathbb{R}^n, \tag{2.2}$$

其中 $A : J \to \mathbb{R}^{n^2}, F : J \to \mathbb{R}^n$.

对微分系统 (2.2), 记

$$\widehat{F}(t, z) = A(t)z + F(t),$$

由 A, F 在 J 上的连续性可得 $\widehat{F}$ 在 $J \times \mathbb{R}^n$ 上关于 z 满足局部 Lipschitz 条件.

至于微分方程 (2.1), 1.3 节已指出它可以化成 (2.2) 的形式. 实际上, 如果令

$$x_i = x^{(i-1)}, \quad i = 1, 2, \cdots, n,$$

$$z = (x_1, x_2, \cdots, x_n)$$

$$\widehat{f}(t, z) = \left(x_2, \cdots, x_n, f(t) - \sum_{i=1}^{n} a_i(t)x_{n-1} \right)$$

就可写成

$$z' = \widehat{f}(t, z).$$

如果 $a_i, f \in C(J, \mathbb{R})$, 就可得出 $\widehat{f}$ 在 $J \times \mathbb{R}^{n^2}$ 上关于 z 满足局部 Lipschitz 条件的结论.

因此, 由 Picard 定理很容易得到

定理 2.1 设 $a_i, f \in C(J, \mathbb{R}), i = 1, 2, \cdots, n$, 则对任意 $(t_0, z_0) = (t_0, x_{1,0}, x_{2,0}, \cdots, x_{n,0}) \in J \times \mathbb{R}^n$, 方程 (2.1) 在 J 上满足 $z(t_0) = z_0$ 的解存在且唯一.

定理 2.2 设 $A \in C(J, \mathbb{R}^{n^2}), F \in C(J, \mathbb{R}^n)$, 则对任意 $(t_0, z_0) \in J \times \mathbb{R}^n$, 微分系统 (2.2) 满足 $z(t_0) = z_0$ 的解在 J 上存在且唯一.

迄今为止, 对线性微分方程和线性微分系统的研究, 主要限于 (2.1) 和 (2.2) 的类型. 但是随着控制理论中对广义系统的研究, 人们开始关注比系统 (2.2) 更广泛的线性微分系统. 本章除对方程 (2.1) 和一阶显式微分系统 (2.2) 给出求解方法外, 还将对常系数线性微分系统

$$\sum_{j=1}^{n}\sum_{k=0}^{n_{ij}} a_{i,j,k} x_j^{(k)} = f_i(t), \quad i = 1, 2, \cdots, n \tag{2.3}$$

进行讨论. 当 $A(t) = A$ 是常矩阵时, (2.2) 是 (2.3) 的一种特殊形式.

本章主要采用微分算子法求解. 在常系数情况下, 不仅适用于一阶显式微分系统, 也同样适用于 (2.3) 所给出的系统.

2.1　微分方程和微分系统解的结构

用 D 表示求导运算, 即 $D = \dfrac{\mathrm{d}}{\mathrm{d}t}$, 并用 D^n 表示 n 次求导运算, 即 $D^n = \dfrac{\mathrm{d}^n}{\mathrm{d}t^n}$, 且记

$$P(D) = D^n + \sum_{i=1}^{n} a_i(t) D^{n-i},$$

则 (2.1) 可以表示为

$$P(D)x = f(t). \tag{2.4}$$

以 I 表示 m 阶单位矩阵, DI 表示主对角线上元素为 D 的形式矩阵, 则式 (2.2) 可记为

$$(DI - A(t))z = F(t). \tag{2.5}$$

对更一般的情况, 设

$$l_{ij}(D) = \sum_{k=0}^{n_{ij}} a_{i,j,k}(t) D^k, \quad i, j = 1, 2, \cdots, m$$

并记算子矩阵

$$A(D) = (l_{ij}(D)),$$

则当 $z = (x_1, x_2, \cdots, x_n)^{\mathrm{T}}, F = (f_1, f_2, \cdots, f_n)^{\mathrm{T}}$ 时, 系统

$$A(D)z = F(t) \tag{2.6}$$

包含了 (2.1), (2.2) 和 (2.3) 的所有情况.

在 (2.6) 中设 F 和所有的 $a_{i,j,k}$ 都在区间 J 上连续. 用 θ 表示 m 维零向量, 则当

$$F(t) \equiv \theta, \quad t \in J,$$

即

$$A(D)z = \theta \tag{2.7}$$

时, 称微分系统是**线性齐次**的; 当在 J 上 $F(t) \not\equiv \theta$ 时, (2.6) 称为**线性非齐次**的.

　　由于求导运算是一种线性运算, 即对区间 J 上的任意两个可微函数 φ 和 ψ 以及任意两个实数 α, β, 有

$$D(\alpha\varphi + \beta\psi) = \alpha D\varphi + \beta D\psi,$$

很容易得到 $A(D)(\alpha x + \beta y) = \alpha A(D)x + \beta A(D)y$. 由此

　　(1) 设 x 和 y 是非齐次系统 (2.6) 的两个解, 则 $x - y$ 是齐次系统 (2.7) 的解.

　　实际上将 $x - y$ 代入 (2.7) 的左方,

$$A(D)(x - y) = A(D)x - A(D)y = F(t) - F(t) \equiv \theta,$$

便知结论成立.

　　(2) 设 x 是齐次系统 (2.7) 的解, z 是非齐次系统 (2.6) 的解, 则 $x + z$ 是非齐次系统 (2.6) 的解.

　　当 $\det A(D) \neq 0$, 即 $A(D)$ 的形式行列式不为 0 时, 用 $A^{-1}(D)F$ 表示 (2.6) 的所有解, 用 $A^{-1}(D)_1 F$ 表示 (2.6) 的一个解, 根据广义齐次系统与非齐次系统解的关系, 有

$$A^{-1}(D)F = A^{-1}(D)\theta + A^{-1}(D)_1 F. \tag{2.8}$$

　　特别是当 $A(D)$ 是 (2.4) 中的算子多项式 $P(D)$ 时, 也记 $P^{-1}(D) = \dfrac{1}{P(D)}$, 于是有

$$\frac{1}{P(D)}f = \frac{1}{P(D)}0 + \frac{1}{P(D)_1}f,$$

其中 0 为 J 上的零函数.

2.1.1　微分算子多项式

　　设有两个算子多项式

$$P_1(D) = \sum_{i=0}^{n} a_i(t)D^{n-i} = a_0(t)D^n + a_1(t)D^{n-1} + \cdots + a_n(t),$$

$$P_2(D) = \sum_{i=0}^{m} b_i(t)D^{m-i} = b_0(t)D^m + b_1(t)D^{m-1} + \cdots + b_m(t),$$

其中 $a_i(t), b_i(t)$ 均在区间 J 上有充分的可微性, 不妨设 $n \geqslant m$.

　　1) 加法

$$P_1(D) + P_2(D) = \sum_{i=0}^{n-m-1} a_i(t)D^{n-i} + \sum_{i=0}^{m}[a_{i+n-m}(t) + b_i(t)]D^{m-i}.$$

例如,

$$(a_0 D^4 + a_1 D^3 + a_2 D^2 + a_3 D + a_4) + (b_0 D^2 + b_1 D + b_2)$$
$$= a_0 D^4 + a_1 D^3 + (a_2 + b_0) D^2 + (a_3 + b_1) D + (a_4 + b_2).$$

2) 乘法

$$
\begin{aligned}
P_1(D) \cdot P_2(D) &= \sum_{i=0}^{n} a_i(t) D^{n-i} \left(\sum_{j=0}^{m} b_j(t) D^{m-j} \right) \\
&= \sum_{i=0}^{n} a_i(t) \sum_{j=0}^{m} D^{n-i} \left(b_j(t) D^{m-j} \right) \\
&= \sum_{i=0}^{n} \sum_{j=0}^{m} a_i(t) \sum_{k=0}^{n-i} C_{n-i}^k b_j^{(k)}(t) D^{n+m-i-j-k} \\
&= \sum_{i=0}^{n} \sum_{j=0}^{m} \sum_{k=0}^{n-i} C_{n-i}^k a_i(t) b_j^{(k)}(t) D^{n+m-i-j-k}.
\end{aligned}
$$

例如,

$$
(t^2 D^2 + tD + 2) \left(\frac{1}{t^2} D^2 + \frac{2}{t} D + 1 \right)
$$
$$
= t^2 D^2 \left(\frac{1}{t^2} D^2 + \frac{2}{t} D + 1 \right) + tD \left(\frac{1}{t^2} D^2 + \frac{2}{t} D + 1 \right) + \frac{2}{t^2} D^2 + \frac{4}{t} D + 2
$$
$$
= t^2 \left(\frac{1}{t^2} D^4 - \frac{4}{t^3} D^3 + \frac{6}{t^4} D^2 + \frac{2}{t} D^3 - \frac{4}{t^2} D^2 + \frac{4}{t^3} D + D^2 \right)
$$
$$
\quad + t \left(\frac{1}{t^2} D^3 - \frac{2}{t^3} D^2 + \frac{2}{t} D^2 - \frac{2}{t^2} D + D \right) + \frac{2}{t^2} D^2 + \frac{4}{t} D + 2
$$
$$
= D^4 + \left(2t - \frac{3}{t} \right) D^3 + \left(t^2 - 2 + \frac{6}{t^2} \right) D^2 + \left(t - \frac{2}{t} \right) D + 2.
$$

需要注意, 对于**变系数微分算子多项式, 乘法交换律一般不成立**. 实际上, 对单项式 $P_1(D) = a(t) D^n, P_2(D) = b(t) D^m$, 有

$$
P_1(D) P_2(D) = \sum_{k=0}^{n} C_n^k a(t) b^{(k)}(t) D^{m+n-k},
$$

$$
P_2(D) P_1(D) = \sum_{k=0}^{m} C_m^k b(t) a^{(k)}(t) D^{m+n-k},
$$

$$
P_1(D) P_2(D) = P_2(D) P_1(D).
$$

首先要求 $m = n$, 在此条件成立的前提下, 还需满足

$$a(t)b^{(k)}(t) - a^{(k)}(t)b(t) \equiv 0, \quad k = 0, 1, \cdots, n.$$

$k = 0$ 时, 此式自然成立. $k = 1$ 时, 当设 $a(t), b(t)$ 在 J 的任何子区间上不恒为零时, 由

$$(\ln|a(t)|)' = (\ln|b(t)|)',$$

得

$$\alpha b(t) = \beta a(t),$$

其中 α, β 是任意常数. 当 $a(t), b(t)$ 有足够的可微阶次, 等式对 $k = 1$ 成立, 即可得出它对 $k = 2, 3, \cdots, n$ 成立. 而且, 当 a, b 为 J 上的常值函数时, (2.10) 自然成立.

由此可得

两个常系数微分算子多项式, 按乘法运算是可交换的.

例如,

$$(D^2 + D + 1)(D^2 - D + 1) = D^4 + D^2 + 1 = (D^2 - D + 1)(D^2 + D + 1).$$

对 $P(D) = D^n + \displaystyle\sum_{i=1}^{n} a_i(t)D^{n-i}$, 记 $\dfrac{1}{P(D)}f(t)$ 为

$$P(D)x = f(t), \quad t \in J \tag{2.9}$$

的所有解构成的解集, 即对 $f \in C(J, \mathbb{R})$ 规定

$$\frac{1}{P(D)}f(t) = \{x \in C^n(J, \mathbb{R}) : P(D)x = f(t)\},$$

则 $\dfrac{1}{P(D)}$ 就是线性微分方程 (2.9) 的**解算子**. 解算子作用于连续函数 $f(t)$, 即得出 (2.9) 的解, 这时,

(1) $\dfrac{1}{P(D)}f(t)$ 是一族函数而不是一个函数.

(2) $\dfrac{1}{P(D)}f(t)$ 中每个函数的可微阶次比 $f(t)$ 提高 n 次.

(3) 如果 $P(D) = P_1(D)P_2(D)$, 则

$$\frac{1}{P(D)} = \frac{1}{P_2(D)} \frac{1}{P_1(D)}.$$

实际上, $\forall f \in C(J, \mathbb{R})$, $\dfrac{1}{P(D)}f$ 是

$$P(D)x = f$$

的所有解. 设 $x \in \dfrac{1}{P(D)}f$, 满足

$$P_1(D)P_2(D)x = f,$$

故由 $P_2(D)x \in \dfrac{1}{P_1(D)}f$, 得

$$x \in \frac{1}{P_2(D)}\frac{1}{P_1(D)}f.$$

反之 $\forall x \in \dfrac{1}{P_2(D)}\dfrac{1}{P_1(D)}f$, 则由 $P_2(D)x \in \dfrac{1}{P_1(D)}f$, 得 $P_1(D)P_2(D)x = f$, 即 $x \in \dfrac{1}{P(D)}f$.

需要注意的是, 当 $P_1(D), P_2(D)$ 是 D 的变系数多项式时, 由于 $P_1(D)$ 和 $P_2(D)$ 的乘积不可交换, $\dfrac{1}{P_1(D)}\dfrac{1}{P_2(D)}$ 作为解算子作用于 f 的次序通常也是不可交换的. 自然, $P_1(D)$ 和 $P_2(D)$ 是常系数多项式时, 解算子 $\dfrac{1}{P_1(D)}$ 和 $\dfrac{1}{P_2(D)}$ 对 f 的作用次序允许交换.

(4) 当 $P(D)$ 是 D 的常系数多项式时, 由代数基本定理知 $P(D)$ 可以在实数域中 (或复数域中) 作因式分解, 而解算子 $\dfrac{1}{P(D)}$ 可以相应表示成分部分式之和. 例如, $P(D) = D^2 + 3D + 2 = (D+1)(D+2)$ 时,

$$\frac{1}{P(D)} = \frac{1}{D^2 + 3D + 2} = \frac{1}{D+1} - \frac{1}{D+2}.$$

(5) 算子多项式和解算子可以有乘积运算, 即

$$P_1(D) \cdot \frac{1}{P_2(D)} \text{ 和 } \frac{1}{P_2(D)} \cdot P_1(D)$$

是有意义的, 且两者表示的新的算子通常也是相同的, 但如果 $P_1(D)$ 和 $P_2(D)$ 有公因子, 则两个算子存在差异.

例如, $\dfrac{1}{D}f$ 是 $Dx = f$ 的解, 则

$$D\left(\frac{1}{D}f\right) = f,$$

即 $D \cdot \dfrac{1}{D} = I$ 为恒等算子, 但 $\dfrac{1}{D}Df$ 表示

$$x' = f'$$

的解, 由方程两边对 t 积分得 $x = f + C, C$ 为任意常数, 于是

$$\frac{1}{D}Df = f + C$$

从而 $\frac{1}{D}D$ 不是恒等算子.

一般地,

$$P(D) \cdot \frac{1}{P(D)} : C(J, \mathbb{R}) \to C(J, \mathbb{R})$$

是恒等算子,

$$\frac{1}{P(D)} \cdot P(D) : C^n(J, \mathbb{R}) \to C^n(J, \mathbb{R})$$

是集值映射.

此外, 对 $\dfrac{P_1(D)}{P_2(D)}$ 规定

$$\frac{P_1(D)}{P_2(D)} := P_1(D)\frac{1}{P_2(D)}.$$

如果 $P_1(D), P_2(D)$ 分别为 D 的 n_1 次和 n_2 次多项式, 有

$$\frac{P_1(D)}{P_2(D)} : C(J, \mathbb{R}) \to C^{n_2-n_1}(J, \mathbb{R}), \text{当} n_2 \geqslant n_1 \text{ 时},$$

$$\frac{P_1(D)}{P_2(D)} : C^{n_1-n_2}(J, \mathbb{R}) \to C(J, \mathbb{R}), \text{当} n_2 < n_1 \text{ 时}.$$

对 $\dfrac{P_1(D)}{P_2(D)}$ 表示成分部分式的和之后, 算子作用后象函数的光滑性 (可微阶次), 需按通分后的最终分式进行讨论.

例如, 设 $f \in C(J, \mathbb{R})$, 则

$$\left(\frac{1}{D+1} - \frac{1}{D+2}\right)f = \frac{1}{(D+1)(D+2)}f,$$

故 $\left(\dfrac{1}{D+1} - \dfrac{1}{D+2}\right)f$ 是属于 $C^2(J, \mathbb{R})$ 的.

为计算方便起见, 下面给出几个求导公式.

对 $m, l \in \mathbb{Z}^+$, 记 $k = \min\{l, m\}$, 有

$$D^m(t^l \mathrm{e}^{\lambda t}) = \sum_{i=0}^{k} \mathrm{C}_m^i (D^i t^l) \cdot D^{m-i} \mathrm{e}^{\lambda t}$$

$$= \sum_{i=0}^{k} \frac{m!}{i!(m-i)!} \frac{l!}{(l-i)!} \lambda^{m-i} \mathrm{e}^{\lambda t} t^{l-i}$$

$$= \mathrm{e}^{\lambda t} \sum_{i=0}^{k} \frac{l!}{i!(l-i)!} t^{l-i} \frac{m!}{(m-i)!} \lambda^{m-i}$$

$$= \mathrm{e}^{\lambda t} \sum_{i=0}^{k} \mathrm{C}_l^i t^{l-i} (\lambda^m)^{(i)}$$

$$= \mathrm{e}^{\lambda t} \sum_{i=0}^{l} \mathrm{C}_l^i t^{l-i} (\lambda^m)^{(i)}, \tag{2.10}$$

其中 $(\lambda^m)^{(i)}$ 表示 λ^m 关于 λ 求 i 次导数. 由此可以推导出, 当 $f(D)$ 为 D 的常系数多项式时, 有

$$f(D)(t^l \mathrm{e}^{\lambda t}) = \mathrm{e}^{\lambda t} \sum_{i=0}^{l} \mathrm{C}_l^i t^{l-i} f^{(i)}(\lambda). \tag{2.11}$$

进一步, 对矩阵

$$A(D) = \begin{pmatrix} a_{11}(D) & \cdots & a_{1n}(D) \\ \vdots & & \vdots \\ a_{n1}(D) & \cdots & a_{nn}(D) \end{pmatrix},$$

其中 $a_{ij}(D)$ 为 D 的常系数多项式, 则

$$A(D)(t^l \mathrm{e}^{\lambda t}) = \mathrm{e}^{\lambda t} \sum_{i=0}^{l} \mathrm{C}_l^i t^{l-i} A^{(i)}(\lambda). \tag{2.12}$$

$A^{(i)}(\lambda)$ 为矩阵 $A(\lambda)$ 对 λ 的 i 次求导. 式 (2.12) 是以后求解常系数线性微分系统的基本公式.

2.1.2 线性微分系统解的结构

由于线性微分方程 (2.1) 可以转为显式一阶微分系统 (2.2) 进行研究, 故我们只讨论线性微分系统解的结构. 对于线性微分方程, 在推论中给出平行的结果.

由本节所给齐次系统 (2.7) 和非齐次系统 (2.6) 解的相互关系, 可以得出

定理 2.3 设 $z(t; c_1, \cdots, c_m)$ 是齐次系统 (2.7) 的通解, 即 $\{x(t; c_1, \cdots, c_m) : c_1, \cdots, c_m \in \mathbb{R}\}$ 是 (2.7) 的所有解构成的解集, $\varphi(t)$ 是 (2.6) 的任一解, 则

$$z(t; c_1, \cdots, c_m) + \varphi(t)$$

是非齐次系统 (2.6) 的通解.

由此可知, 只需讨论齐次线性微分系统解的结构, 就可以了解非齐次系统的解集了. 对齐次系统, 我们分别就一阶显式系统和高阶常系数齐次系统加以研究.

1. 一阶显式齐次线性微分系统

对一阶显式齐次线性微分系统

$$z' = A(t)z, \tag{2.13}$$

其中 $A(t)$ 为 $n \times n$ 函数矩阵, $A \in C(J, \mathbb{R}^{n^2})$, 即 $A(t)$ 中每一元素都是 J 上的连续函数.

定义 2.1   设 $z_j \in C^1(J, \mathbb{R}^n)(j = 1, 2, \cdots, n)$ 是线性微分系统 (2.13) 的 n 个解, 记

$$z_j(t) = (z_{1j}(t), z_{2j}(t), \cdots, z_{nj}(t))^{\mathrm{T}},$$

并由此构造矩阵

$$\Phi(t) = (z_{ij}(t))_{n \times n}, \quad t \in J$$

及相应的行列式 $W(t) = \det \Phi(t)$. 这时 $W(t)$ 称为解 $x_1(t), \cdots, x_n(t)$ 在区间 J 上的 **Wronsky 行列式**. 如果 $W(t) \neq 0$ 对 $\forall t \in J$ 成立, 就说 $\Phi(t)$ 是微分系统 (2.13) 在 J 上的一个**基本矩阵**, $z_1(t), \cdots, z_n(t)$ 是微分系统 (2.13) 在 J 上的一个**基本解组**.

例 2.1   容易验证 $z_1(t) = (\cos t, \sin t), z_2(t) = (-\sin t, \cos t)$ 是微分系统

$$z' = \begin{pmatrix} 0 & -1 \\ 1 & 0 \end{pmatrix} z \tag{2.14}$$

的两个解, 且对 $\forall t \in \mathbb{R}$,

$$W(t) = \begin{vmatrix} \cos t & -\sin t \\ \sin t & \cos t \end{vmatrix} = 1 \neq 0.$$

故 $z_1(t), z_2(t)$ 是微分系统 (2.14) 的一个基本解组.

由式 (1.53) 可知, 对微分系统 (2.13) 的 n 个解构成的 Wronsky 行列式, 只要 $\exists t_0 \in J$, 使 $W(t_0) \neq 0$, 便可得出

$$W(t) \neq 0, \quad \forall t \in J.$$

因此, 对系统 (2.13) 的 n 个解, 只要有一点使 Wronsky 行列式不等于 0, 就可判定这 n 个解是基本解组了. 由此得

定理 2.4   齐次线性微分系统 (2.13) 存在由 n 个线性无关解构成的基本解组, 且它的任一个解都可以由基本解组中的解线性表示.

证 先证基本解组的存在性

由于 $A \in C(J, \mathbb{R}^{n^2})$, 任取闭区间 $[a, b] \subset J$, 则 $F(t, z) = A(t)z, F \in C([a, b] \times \mathbb{R}^n, \mathbb{R}^n)$. 由 Peano 定理, $\forall t_0 \in (a, b)$, 初值问题

$$\begin{cases} z' = A(t)z, \\ z(t_0) = z_0 \end{cases} \tag{2.15}$$

的解 $x(t)$ 存在, 且可延拓到 $G = [a, b] \times \mathbb{R}^n$ 的边界 ∂G. 由于存在 $M > 0$, 使 $\|A(t)\| < M$, 即

$$\|z'(t)\| < M\|z(t)\|,$$

故

$$\|z(t)\| \leqslant M\|z_0\| + M \int_{t_0}^t \|z'(s)\| \mathrm{d}s,$$

由 Gronwall 不等式得

$$\|z(t)\| \leqslant M\|z_0\| \mathrm{e}^{M|t-t_0|}.$$

由此可知当 $t \in [a, b]$ 时, 记 $k = M\|z_0\| \max\{\mathrm{e}^{M(b-t_0)}, \mathrm{e}^{M(t_0-a)}\}$, 则 $\|z'(t)\| \leqslant K$, 从而

$$\|z(t)\| \leqslant \|z_0\| + K \max\{b - t_0, t_0 - a\} < \infty.$$

再由解必能延拓到 ∂G, 可见 $z(t)$ 在 $[a, b]$ 上有定义. 进一步, 由于 $[a, b]$ 为 J 中的任一闭区间, 故 $z(t)$ 在 J 上有定义.

据此, 在 (2.15) 中分别取 $z_0 = e_i, i = 1, 2, \cdots, n$, 其中 $e_i = (0, \cdots, 0, 1, 0, \cdots, 0)$ 代表第 i 个分量为 1, 其余分量为 0 的单位向量. 由此得到 (2.8) 定义在 J 上的 n 个解 $z_1(t), \cdots, z_n(t)$. 因

$$W(t_0) = \begin{vmatrix} 1 & & & \\ & 1 & & \\ & & \ddots & \\ & & & 1 \end{vmatrix} = 1.$$

可知 $z_1(t), z_2(t), \cdots, z_n(t)$ 是 (2.13) 在 J 上的一个基本解组.

下证 (2.13) 在 J 上的任一解 $\varphi(t)$ 可以用基本解组中的解线性表示.

设 $\varphi(t_0) = (k_1, k_2, \cdots, k_n)$, 取 $u(t) = \sum_{i=1}^n k_i z_i(t)$, 则 $u(t_0) = (k_1, k_2, \cdots, k_n) = \varphi(t_0)$. 显然 $u(t)$ 是系统 (2.13) 在 J 上的解. 根据定理 2.2 可知 $\varphi(t) = u(t)$, 即

$$\varphi(t) = \sum_{i=1}^n k_i z_i(t), \quad t \in J.$$

对齐次线性微分系统 (2.13) 而言, 基本矩阵不是唯一的. 以下讨论基本矩阵的性质及相互关系.

定理 2.5　设 $\Phi(t)$ 是齐次系统 (2.13) 在区间 J 上的一个基本矩阵, 则

(1)

$$\Phi'(t) = A(t)\Phi(t), \quad t \in J,$$

(2) 系统 (2.13) 满足 $z(t_0) = z_0$ 的解为

$$z(t) = \Phi(t)\Phi^{-1}(t_0)z_0, \quad t \in J.$$

证　(1) 设 $\Phi(t) = (z_1(t), z_2(t), \cdots, z_n(t))$, 其中 $z_i(t)$ 都是齐次系统 (2.8) 的解, 则

$$\begin{aligned}
\Phi'(t) &= (z_1'(t), z_2'(t), \cdots, z_n'(t)) \\
&= (A(t)z_1(t), A(t)z_2(t), \cdots, A(t)z_n(t)) = A(t)\Phi(t).
\end{aligned}$$

(2) 由于 $\det\Phi(t_0) \neq 0$, 故 $\Phi^{-1}(t_0)$ 存在, 且 $t \in J$ 时,

$$z'(t) = \Phi'(t)\Phi^{-1}(t_0)z_0 = A(t)\Phi(t)\Phi^{-1}(t_0)z_0 = A(t)z(t).$$

故 $z(t)$ 是 (2.13) 的解. 令 $t = t_0$, 有 $z(t_0) = z_0$, 于是结论成立.

定理 2.6　设 $\Phi(t), \widehat{\Phi}(t)$ 是齐次系统 (2.13) 在区间 J 上的两个基本矩阵, 则存在满秩常矩阵 $C = \Phi^{-1}(t_0)\widehat{\Phi}(t_0)(\widehat{C} = \widehat{\Phi}^{-1}(t_0)\Phi(t_0))$, 使

$$\widehat{\Phi}(t) = \Phi(t)C \quad (\Phi(t) = \widehat{\Phi}(t)\widehat{C}), \quad t \in J.$$

证　设 $\Phi(t) = (z_1(t), z_2(t), \cdots, z_n(t))$, $\widehat{\Phi}(t) = (\widehat{z}_1(t), \widehat{z}_2(t), \cdots, \widehat{z}_n(t))$, 则 $(z_1(t), z_2(t), \cdots, z_n(t))$ 和 $(\widehat{z}_1(t), \widehat{z}_2(t), \cdots, \widehat{z}_n(t))$ 分别是系统 (2.13) 的两个基本解组, 于是对每个 $j \in \{1, 2, \cdots, n\}$, 存在常数组 $C_j = (C_{1j}, C_{2j}, \cdots, C_{nj})^{\mathrm{T}}$, 使

$$\widehat{z}_j(t) = \sum_{k=1}^{n} C_{kj}z_k(t) = \Phi(t)C_j,$$

并得到

$$\widehat{\Phi}(t) = (\Phi(t)C_1, \Phi(t)C_2, \cdots, \Phi(t)C_n) = \Phi(t)C,$$

其中 $C = (C_1, C_2, \cdots, C_n)$ 为 n 阶常矩阵, 上式中令 $t = t_0$, 即得 $\widehat{\Phi}(t_0) = \Phi(t_0)C$, 故

$$C = \Phi^{-1}(t_0)\widehat{\Phi}(t_0).$$

显然 C 是满秩的, 即 $\det C \neq 0$.

特别当 $A(t) = A$ 为常矩阵时, 系统 (2.13) 成为

$$z' = Az, \tag{2.16}$$

且 A 作为常矩阵在 $\mathbb{R}$ 上自然是连续的, 因而 $J = \mathbb{R}$.

定理 2.7 设 $\Phi(t)$ 是系统 (2.16) 的基本矩阵, 则 $\forall s, t \in \mathbb{R}$,

$$\Phi(t)\Phi^{-1}(s) = \Phi(t-s)\Phi^{-1}(0).$$

证 设 $\Phi(t) = (z_1(t), z_2(t), \cdots, z_n(t))$. 易证 $\Phi(t)\Phi^{-1}(s)$ 是常系数系统 (2.16) 的一个基本矩阵, 同时由 $z_j(t)$ 满足 $z_j'(t) = Az_j(t)$, 可得 $z_j'(t-s) = Az_j(t-s)$. 因此 $\Phi(t-s) = (z_1(t-s), z_2(t-s), \cdots, z_n(t-s))$ 也是 (2.16) 的一个基本矩阵. 由定理 2.6, 存在常矩阵 C 使

$$\Phi(t-s) = \Phi(t)\Phi^{-1}(s)C, \quad t \in \mathbb{R}.$$

令 $t = s$, 得 $\Phi(0) = C$, 故 C 是满矩阵. 于是 $\Phi(t-s)\Phi^{-1}(0) = \Phi(t)\Phi^{-1}(s), t \in \mathbb{R}$.

例 2.2 可以验证

$$z_1(t) = \begin{pmatrix} e^t \\ -e^t \end{pmatrix}, \quad z_2(t) = \begin{pmatrix} 2e^{3t} - e^t \\ 2e^{3t} + e^t \end{pmatrix},$$

$$\widehat{z}_1(t) = \begin{pmatrix} e^t + e^{3t} \\ -e^t + e^{3t} \end{pmatrix}, \quad \widehat{z}_2(t) = \begin{pmatrix} e^{3t} \\ e^{3t} \end{pmatrix}$$

都是齐次系统

$$z' = \begin{pmatrix} 2 & 1 \\ 1 & 2 \end{pmatrix} z$$

在 $J = \mathbb{R}$ 上的解, 记

$$\Phi(t) = \begin{pmatrix} e^t & 2e^{3t} - e^t \\ -e^{-t} & 2e^{3t} + e^t \end{pmatrix}, \quad \widehat{\Phi}(t) = \begin{pmatrix} e^t + e^{3t} & e^{3t} \\ -e^t + e^{3t} & e^{3t} \end{pmatrix}.$$

由 $\det \Phi(0) = 4, \det \widehat{\Phi}(0) = 2$ 知, $\Phi(t)$ 和 $\widehat{\Phi}(t)$ 都是所给系统的基本矩阵, 在 $\widehat{\Phi}(t) = \Phi(t)C$ 中,

$$C = \Phi^{-1}(0)\widehat{\Phi}(0) = \begin{pmatrix} 1 & 1 \\ -1 & 3 \end{pmatrix}^{-1} \begin{pmatrix} 2 & 1 \\ 0 & 1 \end{pmatrix} = \begin{pmatrix} \dfrac{3}{2} & \dfrac{1}{2} \\ \dfrac{1}{2} & \dfrac{1}{2} \end{pmatrix}.$$

在 $\Phi(t) = \widehat{\Phi}(t)\widehat{C}$ 中,

$$\widehat{C} = \widehat{\Phi}^{-1}(0)\Phi(0) = \begin{pmatrix} 2 & 1 \\ 0 & 1 \end{pmatrix}^{-1} \begin{pmatrix} 1 & 1 \\ -1 & 3 \end{pmatrix} = \begin{pmatrix} 1 & -1 \\ -1 & 3 \end{pmatrix}.$$

进一步, 如果对所给系统求满足 $z(1) = (2,3)^{\mathrm{T}}$ 的解, 原则上可利用 $z(t) = \Phi(t)\Phi^{-1}(t_0)z_0$ 求解, 但系统中系数矩阵是常矩阵, 故有

$$
\begin{aligned}
z(t) &= \Phi(t-1)\Phi^{-1}(0)z_0 \\
&= \begin{pmatrix} \mathrm{e}^{t-1} & 2\mathrm{e}^{3(t-1)} - \mathrm{e}^t \\ -\mathrm{e}^{t-1} & 2\mathrm{e}^{3(t-1)} + \mathrm{e}^t \end{pmatrix} \begin{pmatrix} 1 & 1 \\ -1 & 3 \end{pmatrix}^{-1} \begin{pmatrix} 2 \\ 3 \end{pmatrix} \\
&= \begin{pmatrix} \dfrac{5}{2}\mathrm{e}^{3(t-1)} - \dfrac{1}{2}\mathrm{e}^{t-1} \\[2mm] \dfrac{5}{2}\mathrm{e}^{3(t-1)} + \dfrac{1}{2}\mathrm{e}^{t-1} \end{pmatrix}.
\end{aligned}
$$

至于齐次线性微分方程

$$
x^{(n)} + a_1(t)x^{(n-1)} + \cdots + a_n(t)x = 0, \tag{2.17}
$$

可由 $z = (x, x', \cdots, x^{(n-1)})$ 化为 (2.8) 的形式, 其中

$$
A(t) = \begin{pmatrix} 0 & 1 & 0 & \cdots & 0 \\ 0 & 0 & 1 & \cdots & 0 \\ \vdots & \vdots & \vdots & & \vdots \\ -a_n(t) & -a_{n-1}(t) & -a_{n-2}(t) & \cdots & -a_1(t) \end{pmatrix}.
$$

设 $a_i \in C(J, \mathbb{R})$, 这时, 对 (2.8) 的解

$$
z_j(t) = (x_j(t), x_j'(t), \cdots, x_j^{(n-1)}(t))^{\mathrm{T}}, \quad j = 1, 2, \cdots, n,
$$

其 Wronsky 行列式为

$$
W(t) = \det(z_1(t), z_2(t), \cdots, z_n(t)) = \begin{vmatrix} x_1(t) & x_2(t) & \cdots & x_n(t) \\ x_1'(t) & x_2'(t) & \cdots & x_n'(t) \\ \vdots & \vdots & & \vdots \\ x_1^{(n-1)}(t) & x_2^{(n-1)}(t) & \cdots & x_n^{(n-1)}(t) \end{vmatrix}.
$$

由于每个解 $z_j(t)$, 只要第 1 个分量 $x_j(t)$ 给定, $z_j(t)$ 就完全确定, 因此对齐次线性方程 (2.17), 当 Wronsky 行列式 $W(t) \neq 0$ 时, 就称 $x_1(t), x_2(t), \cdots, x_n(t)$ 是一个**基本解组**.

定理 2.8　齐次线性微分方程 (2.17) 在 $a_i \in C(J, \mathbb{R})(i = 1, 2, \cdots, n)$ 时, 存在基本解组 $x_1(t), x_2(t), \cdots, x_n(t)$, 且它的任一解都可以由基本解组中的解线性表示.

2. 高阶常系数齐次线性微分系统

对于变系数的高阶齐次线性微分系统, 如何求解, 尚需深入研究, 即使对于常系数的高阶线性微分系统, 至今只在一些教材中偶有涉及. 设 $A(D)$ 中各元素为微分算子的常系数多项式, 对齐次微分系统

$$A(D)z = \theta \tag{2.18}$$

有如下结果

定理 2.9 设 $\det A(D) = P(D), P(D) \neq 0$ 为 D 的 m 次多项式, 则齐次系统 (2.18) 的基本解组由 m 个线性无关函数向量 $z_1(t), z_2(t), \cdots, z_m(t)$ 构成, 这些解向量均定义在 $\mathbb{R}$ 上, 且 (2.18) 的其余解均可由它们线性表示.

证 见附录.

需要注意, 一个线性微分系统在理论上存在基本解组, 并不等于在实际上能将这个基本解组求出, 因此, 还需讨论微分系统的求解方法.

习 题 2.1

1. $D = \dfrac{\mathrm{d}}{\mathrm{d}t}$ 是常微分算子,

$$P_1(D) = tD + \sin t, \quad P_2(D) = 2D - \cos t.$$

计算 $P_1(D) + P_2(D), P_1(D)P_2(D), P_2(D)P_1(D)$.

2. 已知 $\dfrac{1}{D-1}t = C_1\mathrm{e}^t - (t+1), \dfrac{1}{D+1}t = C_2\mathrm{e}^{-t} + (t-1)$, 求 $\dfrac{1}{D^2-1}t$ (提示: $D^2 - 1 = (D+1)(D-1)$).

3. 已知 $\dfrac{1}{(D-1)^2}1 = (C_1t + C_2)\mathrm{e}^t + 1, \dfrac{1}{D+1}1 = C_3\mathrm{e}^{-t} + 1$, 求 $\dfrac{1}{(D-1)(D^2-1)}1$.

4. 计算:

(1) $(D^3 - 2D^2 + D + 1)(t^2\mathrm{e}^{2t})$;

(2) $(D^2 + 2D + 1)(t\sin t\mathrm{e}^t)$;

(3) $(D+1)\begin{pmatrix} t\mathrm{e}^t \\ (2t+1)\mathrm{e}^{-t} \end{pmatrix}$;

(4) $\begin{pmatrix} D+1 & D-1 \\ 1 & D^2+2D \end{pmatrix} t^2\mathrm{e}^{2t}$.

5. 验证 $\begin{pmatrix} \mathrm{e}^t \\ \mathrm{e}^t \end{pmatrix}, \begin{pmatrix} t\mathrm{e}^t \\ (t+1)\mathrm{e}^t \end{pmatrix}$ 和 $\begin{pmatrix} (t+1)\mathrm{e}^t \\ (t+2)\mathrm{e}^t \end{pmatrix}, \begin{pmatrix} (2t-1)\mathrm{e}^t \\ (2t+1)\mathrm{e}^t \end{pmatrix}$ 是齐次线性方程组

$$\begin{pmatrix} x_1' \\ x_2' \end{pmatrix} = \begin{pmatrix} 0 & 1 \\ -1 & 2 \end{pmatrix} \begin{pmatrix} x_1 \\ x_2 \end{pmatrix}$$

的两个基本解组, 记它们分别构成基本矩阵 $\Phi(t)$ 和 $\widehat{\Phi}(t)$, 求矩阵 C 使

$$\widehat{\Phi}(t) = C.$$

6. 验证 $e^t, e^t \cos 2t, e^t \sin 2t$ 是三阶微分方程 $(D^3 - 3D^2 + 7D - 5)x = 0$ 的线性无关解, 并求满足初值条件 $(x(0), x'(0), x''(0)) = (2, 4, 2)$ 的特解.

7. 求解下列一阶线性方程:

(1) $x' = 3t^2 x$;

(2) $x' + 2tx = 0$;

(3) $x' + t^2 x = t^2$;

(4) $y' + y = y^2$ (x 是自变量).

2.2　微分方程和微分系统的求解

求解线性微分方程和线性微分系统有多种方法, 其中微分算子法具有计算方便, 适用范围广的优点. 本书重点介绍运用算子法求解线性微分方程和线性微分系统的过程.

2.2.1　求解一阶线性微分方程

对一阶非齐次线性微分方程

$$x' + a_1(t)x = f(t), \quad t \in J.$$

总假定 $a_1, f \in C(J, \mathbb{R})$, 用 D 表示求导运算 $\dfrac{\mathrm{d}}{\mathrm{d}t}$, 则方程可改写为

$$(D + a_1(t))x = f(t), \quad t \in J, \tag{2.19}$$

记 (2.19) 的解集为 $\dfrac{1}{D + a_1(t)} f(t)$, 则用

$$x(t) = \frac{1}{D + a_1(t)} f(t), \quad t \in J$$

表示 (2.19) 的所有解. 为确定解集 $\dfrac{1}{D + a_1(t)} f(t)$ 的具体形式, 任取 $x \in \dfrac{1}{D + a_1(t)} f(t)$, 则 $x(t)$ 满足 (2.19), 且 $x \in C^1(J, R)$. 在 (2.19) 两边乘 $e^{\int a_1(t)\mathrm{d}t}$ 得

$$D\left(x(t)e^{\int a_1(t)\mathrm{d}t}\right) = f(t)e^{\int a_1(t)\mathrm{d}t}.$$

于是求得

$$x(t)e^{\int a_1(t)\mathrm{d}t} = C + \int f(t)e^{\int a_1(t)\mathrm{d}t}\mathrm{d}t,$$

$$x(t) = Ce^{-\int a_1(t)dt} + e^{-\int a_1(t)dt} \int f(t)e^{\int a_1(t)dt}dt,$$

其中 C 是由 $f(t)e^{\int a_1(t)dt}$ 求原函数时出现的任意常数, 这样就得到

$$\frac{1}{D+a_1(t)}f(t) = Ce^{-\int a_1(t)dt} + e^{-\int a_1(t)dt} \int f(t)e^{\int a_1(t)dt}dt. \tag{2.20}$$

与此同时, 还可以用定积分的形式给出 $\dfrac{1}{D+a_1(t)}f(t)$ 的表达式, 即在 (2.19) 两边乘 $e^{\int_{t_0}^{t} a_1(s)ds}$ 得

$$D\left(x(t)e^{\int_{t_0}^{t} a_1(s)ds}\right) = f(t)e^{\int_{t_0}^{t} a_1(s)ds},$$

其中 $t_0 \in J$ 是区间 J 中的任一点, 上式两边从 t_0 积分到 t 得

$$x(t)e^{\int_{t_0}^{t} a_1(s)ds} - x(t_0) = \int_{t_0}^{t} f(s)e^{\int_{t_0}^{s} a_1(\tau)d\tau}ds,$$

$$x(t) = x(t_0)e^{-\int_{t_0}^{t} a_1(s)ds} + \int_{t_0}^{t} f(s)e^{-\int_{s}^{t} a_1(\tau)d\tau}ds.$$

$x(t_0)$ 未给定时, $x(t_0)$ 可以用任意常数 C 代替, 于是有

$$\frac{1}{D+a_1(t)}f(t) = Ce^{-\int_{t_0}^{t} a_1(s)ds} + \int_{t_0}^{t} f(s)e^{-\int_{s}^{t} a_1(\tau)d\tau}ds. \tag{2.21}$$

我们强调, 式 (2.20) 和式 (2.21) 都是方程 (2.17) 在 J 上的通解, 两种表示形式各有优点: 式 (2.20) 便于计算, 而式 (2.21) 在给定初值 $x(t_0) = x_0$ 时, 用 x_0 代替 C, 就可以得到符合定解条件的特解.

由于 $f(t) = 0 + f(t)$, 可以记

$$\frac{1}{D+a_1(t)}f(t) = \frac{1}{D+a_1(t)}0 + \left(\frac{1}{D+a_1(t)}\right)_1 f(t),$$

其中 $\dfrac{1}{D+a_1(t)}0$ 表示齐次方程 $(D+a_1(t))x = 0$ 的通解, $\left(\dfrac{1}{D+a_1(t)}\right)_1 f(t)$ 表示非齐次方程 $(D+a_1(t))x = f(t)$ 的一个特解. 在式 (2.20) 中,

$$\frac{1}{D+a_1(t)}0 = Ce^{-\int a_1(t)dt},$$

$$\left(\frac{1}{D+a_1(t)}\right)_1 f(t) = e^{-\int a_1(t)dt} \int f(t)e^{\int a_1(t)dt}dt.$$

在式 (2.21) 中,

$$\frac{1}{D+a_1(t)}0 = Ce^{-\int_{t_0}^{t} a_1(s)ds}, \quad \left(\frac{1}{D+a_1(t)}\right)_1 f(t) = \int_{t_0}^{t} f(s)e^{-\int_{s}^{t} a_1(\tau)d\tau}ds.$$

例 2.3　求解方程

$$tx' - x = 1 + t, \quad t \neq 0. \tag{2.22}$$

解　$t \neq 0$ 时, (2.22) 等价于

$$\left(D - \frac{1}{t}\right)x = 1 + \frac{1}{t}.$$

于是

$$\frac{1}{D - \frac{1}{t}}0 = Ce^{\int \frac{1}{t}\mathrm{d}t} = Ct,$$

$$\left(\frac{1}{D - \frac{1}{t}}\right)_1 \left(1 + \frac{1}{t}\right) = e^{\int \frac{1}{t}\mathrm{d}t}\int \left(1 + \frac{1}{t}\right)e^{-\int \frac{1}{t}\mathrm{d}t}\mathrm{d}t$$

$$= |t|\int \left(1 + \frac{1}{t}\right)\frac{1}{|t|}\mathrm{d}t$$

$$= t\ln|t| - 1.$$

于是方程 (2.22) 的通解是

$$x(t) = Ct + t\ln|t| - 1, \quad t \neq 0.$$

例 2.4　求解初值问题

$$\begin{cases} tx' - 2x = t + 2, & t \neq 0, \\ x(1) = 3. \end{cases} \tag{2.23}$$

解　由于 $t_0 = 1 > 0$, 取 $J = (0, \infty)$,

$$\frac{1}{D - \frac{2}{t}}0 = e^{2\int_1^t \frac{1}{s}\mathrm{d}s} = Ct^2.$$

$$\left(\frac{1}{D - 2/t}\right)_1 \left(1 + \frac{2}{t}\right) = \int_1^t \left(1 + \frac{2}{s}\right)e^{2\int_s^t \frac{1}{\tau}\mathrm{d}\tau}\mathrm{d}s$$

$$= \int_1^t \left(1 + \frac{2}{s}\right)\frac{t^2}{s^2}\mathrm{d}s$$

$$= -t - 1 + 2t^2,$$

故初值问题 (2.23) 的解为

$$x(t) = 3t^2 - t - 1 + 2t^2 = 5t^2 - t - 1.$$

微分方程中因变量和自变量之间只是数值之间的对应关系, 并不是指结果和原因之间的关系. 因此对于一阶方程

$$x' = \frac{p(x)}{\alpha(x)t + q(x)},$$

其中 α, p, q 都是区间 $J \subset \mathbb{R}$ 上的连续函数, 为了确定变量 t 和变量 x 在取值之间的对应关系, 也可以将 t 作为 x 的函数进行求解, 即对一阶方程

$$\frac{\mathrm{d}t}{\mathrm{d}x} = \frac{\alpha(x)}{p(x)}t + \frac{q(x)}{p(x)}$$

求出

$$t(x) = C\mathrm{e}^{\int \frac{\alpha(x)}{p(x)}\mathrm{d}x} + \mathrm{e}^{\int \frac{\alpha(x)}{p(x)}\mathrm{d}x} \int \frac{q(x)}{p(x)}\mathrm{e}^{-\int \frac{\alpha(x)}{p(x)}\mathrm{d}x}\mathrm{d}x.$$

例 2.5 求解一阶方程

$$x' = \frac{x^2 - 1}{2t + x}. \tag{2.24}$$

解 显然 $x(t) \equiv -1$ 和 $x(t) \equiv 1$ 是方程 (2.24) 的两个常值解. 当 $x \neq \pm 1$ 时, 将 x 作为自变量, 则 (2.24) 成为

$$\frac{\mathrm{d}t}{\mathrm{d}x} = \frac{2}{x^2 - 1}t + \frac{x}{x^2 - 1}. \tag{2.25}$$

这是关于未知变量 t 的一阶线性微分方程, 可写成

$$\left(D - \frac{2}{x^2 - 1}\right)t = \frac{x}{x^2 - 1},$$

于是

$$\frac{1}{D - \dfrac{2}{x^2 - 1}}0 = C\mathrm{e}^{\int \frac{2}{x^2-1}\mathrm{d}x} = C\frac{x - 1}{x + 1},$$

$$\left(\frac{1}{D - \dfrac{2}{x^2 - 1}}\right)_1 \frac{x}{x^2 - 1} = \frac{x - 1}{x + 1}\int \frac{x}{x^2 - 1} \cdot \frac{x + 1}{x - 1}\mathrm{d}x$$

$$= \frac{x - 1}{x + 1}\ln|x - 1| - \frac{1}{x + 1}.$$

故方程 (2.25) 的通解

$$t(x) = C\frac{x - 1}{x + 1} + \frac{x - 1}{x + 1}\ln|x - 1| - \frac{1}{x - 1} \tag{2.26}$$

和 $x(t) \equiv \pm 1$ 一起构成 (2.24) 的全部解.

注 2.1　对标准的一阶线性方程, 通解形式给出了方程全部解, 但对 (2.24) 这样的一阶方程, 虽然可以化为一阶线性微分方程的形式求解, 但对导数 $\dfrac{\mathrm{d}t}{\mathrm{d}x}$ 而言, 毕竟它不是标准的一阶线性微分方程, 而是一个隐式方程. 因此除了一个含任意常数 C 的通解外, 还有两条直线解. 同时, 我们还注意到通解中不论 C 取定何值, (2.26) 表示的是分别定义在 $-\infty < x < -1, -1 < x < 1, 1 < x < +\infty$ 上的三个解.

2.2.2　求解高阶线性微分方程的一般法则

对一般形式的变系数 n 阶线性微分方程

$$P(D)x = f(t), \quad t \in J, \tag{2.27}$$

其中 $J \subset \mathbb{R}$ 是一个区间, 虽然可以给出解的结构, 但实际上很难求解. 如果 $P(D)$ 可以写成一阶线性算子 n 次复合的形式, 即

$$P(D) = (D + a_n(t))(D + a_{n-1}(t)) \cdots (D + a_2(t))(D + a_1(t)), \tag{2.28}$$

则由

$$\frac{1}{P(D)} = \frac{1}{D + a_1(t)} \frac{1}{D + a_2(t)} \cdots \frac{1}{D + a_{n-1}(t)} \frac{1}{D + a_n(t)}$$

可得

$$\begin{aligned}
\frac{1}{P(D)} f(t) &= \frac{1}{P(D)} 0 + \left(\frac{1}{P(D)}\right)_1 f(t) \\
&= \frac{1}{D + a_1(t)} \frac{1}{D + a_2(t)} \cdots \frac{1}{D + a_n(t)} 0 \\
&\quad + \left(\frac{1}{D + a_1(t)}\right)_1 \left(\frac{1}{D + a_2(t)}\right)_1 \cdots \left(\frac{1}{D + a_n(t)}\right)_1 f(t).
\end{aligned}$$

如果 $n = 1$, 在 2.2.1 小节中已得到

$$\frac{1}{D + a_1(t)} 0 = C_1 \mathrm{e}^{-\int a_1(t)\mathrm{d}t},$$

$$\left(\frac{1}{D + a_1(t)}\right)_1 f(t) = \mathrm{e}^{-\int a_1(t)\mathrm{d}t} \int f(t) \mathrm{e}^{\int a_1(t)\mathrm{d}t} \mathrm{d}t,$$

$$\frac{1}{D + a_1(t)} f(t) = C_1 \mathrm{e}^{-\int a_1(t)\mathrm{d}t} + \mathrm{e}^{-\int a_1(t)\mathrm{d}t} \int f(t) \mathrm{e}^{\int a_1(t)\mathrm{d}t} \mathrm{d}t.$$

如果 $n = 2$, 利用 (2.21) 的结果有

$$\begin{aligned}
\frac{1}{D + a_1(t)} \frac{1}{D + a_2(t)} 0 &= \frac{1}{D + a_1(t)} C_2 \mathrm{e}^{-\int a_2(t)\mathrm{d}t} \\
&= C_1 \mathrm{e}^{-\int a_1(t)\mathrm{d}t} + C_2 \mathrm{e}^{-\int a_1(t)\mathrm{d}t} \int \mathrm{e}^{\int (a_1(t) - a_2(t))\mathrm{d}t} \mathrm{d}t,
\end{aligned}$$

$$\left(\frac{1}{D+a_1(t)}\right)_1\left(\frac{1}{D+a_2(t)}\right)_1 f(t) = \left(\frac{1}{D+a_1(t)}\right)_1 \mathrm{e}^{-\int a_2(t)\mathrm{d}t}\int f(t)\mathrm{e}^{\int a_2(t)\mathrm{d}t}\mathrm{d}t$$

$$= \mathrm{e}^{-\int a_1(t)\mathrm{d}t}\int \mathrm{e}^{\int(a_1(t)-a_2(t))\mathrm{d}t}\left[\int f(t)\mathrm{e}^{\int a_2(t)\mathrm{d}t}\mathrm{d}t\right]\mathrm{d}t,$$

于是

$$\frac{1}{D+a_1(t)}\frac{1}{D+a_2(t)}f(t) = C_1\mathrm{e}^{-\int a_1(t)\mathrm{d}t} + C_2\mathrm{e}^{-\int a_1(t)\mathrm{d}t}\int \mathrm{e}^{\int(a_1(t)-a_2(t))\mathrm{d}t}\mathrm{d}t$$

$$+ \mathrm{e}^{-\int a_1(t)\mathrm{d}t}\int \mathrm{e}^{\int(a_1(t)-a_2(t))\mathrm{d}t}\left[\int f(t)\mathrm{e}^{\int a_2(t)\mathrm{d}t}\mathrm{d}t\right]\mathrm{d}t.$$

由数学归纳法可证

$$\frac{1}{D+a_1(t)}\frac{1}{D+a_2(t)}\cdots\frac{1}{D+a_{n-1}(t)}\frac{1}{D+a_n(t)}f(t)$$

$$= \sum_{i=1}^n C_i\mathrm{e}^{-\int a_1(t)\mathrm{d}t}\int \mathrm{e}^{\int(a_1(t)-a_2(t))\mathrm{d}t}\left[\int \mathrm{e}^{\int(a_2(t)-a_3(t))\mathrm{d}t}\right.$$

$$\left.\cdot\left[\cdots\int \mathrm{e}^{\int(a_{i-1}(t)-a_i(t))\mathrm{d}t}\mathrm{d}t\cdots\right]\mathrm{d}t\right]\mathrm{d}t + \mathrm{e}^{-\int a_1(t)\mathrm{d}t}\int \mathrm{e}^{\int(a_1(t)-a_2(t))\mathrm{d}t}$$

$$\cdot\left[\int \mathrm{e}^{\int(a_2(t)-a_3(t))\mathrm{d}t}\left[\cdots\int \mathrm{e}^{\int a_n(t)\mathrm{d}t}f(t)\mathrm{d}t\cdots\right]\mathrm{d}t\right]\mathrm{d}t. \tag{2.29}$$

于是由

$$x(t) = \frac{1}{P(D)}f(t) = \frac{1}{D+a_1(t)}\frac{1}{D+a_2(t)}\cdots\frac{1}{D+a_{n-1}(t)}\frac{1}{D+a_n(t)}f(t)$$

得 (2.27) 的全部解, 即通解.

虽然我们给出了式 (2.29), 但对于 $P(D)$ 为 (2.28) 的情况, 在实际解题时, 可以逐次利用式 (2.20) 进行计算.

例 2.6 求解二阶线性微分方程

$$x'' + 4tx' + (4t^2+2)x = 2t^2+1. \tag{2.30}$$

解 方程 (2.30) 可写成

$$(D+2t)(D+2t)x = 2t^2+1.$$

故

$$(D+2t)x = \frac{1}{D+2t}(2t^2+1) = C_2\mathrm{e}^{-t^2} + \mathrm{e}^{-t^2}\int(2t^2+1)\mathrm{e}^{t^2}\mathrm{d}t.$$

由

$$\int (2t^2 + 1)e^{t^2} dt = \int e^{t^2} dt + \int t \cdot 2te^{t^2} dt$$
$$= \int e^{t^2} dt + te^{t^2} - \int e^{t^2} dt = te^{t^2},$$

得

$$(D + 2t)x = C_2 e^{-t^2} + t,$$

于是

$$x = \frac{1}{D + 2t}(C_2 e^{-t^2} + t) = C_1 e^{-t^2} + C_2 e^{-t^2} \int e^{t^2} e^{-t^2} dt + e^{-t^2} \int e^{t^2} t dt.$$

计算得 (2.30) 的通解为

$$x(t) = C_1 e^{-t^2} + C_2 t e^{-t^2} + \frac{1}{2}.$$

和一阶线性微分方程一样, 式 (2.29) 右方的不定积分可以换成变上限定积分的表示式, 即任取 $t_0 \in J$,

$$x(t) = \frac{1}{P(D)}0 + \left(\frac{1}{P(D)}\right)_1 f(t)$$
$$= \sum_i C_i x_i(t) + e^{-\int_{t_0}^{t} a_1(s)ds} \int_{t_0}^{t} e^{\int_{t_0}^{s_1}(a_1(s) - a_2(s))ds}$$
$$\cdot \left[\int_{t_0}^{s_1} e^{\int_{t_0}^{s_2}(a_2(s) - a_3(s))ds} \left[\cdots \int_{t_0}^{s_{n-1}} f(s_n)e^{\int_{t_0}^{s_n} a_n(s)ds} ds_n \cdots\right] ds_2\right] ds_1. \quad (2.31)$$

在 $\dfrac{1}{P(D)}0 = \sum\limits_{i=1}^{n} C_i x_i(t)$ 中,

$$x_i(t) = e^{-\int_{t_0}^{t} a_1(s)ds} \int_{t_0}^{t} e^{\int_{t_0}^{s_1}(a_1(s) - a_2(s))ds} \left[\int_{t_0}^{s_1} e^{\int_{t_0}^{s_2}(a_2(s) - a_3(s))ds}\right.$$
$$\left. \cdot \left[\cdots \int_{t_0}^{s_{i-2}} e^{\int_{t_0}^{s_{i-1}}(a_{i-1}(s) - a_i(s))ds} ds_{i-1} \cdots\right] ds_2\right] ds_1.$$

用变上限定积分代替不定积分进行计算的优点是, 便于对初值问题

$$\begin{cases} (D + a_n(t))(D + a_{n-1}(t)) \cdots (D + a_2(t))(D + a_1(t))x = f(t), & t \in J, \\ x^{(i)}(t_0) = x_{i0}, & t_0 \in J, \quad i = 0, 1, \cdots, n-1 \end{cases} \quad (2.32)$$

给出满足定解条件的解.

定理 2.10　设 $a_i \in C^{n-i}(J, \mathbb{R}), f \in C(J, \mathbb{R}), t_0 \in J$, 如果 (2.32) 中线性微分方

程的通解由 (2.31) 给出, 且记 $\widehat{x}(t) = \left(\dfrac{1}{P(D)}\right)_1 f(t)$, 则当取定

$$\begin{pmatrix} c_1 \\ c_2 \\ \vdots \\ c_n \end{pmatrix} = \Phi^{-1}(t_0) \begin{pmatrix} x_{00} \\ x_{10} \\ \vdots \\ x_{n-1,0} \end{pmatrix} \tag{2.33}$$

时, (2.31) 给出初值问题 (2.32) 的解.

证 先证 $\forall i \in \{0, 1, \cdots, n-1\}$, $\widehat{x}^{(i)}(t_0) = 0$, $i = 0, 1, \cdots, n-1$.

对 $i = 2, 3, \cdots, n$, 记

$$\varphi_i(t) = \mathrm{e}^{-\int_{t_0}^t a_i(s)\mathrm{d}s} \int_{t_0}^t \mathrm{e}^{\int_{t_0}^{s_i}(a_i(s)-a_{i+1}(s))\mathrm{d}s} \left[\cdots \int_{t_0}^{s_{n-1}} f(s_n)\mathrm{e}^{\int_{t_0}^{s_n} a_n(s)\mathrm{d}s} \mathrm{d}s_n \cdots \right] \mathrm{d}s_i,$$

则有 $\varphi_i(t_0) = 0$, 且对 $i = 2, 3, \cdots, n-1$, 成立

$$\widehat{x}'(t) = -a_1(t)\widehat{x}(t) + \varphi_2(t), \quad \varphi_i'(t) = -a_i(t)\varphi_i(t) + \varphi_{i+1}(t),$$

于是由

$$\widehat{x}(t_0) = 0, \quad \varphi_i(t_0) = 0,$$

首先有 $\widehat{x}'(t_0) = 0, \varphi_i'(t_0) = 0$.

假设 $j \leqslant k$ 时,

$$\widehat{x}^{(j)}(t_0) = 0, \quad \varphi_i^{(j)}(t_0) = 0,$$

则

$$\widehat{x}^{(k+1)}(t_0) = -\sum_{j=0}^{k+1} \mathrm{C}_{k+1}^j a_1^{(j)}(t_0) \widehat{x}^{(k+1-j)}(t_0) + \varphi_2^{(k+1)}(t_0)$$

$$= -a_1(t_0)\widehat{x}^{(k+1)}(t_0) + (\varphi_2'(t))_{t=t_0}^{(k)}$$

$$= -a_1(t_0) (\widehat{x}'(t))_{t=t_0}^{(k)} - (a_2(t_0)\varphi_2(t) - \varphi_3(t))_{t=t_0}^{(k)}$$

$$= -a_1(t_0) (-a_1(t)\widehat{x}(t) + \varphi_2(t))_{t=t_0}^{(k)}$$

$$\quad - \sum_{j=0}^{k} \mathrm{C}_k^j a_2^{(j)}(t_0)\varphi_2^{(k-j)}(t_0) + \varphi_3^{(k)}(t_0)$$

$$= a_1(t_0) \left(\sum_{j=0}^{k} \mathrm{C}_k^j a_1^{(j)}(t_0)\widehat{x}^{(k-j)}(t_0) - \varphi_2^{(k)}(t_0) \right)$$

$$= 0.$$

由数学归纳法知 $\widehat{x}^{(i)}(t_0) = 0, i = 0, 1, \cdots, n-1$. 下证 $\sum\limits_{i=1}^{n} C_i x_i^{(j)}(t_0) = x_{j0}$. 令

$$\Phi(t) = \begin{pmatrix} x_1(t) & x_2(t) & \cdots & x_n(t) \\ x_1'(t) & x_2'(t) & \cdots & x_n'(t) \\ \vdots & \vdots & & \vdots \\ x_1^{(n-1)}(t) & x_2^{(n-1)}(t) & \cdots & x_n^{(n-1)}(t) \end{pmatrix}.$$

如果 $\det\Phi(t_0) \neq 0$, 则 $\Phi(t)$ 为基本矩阵, 于是根据

$$z(t) = \begin{pmatrix} x(t) \\ x'(t) \\ \vdots \\ x^{(n-1)}(t) \end{pmatrix} = \Phi(t)\Phi^{-1}(t_0) \begin{pmatrix} x_{00} \\ x_{10} \\ \vdots \\ x_{n-1,0} \end{pmatrix} + \begin{pmatrix} \widehat{x}(t) \\ \widehat{x}'(t) \\ \vdots \\ \widehat{x}^{(n-1)}(t) \end{pmatrix} \tag{2.34}$$

即得

$$z(t_0) = \begin{pmatrix} x(t_0) \\ x'(t_0) \\ \vdots \\ x^{(n-1)}(t_0) \end{pmatrix} = \begin{pmatrix} x_{00} \\ x_{10} \\ \vdots \\ x_{n-1,0} \end{pmatrix}. \tag{2.35}$$

为此我们证: $\det\Phi(t_0) \neq 0$. 对 $i = 2, \cdots, n$, 记

$$\psi_i(t) = \int_{t_0}^{t} e^{\int_{t_0}^{s_1}(a_1(s)-a_2(s))ds} \int_{t_0}^{s_1} \cdots \int_{t_0}^{s_{i-2}} e^{\int_{t_0}^{s_{i-1}}(a_{i-1}(s)-a_i(s))ds} ds_{i-1} \cdots ds_1,$$

则 $x_i(t) = e^{-\int_{t_0}^{t} a_1(s)ds} \psi_i(t)$. 显然

$$\psi_i^{(k)}(t_0) = 0, \quad k = 0, 1, \cdots, i-2; \quad \psi_i^{(i-1)}(t_0) = 1.$$

于是由

$$x_i^{(j)}(t) = \sum_{l=0}^{j} C_j^l \left(e^{-\int_{t_0}^{t} a_1(s)ds} \right)^{(j-l)} \psi_i^{(l)}(t), \quad j = 0, 1, \cdots, i-1$$

导出

$$x_i^{(j)}(t_0) = 0, \quad j = 0, 1, \cdots, i-2; \quad x_i^{(i-1)}(t_0) = 1,$$

且由 $x_1(t) = e^{-\int_{t_0}^{t} a_1(s)ds}$, 易知 $x_1(t_0) = 1$, 这样

$$\det \Phi(t) = \begin{vmatrix} 1 & 0 & 0 & \cdots & 0 & 0 \\ * & 1 & 0 & \cdots & 0 & 0 \\ * & * & 1 & \cdots & 0 & 0 \\ \vdots & \vdots & \vdots & & 1 & 0 \\ * & * & * & \cdots & * & 1 \end{vmatrix} = 1,$$

即 $\det \Phi(t_0) \neq 0$ 成立, 定理证毕.

例 2.7 求解初值问题

$$\begin{cases} x'' + (2t - \frac{3}{t})x' - 4x = 4, & 0 < t < \infty, \\ x(1) = -1, x'(1) = 2. \end{cases} \tag{2.36}$$

解 方程可改写为

$$\left(D - \frac{3}{t} \right) (D + 2t)x = 4,$$

于是

$$x(t) = \frac{1}{D+2t} \frac{1}{D - 3/t} 0 + \left(\frac{1}{D+2t} \right)_1 \left(\frac{1}{D - 3/t} \right)_1 4,$$

其中

$$\frac{1}{D+2t} \cdot \frac{1}{D-3/t} 0 = \frac{1}{D+2t} \cdot \widehat{C}_2 \mathrm{e}^{\int_1^t \frac{3}{s} \mathrm{d}s}$$

$$= \frac{1}{D+2t} \cdot \widehat{C}_2 t^3$$

$$= \widehat{C}_1 \mathrm{e}^{-(t^2-1)} + \widehat{C}_2 \mathrm{e}^{-(t^2-1)} \int_1^t \mathrm{e}^{\int_1^{s_1} (2s + \frac{3}{s}) \mathrm{d}s} \mathrm{d}s_1$$

$$= \widehat{C}_1 \mathrm{e}^{-(t^2-1)} + \widehat{C}_2 \mathrm{e}^{-(t^2-1)} \int_1^t \mathrm{e}^{s_1^2 + 3\ln s_1 - 1} \mathrm{d}s_1$$

$$= \widehat{C}_1 \mathrm{e}^{-(t^2-1)} + \widehat{C}_2 \mathrm{e}^{-t^2} \int_1^t s_1^3 \mathrm{e}^{s_1^2} \mathrm{d}s_1$$

$$= C_1 \mathrm{e}^{-t^2} + C_2 (t^2 - 1) \quad \left(C_2 = \frac{1}{2} \widehat{C}_2, C_1 = \widehat{C}_1 \mathrm{e} \right).$$

$$\left(\frac{1}{D+2t} \right)_1 \cdot \left(\frac{1}{D-3/t} \right)_1 4 = 4 \left(\frac{1}{D+2t} \right)_1 \cdot \left(\frac{1}{D-3/t} \right)_1 1$$

$$= 4 \left(\frac{1}{D+2t} \right)_1 \cdot \left(\mathrm{e}^{\int_1^t \frac{3}{s} \mathrm{d}s} \int_1^t \mathrm{e}^{-\int_1^{s_1} \frac{3}{s} \mathrm{d}s} \mathrm{d}s_1 \right)$$

$$= -2\left(\frac{1}{D+2t}\right)_1 (t - t^3)$$

$$= -2\mathrm{e}^{-(t^2-1)}\int_1^t (s - s^3)\mathrm{e}^{(s^2-1)}\mathrm{d}s$$

$$= u = s^2 - 1 \mathrm{e}^{-(t^2-1)}\int_0^{t^2-1} u\mathrm{e}^u \mathrm{d}u$$

$$= t^2 - 2 + \mathrm{e}^{-(t^2-1)}.$$

由 $\mathrm{e}^{-(t^2-1)}$ 和 $t^2 - 1$ 得到的基本矩阵

$$\Phi(t) = \begin{pmatrix} \mathrm{e}^{-(t^2-1)} & t^2 - 1 \\ -2t\mathrm{e}^{-(t^2-1)} & 2t \end{pmatrix},$$

得

$$\Phi(1) = \begin{pmatrix} 1 & 0 \\ -2 & 2 \end{pmatrix}, \quad \Phi^{-1}(1) = \begin{pmatrix} 1 & 0 \\ 1 & \frac{1}{2} \end{pmatrix},$$

故取

$$\begin{pmatrix} C_1 \\ C_2 \end{pmatrix} = \begin{pmatrix} 1 & 0 \\ 1 & \frac{1}{2} \end{pmatrix}\begin{pmatrix} -1 \\ 2 \end{pmatrix} = \begin{pmatrix} -1 \\ 0 \end{pmatrix}$$

时,

$$x(t) = -\mathrm{e}^{-(t^2-1)} + t^2 - 2 + \mathrm{e}^{-(t^2-1)} = t^2 - 2.$$

虽然当变系数 n 阶线性微分算子 $P(D)$ 可以表示为 (2.28) 的形式时, 原则上可以由逐次积分的方法求出通解, 但给出

$$P(D) = D^n + \sum_{i=1}^n a_i(t)D^{n-i}$$

时, 如何判断它能否以及怎样表示为 (2.28) 的形式仍然是一个困难的问题, 其中有两种情况较为简单: 一种是算子多项式为常系数的情况, 即 $a_i(t) = a_i$ 为常数; 另一种是 $a_i(t) = \dfrac{a_i}{t^i}$ 的情况.

2.2.3　常系数高阶线性方程的求解

当 $P(D) = D^n + \displaystyle\sum_{i=1}^n a_iD^{n-i}, a_i$ 为常数时, 总能将它表示为

$$P(D) = (D + \alpha_n)(D + \alpha_{n-1})\cdots(D + \alpha_2)(D + \alpha_1) \tag{2.37}$$

的形式, 其中 α_i 为常数. 这是因为用 λ 代替 D 时, $P(\lambda)$ 是 λ 的一个 n 次多项式, 根据代数基本定理, 它有 n 个根 (k 重根记为 k 个根)$\lambda_1, \lambda_2, \cdots, \lambda_n$, 于是

$$P(\lambda) = (\lambda - \lambda_n)(\lambda - \lambda_{n-1}) \cdots (\lambda - \lambda_2)(\lambda - \lambda_1). \tag{2.38}$$

λ 用 D 代回, $\alpha_i = -\lambda_i$, 就得到 (2.37). 注意到 (2.37) 中各因子是可以相互交换次序的.

在 $P(D)$ 为常系数算子多项式时, $P(\lambda)$ 称为 $P(D)$ 的**特征多项式**, $P(\lambda)$ 的每一个根 λ_i 都称为特征多项式的**特征根**.

当算子多项式 $P(D)$ 求出 n 个特征根 $\lambda_1, \cdots, \lambda_n$ 后, 式 (2.37) 也可以写成

$$P(D) = (D - \lambda_n)(D - \lambda_{n-1}) \cdots (D - \lambda_2)(D - \lambda_1), \tag{2.39}$$

这时方程 $P(D)x = f(t)$ 的通解原则上可以由

$$\begin{aligned}
x(t) &= \frac{1}{P(D)} 0 + \left(\frac{1}{P(D)} \right)_1 f(t) \\
&= \frac{1}{D - \lambda_1} \frac{1}{D - \lambda_2} \cdots \frac{1}{D - \lambda_{n-1}} \frac{1}{D - \lambda_n} 0 \\
&\quad + \left(\frac{1}{D - \lambda_1} \right)_1 \left(\frac{1}{D - \lambda_2} \right)_1 \cdots \left(\frac{1}{D - \lambda_{n-1}} \right)_1 \left(\frac{1}{D - \lambda_n} \right)_1 f(t)
\end{aligned}$$

给出.

例 2.8 求 $x'' - 4x' + 3x = t$ 的通解.

解 原方程可表示为

$$(D^2 - 4D + 3)x = t.$$

算子多项式 $D^2 - 4D + 3$ 的特征多项式有根 $\lambda = 1, 3$. 因此

$$\begin{aligned}
\frac{1}{D^2 - 4D + 3} 0 &= \frac{1}{D - 3} \frac{1}{D - 1} 0 = \frac{1}{D - 3} \widehat{C}_2 e^t \\
&= C_1 e^{3t} + \widehat{C}_2 e^{3t} \int e^{-2t} dt = C_1 e^{3t} - \frac{\widehat{C}_2}{2} e^t,
\end{aligned}$$

$$\begin{aligned}
\left(\frac{1}{D^2 - 4D + 3} \right)_1 t &= \left(\frac{1}{D - 3} \right)_1 \left(\frac{1}{D - 1} \right)_1 t = \left(\frac{1}{D - 3} \right)_1 e^t \int t e^{-t} dt \\
&= \left(\frac{1}{D - 3} \right)_1 (-t - 1) = \frac{1}{9}(3t + 4).
\end{aligned}$$

方程的通解为 $\left(C_2 = -\dfrac{\widehat{C}_2}{2} \right)$

$$x(t) = C_1 e^{3t} + C_2 e^t + \frac{1}{9}(3t + 4).$$

这种方法虽然有效, 但很多情况下不一定是最方便的, 为计算便捷起见下面介绍两种其他方法.

1. 由特征根直接给出齐次方程的通解

由于微分算子 D 的常系数多项式 $P(D)$ 按式 (2.39) 分解后, 各因子是可以交换的, 因而其特征多项式 $P(\lambda)$ 按 (2.38) 分解后, 可以将相同因子归聚到一起, 用因子的方幂表示.

假设 $P(\lambda)$ 有 m 个互不相同的因子 λ_i, 且其重次为 r_i, 则 $\sum_{i=1}^{m} r_i = n$, 且

$$P(\lambda) = \prod_{i=1}^{m}(\lambda - \lambda_i)^{r_i}, \quad \lambda_i \neq \lambda_j \ (\text{当} i \neq j \text{时}), \tag{2.40}$$

这时有

定理 2.11　设常系数算子多项式 $P(D)$ 的特征多项式 $P(\lambda)$ 可以按式 (2.40) 作因式分解, 则齐次方程

$$P(D)x = 0 \tag{2.41}$$

的一个基本解组是

$$\mathrm{e}^{\lambda_1 t}, t\mathrm{e}^{\lambda_1 t}, \cdots, t^{r_1-1}\mathrm{e}^{\lambda_1 t}, \ \mathrm{e}^{\lambda_2 t}, \cdots, t^{r_2-1}\mathrm{e}^{\lambda_2 t}, \ \cdots, \ \mathrm{e}^{\lambda_m t}, t\mathrm{e}^{\lambda_m t}, \cdots, t^{r_m-1}\mathrm{e}^{\lambda_m t}, \tag{2.42}$$

即方程 (2.41) 的通解为

$$x(t) = \sum_{i=1}^{m}\sum_{j=1}^{r_i} C_{ij} t^{j-1}\mathrm{e}^{\lambda_i t}. \tag{2.43}$$

证　由附录的定理 A.1 可知, (2.42) 所给函数组在 $\mathbb{R}$ 上线性无关, 因此只需证 (2.42) 中各函数在 $\mathbb{R}$ 上是方程 (2.4) 的解.

实际上任取 $t^{j-1}\mathrm{e}^{\lambda_i t}, 1 \leqslant i \leqslant m, 1 \leqslant j \leqslant r_i$, 并记 $P(D) = \widehat{P}(D)(D-\lambda_i)^{r_i}$, 其中 $\widehat{P}(D)$ 是 $P(D)$ 中约去因子 $(D-\lambda_i)^{r_i}$ 后的余下部分, 则有

$$\begin{aligned}
P(D)(t^{j-1}\mathrm{e}^{\lambda_i t}) &= \widehat{P}(D)(D-\lambda_i)^{r_i}(t^{j-1}\mathrm{e}^{\lambda_i t}) \\
&= (j-1)\widehat{P}(D)(D-\lambda_i)^{r_i-1}(t^{j-2}\mathrm{e}^{\lambda_i t}) \\
&= (j-1)(j-2)\widehat{P}(D)(D-\lambda_i)^{r_i-2}(t^{j-3}\mathrm{e}^{\lambda_i t}) \\
&= \cdots \\
&= (j-1)!\widehat{P}(D)(D-\lambda_i)^{r_i-j+1}\mathrm{e}^{\lambda_i t} \\
&= (j-1)!\widehat{P}(D)(D-\lambda_i)^{r_i-j}(D-\lambda_i)\mathrm{e}^{\lambda_i t} \\
&= 0.
\end{aligned}$$

因此定理成立.

在例 2.8 中, 由于特征根为 $\lambda = 1, 3$, 且都是单重根, 直接可以得到 $\dfrac{1}{D^2-4D+3}0 = C_1\mathrm{e}^{3t} + C_2\mathrm{e}^{t}$.

对常系数 D 算子多项式 $P(D)$ 的特征根, 还需要考虑出现复根的情况, 这是因为即使多项式中各系数全是实数, 特征多项式仍然可能出现复根. 如果希望所得的解都用实函数表示, 就需要用到复数的三角表示式 $e^{\alpha+\beta i} = e^{\alpha}(\cos\beta + i\sin\beta)$.

设 $\lambda = \alpha + \beta i$ 是 $P(D)$ 的 k 重根, 根据实系数多项式中共轭复根成对出现的原理, $\overline{\lambda} = \alpha - \beta i$ 也是 $P(D)$ 的 k 重根, 因此在 $P(D)x = 0$ 的基本解组中有复函数组.

$$
\begin{aligned}
&e^{\alpha t}(\cos\beta t + i\sin\beta t), te^{\alpha t}(\cos\beta t + i\sin\beta t), \cdots, t^{k-1}e^{\alpha t}(\cos\beta t + i\sin\beta t), \\
&e^{\alpha t}(\cos\beta t - i\sin\beta t), te^{\alpha t}(\cos\beta t - i\sin\beta t), \cdots, t^{k-1}e^{\alpha t}(\cos\beta t - i\sin\beta t),
\end{aligned} \tag{2.44}
$$

对 $j \in \{0, 1, \cdots, k-1\}$, 记 $x_j(t) = t^j e^{\alpha t}(\cos\beta t + i\sin\beta t), \overline{x}_j = t^{j-1}e^{\alpha t}(\cos\beta t - i\sin\beta t)$, 并用 $x_j(t)$ 和 $\overline{x}_j(t)$, 得出实函数组

$$
\begin{aligned}
&e^{\alpha t}\cos\beta t, te^{\alpha t}\cos\beta t, \cdots, t^{k-1}e^{\alpha t}\cos\beta t, \\
&e^{\alpha t}\sin\beta t, te^{\alpha t}\sin\beta t, \cdots, t^{k-1}e^{\alpha t}\sin\beta t.
\end{aligned} \tag{2.45}
$$

之后用实函数组 (2.45) 代替基本解组中的复函数组 (2.44) 就得到常系数线性方程 $P(D) = 0$ 的一个全部由实函数构成的新的基本解组.

例 2.9 求解常系数齐次方程

$$
x^{(4)} - 2x^{(3)} - 2x'' + 8x' - 8x = 0. \tag{2.46}
$$

解 特征多项式 $\lambda^4 - 2\lambda^3 - 2\lambda^2 + 8\lambda - 8$ 的根为

$$
2, \quad -2, \quad 1+i, \quad 1-i.
$$

因此齐次方程 (2.46) 的通解为

$$
x(t) = C_1 e^{2t} + C_2 e^{-2t} + C_3 e^t \cos t + C_4 e^t \sin t.
$$

2. 利用待定系数法求非齐次方程的特解

在 $P(D)x = f(t)$ 中, 如果 $f(t)$ 为

$$
\sum_{i=0}^{m} a_i t^{m-i} e^{\alpha t}, \quad \sum_{i=0}^{m} a_i t^{m-i} e^{\alpha t}\cos\beta t, \quad \sum_{i=0}^{m} a_i t^{m-i} e^{\alpha t}\sin\beta t
$$

的形式时, 可以从设定解的形式出发, 通过求导, 定出具体系数, 得出特解的确切表达式. 求解过程如下:

设 $f(t) = \sum_{i=0}^{m} a_i t^{m-i} e^{\alpha t}$, 且 α 是 $P(\lambda)$ 的 k 重根, 则令特解

$$
\widehat{x}(t) = \sum_{i=0}^{m} A_i t^{m+k-i} e^{\alpha t}, \tag{2.47}
$$

其中 A_i 是待定系数, 在将 $\widehat{x}(t)$ 代入方程后, 通过等式两边比较同类项系数而求得待定系数的具体值.

又当 $f(t) = \sum\limits_{i=0}^{m} a_i t^{m-i} \mathrm{e}^{\alpha t} \cos \beta t$ 或 $f(t) = \sum\limits_{i=0}^{m} a_i t^{m-i} \mathrm{e}^{\alpha t} \sin \beta t$, 且 $\alpha + \beta \mathrm{i}$ 是特

征多项式的 k 重根时, 令特解

$$\widehat{x}(t) = \sum_{i=0}^{m} (A_i \cos \beta t + B_i \sin \beta t) t^{m+k-i} \mathrm{e}^{\alpha t}, \tag{2.48}$$

其中 A_i, B_i 都是待定系数, 在 $\widehat{x}(t)$ 代入方程后将它们确定.

例 2.10   求常系数线性微分方程

$$x''' - 2x'' + 2x' = 6t^2 + 4\mathrm{e}^t \cos t \tag{2.49}$$

的通解.

解   由于齐次方程 $x''' - 2x'' + 2x' = 0$ 的特征根为 $0, 1+\mathrm{i}, 1-\mathrm{i}$, 故

$$\frac{1}{D^3 - 2D^2 + 2D} 0 = C_1 + (C_2 \cos t + C_3 \sin t)\mathrm{e}^t.$$

对 $x''' - 2x'' + 2x' = 6t^2$, 由于 $t^2 = t^2 \mathrm{e}^{0 \cdot t}$, 0 是特征多项式的一次根, 即 $k = 1$, 故设

$$\widehat{x}_1(t) = A_1 t^3 + A_2 t^2 + A_3 t,$$

代入方程 $x''' - 2x'' + 2x' = 6t^2$, 得

$$6A_1 t^2 + (4A_2 - 12A_1)t + (6A_1 - 4A_2 + 2A_3) = 6t^2,$$

比较等式两边同类项系数得

$$A_1 = 1, \quad A_2 = 3, \quad A_3 = 3,$$

故 $\widehat{x}_1(t) = t^3 + 3t^2 + 3t$. 对 $x''' - 2x'' + 2x' = 4\mathrm{e}^t \cos t$, 由于 $\alpha + \beta \mathrm{i} = 1 + \mathrm{i}$ 是齐次方程的单重特征根, $k = 1$, 设 $\widehat{x}_2(t) = (A \cos t + B \sin t)t\mathrm{e}^t$ 代入方程 $x''' - 2x'' + 2x' = 4\mathrm{e}^t \cos t$, 得

$$(2B - 2A)\mathrm{e}^t \cos t - (2A + 2B)\mathrm{e}^t \sin t = 4\mathrm{e}^t \cos t.$$

比较同类项系数得 $B = 1, A = -1$, 故 $\widehat{x}_2(t) = (-\cos t + \sin t)t\mathrm{e}^t$. 由此得出方程 (2.49) 的通解

$$x(t) = C_1 + (C_2 \cos t + C_3 \sin t)\mathrm{e}^t + t^3 + 3t^2 + 3t + (\sin t - \cos t)t\mathrm{e}^t.$$

需要注意, 仅当非齐次项具有上述几种形式时, 才可以用待定系数法确定常系数非齐次线性方程的特解. 否则仍应利用逐步求积的方法给出特解. 由于在逐步求

积中会遇到齐次方程有共轭复根的情况, 所以积分后所得函数有可能为复值函数. 为得到实函数值, 我们给出

定理 2.12 设常系数二阶微分算子 $P(D) = D^2 + a_1 D + a_2$ 有一对共轭复根 $\alpha \pm \beta i$, $\beta > 0$, 即

$$P(D) = D^2 + a_1 D + a_2 = (D - \alpha - \beta i)(D - \alpha + \beta i) = D^2 - 2\alpha D + (\alpha^2 + \beta^2),$$

则非齐次方程 $P(D)x = f(t)$ 有特解

$$\widehat{x}(t) = \frac{1}{\beta} e^{\alpha t} \left(-\cos \beta t \int e^{-\alpha t} \sin \beta t f(t) dt + \sin \beta t \int e^{-\alpha t} \cos \beta t f(t) dt \right). \tag{2.50}$$

证 只需证明由 (2.50) 给出的 $\widehat{x}(t)$ 是所给方程的解即可. 为此计算

$$D\widehat{x}(t) = \alpha \widehat{x}(t) + e^{\alpha t} \left(\sin \beta t \int e^{-\alpha t} \sin \beta t f(t) dt + \cos \beta t \int e^{-\alpha t} \cos \beta t f(t) dt \right),$$

$$\begin{aligned}
D^2 \widehat{x}(t) =& \alpha^2 \widehat{x}(t) + 2\alpha e^{\alpha t} \left(\sin \beta t \int e^{-\alpha t} \sin \beta t f(t) dt + \cos \beta t \int e^{-\alpha t} \cos \beta t f(t) dt \right) \\
& + \beta e^{\alpha t} \left(\cos \beta t \int e^{-\alpha t} \sin \beta t f(t) dt - \sin \beta t \int e^{-\alpha t} \cos \beta t f(t) dt \right) + f(t) \\
=& (\alpha^2 - \beta^2) \widehat{x}(t) + 2\alpha e^{\alpha t} \left(\sin \beta t \int e^{-\alpha t} \sin \beta t f(t) dt \right. \\
& \left. + \cos \beta t \int e^{-\alpha t} \cos \beta t f(t) dt \right) + f(t).
\end{aligned}$$

由此得

$$(D^2 - 2\alpha + (\alpha^2 + \beta^2))\widehat{x}(t) = f(t)$$

成立.

注意, 式 (2.50) 给出的特解, 也可以用定积分形式表示:

$$\hat{x}(t) = \frac{1}{\beta} \int_{t_0}^{t} e^{\alpha(t-s)} \sin \beta \cdot (t-s) ds$$

例 2.11 求非齐次线性微分方程

$$(D^2 - 4D + 5)x = \frac{e^{2t}}{\sin t} \tag{2.51}$$

的通解.

解 相应齐次方程的特征多项式

$$\lambda^2 - 4\lambda + 5 = (\lambda - (2 + i))(\lambda - (2 - i))$$

知特征根 $\alpha \pm \beta i = 2 \pm i$. 由 (2.50) 得特解

$$\widehat{x}(t) = \left(\frac{1}{D^2 - 4D + 5}\right)_1 \frac{e^{2t}}{\sin t}$$

$$= e^{2t}\left(-\cos t \int e^{-2t}\sin t \cdot \frac{e^{2t}}{\sin t}dt + \sin t \int e^{-2t}\cos t \cdot \frac{e^{2t}}{\sin t}dt\right)$$

$$= e^{2t}\left(-\cos t \int dt + \sin t \int \frac{\cos t}{\sin t}dt\right)$$

$$= e^{2t}\left(-t\cos t + \sin t \ln|\sin t|\right),$$

其中 $t \in (k\pi, (k+1)\pi), k = 0, \pm 1, \pm 2, \cdots$.

又, 对应齐次方程通解

$$\frac{1}{D^2 - 4D + 5}0 = (C_1\cos t + C_2\sin t)e^{2t},$$

故所求通解为

$$x(t) = (C_1\cos t + C_2\sin t)e^{2t} + (-t\cos t + \sin t \ln|\sin t|)e^{2t}.$$

例 2.12　给出非齐次线性微分方程

$$(D^2 - 3D + 2)x = \frac{e^{2t}}{1 - e^t} \tag{2.52}$$

的一个特解.

解　由于

$$\frac{1}{D^2 - 3D + 2} = \frac{1}{D - 2} - \frac{1}{D - 1},$$

故有特解

$$\widehat{x}(t) = \left(\frac{1}{D - 2}\right)_1 \frac{e^{2t}}{1 - e^t} + \left(\frac{1}{D - 1}\right)_1 \frac{e^{2t}}{1 - e^t}$$

$$= e^{2t}\int e^{-2t}\frac{e^{2t}}{1 - e^t}dt + e^t\int e^{-t}\frac{e^{2t}}{1 - e^t}dt$$

$$= e^{2t}\int\left(1 + \frac{e^t}{1 - e^t}\right)dt + e^t\int\frac{e^t}{1 - e^t}dt$$

$$= e^{2t}(t - \ln|1 - e^t|) - e^t\ln|1 - e^t|,$$

其中 $t \in (-\infty, 0)$ 或 $t \in (0, +\infty)$.

2.2.4　Euler 方程

Euler 方程是一类特殊的变系数线性微分方程, 它的微分算子为 $P(D) = D^n + \sum_{i=1}^{n} a_i t^{-i}D^{n-i}, a_i \in \mathbb{R}$, 方程的一般形式为

$$D^n x + \sum_{i=1}^{n} a_i t^{-i}D^{n-i}x = f(t) \tag{2.53}$$

在方程 (2.53) 中改变自变量, 即令

$$u = \ln t, \quad t > 0 \quad (u = \ln(-t), t < 0),$$

然后将 x 关于 t 的各阶导数 $D^i x = \dfrac{\mathrm{d}^i x}{\mathrm{d} t^i}$ 用 x 关于 u 的各阶导数 $\dfrac{\mathrm{d}^k x}{\mathrm{d} u}, k = 0, 1, \cdots, i$ 代替, 就可以化为常系数线性微分方程, 因此我们对方程 (2.53) 可以给出与常系数微分方程平行的结论.

对算子多项式 $D^n + \displaystyle\sum_{i=1}^{n} a_i t^{-i} D^{n-i}, a_i \in \mathbb{R}$, 其对应的特征多项式定义为

$$P(\lambda) = A_\lambda^n + \sum_{i=1}^{n} a_i A_\lambda^{n-i}, \tag{2.54}$$

其中 $A_\lambda^i = \lambda(\lambda - 1) \cdots (\lambda - i + 1)$. 对齐次线性方程,

$$\left(D^n + \sum_{i=1}^{n} a_i t^{-i} D^{n-i} \right) x = 0. \tag{2.55}$$

定理 2.13 设 n 次多项式 (2.54) 有 m 个互异的特征根 $\lambda_1, \cdots, \lambda_m$,且它们的重次分别为 $r_1, r_2, \cdots, r_m, \displaystyle\sum_{i=1}^{m} r_i = n$, 则齐次线性方程的基本解组为

$$|t|^{\lambda_1}, |t|^{\lambda_1} \ln |t|, \cdots, |t|^{\lambda_1} \ln^{r_1-1} |t|,$$
$$|t|^{\lambda_2}, \cdots, |t|^{\lambda_2} \ln^{r_2-1} |t|, \cdots,$$
$$|t|^{\lambda_m}, \cdots, |t|^{\lambda_m} \ln^{r_m-1} |t|,$$

且如果 $P(\lambda)$ 有 k 重复根 $\alpha + \beta\mathrm{i}$, 则基本解组中函数组

$$|t|^{\alpha+\beta\mathrm{i}}, |t|^{\alpha+\beta\mathrm{i}} \ln |t|, \cdots, |t|^{\alpha+\beta\mathrm{i}} \ln^{k-1} |t|,$$
$$|t|^{\alpha-\beta\mathrm{i}}, |t|^{\alpha-\beta\mathrm{i}} \ln |t|, \cdots, |t|^{\alpha-\beta\mathrm{i}} \ln^{k-1} |t|,$$

可用实函数组

$$|t|^\alpha \cos(\beta \ln |t|), \quad |t|^\alpha \sin(\beta \ln |t|),$$
$$|t|^\alpha \ln |t| \cos(\beta \ln |t|), \quad |t|^\alpha \ln |t| \sin(\beta \ln |t|), \cdots,$$
$$|t|^\alpha \ln^{k-1} |t| \cos(\beta \ln |t|), \quad |t|^\alpha \ln^{k-1} |t| \sin(\beta \ln |t|)$$

代替, 以上各解的存在区间为 $(-\infty, 0)$ 和 $(0, +\infty)$.

至于非齐次线性方程 (2.53) 的特解, 当非齐次项为以下三类特殊形式时, 也可

以用待定系数法求解. 具体来说, $f(t) = |t|^{\alpha-n} \sum_{i=0}^{m} b_i \ln^{m-i} |t|$, 且 α 为 $P(\lambda)$ 的 k 重根时, 可令特解

$$\widehat{x}(t) = |t|^{\alpha} \sum_{i=0}^{m} A_i \ln^{m+k-i} |t|, \quad A_i \text{为待定系数};$$

$$f(t) = |t|^{\alpha-n} \sum_{i=0}^{m} b_i \ln^{m-i} |t| \cos(\beta \ln |t|), \quad \text{或} \quad |t|^{\alpha-n} \sum_{i=0}^{m} b_i \ln^{m-i} |t| \sin(\beta \ln |t|),$$

且 $\alpha + \beta i$ 是 $P(\lambda)$ 的 k 重根时, 可令

$$\widehat{x}(t) = |t|^{\alpha} \sum_{i=0}^{m} \ln^{m+k-i} |t| (A_i \cos(\beta \ln |t|) + B_i \sin(\beta \ln |t|)),$$

其中 A_i, B_i 为待定系数.

　　例 2.13　求二阶 Euler 方程

$$x'' - \frac{3}{t} x' + \frac{4}{t^2} x = 2, \quad t > 0 \tag{2.56}$$

的通解.

　　解　令特征多项式

$$P(\lambda) = \lambda(\lambda - 1) - 3\lambda + 4 = (\lambda - 2)^2 = 0,$$

得二重根 $\lambda = 2$, 故齐次方程的一个基本解组是

$$t^2, \quad t^2 \ln t.$$

因非齐次项 $f(t) = \frac{1}{t^2} \cdot 2t^2$, 故非齐次方程的特解设为

$$\widehat{x}(t) = A t^2 \ln^2 t \quad (\alpha = 2 \text{是特征多项式二重根})$$

代入方程 (2.56) 得 $2At^2 = 2t^2$, 故 $A = 1$.

　　因此方程 (2.56) 的通解是

$$x(t) = t^2(C_1 + C_2 \ln t + \ln^2 t), \quad t > 0.$$

不难看出, 当方程 (2.53) 左方各项系数中 $a_i t^{-i}$ 用 $a_i(t-r)^{-i}$ 代替时, 可以用同样方法求解, 其中 $r \in \mathbb{R}$ 是一个常数.

2.2.5 几类变系数二阶线性微分方程

如前所述, 一般的变系数线性微分方程很难求解, 即使对二阶线性微分方程, 也需要满足一定条件才能求解.

(1)

$$x'' + \left(at^\alpha - \frac{\alpha}{t}\right)x' + bt^{2\alpha}x = f(t), \quad t > 0. \tag{2.57}$$

对算子 $D^2 + \left(at^\alpha - \frac{\alpha}{t}\right)D + bt^{2\alpha}$, 定义其特征多项式为

$$P(\lambda) = \lambda^2 + a\lambda + b,$$

其中 $a, b, \alpha \in \mathbb{R}$ 为任意常数. 设 $P(\lambda)$ 的两个特征根为 λ_1 和 λ_2(允许 $\lambda_2 = \overline{\lambda_1}$), 则

$$D^2 + \left(at^\alpha - \frac{\alpha}{t}\right)D + bt^{2\alpha} = \left(D - \lambda_1 t^\alpha - \frac{\alpha}{t}\right)\left(D - \lambda_2 t^\alpha\right) = \left(D - \lambda_2 t^\alpha - \frac{\alpha}{t}\right)\left(D - \lambda_1 t^\alpha\right).$$

通过计算很容易得到 $(\alpha \neq -1)$

$$\frac{1}{D^2 + \left(at^\alpha - \frac{\alpha}{t}\right)D + bt^{2\alpha}}0$$

$$= \begin{cases} C_1 e^{\frac{\lambda_1}{\alpha+1}t^{\alpha+1}} + C_2 e^{\frac{\lambda_2}{\alpha+1}t^{\alpha+1}}, & \lambda_1, \lambda_2 \in \mathbb{R}, \lambda_1 \neq \lambda_2, \\ (C_1 + C_2 t^{\alpha+1})e^{\frac{\lambda_1}{\alpha+1}t^{\alpha+1}}, & \lambda_1 = \lambda_2 \in \mathbb{R}, \\ \left(C_1 \cos\left(\frac{v}{\alpha+1}t^{\alpha+1}\right) + C_2 \sin\left(\frac{v}{\alpha+1}t^{\alpha+1}\right)\right)e^{\frac{u}{\alpha+1}t^{\alpha+1}}, & \lambda_2 = \overline{\lambda_1} = u + iv. \end{cases} \tag{2.58}$$

若非齐次项为

$$f(t) = e^{\frac{r}{\alpha+1}t^{\alpha+1}}Q(t^{\alpha+1})t^{2\alpha}, \quad e^{\frac{r}{\alpha+1}t^{\alpha+1}}\cos\left(\frac{s}{\alpha+1}t^{\alpha+1}\right)Q(t^{\alpha+1})t^{2\alpha},$$

$$e^{\frac{r}{\alpha+1}t^{\alpha+1}}\sin\left(\frac{s}{\alpha+1}t^{\alpha+1}\right)Q(t^{\alpha+1})t^{2\alpha},$$

其中 r, s 为实常数, Q 是 $t^{\alpha+1}$ 的实系数多项式, 则同样可以由待定系数法求 (2.57) 的一个特解. 在方程 (2.57) 中 α 分别取 0 和 -1, 就成为二阶常系数方程和二阶 Euler 方程.

例 2.14 求解非齐次线性方程

$$x'' + \left(3t^2 - \frac{2}{t}\right)x' + 2t^4 x = t^4 e^{-\frac{1}{3}t^3}. \tag{2.59}$$

解 $D^2 + \left(3t^2 - \frac{2}{t}\right)D + 2t^4$ 的特征多项式 $\lambda^2 + 3\lambda + 2 = 0$, 得特征根 $\lambda = -1, -2$, 故齐次方程 $x'' + \left(3t^2 - \frac{2}{t}\right)x' + 2t^4 = 0$ 有通解 $C_1 e^{-\frac{1}{3}t^3} + C_2 e^{-\frac{2}{3}t^3}$. 方程

(2.59) 有特解

$$\begin{aligned}
\widehat{x}(t) &= \left(\frac{1}{D+2t^2}\right)_1 \left(\frac{1}{D+t^2-\dfrac{2}{t}}\right)_1 (t^4 e^{-\frac{1}{3}t^3}) \\
&= \left(\frac{1}{D+2t^2}\right)_1 \left(e^{-\frac{1}{3}t^3} t^2 \int e^{\frac{1}{3}t^3} t^{-2} \cdot t^4 e^{-\frac{1}{3}t^3} dt\right) \\
&= \frac{1}{3}\left(\frac{1}{D+2t^2}\right)_1 \left(t^5 e^{-\frac{1}{3}t^3}\right) \\
&= \frac{1}{3} e^{-\frac{2}{3}t^3} \int e^{\frac{1}{3}t^3} t^5 dt \\
&= \left(\frac{1}{3}t^3 - 1\right) e^{-\frac{1}{3}t^3}.
\end{aligned}$$

要将方程 (2.57) 所得结果推广到阶次更高一些的线性微分方程, 方程的形式将会十分复杂.

(2)

$$x'' + a(t)x' + b(t)x = f(t). \tag{2.60}$$

设齐次方程 $(D^2 + a(t)D + b(t))x = 0$ 有解 $\varphi(t)$, 即

$$\varphi''(t) + a(t)\varphi'(t) + b(t)\varphi(t) = 0, \tag{2.61}$$

则多项式算子可作分解

$$D^2 + a(t)D + b(t) = \left(D + \frac{\varphi'(t)}{\varphi(t)} + a(t)\right)\left(D - \frac{\varphi'(t)}{\varphi(t)}\right).$$

因此齐次方程的通解

$$\begin{aligned}
\frac{1}{D^2 + a(t)D + b(t)} 0 &= \frac{1}{D - \dfrac{\varphi'(t)}{\varphi(t)}} \frac{1}{D + a(t) + \dfrac{\varphi'(t)}{\varphi(t)}} 0 \\
&= \frac{1}{D - \dfrac{\varphi'(t)}{\varphi(t)}} C_2 e^{-\int a(t)dt - \ln \varphi(t)} \\
&= C_2 \frac{1}{D - \dfrac{\varphi'(t)}{\varphi(t)}} \frac{1}{\varphi} e^{-\int a(t)dt} \\
&= C_1 \varphi(t) + C_2 \varphi(t) \int \frac{1}{\varphi^2(t)} e^{-\int a(t)dt} dt.
\end{aligned}$$

非齐次方程的一个特解为

$$\widehat{x}(t) = \left(\cfrac{1}{D - \cfrac{\varphi'(t)}{\varphi(t)}} \right)_1 \left(\cfrac{1}{D + a(t) + \cfrac{\varphi'(t)}{\varphi(t)}} \right)_1 f(t)$$

$$= \varphi(t) \int \frac{1}{\varphi^2(t)} \mathrm{e}^{-\int a(t)\mathrm{d}t} \left[\int \varphi(t)f(t)\mathrm{e}^{\int a(t)\mathrm{d}t}\mathrm{d}t \right] \mathrm{d}t.$$

由此可得方程 (2.60) 的通解为

$$x(t) = C_1\varphi(t) + C_2\varphi(t) \int \frac{1}{\varphi^2(t)} \mathrm{e}^{-\int a(t)\mathrm{d}t}\mathrm{d}t$$

$$+ \varphi(t) \int \frac{1}{\varphi^2(t)} \mathrm{e}^{-\int a(t)\mathrm{d}t} \left[\int \varphi(t)f(t)\mathrm{e}^{\int a(t)\mathrm{d}t}\mathrm{d}t \right] \mathrm{d}t. \tag{2.62}$$

(2.60) 所给的是最一般的变系数二阶线性微分方程, 通常情况下很难求解, 但是由于已经知道了一个解 $\varphi(t)$, 所以使算子 $D^2 + a(t)D + b(t)$ 的分解成为可能, 从而可以给出其通解表达式 (2.62). 即使如此, (2.62) 中的积分多数情况下还是无法用初等函数具体表示出来.

至于 $\varphi(t)$ 如何求出, 并无确定程式, 通常由尝试法寻找.

例 2.15 求解线性方程

$$x'' - \left(2t + \frac{3}{t} \right) x' + 4x = t^4\mathrm{e}^{t^2}. \tag{2.63}$$

解 经验证, $\varphi(t) = t^2 + 1$ 是齐次方程

$$x'' - \left(2t + \frac{3}{t} \right) x' + 4x = 0$$

的一个解, 因此

$$D^2 - \left(2t + \frac{3}{t} \right) D + 4 = \left(D - \left(2t + \frac{3}{t} - \frac{2t}{t^2+1} \right) \right) \left(D - \frac{2t}{t^2+1} \right).$$

故 (2.63) 的解是

$$x(t) = \left(\cfrac{1}{D - \cfrac{2t}{t^2+1}} \right) \left(\cfrac{1}{D - 2t - \cfrac{3}{t} + \cfrac{2t}{t^2+1}} \right) t^4\mathrm{e}^{t^2}$$

$$= \left(\cfrac{1}{D - \cfrac{2t}{t^2+1}} \right) \left[\widehat{C}_2\mathrm{e}^{\int (2t + \frac{3}{t} - \frac{2t}{t^2+1})\mathrm{d}t} \right.$$

$$+ e^{\int(2t+\frac{3}{t}-\frac{2t}{t^2+1})dt} \int t^4 e^{t^2} e^{-\int(2t+\frac{3}{t}-\frac{2t}{t^2+1})dt} dt\Big]$$

$$= \frac{1}{D - \dfrac{2t}{t^2+1}} \left[\widehat{C}_2 \frac{t^3}{t^2+1} e^{t^2} + \frac{t^3}{t^2+1} e^{t^2} \int (t^2+1)t^{-3}e^{-t^2} \cdot t^4 e^{t^2} dt \right]$$

$$= \frac{1}{D - \dfrac{2t}{t^2+1}} \left[\widehat{C}_2 \frac{t^3}{t^2+1} e^{t^2} + \frac{t^3}{t^2+1} e^{t^2} \left(\frac{1}{4}t^4 + \frac{1}{2}t^2 \right) \right]$$

$$= C_1(t^2+1) + \widehat{C}_2(t^2+1) \int \frac{t^3}{t^2+1} e^{t^2} dt$$

$$+ \frac{t^2+1}{4} \int \frac{1}{(t^2+1)^2}(t^7+2t^5)e^{t^2} dt,$$

由于

$$\int \frac{t^3}{(t^2+1)^2} e^{t^2} dt = \int \frac{1}{t^2+1} t e^{t^2} dt - \int \frac{t}{(t^2+1)^2} e^{t^2} dt$$

$$= \frac{1}{2(t^2+1)} e^{t^2} + \int \frac{t}{(t^2+1)^2} e^{t^2} dt - \int \frac{t}{(t^2+1)^2} e^{t^2} dt$$

$$= \frac{1}{2(t^2+1)} e^{t^2},$$

$$\int \frac{t^7+2t^5}{(t^2+1)^2} e^{t^2} dt = \int \frac{(t^2+1)^2-1}{(t^2+1)^2} t^3 e^{t^2} dt = \int t^3 e^{t^2} dt - \int \frac{t^3}{(t^2+1)^2} e^{t^2} dt$$

$$= \frac{1}{2}(t^2-1)e^{t^2} - \frac{1}{2(t^2+1)} e^{t^2},$$

得

$$x(t) = C_1(t^2+1) + C_2 e^{t^2} + \frac{1}{8} t^4 e^{t^2},$$

其中 $C_2 = \dfrac{1}{2}\widehat{C}_2 - \dfrac{1}{4}$.

本例中如果首先知道齐次方程有一解 $\varphi(t) = e^{t^2}$, 求解计算会简单一些.

2.2.6　常系数线性微分系统的求解

线性微分系统是含有多个未知变量的线性微分方程组. 求解微分方程组的通常方法是通过消元法得出只含一个未知变量的线性微分方程. 先求出这一未知变量, 再逐次回代求出其余未知变量. 由于变系数线性微分系统消元的复杂性, 以及消元的过程中会对非齐次项的光滑性提出额外要求, 所以至今研究甚少. 即使对常系数线性微分系统, 人们关注较多的也是显式一阶线性微分系统

$$x' = Ax + F(t), \tag{2.64}$$

其中 $x = (x_1, x_2, \cdots, x_n)^{\mathrm{T}}, F \in C(J, \mathbb{R}^n), A$ 是 n 阶常矩阵, 通常为实矩阵. 在用 D 表示 $\dfrac{\mathrm{d}}{\mathrm{d}t}$ 后, (2.64) 可以表示为

$$(DI - A)x = F(t), \tag{2.65}$$

I 是 n 阶单位矩阵. 近年对高阶的常系数线性微分系统也有所讨论, 这类系统可表示为

$$A(D)x = F(t), \tag{2.66}$$

其中 $F : J \to \mathbb{R}^n$ 有充分的光滑性, $x = (x_1, x_2, \cdots, x_n)^{\mathrm{T}}$ 为向量型未知变量, 矩阵 $A(D)$ 为含 D 的 n 阶矩阵, 即

$$A(D) = \begin{pmatrix} a_{11}(D) & \cdots & a_{1n}(D) \\ \vdots & & \vdots \\ a_{n1}(D) & \cdots & a_{nn}(D) \end{pmatrix}, \tag{2.67}$$

$a_{ij}(D)$ 都是 D 的实系数多项式. 显然微分系统 (2.65) 是 (2.66) 的特殊情况. 用 r_{ij} 表示多项式 $a_{ij}(D)$ 中 D 出现的最高阶次并记

$$r_j = \max\{r_{1j}, r_{2j}, \cdots, r_{nj}\},$$

设对每个 $j \in \{1, 2, \cdots, n\}, r_j > 0, \{r_{1j}, r_{2j}, \cdots, r_{nj}\}$ 中只有一个最大值, 且不同 j 出现 r_j 的行各不相同, 则可以通过引进新变量

$$x_{j1} = x_j, \quad x_{j2} = Dx_j, \quad \cdots, \quad x_{jr_j} = D^{r_j-1}x_j, \quad j = 1, 2, \cdots, n,$$

使微分系统 (2.66) 转换成 (2.65) 的形式. 这时未知变量的个数为 $N = \sum\limits_{j=1}^{n} r_j$.

例如, 对

$$\begin{pmatrix} D+1 & D^2-D+1 \\ D^2-1 & 1 \end{pmatrix} \begin{pmatrix} x_1 \\ x_2 \end{pmatrix} = \begin{pmatrix} f_1(t) \\ f_2(t) \end{pmatrix}, \quad t \in J, \tag{2.68}$$

有 $r_1 = r_2 = 2$, 且 $r_1 = r_{21}, r_2 = r_{12}$. 令

$$x_{11} = x_1, \quad x_{12} = Dx_1, \quad x_{21} = x_2, \quad x_{22} = Dx_2,$$

则微分系统 (2.68) 可以表示为

$$\begin{pmatrix} D & -1 & 0 & 0 \\ 1 & 1 & 1 & D-1 \\ 0 & 0 & D & -1 \\ -1 & D & 1 & 0 \end{pmatrix} \begin{pmatrix} x_{11} \\ x_{12} \\ x_{21} \\ x_{22} \end{pmatrix} = \begin{pmatrix} 0 \\ f_1(t) \\ 0 \\ f_2(t) \end{pmatrix},$$

即

$$\begin{pmatrix} D & -1 & 0 & 0 \\ -1 & D & 1 & 0 \\ 0 & 0 & D & -1 \\ 1 & 1 & 1 & D-1 \end{pmatrix} \begin{pmatrix} x_{11} \\ x_{12} \\ x_{21} \\ x_{22} \end{pmatrix} = \begin{pmatrix} 0 \\ f_2(t) \\ 0 \\ f_1(t) \end{pmatrix}.$$

记

$$A = \begin{pmatrix} 0 & 1 & 0 & 0 \\ 1 & 0 & -1 & 0 \\ 0 & 0 & 0 & 1 \\ -1 & -1 & -1 & 1 \end{pmatrix}, \quad x = \begin{pmatrix} x_{11} \\ x_{12} \\ x_{21} \\ x_{22} \end{pmatrix}, \quad F(t) = \begin{pmatrix} 0 \\ f_2(t) \\ 0 \\ f_1(t) \end{pmatrix},$$

式 (2.68) 就成为 (2.65), 也即 (2.64) 的形式.

记 $\theta = (0, 0, \cdots, 0)^{\mathrm{T}}$ 为 n 维零向量, 设

$$\det A(D) = P(D) \neq 0, \tag{2.69}$$

则 $P(D)$ 为 D 的 m 次实系数多项式, $m \geqslant 0$.

对微分系统 (2.66), 有下述定理.

定理 2.14　常系数线性微分系统 (2.66) 中设条件 (2.69) 成立, 且 $F(t)$ 有足够的光滑性, 则其通解为

$$x(t) = B(D) \frac{1}{P(D)} F(t) = B(D) \frac{1}{P(D)} \theta + B(D) \left(\frac{1}{P(D)} \right)_1 F(t), \tag{2.70}$$

其中 $B(D)$ 是 $A(D)$ 的伴随阵, 即

$$B(D) = \begin{pmatrix} A_{11}(D) & \cdots & A_{n1}(D) \\ \vdots & & \vdots \\ A_{1n}(D) & \cdots & A_{nn}(D) \end{pmatrix},$$

$A_{ij}(D)$ 是 $A(D)$ 中元素, $a_{ij}(D)$ 的代数余子式.

证　由于非齐次系统 (2.66) 的通解可以表示为它的特解和齐次系统

$$A(D)x = \theta \tag{2.71}$$

的通解之和, 我们先证 $B(D) \left(\dfrac{1}{P(D)} \right)_1 F(t)$ 是非齐次系统 (2.66) 的一个特解. 实际上由

$$A(D)B(D) \left(\frac{1}{P(D)} \right)_1 F(t) = P(D) \left(\frac{1}{P(D)} \right)_1 IF(t) = F(t),$$

结论是显然的.

在 (2.71) 两边左乘 $B(D)$ 得微分系统

$$P(D)x = \theta, \tag{2.72}$$

它的通解为

$$x(t) = \frac{1}{P(D)}\theta, \tag{2.73}$$

即

$$x_i(t) = \frac{1}{P(D)}0, \quad i = 1, 2, \cdots, n.$$

微分系统 (2.72) 和 (2.71) 不是同解微分系统, 但微分系统 (2.71) 的解集包含于微分系统 (2.72) 的解集之中. 由于

$$A(D)B(D)\frac{1}{P(D)}I = P(D)I \cdot \frac{1}{P(D)}I = I$$

所以当且仅当 $y = u : J \to \mathbb{R}^n$ 时才有

$$A(D)B(D)\frac{1}{P(D)}y = u.$$

令 $u = \theta$, 可知当且仅当 $y = \theta$ 时, 才有

$$A(D)B(D)\frac{1}{P(D)}y = \theta,$$

这就是说, 当且仅当 $x = B(D)\frac{1}{P(D)}\theta$ 时 (2.72) 成立, 故 $B(D)\frac{1}{P(D)}\theta$ 是系统 (2.72) 的通解.

对齐次系统 (2.72) 基本解组中线性无关解的个数, 附录中已由定理 A.2 给出证明.

定理 2.15 设 $P(D)$ 是 D 的 m 次多项式, $m \geqslant 0$, 相应特征多项式 $P(\lambda)$ 有 k 个互异的特征根 $\lambda_1, \lambda_2, \cdots, \lambda_k$, 特征根的重数分别是 $r_1, r_2, \cdots, r_k, m = \sum_{i=1}^{k} r_k$, 则齐次系统 (2.72) 的基本解组由 m 个线性无关解构成, 且基本解组中相应特征根 λ_i 的形式为 $\alpha_{r_i}(t)\mathrm{e}^{\lambda_i t}$ 的线性无关向量函数的个数为 r_i 个, 其中 $\alpha_{r_i}(t)$ 表示 n 维函数向量, 每个分量为幂次不超过 $r_i - 1$ 的 t 的多项式.

齐次系统 $A(D)x = \theta$ 的解都以 $p(t)\mathrm{e}^{\lambda_i t}$ 的形式出现, 其中 $p(t)$ 是 n 维向量, 每个分量都是 t 的多项式, $p(t)\mathrm{e}^{\lambda_i t}$ 称为对应特征根 λ_i 的**特征函数向量**, $p(t)$ 称为 $\mathrm{e}^{\lambda_i t}$ 的系数向量.

由附录中定理 A.2 的证明过程可得求基本解组的步骤如下:

设 λ_i 是特征多项式的 r_i 重根, 由定理 2.15 知有 r_i 个含因子 $\mathrm{e}^{\lambda_i t}$ 的线性无关特征函数向量.

在伴随阵 $B(D)$ 中令 $D = \lambda$, 记 $B^{(l)}(\lambda)$ 为 $B(\lambda)$ 中各元素对 λ 进行 l 次求导后所得矩阵, 计算

$$B(\lambda_i), \quad B'(\lambda_i), \quad \cdots, \quad B^{(r_i-1)}(\lambda_i),$$

这时 $\mathrm{rank} B(\lambda_i) \leqslant 1$.

如果 $\mathrm{rank} B(\lambda_i) = 1$, 则在 $B(\lambda_i)$ 中任取一个非零列向量 $b(\lambda_i)$, 并在 $B'(\lambda_i)$, $B''(\lambda_i) \cdots, B^{(r_i-1)}(\lambda_i)$ 中分别取同列上的列向量 $b'(\lambda_i), b''(\lambda_i) \cdots, b^{(r_i-1)}(\lambda_i)$, 就得到与 λ_i 对应的 r_i 个线性无关特征函数向量

$$\mathrm{e}^{\lambda_i t} \sum_{j=0}^{l} \mathrm{C}_l^j t^{l-j} b^{(j)}(\lambda_i), \quad l = 0, 1, 2, \cdots, r_i - 1. \tag{2.74}$$

如果 $\mathrm{rank} B(\lambda_i) = 0$, 则 $B'(\lambda_i) = k_1 \leqslant 2$.

这时将 $B'(\lambda_i), B''(\lambda_i), \cdots, B^{(r_i-1)}(\lambda_i)$ 排成 $n(r_i - 1) \times n$ 的矩阵

$$Q_1 = (B'(\lambda_i), B''(\lambda_i), \cdots, B^{(r_i-1)}(\lambda_i))^{\mathrm{T}},$$

对上述矩阵施行初等列变换, 使

$$B'(\lambda_i) \to (B'_{11}(\lambda_i), O_{12}),$$

其中 $B'_{11}(\lambda_i)$ 由 k_1 个线性无关列向量构成, O_{12} 由 $n - k_1$ 个零向量构成. 在相同的列变换下,

$$B^{(k)}(\lambda_i) \to (B^{(k)}_{11}(\lambda_i), B^{(k)}_{12}(\lambda_i)), \quad k \geqslant 2,$$

其中 $B^{(k)}_{11}(\lambda_i), B^{(k)}_{12}(\lambda_i)$ 分别是 $n \times k_1$ 和 $n \times (n-k_1)$ 矩阵. 这时 Q_1 在上述列变换下成为

$$Q_1 \to ((B'_{11}(\lambda_i), O_{12}), \cdots, (B^{(r_i-1)}_{11}(\lambda_i), B^{(r_i-1)}_{12}(\lambda_i)))^{\mathrm{T}}.$$

记 $\mathrm{rank} B''_{12}(\lambda_i) = k_2 \leqslant 3$ 及 $Q_2 = (B''_{12}(\lambda_i), B'''_{12}(\lambda_i), \cdots, B^{(r_i-1)}_{12}(\lambda_i))^{\mathrm{T}}$, 对 Q_2 作列变换使

$$B''_{12}(\lambda_i) \to (B''_{21}(\lambda_i), O_{22}),$$

其中 $\mathrm{rank} B''_{21}(\lambda_i) = k_2, O_{22}$ 为 $n - k_1 - k_2$ 个零向量构成, 在相同的列变换下,

$$B^{(k)}_{11}(\lambda_i) \to (B^{(k)}_{21}(\lambda_i), B^{(k)}_{22}(\lambda_i)), \quad k \geqslant 3,$$

其中 $B^{(k)}_{21}(\lambda_i), B^{(k)}_{22}(\lambda_i)$ 分别是 $n \times k_2$ 和 $n \times (n-k_1-k_2)$ 矩阵, 在上述变换下 Q_2 成为

$$Q_2 \to ((B''_{21}(\lambda_i), O_{22}), (B'''_{21}(\lambda_i), B'''_{22}(\lambda_i)), \cdots, (B^{(r_i-1)}_{21}(\lambda_i), B^{(r_i-1)}_{22}(\lambda_i))).$$

记 $\mathrm{rank}B_{21}'''(\lambda_i) = k_3 \leqslant 4$ 及

$$Q_3 = (B_{22}'''(\lambda_i), \cdots, B_{22}^{(r_i-1)}(\lambda_i)).$$

再对 Q_3 作列变换. 依次进行

$$\begin{pmatrix} B'(\lambda_i) \\ B''(\lambda_i) \\ \vdots \\ B^{(r_i-1)}(\lambda_i) \end{pmatrix} \rightarrow \begin{pmatrix} B_{11}'(\lambda_i) & O_{12} \\ B_{11}''(\lambda_i) & B_{12}''(\lambda_i) \\ \vdots & \vdots \\ B_{11}^{(r_i-1)}(\lambda_i) & B_{12}''(\lambda_i) \end{pmatrix}$$

$$\rightarrow \cdots \rightarrow \begin{pmatrix} B_{11}'(\lambda_i) & & & \\ B_{11}''(\lambda_i) & B_{21}''(\lambda_i) & & \\ \vdots & \vdots & \ddots & \\ B_{11}^{(r_i-1)}(\lambda_i) & B_{21}^{(r_i-1)}(\lambda_i) & \cdots & B_{r_i-1,1}^{(r_i-1)}(\lambda_i) \end{pmatrix}.$$

最后得到一个分块下三角形矩阵, 其中对角线上的矩阵块有

$$\mathrm{rank}B_{\alpha,1}^{(\alpha)}(\lambda_i) = k_\alpha, \quad \alpha = 1, \cdots, r_i - 1.$$

记 $B_{\alpha,1}^\alpha(\lambda_i) = (b_{\alpha 1}^{(\alpha)}(\lambda_i), b_{\alpha 2}^{(\alpha)}(\lambda_i), \cdots, b_{\alpha k_\alpha}^{(\alpha)}(\lambda_i))$, 就得到特征函数向量

$$\mathrm{e}^{\lambda_i t} \sum_{j=\alpha}^l C_l^j t^{l-j} b_{\alpha s}^{(j)}(\lambda_i), \tag{2.75}$$
$$\alpha = 1, \cdots, r_i - 1, l = \alpha, \alpha+1, \cdots, r_i - 1, s = 1, \cdots, k_\alpha.$$

在函数向量组 (2.75) 中, 当取定 α 的值时, 其中的 $k_\alpha(r_i - \alpha)$ 个函数向量是线性无关的. 如果

$$\sum_{\alpha=1}^{r_i-1} k_\alpha(r_i - \alpha) = r_i \tag{2.76}$$

成立, 则 (2.75) 给出了齐次系统 (2.72) 的一个基本解组; 如果 $\sum\limits_{\alpha=1}^{r_i-1} k_\alpha(r_i - \alpha) > r_i$,

则函数向量组 (2.75) 中需要删除 $\sum\limits_{\alpha=1}^{r_i-1} k_\alpha(r_i - \alpha) - r_i$ 个, 方可构成基本解组. 为此, 记

$$\sigma_p = \mathrm{rank}(b_{11}', b_{12}', \cdots, b_{1k_1}', b_{21}'', \cdots, b_{2k_2}'', \cdots, b_{p1}^{(p)}, b_{p2}^{(p)}, \cdots, b_{pk_p}^{(p)}),$$

$p = 1, \cdots, r_i - 1$, 则当 $\sigma_p - \sigma_{p-1} < k_p$ 时, 可从 $\{b_{p1}^{(p)}, b_{p2}^{(p)}, \cdots, b_{pk_p}^{(p)}\}$ 中删除 $k_p - \sigma_p + \sigma_{p-1}$ 个, 使剩余向量组的秩仍为 σ_p 个, 在 $\{b_{p1}^{(p)}, b_{p2}^{(p)}, \cdots, b_{pk_p}^{(p)}\}$ 删除向量的同

时, 在函数向量组 (2.75) 中就 $\alpha = p$ 时, 删除相应的函数列向量, 即可得到齐次系统 (2.72) 的基本解组.

在齐次系统 (2.72) 的基本解组确定以后, 求非齐次系统的通解就比较容易了, 因为在非齐次系统 (2.66) 的一个特解表达式

$$\widehat{x}(t) = B(D) \left(\frac{1}{P(D)} \right)_1 F(t)$$

中, 只要注意到 $\left(\dfrac{1}{P(D)} \right)_1 F(t)$ 是解算子 $\left(\dfrac{1}{P(D)} \right)_1$ 对 $F(t)$ 的每个分量作用就可以了, 而且当 $F(t)$ 具有

$$p(t)\mathrm{e}^{\alpha t}, p(t)\mathrm{e}^{\alpha t} \cos \beta t, p(t)\mathrm{e}^{\alpha t} \sin \beta t$$

的形式, 其中 $p(t)$ 为 n 维列向量, 每个分量为 t 的多项式时, 也可以用待定系数法求特解.

和常系数非齐次线性方程相比, 对常系数非齐次线性系统用待定系数法求特解时应注意

(1) 如果 $F(t)$ 表达式中 $\mathrm{e}^{\alpha t}$(或 $\mathrm{e}^{\alpha t} \cos \beta t, \mathrm{e}^{\alpha t} \sin \beta t$) 的系数向量中 m 是各分量多项式关于 t 的最高幂次, 则解的待定形式 $Q(t)e^{\alpha t}$(或 $Q(t)\mathrm{e}^{\alpha t} \cos \beta t + R(t)\mathrm{e}^{\alpha t} \sin \beta t$) 中系数向量 $Q(t)$(或 $Q(t)$ 及 $R(t)$) 的各分量都是 m 次多项式.

(2) 记 $A(\lambda)$ 中第 j 列各元素的最大公因式为 $f_j(\lambda), j = 1, 2, \cdots, n$. 对 $F(t) = p(t)\mathrm{e}^{\alpha t}$ 的情况, 如果 α 是 $f_j(\lambda)$ 的 k_j 重根, 则已设定 $Q(t)$ 的第 j 个分量还需乘上 $t^{k_j - 1}, j = 1, \cdots, n$, 才是待定解的最终形式; 对 $F(t) = p(t)\mathrm{e}^{\alpha t} \cos \beta t$(或 $p(t)\mathrm{e}^{\alpha t} \sin \beta t$) 的情况, 如果 $\alpha + \beta\mathrm{i}$ 是 $f_j(\lambda)$ 的 k_j 重根, 则已设定 $Q(t)$ 和 $R(t)$ 的第 j 个分量需要同时乘上因子 $t^{k_j - 1}(j = 1, 2, \cdots, m)$, 才是待定解的最终形式.

例 2.16　求非齐次系统

$$\begin{cases} x_1'' + 2x_1' + 5x_2 = 3, \\ x_1' - x_2' + 2x_2 = 2t \end{cases}$$

的一个特解.

解　对应齐次系统

$$\begin{pmatrix} D^2 + 2D & 5 \\ D & -D + 2 \end{pmatrix} \begin{pmatrix} x_1 \\ x_2 \end{pmatrix} = \begin{pmatrix} 0 \\ 0 \end{pmatrix}$$

的特征多项式 $p(\lambda) = -\lambda(\lambda^2 + 1)$ 有三个互不相同的单根 $0, \mathrm{i}, -\mathrm{i}$. $F(t) = (3, 2t)^{\mathrm{T}} = (3, 2t)^{\mathrm{T}}\mathrm{e}^{0 \cdot t}$, 其系数向量各分量作为 t 的多项式, 最高幂次为 1, 易见 $A(\lambda)$ 中两列元

素的公因子分别是

$$f_1(\lambda) = \lambda, \quad f_2(\lambda) = 1,$$

因此设

$$\begin{pmatrix} \widehat{x}_1(t) \\ \widehat{x}_2(t) \end{pmatrix} = \begin{pmatrix} (a_{11}t + a_{12})t \\ a_{21}t + a_{22} \end{pmatrix},$$

将此代入原系统中, 得

$$\begin{cases} 2a_{11} + 4a_{11}t + 2a_{12} + 5a_{21}t + 5a_{22} = 3, \\ 2a_{11}t + a_{12} - a_{21} + 2a_{21}t + 2a_{22} = 2t. \end{cases}$$

比较系数, 得 $2a_{11} + 2a_{12} + 5a_{22} = 3, 4a_{11} + 5a_{21} = 0, 2a_{11} + 2a_{21} = 2$ 及 $a_{12} - a_{21} + 2a_{22} = 0$ 等 4 个方程, 解方程得

$$a_{11} = 5, \quad a_{12} = -6, \quad a_{21} = -4, \quad a_{22} = 1,$$

于是求得所给系统的一个特解

$$\begin{pmatrix} \widehat{x}_1(t) \\ \widehat{x}_2(t) \end{pmatrix} = \begin{pmatrix} 5t^2 - 6t \\ -4t + 1 \end{pmatrix}.$$

这里提供的方法不仅适用于 (2.66) 给出的一般微分系统, 而且, 当用于一阶显式微分系统 (2.64) 时, 因避免了通常方法中由特征根求特征向量的计算, 也有一定的优越性.

例 2.17 给出非齐次线性微分系统

$$\begin{cases} x_1' - x_2' - x_2 = 3\mathrm{e}^t, \\ x_2' + x_1 - x_2 = \mathrm{e}^{3t} \end{cases} \tag{2.77}$$

的通解.

解 所给微分系统化为

$$\begin{cases} x_1' + x_1 - 2x_2 = 3\mathrm{e}^t + \mathrm{e}^{3t}, \\ x_2' + x_1 - x_2 = \mathrm{e}^{3t}, \end{cases} \tag{2.78}$$

这是一个显式一阶微分系统, 记

$$A(D) = \begin{pmatrix} D+1 & -2 \\ 1 & D-1 \end{pmatrix}, \quad x = \begin{pmatrix} x_1 \\ x_2 \end{pmatrix}, \quad F(t) = \begin{pmatrix} 3\mathrm{e}^t + \mathrm{e}^{3t} \\ \mathrm{e}^{3t} \end{pmatrix},$$

则 (2.78), 即 (2.77) 的通解为

$$x(t) = B(D)\frac{1}{P(D)}\theta + B(D)\left(\frac{1}{P(D)}\right)_1 F(t),$$

其中

$$B(D) = \begin{pmatrix} D-1 & 2 \\ -1 & D+1 \end{pmatrix}, \quad P(D) = \det A(D) = D^2 + 1.$$

令 $P(\lambda) = 0$, 得特征根 $\lambda = \pm \mathrm{i}$, 都是单重根. 由

$$B(\mathrm{i}) = \begin{pmatrix} \mathrm{i}-1 & 2 \\ -1 & 1+\mathrm{i} \end{pmatrix}, \quad B(-\mathrm{i}) = \begin{pmatrix} -\mathrm{i}-1 & 2 \\ -1 & 1-\mathrm{i} \end{pmatrix},$$

故齐次系统 $A(D)x = \theta$ 有基本解组

$$\varphi_1(t) = \mathrm{e}^{\mathrm{i}t} \begin{pmatrix} 1-\mathrm{i} \\ 1 \end{pmatrix}, \quad \varphi_2(t) = \mathrm{e}^{-\mathrm{i}t} \begin{pmatrix} 1+\mathrm{i} \\ 1 \end{pmatrix}.$$

φ_1, φ_2 可用

$$\mathrm{Re}\,\varphi_1(t) = \frac{1}{2}(\varphi_1(t) + \varphi_2(t)) = \begin{pmatrix} \cos t + \sin t \\ \cos t \end{pmatrix},$$

$$\mathrm{Im}\,\varphi_1(t) = \frac{1}{2\mathrm{i}}(\varphi_1(t) - \varphi_2(t)) = \begin{pmatrix} \sin t - \cos t \\ \sin t \end{pmatrix}$$

代替, 即

$$B(D)\frac{1}{P(D)}\theta = C_1 \begin{pmatrix} \cos t + \sin t \\ \cos t \end{pmatrix} + C_2 \begin{pmatrix} \sin t - \cos t \\ \sin t \end{pmatrix},$$

$$B(D)\left(\frac{1}{P(D)}\right)_1 F(t)$$

$$= \begin{pmatrix} D-1 & 2 \\ -1 & D+1 \end{pmatrix} \begin{pmatrix} \left(\dfrac{1}{D^2+1}\right)_1 (3\mathrm{e}^t + \mathrm{e}^{3t}) \\ \left(\dfrac{1}{D^2+1}\right)_1 \mathrm{e}^{3t} \end{pmatrix}$$

$$= \begin{pmatrix} D-1 & 2 \\ -1 & D+1 \end{pmatrix} \begin{pmatrix} -\cos t \displaystyle\int \sin t(3\mathrm{e}^t + \mathrm{e}^{3t})\mathrm{d}t + \sin t \displaystyle\int \cos t(3\mathrm{e}^t + \mathrm{e}^{3t})\mathrm{d}t \\ -\cos t \displaystyle\int \mathrm{e}^{3t} \sin t\,\mathrm{d}t + \sin t \displaystyle\int \mathrm{e}^{3t} \cos t\,\mathrm{d}t \end{pmatrix}$$

$$= \begin{pmatrix} D-1 & 2 \\ -1 & D+1 \end{pmatrix} \begin{pmatrix} \dfrac{1}{10}\mathrm{e}^{3t} + \dfrac{3}{2}\mathrm{e}^t \\ \dfrac{1}{10}\mathrm{e}^{3t} \end{pmatrix}$$

$$= \begin{pmatrix} \dfrac{2}{5}\mathrm{e}^{3t} \\ \dfrac{3}{10}\mathrm{e}^{3t} - \dfrac{3}{2}\mathrm{e}^t \end{pmatrix}.$$

于是系统 (2.77) 的通解为

$$\begin{pmatrix} x_1(t) \\ x_2(t) \end{pmatrix} = \begin{pmatrix} (C_1 - C_2)\cos t + (C_1 + C_2)\sin t + \dfrac{2}{5}\mathrm{e}^{3t} \\ C_1 \cos t + C_2 \sin t + \dfrac{3}{10}\mathrm{e}^{3t} - \dfrac{3}{2}\mathrm{e}^t \end{pmatrix}.$$

注 2.2 当 $P(\lambda) = 0$ 有共轭复根 $\lambda = \alpha + \beta i, \bar{\lambda} = \alpha - \beta i$ 时, 先对应 λ 求得线性无关解组 $\{\varphi_j(t)\}$, 然后由这些解向量求共轭, 就可以得到对应 $\bar{\lambda}$ 的特征函数向量组 $\{\overline{\varphi_j}(t)\}$, 这时用 $\{\text{Re}\varphi_j(t), \text{Im}\varphi_j(t)\}$ 代替向量组 $\{\varphi_j(t), \overline{\varphi_j}(t)\}$, 如例 2.16 中所做的那样, 就可以得到实函数向量构成的基本解组.

例 2.18 求解广义系统

$$\begin{cases} Ex' = Ax + Lu, \\ y = Cx, \end{cases} \tag{2.79}$$

其中

$$E = \begin{pmatrix} 1 & 0 & 0 & 0 \\ 0 & 0 & 1 & 0 \\ 0 & 0 & 0 & 0 \\ 0 & 0 & 0 & 0 \end{pmatrix}, \quad A = \begin{pmatrix} 0 & 1 & 0 & 0 \\ 1 & 0 & 0 & 0 \\ -1 & 0 & 0 & 1 \\ 0 & 1 & 1 & 1 \end{pmatrix}, \quad L = \begin{pmatrix} 0 \\ 0 \\ 0 \\ -1 \end{pmatrix},$$

$C = (0, 0, 1, 0)$, $x = (x_1, x_2, x_3, x_4)^{\text{T}}$ 是一个标量函数.

解 如果 E 是一个四阶单位阵, (2.79) 是一个熟知的线性控制系统. 现在 E 是一个退化常阵, 因而是一个广义系统, y 是系统的观测量, u 是控制变量. 记

$$A(D) = \begin{pmatrix} D & -1 & 0 & 0 \\ -1 & 0 & D & 0 \\ 1 & 0 & 0 & -1 \\ 0 & -1 & -1 & -1 \end{pmatrix},$$

$$B(D) = \begin{pmatrix} D & -1 & -1 & -D \\ -D-1 & -D & D^2 & -D^2 \\ 1 & D+1 & 1 & -1 \\ D & -1 & -D^2-1 & -D \end{pmatrix},$$

$B(D)$ 是 $A(D)$ 的伴随阵.

由于 $P(D) = \det A(D) = D^2 + D + 1$, 得特征多项式 $\lambda^2 + \lambda + 1$ 的特征根 $\lambda = -\dfrac{1}{2} \pm \dfrac{\sqrt{3}}{2}i$, 且都是单根. 于是

$$B\left(\frac{-1+\sqrt{3}i}{2}\right) = \begin{pmatrix} \dfrac{-1+\sqrt{3}i}{2} & -1 & \dfrac{-1+\sqrt{3}i}{2} & \dfrac{1-\sqrt{3}i}{2} \\ \dfrac{-1-\sqrt{3}i}{2} & \dfrac{1-\sqrt{3}i}{2} & \dfrac{-1-\sqrt{3}i}{2} & \dfrac{-1+\sqrt{3}i}{2} \\ 1 & \dfrac{1+\sqrt{3}i}{2} & 1 & -1 \\ \dfrac{-1+\sqrt{3}i}{2} & -1 & \dfrac{-1+\sqrt{3}i}{2} & \dfrac{1-\sqrt{3}i}{2} \end{pmatrix}.$$

齐次系统 $A(D)x = 0$ 对应 $\lambda = \dfrac{-1 + \sqrt{3}\mathrm{i}}{2}$ 的解可取为

$$\mathrm{e}^{\frac{-1+\sqrt{3}\mathrm{i}}{2}t}\left(-1, \frac{1 - \sqrt{3}\mathrm{i}}{2}, \frac{1 + \sqrt{3}\mathrm{i}}{2}, -1\right)^{\mathrm{T}}.$$

由此知齐次系统的基本解组 $\varphi_1(t), \varphi_2(t)$ 由

$$\varphi_1(t) = \mathrm{Re}\left(-\mathrm{e}^{\frac{-1+\sqrt{3}\mathrm{i}}{2}t}, \frac{1 - \sqrt{3}\mathrm{i}}{2}\mathrm{e}^{\frac{-1+\sqrt{3}\mathrm{i}}{2}t}, \frac{1 + \sqrt{3}\mathrm{i}}{2}\mathrm{e}^{\frac{-1+\sqrt{3}\mathrm{i}}{2}t}, -\mathrm{e}^{\frac{-1+\sqrt{3}\mathrm{i}}{2}t}\right)^{\mathrm{T}}$$

$$= \mathrm{e}^{-\frac{t}{2}}\left(-\cos\frac{\sqrt{3}}{2}t, \frac{1}{2}\left(\cos\frac{\sqrt{3}}{2}t + \sqrt{3}\sin\frac{\sqrt{3}}{2}t\right),\right.$$

$$\left.\frac{1}{2}\left(\cos\frac{\sqrt{3}}{2}t - \sqrt{3}\sin\frac{\sqrt{3}}{2}t\right), -\cos\frac{\sqrt{3}}{2}t\right)^{\mathrm{T}},$$

$$\varphi_2(t) = \mathrm{Im}\left(-\mathrm{e}^{\frac{-1+\sqrt{3}\mathrm{i}}{2}t}, \frac{1 - \sqrt{3}\mathrm{i}}{2}\mathrm{e}^{\frac{-1+\sqrt{3}\mathrm{i}}{2}t}, \frac{1 + \sqrt{3}\mathrm{i}}{2}\mathrm{e}^{\frac{-1+\sqrt{3}\mathrm{i}}{2}t}, -\mathrm{e}^{\frac{-1+\sqrt{3}\mathrm{i}}{2}t}\right)^{\mathrm{T}}$$

$$= \mathrm{e}^{-\frac{t}{2}}\left(-\sin\frac{\sqrt{3}}{2}t, \frac{1}{2}\left(\sin\frac{\sqrt{3}}{2}t - \sqrt{3}\cos\frac{\sqrt{3}}{2}t\right),\right.$$

$$\left.\frac{1}{2}\left(\sin\frac{\sqrt{3}}{2}t + \sqrt{3}\cos\frac{\sqrt{3}}{2}t\right), -\sin\frac{\sqrt{3}}{2}t\right)^{\mathrm{T}}.$$

给出, $A(D)x = Lu$ 的一个特解可取为

$$\widehat{x}(t)$$

$$= B(D)\left(\frac{1}{P(D)}\right)_1 Lu$$

$$= B(D)\left(\frac{1}{\left(D + \dfrac{1}{2}\right)^2 + \left(\dfrac{\sqrt{3}}{2}\right)^2}\right)_1 \begin{pmatrix} 0 \\ 0 \\ 0 \\ -u(t) \end{pmatrix}$$

$$= \begin{pmatrix} D & -1 & -1 & -D \\ -D-1 & -D & D^2 & -D^2 \\ 1 & D+1 & 1 & -1 \\ D & -1 & -D^2-1 & -D \end{pmatrix}$$

$$
\cdot \begin{pmatrix}
0 \\
0 \\
0 \\
\dfrac{2}{\sqrt{3}}\mathrm{e}^{-\frac{1}{2}t}\left(\cos\dfrac{\sqrt{3}}{2}t\displaystyle\int u(t)\mathrm{e}^{\frac{1}{2}t}\sin\dfrac{\sqrt{3}}{2}t - \sin\dfrac{\sqrt{3}}{2}t\displaystyle\int u(t)\mathrm{e}^{\frac{1}{2}t}\cos\dfrac{\sqrt{3}}{2}t\right)
\end{pmatrix}
$$

$$
= \begin{pmatrix}
\dfrac{\sqrt{3}}{3}\mathrm{e}^{-\frac{1}{2}t}\left[\left(\sqrt{3}\sin\dfrac{\sqrt{3}}{2}t+\cos\dfrac{\sqrt{3}}{2}t\right)\displaystyle\int u(t)\mathrm{e}^{\frac{1}{2}t}\sin\dfrac{\sqrt{3}}{2}t\right. \\
\left. +\left(\sqrt{3}\cos\dfrac{\sqrt{3}}{2}t-\sin\dfrac{\sqrt{3}}{2}t\right)\displaystyle\int u(t)\mathrm{e}^{\frac{1}{2}t}\cos\dfrac{\sqrt{3}}{2}t\mathrm{d}t\right] \\[4pt]
\dfrac{\sqrt{3}}{3}\mathrm{e}^{-\frac{1}{2}t}\left[\left(\cos\dfrac{\sqrt{3}}{2}t-\sqrt{3}\sin\dfrac{\sqrt{3}}{2}t\right)\displaystyle\int u(t)\mathrm{e}^{\frac{1}{2}t}\cos\dfrac{\sqrt{3}}{2}t\mathrm{d}t\right. \\
\left. +\left(\sin\dfrac{\sqrt{3}}{2}t-\sqrt{3}\cos\dfrac{\sqrt{3}}{2}t\right)\displaystyle\int u(t)\mathrm{e}^{\frac{1}{2}t}\cos\dfrac{\sqrt{3}}{2}t\mathrm{d}t\right]-u(t) \\[4pt]
\dfrac{2\sqrt{3}}{3}\mathrm{e}^{-\frac{1}{2}t}\left[-\cos\dfrac{\sqrt{3}}{2}t\displaystyle\int u(t)\mathrm{e}^{\frac{1}{2}t}\sin\dfrac{\sqrt{3}}{2}t\mathrm{d}t+\sin\dfrac{\sqrt{3}}{2}t\displaystyle\int u(t)\mathrm{e}^{\frac{1}{2}t}\cos\dfrac{\sqrt{3}}{2}t\mathrm{d}t\right] \\[4pt]
\dfrac{\sqrt{3}}{3}\mathrm{e}^{-\frac{1}{2}t}\left[\left(\sqrt{3}\sin\dfrac{\sqrt{3}}{2}t+\cos\dfrac{\sqrt{3}}{2}t\right)\displaystyle\int u(t)\mathrm{e}^{\frac{1}{2}t}\sin\dfrac{\sqrt{3}}{2}t\right. \\
\left. +\left(\sqrt{3}\cos\dfrac{\sqrt{3}}{2}t\mathrm{d}t-\sin\dfrac{\sqrt{3}}{2}t\right)\displaystyle\int u(t)\mathrm{e}^{\frac{1}{2}t}\cos\dfrac{\sqrt{3}}{2}t\mathrm{d}t\right]
\end{pmatrix}\cdot
$$

这样, 广义系统 (2.79) 的解为

$$
\begin{pmatrix}
x_1(t) \\
x_2(t) \\
x_3(t) \\
x_4(t)
\end{pmatrix}
= C_1\mathrm{e}^{-\frac{t}{2}}
\begin{pmatrix}
-\cos\dfrac{\sqrt{3}}{2}t \\
\dfrac{1}{2}\left(\cos\dfrac{\sqrt{3}}{2}t+\sqrt{3}\sin\dfrac{\sqrt{3}}{2}t\right) \\
\dfrac{1}{2}\left(\cos\dfrac{\sqrt{3}}{2}t-\sqrt{3}\sin\dfrac{\sqrt{3}}{2}t\right) \\
-\cos\dfrac{\sqrt{3}}{2}t
\end{pmatrix}
$$

$$
+ C_2\mathrm{e}^{-\frac{t}{2}}
\begin{pmatrix}
-\sin\dfrac{\sqrt{3}}{2}t \\
\dfrac{1}{2}\left(\sin\dfrac{\sqrt{3}}{2}t-\sqrt{3}\cos\dfrac{\sqrt{3}}{2}t\right) \\
\dfrac{1}{2}\left(\sin\dfrac{\sqrt{3}}{2}t+\sqrt{3}\cos\dfrac{\sqrt{3}}{2}t\right) \\
-\sin\dfrac{\sqrt{3}}{2}t
\end{pmatrix}
+ \widehat{x}(t),
$$

$$y(t) = x_3(t) = \frac{1}{2}e^{-\frac{t}{2}}\left[(C_1 + \sqrt{3}C_2)\cos\frac{\sqrt{3}}{2}t + (C_2 - \sqrt{3}C_1)\sin\frac{\sqrt{3}}{2}t\right]$$
$$+ \frac{2\sqrt{3}}{3}e^{-\frac{t}{2}}\bigg(-\cos\frac{\sqrt{3}}{2}t\int u(t)e^{\frac{1}{2}t}\sin\frac{\sqrt{3}}{2}t\mathrm{d}t$$
$$+ \sin\frac{\sqrt{3}}{2}t\int u(t)e^{\frac{1}{2}t}\cos\frac{\sqrt{3}}{2}t\mathrm{d}t\bigg).$$

在例 2.16 和例 2.17 中, 由于特征多项式只有单根, 所以在计算齐次系统的基本解组时, 只需求出矩阵 $A(D)$ 的共轭阵 $B(D)$ 即可. 如果特征多项式的所有特征根中最高重次达到 k 重, 则除计算共轭阵 $B(D)$ 外, 还需求出

$$B'(D), B''(D), \cdots, B^{(k-1)}(D).$$

以下举例说明.

例 2.19 求解齐次系统 $A(D)x = \theta$, 其中 $x = (x_1, x_2, x_3)^{\mathrm{T}}$,

$$A(D) = \begin{pmatrix} D-2 & 2 & -1 \\ -1 & D+2 & 0 \\ 5 & -17 & D-3 \end{pmatrix}.$$

解 由于特征多项式

$$P(\lambda) = \det A(\lambda) = \lambda^3 - 3\lambda^2 + 3\lambda - 1 = (\lambda - 1)^3$$

以 $\lambda = 1$ 为三重根, 需计算 $B(\lambda), B'(\lambda), B''(\lambda)$.

$$B(\lambda) = \begin{pmatrix} \lambda^2 - \lambda - 6 & -2\lambda + 23 & \lambda + 2 \\ \lambda - 3 & \lambda^2 - 5\lambda + 11 & 1 \\ -5\lambda + 7 & 17\lambda - 24 & \lambda^2 - 2 \end{pmatrix},$$

$$B'(\lambda) = \begin{pmatrix} 2\lambda - 1 & -2 & 1 \\ 1 & 2\lambda - 5 & 0 \\ -5 & 17 & 2\lambda \end{pmatrix}, \quad B''(\lambda) = \begin{pmatrix} 2 & 0 & 0 \\ 0 & 2 & 0 \\ 0 & 0 & 2 \end{pmatrix}.$$

于是

$$B(1) = \begin{pmatrix} -6 & 21 & 3 \\ -2 & 7 & 1 \\ 2 & -7 & -1 \end{pmatrix}, \quad B'(1) = \begin{pmatrix} 1 & -2 & 1 \\ 1 & -3 & 0 \\ -5 & 17 & 2 \end{pmatrix},$$

$$B''(1) = \begin{pmatrix} 2 & 0 & 0 \\ 0 & 2 & 0 \\ 0 & 0 & 2 \end{pmatrix}.$$

由于 $\mathrm{rank}B(1) = 1$, 取向量

$$b(1) = \begin{pmatrix} 3 \\ 1 \\ -1 \end{pmatrix}, \quad b'(1) = \begin{pmatrix} 1 \\ 0 \\ 2 \end{pmatrix}, \quad b''(1) = \begin{pmatrix} 0 \\ 0 \\ 2 \end{pmatrix}.$$

由式 (2.74), 取 $\lambda_i = 1, r_i - 1 = 3 - 1 = 2$, 即得到基本解组

$$\mathrm{e}^t \begin{pmatrix} 3 \\ 1 \\ -1 \end{pmatrix}, \quad \mathrm{e}^t \left[t \begin{pmatrix} 3 \\ 1 \\ -1 \end{pmatrix} + \begin{pmatrix} 1 \\ 0 \\ 2 \end{pmatrix} \right],$$

$$\mathrm{e}^t \left[t^2 \begin{pmatrix} 3 \\ 1 \\ -1 \end{pmatrix} + 2t \begin{pmatrix} 1 \\ 0 \\ 2 \end{pmatrix} + \begin{pmatrix} 0 \\ 0 \\ 2 \end{pmatrix} \right],$$

即

$$\begin{pmatrix} 3\mathrm{e}^t \\ \mathrm{e}^t \\ -\mathrm{e}^t \end{pmatrix}, \quad \begin{pmatrix} (3t+1)\mathrm{e}^t \\ t\mathrm{e}^t \\ (-t+2)\mathrm{e}^t \end{pmatrix}, \quad \begin{pmatrix} (3t^2+2t)\mathrm{e}^t \\ t^2\mathrm{e}^t \\ (-t^2+4t+2)\mathrm{e}^t \end{pmatrix},$$

从而所给齐次系统的通解为

$$x(t) = \mathrm{e}^t \begin{pmatrix} 3C_1 + C_2(3t+1) + C_3(3t^2+2t) \\ C_1 + C_2t + C_3t^2 \\ -C_1 + C_2(-t+2) + C_3(-t^2+4t+2) \end{pmatrix}.$$

例 2.20 求解齐次线性微分系统 $x' = Ax$, 其中

$$A = \begin{pmatrix} 0 & 0 & 1 & 0 \\ 0 & 0 & 0 & 1 \\ -2 & 2 & -3 & 1 \\ 2 & -2 & 1 & -3 \end{pmatrix}.$$

解 将所给系统写成 $A(D)x = \theta$, 则有

$$A(D) = \begin{pmatrix} D & 0 & -1 & 0 \\ 0 & D & 0 & -1 \\ 2 & -2 & D+3 & -1 \\ -2 & 2 & -1 & D+3 \end{pmatrix},$$

$$B(D) = \begin{pmatrix} D^3+6D^2+10D+4 & 2D+4 & D^2+3D+2 & D+2 \\ 2D+4 & D^3+6D^2+10D+4 & D+2 & D^2+3D+2 \\ -2D^2-4D & 2D^2+4D & D^3+3D^2+2D & D^2+2D \\ 2D^2-4D & -2D^2-4D & D^2+2D & D^3+3D^2+2D \end{pmatrix},$$

其中 $B(D)$ 是 $A(D)$ 的伴随阵, 于是

$$P(\lambda) = \det A(\lambda) = \lambda^4 + 6\lambda^3 + 12\lambda^2 + 8\lambda = \lambda(\lambda+2)^3.$$

令 $P(\lambda) = 0$ 得特征根 $\lambda = 0, -2$. 其中 0 是单根, -2 是三重根. 为此除 $B(\lambda)$ 外, 还须计算 $B'(\lambda), B''(\lambda)$,

$$B'(\lambda) = \begin{pmatrix} 3\lambda^2+12\lambda+10 & 2 & 2\lambda+3 & 1 \\ 2 & 3\lambda^2+12\lambda+10 & 1 & 2\lambda+3 \\ -4\lambda-4 & 4\lambda+4 & 3\lambda^2+6\lambda+2 & 2\lambda+2 \\ 4\lambda+4 & -4\lambda-4 & 2\lambda+2 & 3\lambda^3+6\lambda+2 \end{pmatrix},$$

$$B''(\lambda) = \begin{pmatrix} 6\lambda+12 & 0 & 2 & 0 \\ 0 & 6\lambda+12 & 0 & 2 \\ -4 & 4 & 6\lambda+6 & 2 \\ 4 & -4 & 2 & 6\lambda+6 \end{pmatrix}.$$

由

$$B(0) = \begin{pmatrix} 4 & 4 & 2 & 2 \\ 4 & 4 & 2 & 2 \\ 0 & 0 & 0 & 0 \\ 0 & 0 & 0 & 0 \end{pmatrix}$$

得对应 $\lambda = 0$ 的解 $(1,1,0,0)^{\mathrm{T}}$. 再由 $B(-2)$ 为零矩阵及

$$B'(-2) = \begin{pmatrix} -2 & 2 & -1 & 1 \\ 2 & -2 & 1 & -1 \\ 4 & -4 & 2 & -2 \\ -4 & 4 & -2 & 2 \end{pmatrix}, \quad B''(-2) = \begin{pmatrix} 0 & 0 & 2 & 0 \\ 0 & 0 & 0 & 2 \\ -4 & 4 & -6 & 2 \\ 4 & -4 & 2 & -6 \end{pmatrix}$$

知 $\mathrm{rank} B'(-2) = 1$, 取 $b'(-2) = (1,-1,-2,2)^{\mathrm{T}}$, 则有 $b''(-2) = (0,2,2,-6)^{\mathrm{T}}$. 因此齐次系统对应 $\lambda = -2$ 的解有

$$\mathrm{e}^{-2t}(b'(-2)t + b''(-2)) = \mathrm{e}^{-2t}(t, -t+2, -2t+2, 2t-6)^{\mathrm{T}},$$

$$\mathrm{e}^{-2t}b'(-2) = \mathrm{e}^{-2t}(1,-1,-2,2)^{\mathrm{T}}.$$

为了得到对应 $\lambda = -2$ 时的第三个线性无关解, 对 $B'(-2), B''(-2)$ 作相同的列变换, 得

$$
\begin{pmatrix} B'(-2) \\ B''(-2) \end{pmatrix} = \begin{pmatrix} -2 & 2 & -1 & 1 \\ 2 & -2 & 1 & -1 \\ 4 & -4 & 2 & -2 \\ -4 & 4 & -2 & 2 \\ 0 & 0 & 2 & 0 \\ 0 & 0 & 0 & 2 \\ -4 & 4 & -6 & 2 \\ 4 & -4 & 2 & -6 \end{pmatrix} \Rightarrow \begin{pmatrix} 1 & 0 & 0 & 0 \\ -1 & 0 & 0 & 0 \\ -2 & 0 & 0 & 0 \\ 2 & 0 & 0 & 0 \\ 0 & 0 & 0 & 2 \\ 2 & 4 & -4 & 2 \\ 2 & 0 & 0 & -4 \\ -6 & -8 & 8 & 4 \end{pmatrix}.
$$

由于对

$$
B_2''(-2) = \begin{pmatrix} 0 & 0 & 2 \\ 4 & -4 & 2 \\ 0 & 0 & -4 \\ -8 & 8 & -4 \end{pmatrix}, \quad \mathrm{rank} B_2''(-2) = 2,
$$

可知 $\mathrm{e}^{-2t}(0,1,0,-2)^{\mathrm{T}}, \mathrm{e}^{-2t}(2,2,-4,-4)^{\mathrm{T}}$ 是系统的两个线性无关解, 由于

$$
\mathrm{rank} \begin{pmatrix} 1 & 0 & 2 \\ -1 & 1 & 2 \\ -2 & 0 & -4 \\ 2 & -2 & -4 \end{pmatrix} = \mathrm{rank} \begin{pmatrix} 1 & 0 & 0 \\ -1 & 1 & 4 \\ -2 & 0 & 0 \\ 2 & -2 & -8 \end{pmatrix} = \mathrm{rank} \begin{pmatrix} 1 & 0 & 0 \\ -1 & 1 & 0 \\ -2 & 0 & 0 \\ 2 & -2 & 0 \end{pmatrix},
$$

故对应 $\lambda = -2$ 的上述两个解中应删除一个, 不妨删除 $\mathrm{e}^{-2t}(2,2,-4,4)^{\mathrm{T}}$. 于是所给齐次系统的通解为

$$
x(t) = \begin{pmatrix} C_1 + (C_2 t + C_3)\mathrm{e}^{-2t} \\ C_1 + (C_2(-t+2) - C_3 + C_4)\mathrm{e}^{-2t} \\ (C_2(-2t+2) - 2C_3)\mathrm{e}^{-2t} \\ (C_2(2t-6) + 2C_3 - 2C_4)\mathrm{e}^{-2} \end{pmatrix}.
$$

习 题 2.2

1. 解下列一阶线性方程:

(1) $x' + 3t^2 x = 0$; (2) $tx' + x = 0$;

(3) $x' - x = t$; (4) $x' - x = \sin 2t$;

(5) $x' - x = t\mathrm{e}^t$; (6) $xy' + y = xy^3$(x 自变量);

(7) $x' + 2x = x^2$;　　　(8) $x' + 2x = \dfrac{1}{x^2}$;

(9) $x' + \dfrac{1}{1-t}x = 1$;　(10) $x' - \dfrac{1}{t}x = t^2 - 2$.

2. 求下列初值问题的解:

(1) $x' + \dfrac{1}{t}x = 1, x(1) = 1$;　　　　　(2) $(t^2 + 1)x' + 3tx = 6t, x(0) = 3$;

(3) $x' = -\dfrac{2}{t}x - t^9 x^5, x(-1) = 2$;　　(4) $t^2 x' + tx = \sin t, x(1) = 2$.

3. 利用自变量和未知变量的互换, 将下列方程转化成一阶线性方程, 并求解:

(1) $x' = \dfrac{x^2}{x - t}$;

(2) $tx' = \dfrac{x^2}{x - t}$;

(3) $y' = \dfrac{xy}{x^2 - y^2}$($x$ 为自变量);

(4) $x' = \dfrac{x^2 - 3x + 2}{t - 1}$.

4. 求解下列变系数常微分方程:

(1) $(D - 2)(D + 2)x = 2t$;

(2) $(D - 2)^2 x = \mathrm{e}^{2t} + 1$;

(3) $(D - 2t)\left(D + 2t + \dfrac{1}{t}\right)x = 0$;

(4) $(D^2 - 3D + 2)x = t + 1$.

5. 求解初值问题:

(1) $\left(D^2 + \left(\dfrac{1}{t} - 2t\right)D - \dfrac{2t^2 + 1}{t^2}\right)x = 0, x(1) = 1, x'(1) = 0$;

(2) $\left(D^2 - \left(\dfrac{2}{t} + 3t^2\right)D\right)x = 0, x(1) = \mathrm{e} + 1, x'(1) = 3\mathrm{e}$.

6. 求下列常系数微分方程的通解:

(1) $x'' + 2x' + 2x = 0$;　(2) $x'' + 4x' + 3x = 0$;

(3) $x'' + 2x' + x = 0$;　　(4) $x'' + 4x = 0$.

7. 求以下常系数微分方程的通解:

(1) $x'' + 2x' + 2x = t\mathrm{e}^t$;　　　　(2) $x'' + 2x' + 2x = \mathrm{e}^{-t}\cos t$;

(3) $x'' - 4x' + 4x = (t + 1)\mathrm{e}^t$;　(4) $x'' + 9x = \cos t + \sin 3t$.

8. 求以下常系数微分方程的通解:

(1) $(D^4 - 3D^2 + 2)x = 0$;

(2) $x''' - 6x'' + 2x' + 36x = 0$;

(3) $(D^4 + 8D^3 + 24D^2 + 32D + 16)x = 0$;

(4) $(D^3 - 3D^2 + 3D - 1)y = 0$(自变量为 x);

(5) $(D^4 - 2D^3 + 3D^2 - 2D + 1)y = 0$(自变量为 x);

(6) $x^{(4)} + 10x''' + 9x = 0$.

9. 求以下非齐次常系数方程的一个特解:

(1) $(D^3 - 3D^2 + 4D - 2)x = te^t$;

(2) $x''' - x'' + x' - x = 1 + \cos t$;

(3) $x''' + 3x'' + 3x' + x = (t-1)\mathrm{e}^{-t}$;

(4) $x'' + 2x' + 2x = \mathrm{e}^{-t}(\cos t + 2\sin t)$;

(5) $(D^2 + 1)x = t\sin 2t + \cos t$;

(6) $x'' - 4x' + 4x = 1 + \mathrm{e}^t + \mathrm{e}^{2t}$.

10. 求下列 Euler 方程的通解:

(1) $t^3 x''' + 2t^2 x'' - 4tx' + 4x = t^4$;   (2) $x'' + \dfrac{1}{t}x' - \dfrac{4}{t^2}x = t^2 \ln t$;

(3) $\left(D^3 - \dfrac{1}{t}D^2 - \dfrac{2}{t^2}D + \dfrac{6}{t^3}\right)x = t - 1$;   (4) $\left(D^2 - \dfrac{1}{t}D + \dfrac{1}{t^2}\right)x = t\ln t$.

11. 求解方程:

(1) $(D^2 + 5D + 4)x = \dfrac{1}{1 - \mathrm{e}^t}$;

(2) $(D^2 + 2D + 1)x = \dfrac{\mathrm{e}^{-t}}{\cos t}$.

12. 求 $x' = Ax$(即 $(DI - A)x = 0$) 的通解, 其中 A 分别为常数矩阵.

(1) $A = \begin{pmatrix} 4 & -3 \\ 6 & -7 \end{pmatrix}$;   (2) $A = \begin{pmatrix} 3 & -1 \\ 5 & -3 \end{pmatrix}$;

(3) $A = \begin{pmatrix} 1 & 2 & 1 \\ 6 & -1 & 0 \\ -1 & -2 & -1 \end{pmatrix}$;   (4) $A = \begin{pmatrix} 3 & -2 & 0 \\ -1 & 3 & -2 \\ 0 & -1 & 3 \end{pmatrix}$.

13. 求非齐次线性微分系统 $x' = Ax + F(t)$ 的一个特解, 其中

(1) $A = \begin{pmatrix} 3 & -2 & 0 \\ -1 & 3 & 2 \\ 0 & -1 & 3 \end{pmatrix}, F(t) = \begin{pmatrix} -9t + 13 \\ 7t - 15 \\ -6t + 7 \end{pmatrix}$;

(2) $A = \begin{pmatrix} 2 & 1 & 0 \\ 0 & 2 & 1 \\ 0 & 0 & 2 \end{pmatrix}, F(t) = \begin{pmatrix} 1 \\ \mathrm{e}^t \\ \mathrm{e}^{2t} \end{pmatrix}$.

14. 求下列非齐次线性系统 $x' = Ax + F(t)$ 的通解, 其中

(1) $A = \begin{pmatrix} 3 & 2 \\ 2 & 1 \end{pmatrix}, F(t) = \begin{pmatrix} t\mathrm{e}^t \\ \mathrm{e}^{-t} \end{pmatrix}$;

(2) $A = \begin{pmatrix} 4 & -3 \\ 3 & 4 \end{pmatrix}, F(t) = \begin{pmatrix} \sin t \\ \mathrm{e}^{4t} \end{pmatrix}$.

15. 解下列常系数线性微分系统:

(1) $\begin{pmatrix} D^2 + D - 2 & D - 1 \\ D + 5 & D \end{pmatrix} \begin{pmatrix} x \\ y \end{pmatrix} = \begin{pmatrix} 0 \\ 0 \end{pmatrix};$

(2) $\begin{pmatrix} D^2 - 2D & -D + 2 \\ D - 2 & D \end{pmatrix} \begin{pmatrix} x_1 \\ x_2 \end{pmatrix} = \begin{pmatrix} 0 \\ e^{-t} \end{pmatrix}.$

16. 求解下列常系数线性系统的定解问题:

(1) $\begin{pmatrix} D^2 - 3D + 2 & D - 1 \\ D - 2 & D + 1 \end{pmatrix} \begin{pmatrix} x_1 \\ x_2 \end{pmatrix} = \begin{pmatrix} 0 \\ 0 \end{pmatrix}, \begin{pmatrix} x_1(0) \\ x_1'(0) \\ x_2'(0) \end{pmatrix} = \begin{pmatrix} 1 \\ 0 \\ 1 \end{pmatrix};$

(2) $\begin{pmatrix} D^2 + 3D + 2 & D + 1 \\ D + 2 & D - 1 \end{pmatrix} \begin{pmatrix} x_1 \\ x_2 \end{pmatrix} = \begin{pmatrix} 0 \\ 0 \end{pmatrix}, \begin{pmatrix} x_1(0) \\ x_1'(0) \\ x_2'(0) \end{pmatrix} = \begin{pmatrix} 0 \\ -1 \\ 1 \end{pmatrix};$

(3) $\begin{cases} x_1'' - 4x_2 = 0, \\ x_2'' + 4x_1 = 0, \end{cases} \begin{pmatrix} x_1(0) \\ x_2(0) \end{pmatrix} = \begin{pmatrix} 0 \\ 0 \end{pmatrix}, \begin{pmatrix} x_1(1) \\ x_2(1) \end{pmatrix} = \begin{pmatrix} 1 \\ 0 \end{pmatrix}.$

2.3   线性微分方程及系统的应用

对一个微分方程或微分系统, 从数学上来说, 如果能用数学方法给出其通解或特解, 则问题已经解决. 但从应用的角度看, 还需要对数学解的特点进行分析, 并依据实际背景对解的意义作出解释.

2.3.1   数学解揭示的运动特点

未知变量 $x(t)$, 不论它是标量还是向量, 通常都是反映对象的位置或状态随时间变化的规律, 即反映对象的运动规律. 从线性方程或线性系统的求解得到的运动规律, 需要关注

1) 振动性 (oscillation) 和周期性 (periodicity)

设 $x(t)$ 是常系数线性系统 (2.66)

$$A(D)x = F(t), \quad t \in \mathbb{R}$$

的解, $x(t) \not\equiv \theta, A$ 为 n 阶矩阵, 其元素为算子 D 的实系数多项式. 如果不论 $T > 0$ 多么大, 总有 $s > T$ 使 $x(s) = \theta$, 且 $x(t) \not\equiv \theta$, 就说解 $x(t)$ 是**振动**的; 当 $x(t) \not\equiv b, b$ 是任一常向量, 且存在 $T > 0$ 使 $x(t + T) = x(t)$ 对任意 $t \in \mathbb{R}$ 成立, 则说 $x(t)$ 是一个**周期解**. 如果 T 是具有上述性质的最小正数, 就说 $x(t)$ 是系统 (2.66) 的一个**T周期解**.

对常向量 b, 如果 $x(t) \equiv b$ 是系统 (2.66) 的一个解, 就说它是一个**定常解**. 特别当 $b = \theta$ 时, 就说它是系统 (2.66) 的**零解**.

例如, $x(t) = e^{-t} \cos t$ 是

$$x'' + 2x' + 2x = 0$$

的一个振动解, $x(t) \equiv 0$ 是它的零解, 而 $\sin 2t$ 是

$$x'' + 2x' + 2x = 4\cos 2t - 2\sin 2t$$

的 π 周期解.

对系统 (2.66) 而言, 易证它有零解的必要条件是 $F(t) \equiv 0$; 它有 T 周期解的必要条件是 $F(t)$ 是 T 周期函数向量.

2) 稳定性 (stability)

设 $\widehat{x}(t)$ 是常系数线性微分系统 (2.66) 的一个周期解或定常解, 特征多项式

$$P(\lambda) = \det(\lambda I - A)$$

为 λ 的 n 次多项式, 它有 m 个互异的特征根:

$$\lambda_1, \lambda_2, \cdots, \lambda_m,$$

其重次分别为 $r_1, r_2, \cdots, r_m$, 根据 2.3 节的讨论可知, 微分系统 (2.66) 的通解 (即解集) 由

$$x(t) = \sum_{i=1}^{m} \sum_{j=1}^{r_i} C_{ij} p_{ij}(t) \mathrm{e}^{\lambda_i t} + \widehat{x}(t) \tag{2.80}$$

给出. 由假设, $x(t)$ 是有界的, 且 $p_{ij}(t)$ 是 t 的多项式, 其幂次 $\leqslant r_i - 1$. 对于线性系统, 稳定性问题就是讨论当 $t \to +\infty$ 时解集 (2.80) 中的所有解是否趋近于某个特解.

显然, 当 $\mathrm{Re}\lambda_i < 0$ 对所有 $i = 1, 2, \cdots, m$ 成立时, 在 $t \to +\infty$, 有

$$x(t) \to \widehat{x}(t).$$

这时就说 (2.65) 的解 $\widehat{x}(t)$ 是**渐近稳定的**, 特别当 $F(t) \equiv 0$, 即系统 (2.66) 成为齐次系统

$$A(D)x = \theta, \tag{2.81}$$

$\widehat{x}(t) = \theta$, 就说系统 (2.81) 是**零解渐近稳定**的.

如果 $\max\limits_{1 \leqslant i \leqslant m} \mathrm{Re}\lambda_i > 0$, 不妨设 $\mathrm{Re}\lambda_1 > 0$. 在 (2.80) 中取 $C_{11} = 1$, 其余 $C_{ij} = 0$, 则当 $\lambda_1 > 0$ 为实数时, 令 $t \to +\infty$, 有

$$\|x(t)\| \geqslant |C_{11}| \|p_{11}(t)\| \mathrm{e}^{\lambda_1 t} - \|\widehat{x}(t)\| \to +\infty.$$

当 $\lambda_1 = \alpha + \beta\mathrm{i}$ 为复数, $\alpha > 0$ 时, 令 $t \to +\infty$ 有

$$\|x(t)\| \geqslant |C_{11}| \|p_{11}(t)\| \mathrm{e}^{\alpha t} - \|\widehat{x}(t)\| \to +\infty,$$

这时说 (2.65) 的解 $\widehat{x}(t)$ 是**不稳定的**.

如果 $\max\limits_{1\leqslant i\leqslant m}\mathrm{Re}\lambda_i = 0$, 且对满足 $\mathrm{Re}\lambda_i = 0$ 的特征值中至少有一个是多重根, 不妨设 $\mathrm{Re}\lambda_l = 0$, 重数 $r_l \geqslant 2$, 且记 $A(D) = DI - A, B(D)$ 为 $A(D)$ 的伴随阵时, $B(\lambda_l), N'(\lambda_l),\cdots, B^{(r_l-2)}(\lambda_l)$ 中至少有一个不是零矩阵, 则由 2.3 节的讨论, 在

$$p_{l1}(t), p_{l2}(t),\cdots, p_{lr_l}(t)$$

中至少有一个, 不妨设 $p_{l1}(t)$, 作为函数向量, 有一个分量为 t 的不低于 1 次的多项式. 在解 (2.80) 中, 除 $C_{l1} = 1$ 外令其余 $C_{ij} = 0$, 则 $t \to +\infty$ 时,

$$\|x(t)\| \geqslant \|p_{l_1}(t)\|\mathrm{e}^{\mathrm{Re}\lambda_l t} - \|\widehat{x}(t)\| \to \infty,$$

这时 (2.65) 的解 $\widehat{x}(t)$ 也是**不稳定的**. 当 $F(t) \equiv 0$, 则说齐次系统 (2.81) 是**零解不稳定的**.

除了以上两种情况外, 余下的情况就说 (2.66) 的解 $\widehat{x}(t)$(或 (2.81) 的零解) 是**稳定**的.

稳定是介于渐近稳定和不稳定之间的过渡情况. 以上结论对一般的常系数线性微分系统同样成立, 且可转移到高阶常系数线性方程的情况. 归纳起来有

定理 2.16　设 $\widehat{x}(t)$ 是常系数线性微分系统 (2.66) 的定常解或周期解, 特征多项式 $P(\lambda) = \det(\lambda I - A)$ 有 m 个互异特征根 $\lambda_i, i = 1, 2,\cdots, m, \lambda_i$ 相应的重次为 $r_i, \sum\limits_{i=1}^{m} r_i = n$. 如果

(1) $\max\limits_{1\leqslant i\leqslant m}\mathrm{Re}\lambda_i < 0$, 则 $\widehat{x}(t)$ 是 (2.66) 的渐近稳定解, 且齐次系统 (2.81) 是零解渐近稳定的;

(2) $\max\limits_{1\leqslant i\leqslant m}\mathrm{Re}\lambda_i > 0$, 则 $\widehat{x}(t)$ 是系统 (2.65) 的不稳定解, 且齐次系统 (2.81) 是零解不稳定的;

(3) $\max\limits_{1\leqslant i\leqslant m}\mathrm{Re}\lambda_i = 0$, 当有一个 λ_l 满足 $\mathrm{Re}\lambda_l = 0, r_l \geqslant 2$, 且 $B(\lambda_l), B'(\lambda_l),\cdots,$ $B^{(r_l-2)}(\lambda_l)$ 至少有一个不是零矩阵, 则 $\widehat{x}(t)$ 是系统 (2.66) 的不稳定解, 同时齐次系统 (2.81) 是零解不稳定的;

(4) $\max\limits_{1\leqslant i\leqslant m}\mathrm{Re}\lambda_i = 0$, 且对每个满足 $\mathrm{Re}\lambda_i = 0$, 且 $r_i \geqslant 2$ 的特征值 $\lambda_l, B(\lambda_l)$, 对应的矩阵 $B'(\lambda_l),\cdots, B^{(r_l-2)}(\lambda_l)$ 全是零矩阵, 则 $\widehat{x}(t)$ 是系统 (2.66) 的一个稳定解, 同时齐次系统 (2.81) 是零解稳定的.

对于常系数高阶线性微分方程

$$\left(D^n + \sum_{i=1}^{n} a_i D^{n-i}\right) x = f(t) \tag{2.82}$$

及相应的齐次方程

$$\left(D^n + \sum_{i=1}^{n} a_i D^{n-i}\right) x = 0,\tag{2.83}$$

注意到其特征多项式 $P(\lambda) = \lambda^n + \sum_{i=1}^{n} a_i \lambda^{n-i}$ 有 $r_l > 1$ 重特征根 λ_l 时, 必定在齐次方程的基本解组中出现函数

$$t^{r_l-1}\mathrm{e}^{\lambda_l t}, \quad r_l \geqslant 2$$

即使 $\mathrm{Re}\lambda_l = 0$, 也有

$$|t^{r_l-1}\mathrm{e}^{\lambda_l t}| = t^{r_l-1} \to \infty, \quad \text{当} t \to +\infty.$$

故 $P(\lambda)$ 有零实部多重根时, 方程 (2.82) 的特解 $\widehat{x}(t)$ 总是不稳定的, 且这时齐次方程 (2.83) 是零解不稳定的, 故有

定理 2.17 设 $\widehat{x}(t)$ 是方程 (2.82) 的定常解或周期解, 特征多项式 $P(\lambda) = \lambda^n + \sum_{i=1}^{n} a_i \lambda^{n-i}$ 有互异的特征根 $\lambda_1, \lambda_2, \cdots, \lambda_m, \lambda_i$ 作为根的重次为 $r_i, \sum_{i=1}^{m} r_i = n$. 如果

(1) $\max\limits_{1\leqslant i\leqslant m} \mathrm{Re}\lambda_i < 0$, 则 $\widehat{x}(t)$ 是方程 (2.82) 的一个渐近稳定解, 且齐次方程 (2.83) 是零解稳定的;

(2) $\max\limits_{1\leqslant i\leqslant m} \mathrm{Re}\lambda_i > 0$, 则 $\widehat{x}(t)$ 是方程 (2.82) 的一个不稳定解, 且齐次方程 (2.83) 是零解不稳定的;

(3) $\max\limits_{1\leqslant i\leqslant m} \mathrm{Re}\lambda_i = 0$, 且满足 $\mathrm{Re}\lambda_i = 0$ 的任一特征根 λ_l 都是单根, 则 $\widehat{x}(t)$ 是方程 (2.82) 的一个稳定解, 且齐次方程 (2.83) 是零解稳定的;

(4) $\max\limits_{1\leqslant i\leqslant m} \mathrm{Re}\lambda_i = 0$, 且满足 $\mathrm{Re}\lambda_i = 0$ 的特征根中至少有一个 λ_l 是重根, 则 $\widehat{x}(t)$ 是方程 (2.82) 的一个不稳定解, 且齐次系统 (2.83) 是零解不稳定的.

例 2.21 试确定二阶微分方程

$$x'' + 2x' + x = 2\tag{2.84}$$

是否有定常解或周期解, 并确定其稳定性.

解 显然 $\widehat{x} = 2$ 是方程 (2.84) 的一个定常解, 且对应齐次方程的特征多项式 $\lambda^2 + 2\lambda + 1 = 0$ 有一个二重根 $\lambda = -1$, 故 (2.84) 的定常解 $\widehat{x} = 2$ 是渐近稳定的. 实际上很容易求得方程 (2.84) 的通解是

$$x(t) = (C_1 + C_2 t)\mathrm{e}^{-t} + 2,$$

$t \to +\infty$ 时, $x(t) \to 2$.

另外, 例 2.19 所给的齐次系统, 有一个单根 $\lambda = 0$ 和一个三重根 $\lambda = -2$. 故在该例中, 零解是稳定的, 但不是渐近稳定的.

3) 共振 (resonance)

设齐次系统 (2.81) 的零解是稳定的, 也就是其特征多项式的特征根或是负实部的, 或虽是零实部的, 但零实部特征根对应特征函数向量中的系数向量都是常向量.

这时, 我们可设齐次系统 (2.81) 的特征多项式 $P(\lambda)$ 有 k 个负实部特征根 $\lambda_1, \lambda_2, \cdots, \lambda_r$, 有 l 对互不相同的共轭纯虚根 $\pm\beta_1 \mathrm{i}, \pm\beta_2 \mathrm{i}, \cdots, \pm\beta_l \mathrm{i}$, 则

$$P(\lambda) = a_0 \prod_{j=1}^{k}(\lambda - \lambda_j) \cdot \prod_{j=1}^{l}(\lambda^2 + \beta_j^2), \tag{2.85}$$

其中 $\beta_j \in \mathbb{R}^+, k + 2l = n, a_0 \in \mathbb{R}$.

对非齐次系统 (2.66), 假设

$$F(t) = F_0 \sin\omega t \cdot b \quad (\text{或} F_0 \cos\omega t \cdot b), \tag{2.86}$$

其中 $b = (b_1, b_2, \cdots, b_n)^{\mathrm{T}}$ 是 n 维非零常向量, $F_0, \omega > 0$ 为常数, $\omega \neq \beta_j, j = 1, \cdots, l$, 从而 $P(\omega) \neq 0$.

以上假设保证非齐次系统 (2.66) 有一个稳定的周期解

$$\widehat{x}_\omega(t) = A\sin\omega t + B\cos\omega t, \tag{2.87}$$

其中 $A = (A_1, A_2, \cdots, A_n)^{\mathrm{T}}, B = (B_1, B_2, \cdots, B_n)^{\mathrm{T}}$ 都是实函量. 由待定系数法可得

$$A_j = \frac{c_j(\omega)}{P(\omega)}, \ B_j = \frac{d_j(\omega)}{P(\omega)}, \quad j = 1, 2, \cdots, n.$$

由于 $\omega \to \beta_j$ 时, $P(\omega) \to 0$, (2.87) 所给周期解可以出现 $\|\widehat{x}_\omega\| = \max\limits_{0 \leqslant t \leqslant \frac{2\pi}{\omega}} \|\widehat{x}_\omega(t)\| \to \infty$. 这种现象就称为**共振现象**. $\omega = \beta_j$ 的情况称为**纯共振**. 另外, 当存在 $\omega_0 > 0$, 在 $\omega = \omega_0$ 时, $\|\widehat{x}_{\omega_0}\|$ 虽不是无界, 但也达到了极大值, 则 $\omega = \omega_0$ 的情况称为**实际共振**.

例 2.22   考虑二阶微分方程

$$x'' + \omega_0^2 x = F_0\cos\omega t, \tag{2.88}$$

其中 $F_0, \omega_0, \omega > 0, \omega \neq \omega_0$. **齐次方程** $x'' + \omega_0^2 x = 0$ 有特征根 $\lambda = \pm\omega_0\mathrm{i}$, 为纯虚数单根. 由 $\omega \neq \omega_0$, 可求得方程 (2.88) 的一个特解

$$\widehat{x}(t) = \frac{F_0}{\omega_0^2 - \omega^2}\cos\omega t.$$

这时如果 ω_0 给定, 则 $\omega \to \omega_0$ 时出现共振. 同样, ω 固定, 则 $\omega_0 \to \omega$ 时出现共振. 不管哪种情况, $\omega = \omega_0$ 时为纯共振情况. 这时, (2.88) 的特解 $\widehat{x}(t)$ 需改为

$$\widehat{x}(t) = (A\cos\omega_0 t + B\sin\omega_0 t)t,$$

代入 (2.88) 求得 $A = 0, B = \dfrac{F_0}{2\omega_0}$, 故有

$$\widehat{x}(t) = \frac{F_0}{2\omega_0} t\sin\omega_0 t,$$

这是一个 $t > 0$ 时随 t 的增大, 振幅无限增大的振动解.

例 2.23 在方程

$$x'' + ax' + bx = F_0\cos\omega t \tag{2.89}$$

中, 设 $a, b, F_0, \omega > 0$. 对应齐次方程的特征多项式 $P(\lambda) = \lambda^2 + a\lambda + b$ 有特征根

$$\lambda = \begin{cases} -\dfrac{a}{2} \pm \dfrac{1}{2}\sqrt{a^2 - 4b}, & a^2 - 4b > 0, \\[2mm] -\dfrac{a}{2}(二重根), & a^2 - 4b = 0, \\[2mm] -\dfrac{a}{2} \pm \omega_0 \mathrm{i}, & a^2 - 4b < 0, \end{cases}$$

其中 $\omega_0 = \dfrac{1}{2}\sqrt{4b - a^2}$. 由于 ω_i 不是 $P(\lambda)$ 的根, 设

$$\widehat{x}(t) = A_1\cos\omega t + B_1\sin\omega t.$$

求得 $A_1 = \dfrac{F_0(b - \omega^2)}{(b - \omega^2)^2 + (a\omega)^2}$, $B_1 = \dfrac{F_0 a\omega}{(b - \omega^2)^2 + (a\omega)^2}$, 故得周期解

$$\widehat{x}(t) = \frac{F_0}{(b - \omega^2)^2 + (a\omega)^2}[(b - \omega^2)\cos\omega t + a\omega\sin\omega t]$$

$$= \frac{F_0}{(b - \omega^2)^2 + (a\omega)^2}\sin(\omega t + \varphi),$$

其中 $\varphi = \arctan\dfrac{b - \omega^2}{a\omega}$. 这时由于特征多项式 $P(\lambda)$ 的根都是负实部的, 故周期解 $\widehat{x}(t)$ 是渐近稳定的, 即 $t \to +\infty$ 时, 方程 (2.89) 的任一解 $x(t)$ 都有 $x(t) \to \widehat{x}(t)$. 对 $\widehat{x}(t)$ 而言, 它的振幅为

$$A(\omega) = \frac{F_0}{\sqrt{(b - \omega^2)^2 + (a\omega)^2}}.$$

由 $A'(\omega) = \dfrac{F_0}{((b - \omega^2)^2 + (a\omega)^2)^{\frac{3}{2}}}[(2b - a^2) - 2\omega^2]\omega$ 知, 在 $\omega > 0$ 的前提下, 当

$a^2 \geqslant 2b$ 时, $A(\omega)$ 是单调增函数; $A^2 < 2b$ 时, 由于 $A(\omega)$ 在 $\left(0, \sqrt{b - \dfrac{a^2}{2}}\right)$ 上单

调增, 在 $\left(\sqrt{b - \dfrac{a^2}{2}}, +\infty\right)$ 上单调减, 所以振幅在 $\omega = \sqrt{b - \dfrac{a^2}{2}}$ 时有最大值, 即

$\omega = \sqrt{b - \dfrac{a^2}{2}}$ 时出现实际共振.

2.3.2　线性微分方程和线性微分系统的应用

下面用两个例子说明线性方程的实际应用.

1) 电路

如图 2.1 所示, 设有电阻 R、电感 L 和电容 C 及电源 E 构成的 RLC 电路, 电阻值就记为 R 欧姆, 电感值 L 亨利, 电容值为 C 法拉. 开关闭合, 电阻、电感、电容这三个电路元件上的电压降分别为 $RI, L\dfrac{\mathrm{d}I}{\mathrm{d}t}, \dfrac{1}{C}Q$, 其中 $I = I(t)$ 是电路中的电流强度, 单位是安培, $Q = Q(t)$ 是电容上的电量, 单位是库仑, 电源 E 上的电压记为 E 伏特, Q 和 I 的关系是

$$I(t) = \frac{\mathrm{d}Q(t)}{\mathrm{d}t}.$$

根据 Kirchhoff 定理, 简单闭合电路中各元件上电压降的代数和与所加电压相等. 得到图 2.1 中电路的方程

$$L\frac{\mathrm{d}I}{\mathrm{d}t} + RI + \frac{1}{C}Q = E(t),$$

即

$$LQ'' + RQ' + \frac{1}{C}Q = E(t). \tag{2.90}$$

如果记

$$a = \frac{R}{L}, \quad b = \frac{1}{LC}, \quad x = Q, \tag{2.91}$$

并设

$$E(t) = \omega E_0 \cos \omega t = LF_0 \cos \omega t, \tag{2.92}$$

其中 $F_0 = \dfrac{\omega E_0}{L}$, 则方程 (2.90) 就成为 (2.89), 即

$$x'' + ax' + bx = F_0 \cos \omega t,$$

根据例 2.23 的讨论, 当 $a^2 < 2b$, 即

$$R^2 < \frac{2L}{C}$$

时, 电路方程 (2.90) 会有实际共振出现, 但这时由于 $F_0 = \dfrac{\omega E_0}{L}$, 故周期解 $\widehat{x}(t) = \widehat{Q}(t)$ 的振幅

$$A(\omega) = \frac{F_0}{\sqrt{(b - \omega^2)^2 + (a\omega)^2}} = \frac{\omega E_0}{L\sqrt{\left(\dfrac{1}{LC} - \omega^2\right)^2 + \dfrac{R^2}{L^2}\omega^2}}$$

$$= \frac{E_0}{\sqrt{R^2 + \left(\dfrac{1}{C\omega} - L\omega\right)^2}}$$

在 $\omega = \dfrac{1}{\sqrt{LC}}$ 时振幅达到最大, 称 $\omega = \dfrac{1}{\sqrt{LC}}$ 时出现**电共振**.为了出现电共振, 在 $E(t) = \omega E_0 \cos \omega t$ 中 ω 给定, 电路中电感 L 给定的情况下, 可以利用可变电容器改变电容值 C, 使

$$\omega^2 = \frac{1}{LC}$$

成立, 从而出现 $Q(t)$ 的最大振幅, 这一特点可以广泛应用于电子设备.

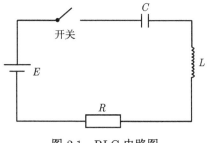

图 2.1 RLC 电路图

　　以无线电收音机为例, 假设要收听电波频率为 ω 的电台, 由于电台向无线电调谐电路提供了 $E(t) = E_0 \omega \sin t$ 的输入电压, 可以通过收音机上的调谐旋钮使 $C = \dfrac{1}{\omega^2 L}$, 从而使周期电量 $Q(t)$ 振幅达到最大, 即调谐电路上的电流振幅最大. 由此进一步驱动放大器及扩音器, 便可听清所选电台的播音.

　　2) 地震诱发振动

　　地震是一种常见的自然灾害, 地震释放的能量以波的形式向四周传播, 这种波称为地震波. 地震波由多种波组成, 主要分为引起地面上下颤动的纵波和引发地面横向晃动的横波, 高层建筑的防震设计主要防范由地震产生的横波. 现以一座 7 层建筑物为例进行地震中的振动分析. 建筑物及各层受力情况见图 2.2.

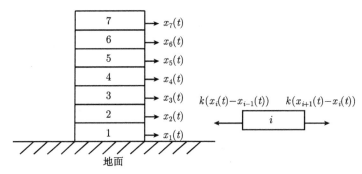

图 2.2   多层建筑物受力情况

设建筑物每层质量为 $m = 1000$, 受地震影响第 i 层建筑出现的水平位移为 $x_i = x_i(t)$, 当 $i = 2, 3, \cdots, 6$ 时, 第 i 层受力为

$$k(x_{i+1} - x_i) - k(x_i - x_{i-1}) = kx_{i-1} - 2kx_i + kx_{i+1}.$$

第 1 层受力 $k(x_2 - x_1) - kx_1 = -2kx_1 + kx_2$,

第 7 层受力 $k(-x_7) - k(x_7 - x_6) = kx_6 - 2kx_7$,

其中 k 为房屋的弹性恢复力系数 (即单位位移的弹性恢复力), $k = 10000$. 记 $x = (x_1, x_2, \cdots, x_7)^{\mathrm{T}}$, 根据牛顿定律得到齐次微分系统

$$x'' = Ax,$$

其中

$$A = \begin{pmatrix} -20 & 10 & 0 & 0 & 0 & 0 & 0 \\ 10 & -20 & 10 & 0 & 0 & 0 & 0 \\ 0 & 10 & -20 & 10 & 0 & 0 & 0 \\ 0 & 0 & 10 & -20 & 10 & 0 & 0 \\ 0 & 0 & 0 & 10 & -20 & 10 & 0 \\ 0 & 0 & 0 & 0 & 10 & -20 & 10 \\ 0 & 0 & 0 & 0 & 0 & 10 & -20 \end{pmatrix}.$$

再考虑地震横波造成的地面位移为 $E\cos\omega t$, 则地面位移的运动加速度 $a = -\omega^2 E\cos\omega t$, 每层建筑物因地面横向运动而受到的反向惯性力为

$$m\omega^2 E\cos\omega t,$$

于是建筑物在地震横波作用下的运动方程为

$$x'' = Ax + \omega^2 E\cos\omega t \cdot b, \tag{2.93}$$

其中 $b = (1, 1, \cdots, 1)^{\mathrm{T}}$ 为 n 维常向量.

由计算机软件计算 (Maple, Mathematica 或 MATLAB) 可得特征多项式

$$P(\lambda) = \det(\lambda^2 I - A)$$

有 7 对互不相同的纯虚根 $\pm\beta_i i$:

$$\pm 6.1863i, \pm 5.7778i, \pm 5.1167i, \pm 4.2320i, \pm 3.1623i, \pm 1.9544i, \pm 0.6611i.$$

当地震横波 $E\cos\omega t$ 中的振动频率 ω 接近上述纯虚根 $\pm\beta_i i$ 中某个 β_i 时, 就可能出现共振, 产生灾难性后果. 同时, 由于不同建筑物建立的运动方程, 其特征多项式的纯虚根是不一样的, 这就不难理解为什么同样的地震横波使一些建筑物倒塌而旁边的建筑物却可以安然无恙.

习 题 2.3

1. 判定下列系统零解的稳定性:

(1) $x' = \begin{pmatrix} 1 & 1 \\ 9 & 1 \end{pmatrix} x;$ (2) $x' = \begin{pmatrix} -2 & 3 \\ 1 & -2 \end{pmatrix} x;$

(3) $\begin{cases} x_1' + 2x_1 = 0, \\ -2x_1 + x_2' + x_2 = 0, \\ -x_2 + x_3' + 0.8x_3 = 0; \end{cases}$

(4) $\begin{pmatrix} D-4 & -1 & -4 \\ -4 & -1 & D-4 \\ -1 & D-7 & -1 \end{pmatrix} x = \theta.$

2. 在电路方程

$$LQ'' + RQ' + \frac{1}{C}Q = F_0 L\cos\omega t$$

中, 设

(1) $R = 30\Omega, L = 10\text{H}, C = 0.02\text{F}, E(t) = 25\omega\sin\omega t\text{V};$

(2) $R = 25\Omega, L = 0.2\text{H}, C = 5 \times 10^{-4}\text{F}, E(t) = 120\cos 377t\text{V},$

分别对两种情况求实际共振频率和共振时电量 Q 的振幅.

2.4 用数学软件解线性微分系统

随着计算机使用的普及, 利用数学软件如 Mathematica, Maple, MATLAB 对微分系统求解日益成为人们乐于采用的方法. 本书仅就 MATLAB 在求解常微分方程中的应用作简单介绍, 至于其余两种软件在常微分方程求解中的用法, 可参考相关教材.

利用数学软件解微分系统, 不仅快捷, 而且可以通过计算机作图, 用直观的图像展示解的性态.

2.4.1 MATLAB 的指令表示

1) 运算符号

通常算式中的 $+, -, \times, /, a^b$, 在 MATLAB 软件中分别用 $+, -, *, /, a\char94 b$ 表示. 因此算式 $3 \times 4 + 16^2/4 - 5^3$ 应写成

$$3 * 4 + 16\char94 2/4 - 5\char94 3.$$

点击 "Enter", 即实施了运算, 得结果

$$-47.$$

如果将算式表示为

$$S = 3 * 4 + 16\char94 2/4 - 5\char94 3,$$

则运算的结果以

$$S = -47$$

的形式给出. e^x 则要表示为 $\exp(x)$.

2) 变量、向量、矩阵

算式中的字母 x, y, z 等作为符号对待, 先要以

$$\mathrm{syms}\ x\, y\, z$$

语句指明它们是符号变量, 各变量间用空格分开. 向量、矩阵都用方括号表示:

$$a = [a_1, a_2, \cdots, a_n]$$

指定 a 是 n 维行向量,

$$b = [b_1; b_2; \cdots; b_n]$$

指明 b 是 n 维列向量. 行向量中各分量间用逗号 "," 隔开, 列向量中各分量间用分号 ";" 隔开.

$$A = [a_{11}, a_{12}, \cdots, a_{1n}; a_{21}, a_{22}, \cdots, a_{2n}; \cdots; a_{m1}, a_{m2}, \cdots, a_{mn}]$$

建立 $m \times n$ 矩阵 A.

带下标的变量, 下标用 "_" 表示, 如 a_{12}, b_{n2} 分别用 a_1_2 和 b_n_2 表示.

3) 导数

变量的导数用 D 加于变量之前来表示, 如

$$Dx, D2x, Dmx$$

就分别表示变量 x 的一阶、二阶和 m 阶导数. 例如, 二阶方程

$$x'' + 2x' + tx = \sin t$$

需要写成

$$D2x + 2 * Dx + t * x = \sin(t)$$

4) 运算指令

求导

给定 $y = f(x)$, 求 $y' = \dfrac{\mathrm{d}y}{\mathrm{d}x}$, 可以由

```
clear
syms  x
y=f(x);
dy=diff(y, x)
```

实现, 其中第 4 行的指令 diff(y, x) 就是求 y 关于 x 的导数. 如果第 3 行中取 $y = x\hat{}3 + 3 * x\hat{}2 - 4 * x$, 则上述程序运行后就给出答案

$$\mathrm{d}y = 3 * x\hat{}2 + 6 * x - 4.$$

如果计算 y 关于 x 的 m 阶导数, 则第 4 行可改写为 $\mathrm{d}y = \mathrm{diff}(y, x, m)$. 例如,

```
clear
syms x
y=x^3+3*x^2-4*x;
dy=diff(y, x, 2)
```

运行的结果, 给出

$$\mathrm{d}y = 6 * x + 6.$$

积分

积分指令是 int(), 其后的括号中要给出被积函数和积分区间, 其中积分区间可以是变上限的, 例如,

$$\int_0^s x \sin x \mathrm{d}x$$

可以表示为

$$\mathrm{int}(x * \sin(x), 0,' s').$$

而且积分指令后的被积函数可以是向量函数, 例如,

$$\int_0^s \begin{pmatrix} 1 & 2 \\ 4 & 3 \end{pmatrix} \begin{pmatrix} \mathrm{e}^{5t} - \mathrm{e}^{-t} \\ 2\mathrm{e}^{5t} + \mathrm{e}^{-t} \end{pmatrix} \mathrm{d}t$$

可以按以下程序计算:

```
clear
syms t
A=sym('[1,2,;4,3]');
f=sym('[exp(5*t)-exp(-t); 2*exp(5*t)+exp(-t)]');
V=int(A*f,0,'s')'
```

运行后得到

$$V = \exp(5 * x) - \exp(-s)$$
$$2\exp(5 * s) + \exp(-s) - 3.$$

解微分方程

解常微分方程的指令是 dsolve(), 括号中先写方程或方程组 (如果是方程组, 各方程之间用逗号 "," 分开), 然后写初值条件, 最后是自变量符号. 如果括号中不提供初始条件, 则指令执行后将给出方程或方程组的通解.

dsolve() 适用于求解一阶线性方程、一阶及高阶常系数线性方程, 一些变系数线性方程组. 例如, 求方程组

$$\begin{cases} x' = \dfrac{1+t}{1+t^2}x + \dfrac{1-t}{1+t^2}y, \\ y' = -\dfrac{1+t}{1+t^2}x + \dfrac{t(1+t)}{1+t^2}y \end{cases}$$

的通解和满足 $(x(0), y(0)) = (-10, -20)$ 的特解, 可由以下程序实现:

```
eqn1='Dx=(1+t)/(1+t^2)*x+(1-t)/(1+t^2)*y';
eqn2='Dx=-(1+t)/(1+t^2)*x+t*(1+t)/(1+t^2)*y';
gensol=dsolve(eqn1,eqn2,'t')
x=gensol.x
y=gensol.y
sol=dsolve(eqn1,eqn2,'x(0)=-10, y(0)=-20','t')
x=sol.x
y=sol.y
```

求矩阵的特征向量和特征根

给定 n 阶矩阵 A, 指令

$$[V,D] = \mathrm{eig}(A)$$

执行后即可得到矩阵 A 的特征向量构成的矩阵和由相应特征值构成的对角阵, 能实现这一指令的条件是 A 有 n 个线性无关特征向量.

解代数方程

求解代数方程和求解微分方程相似, 只要将 dsolve() 换成 solve 即可. 例如, 求解

$$x^4 - 3x^2 + 2 = 0$$

可由指令

```
eqn='x^4-3*x^2+2=0'
x=solve(eqn,'x')
```

实现.

计算机作图

作一元函数图形是 ezplot(), 括号中写入三部分内容. 首先是给出函数, 其次是给出作图范围, 最后是指定图形序号. 例如, 要在 1 号图形窗口, 在 $-2 \leqslant x \leqslant 4, -2 \leqslant y \leqslant 6$ 的范围内画 $y = x^2 - 2x$ 的图形, 可以用程序

```
clear
syms   x
y='x^2-2*x'
ezplot(y, [-2,4,-2,6], 1)
```

实现, 得到图 2.3. 图中横坐标和纵坐标分别为 x 和 y 的取值范围.

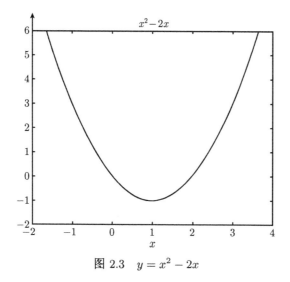

图 2.3 $y = x^2 - 2x$

如果要将多条曲线画在同一个图上, 则除最后一条曲线外, 前面的每个 ezplot() 指令后, 加上指令 hold on 即可.

2.4.2 MATLAB 解微分系统的示例

例 2.24 求三阶线性方程

$$x''' + 2x'' + 2x' = \cos 5t + \sin t$$

的通解, 并在任意常数分别为

$$\begin{pmatrix} C_1 \\ C_2 \\ C_3 \end{pmatrix} = \begin{pmatrix} 0.3 \\ 0 \\ 1 \end{pmatrix}, \begin{pmatrix} 0.4 \\ 0.3 \\ 0.8 \end{pmatrix}, \begin{pmatrix} 0.2 \\ -1.5 \\ 0.5 \end{pmatrix}, \begin{pmatrix} 5 \\ -0.8 \\ -0.3 \end{pmatrix}$$

时, 在同一图上给出特解的图形.

解   在下列程序中, 要用到循环语句

$$\text{for } i = 1 : n \cdots \text{end}$$

和代换语句

$$\text{subs(函数名, 旧, 新)}$$

其中 "旧" 表示要被代替的旧变量或旧数值, "新" 代表用来代替旧变量、旧数值的新变量、新数值, 这里无论是变量或数值, 都可以以向量形式给出.

```
clear
eqn='D3x+2*D2x+2Dx=cos(5*t)+sin(4*t)';
CO=sym('[0.3,0.4,0.2,0.5;0,0.3,-1.5,-0.8;1,0.8,0.5,-0.3]');
sol=simple(dsolve(eqn,'t'));
C=sym('[C1,C2,C3]'); for i=1:4
ezplot(subs(sol,C,[CO(1,i),CO(2,i),CO(3,i)]),[0,3,-1,1.5],1);
hold on;
end
```

执行上述程序后, 在图形窗口 1 中得到图 2.4. 图中纵坐标表示函数值 x.

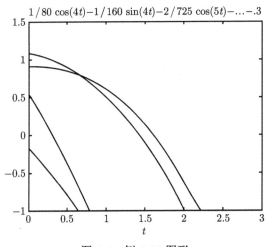

图 2.4   例 2.24 图形

习 题 2.4

1. 用 MATLAB 解下列线性方程 (系统):

(1) $x'' + 2x' + x = te^{-t}$;

(2) $x'' + 2x' + 2x = t + e^{-t}\cos t$;

(3) $x'' - 3x' + 2x = e^t + e^{2t}, x(0) = x'(1) = 1$;

(4) $\begin{cases} x' + x - y = t, \\ x + y' - 2y = t - 2, \end{cases} \quad (x(0), y(0)) = (0, 1)$;

(5) $x^{(4)} + 10x''' + 35x'' + 50x' + 24x = e^{-5t}\cos(2t+1) + 1$;

(6) $x^{(4)} - 2x'' + x = \sin t, (x(0), x'(0), x''(0), x'''(0)) = (2, 1, 0, 1)$.

2. 用 MATLAB 解方程并作图:

(1) $x'' - 6x' + 25x = 2\sin\dfrac{t}{2} - \cos\dfrac{t}{2}$, 初值 $(x(0), x'(0)) = (1, 0)$;

(2) $x''' - 6x'' + 11x' - 6x = 2te^{-t}$, 初值是

$$(x(0), x'(0), x''(0)) = \left(\frac{131}{144}, \frac{289}{144}, \frac{587}{144}\right).$$

第3章　非线性方程和非线性系统

非线性方程和非线性系统远比线性方程和线性系统复杂. 即使将显式非线性方程

$$x^{(n)} = f(t, x, x', \cdots, x^{(n-1)}) \tag{3.1}$$

和显式线性方程

$$x^{(n)} = a_1(t)x^{(n-1)} + a_2(t)x^{(n-2)} + \cdots + a_n(t)x + f(t) \tag{3.2}$$

相比, 方程 (3.2) 的右方只要关于 t 连续, 就能保证初值问题解的唯一存在性, 但方程 (3.1) 的右方即使对 t 和 x 连续, 仍不能保证解的唯一性.

除此之外, 隐式方程又比显式方程更为复杂, 因为隐式方程的求解实际上首先蕴涵着最高阶导数是否能解出及是否多解的问题.

3.1　非线性方程的求解

通过初等积分的方法解高阶非线性微分方程或非线性微分系统, 几乎是不可能的. 即使对一阶非线性微分方程, 也只有一些特殊的类型可以由积分法求解. 极少数能用积分法求解的高阶方程, 实质上是一些可以通过变量代换, 使方程降阶的情况. 不断降阶的过程中, 每一步都是解一阶微分方程. 例如, 对方程 $xx'' + (x')^2 = 1$, 令 $u = xx'$, 所给方程成为 $u' = 1$, 很容易求得解 $u = t + c_1$. 再在一阶方程 $xx' = t + c_1$ 中, 令 $v = x^2$, 将其化为 $\frac{1}{2}v' = t + c_1$, 得 $v = t^2 + 2c_1t + c_2$. 最终得到所给方程的隐式解: $x^2 = t^2 + 2c_1t + c_2$. 因此, 对非线性微分方程, 下面先介绍一阶显式微分方程的求解.

3.1.1　一阶显式微分方程的求解

设一阶显式非线性方程为

$$x' = f(t, x), \quad (t, x) \in D, \tag{3.3}$$

其中 $D \subset \mathbb{R}^2$ 是一个单连通平面区域, $f \in C(D, \mathbb{R})$. 又设 $\Omega \subset D$ 是 D 中的一个子集, f 在 Ω 上关于 x 是局部 Lipschitz 的. 由 Picard 定理可知, 方程 (3.3) 在 Ω 上的初值解存在唯一, 但解曲线一旦进入 $D \setminus \Omega$, 解的唯一性就得不到保证. 这是在求解一阶显式方程时首先要关注的.

一阶显式非线性方程的求解, 实质上是通过变量代换, 将所给方程转化成新变量的一阶线性方程, 用一阶线性方程的求解方法, 特别是直接进行积分的方法, 求出解来. 由于其间运用了变量代换, 所以求出的解通常是原先变量 t 和 x 的关系式, 是个隐式解.

实际求解时并非所有的一阶显式非线性方程都能通过变量代换转化为一阶线性方程的. 下面介绍几类可解的一阶非线性方程.

1. 变量分离型

这种类型的特点是 $f(t, x)$ 可以直接分离为两个单变量函数的乘积, 即 $f(t, x) = g(t)h(x)$. 于是

$$x' = g(t)h(x), \quad (t, x) \in J_1 \times J_2, \tag{3.4}$$

且方程右方函数的定义域必定有 $D = J_1 \times J_2, J_1, J_2$ 都是 $\mathbb{R}$ 上的区间. 如果 $h(x)$ 在 J_2 上有零点, 如 $h(x_1) = 0$, 则 $x(t) = x_1$ 就是方程 (3.4) 的一个定常解. 在 J_2 由定常解划分的各区间内, 方程 (3.4) 两边同除以 $h(x)$, 得

$$\frac{1}{h(x)}x' = g(t), \tag{3.5}$$

即

$$\frac{\mathrm{d}}{\mathrm{d}t} \int \frac{\mathrm{d}x}{h(x)} = g(t).$$

令 $u = \int \dfrac{\mathrm{d}x}{h(x)}$, 方程进一步化为线性方程

$$u' = g(t).$$

求 $g(t)$ 的原函数得 $u = c + \int g(t)\mathrm{d}t$, 再用 $u = \int \dfrac{\mathrm{d}x}{h(x)}$ 代回得隐式解

$$\int \frac{\mathrm{d}x}{h(x)} = c + \int g(t)\mathrm{d}t. \tag{3.6}$$

注 3.1 在实际运算时, $u = \int \dfrac{\mathrm{d}x}{h(x)}$ 的代入与回代过程可以省略, 直接由式 (3.5) 得出式 (3.6).

例 3.1 求解方程

$$x' = -t\sqrt{|x|}\mathrm{sgn}\, x. \tag{3.7}$$

解 记 $f(t, x) = -t\sqrt{|x|}\mathrm{sgn}\, x$. f 的定义域为 $D = \mathbb{R}^2$, 令 $g(t) = -t$, $h(x) = \sqrt{|x|}\mathrm{sgn}\, x$ 是个奇函数, 且 0 是 $h(x)$ 唯一零点, 由此

$$x(t) \equiv 0$$

是方程 (3.7) 的一个定常解. $x = 0$ 将 $\mathbb{R}$ 分成 $(0, +\infty)$ 和 $(-\infty, 0)$ 两个区间. 在 $(0, +\infty)$ 上, 由

$$x' = -t\sqrt{x}$$

得 $\dfrac{x'}{\sqrt{x}} = -t$, 即

$$\frac{\mathrm{d}}{\mathrm{d}t} \int x^{-\frac{1}{2}} \mathrm{d}x = -t.$$

由此得

$$2x^{\frac{1}{2}} = \frac{1}{2}c - \int t\mathrm{d}t = \frac{1}{2}c - \frac{1}{2}t^2, \quad c > 0,$$

$$x(t) = \frac{1}{16}(c - t^2)^2, \quad 0 \leqslant t^2 \leqslant c. \tag{3.8}$$

由于 $f(t, -x) = f(t, x)$, 当 $x \in (-\infty, 0)$ 时,

$$x(t) = -\frac{1}{16}(c - t^2)^2, \quad 0 \leqslant t^2 \leqslant c. \tag{3.9}$$

无论式 (3.8) 还是式 (3.9) 所给的解, 当 $t = \pm\sqrt{c}$ 时, 就和定常解 $x(t) \equiv 0$ 相遇, 因此它们可以沿着 $x = 0$ 向左右延伸. 这样对 $\forall c > 0$,

$$x(t) = \begin{cases} \pm\dfrac{1}{16}(c - t^2)^2, & 0 \leqslant t^2 \leqslant c, \\ 0, & t^2 > c \end{cases} \tag{3.10}$$

及 $x(t) \equiv 0$ 才给出方程 (3.7) 的全部解.

任给 $(t_0, x_0) \in \mathbb{R}^2$, 当 $x_0 \neq 0$, 不妨设 $x_0 > 0$, 则在 (3.10) 取

$$x(t) = \begin{cases} \dfrac{1}{16}(c - t^2)^2, & 0 \leqslant t^2 \leqslant c, \\ 0, & t^2 > c \end{cases}$$

的形式, 将 (t_0, x_0) 代入得 $c = t_0^2 + 4\sqrt{x_0}$. 于是过 (t_0, x_0) 的解

$$x(t) = \begin{cases} \dfrac{1}{16}(4\sqrt{x_0} + t_0^2 - t^2)^2, & 0 \leqslant t^2 \leqslant 4\sqrt{x_0} + t_0^2, \\ 0, & t^2 > 4\sqrt{x_0} + t_0^2 \end{cases}$$

是唯一的. 当给定初值条件为 $x(t_0) = 0$, $t_0 \neq 0$ 时, 代入 (3.8) 或 (3.9), 得 $c = t_0^2$. 这时方程 (3.7) 满足初值条件 $x(t_0) = 0$ 的解有无穷多个, 即

$$x(t) = \begin{cases} \pm\dfrac{1}{16}(c - t^2)^2, & 0 \leqslant t^2 \leqslant c, \\ 0, & t^2 > c \end{cases}$$

及 $x(t) \equiv 0$, 其中 $c \in (0, t_0^2]$ 是区间内任一常数. 图像见图 3.1.

出现这种情况的原因就是 $f(t, x)$ 仅在直线 $x = 0$ 以外的两个平面区域关于 x 可微, 而在直线 $x = 0$ 上对 x 不可微, 从而在直线 $x = 0$ 上不满足初值解的唯一性条件, 但是我们同样注意到在直线 $x = 0$ 取初始条件为 $(0, 0)$, 即要求 $x(0) = 0$, 则满足这一初值条件的解只有 $x(t) \equiv 0$. 由此可以说明, $f(t, x)$ 关于 x 可微的要求是 $x' = f(t, x)$ 初值解唯一的充分条件, 但不是必要的.

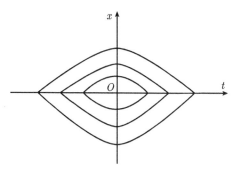

图 3.1 例 3.1 的解曲线

例 3.2 求解方程

$$x' = (1 + x^2)t \sin t. \tag{3.11}$$

解 $f(t, x) = (1 + x^2)t \sin t$ 在 $\mathbb{R}^2$ 上连续可微, 从而过 $\mathbb{R}^2$ 上任一点 (t_0, x_0) 的解都存在且唯一.

记 $g(t) = t \sin t$, $h(x) = 1 + x^2$, 则 $h(x)$ 无零点. 于是对 $\forall x \in \mathbb{R}^2$, 方程 (3.11) 两边都可同除以 $h(x)$ 得

$$\frac{1}{1 + x^2} x' = t \sin t,$$

即

$$\frac{\mathrm{d}}{\mathrm{d}t} \int \frac{\mathrm{d}x}{1 + x^2} = t \sin t,$$

$$\frac{\mathrm{d}}{\mathrm{d}t} (\arctan x) = t \sin t,$$

$$\arctan x = c + \int t \sin t \, dt = \sin t - t \cos t + c.$$

由此得显式解

$$x = \tan(\sin t - t \cos t + c),$$

c 为任意实数.

2. 可化为变量分离型的几种类型

主要有 3 类.

(1)

$$x' = f(at + bx + c), \tag{3.12}$$

作变量代换 $u = at + bx + c$, 方程成为

$$u' = a + bf(u). \tag{3.13}$$

这是一个变量分离型方程, 只要令 $g(t) = 1$ 及 $h(u) = a + bf(u)$, 就是方程 (3.4) 的形式了. 对方程 (3.13) 求解时, 同样需要关注 $a + bf(u)$ 的零点及 f 关于 u 的可微性问题.

例 3.3　求解方程

$$x' = (2x + 3t)^2 - \frac{5}{2}. \tag{3.14}$$

解　令 $u = 2x + 3t$, 方程 (3.14) 成为

$$u' = 2(u^2 - 1). \tag{3.15}$$

方程 (3.15) 有解 $u = \pm 1$, 当 u 在 $(-\infty, -1)$, $(-1, 1)$, $(1, +\infty)$ 等 3 个区间内时, 方程进一步化为

$$\frac{u'}{u^2 - 1} = 2,$$

即

$$\frac{\mathrm{d}}{\mathrm{d}t} \int \frac{\mathrm{d}u}{u^2 - 1} = 2,$$

$$\frac{\mathrm{d}}{\mathrm{d}t} \left[\frac{1}{2} \ln \left| \frac{u - 1}{u + 1} \right| \right] = 2.$$

求原函数得

$$\frac{1}{2} \ln \left| \frac{u - 1}{u + 1} \right| = 2t + \frac{1}{2} \ln |c|,$$

$$\frac{u - 1}{u + 1} = ce^{4t},$$

$$u = \frac{1 + ce^{4t}}{1 - ce^{4t}}. \tag{3.16}$$

用 $u = 2x + 3t$ 回代, 则方程 (3.14) 的解集由

$$x(t) = \frac{1 + ce^{4t}}{2(1 - ce^{4t})} - \frac{3}{2}t$$

及

$$x(t) = -\frac{3}{2}t \pm \frac{1}{2}$$

构成. 由于方程 (3.14) 右方函数在 $\mathbb{R}^2$ 上连续, 且关于 x 可微, 可知方程 (3.14) 的解曲线在 $\mathbb{R}^2$ 上不相交.

(2)

$$x' = f\left(\frac{x}{t}\right). \tag{3.17}$$

这类方程称为**齐次方程**. 令 $u = \dfrac{x}{t}$, 即 $x = tu$, 由于 $x' = u + tu'$, 由方程 (3.17) 得

$$u + tu' = f(u),$$

$t \neq 0$ 时进一步转化为

$$u' = \frac{1}{t}[f(u) - u]. \tag{3.18}$$

在 $-\infty < t < 0$ 和 $0 < t < \infty$ 上就可以按照分离变量型方程求解了.

例 3.4 求解方程

$$x' = \frac{x}{t} - \frac{2t}{x}. \tag{3.19}$$

解 记 $f(t,x) = \dfrac{x}{t} - \dfrac{2t}{x}$, $G = \{(t,x) \in \mathbb{R}^2, tx \neq 0\}$, 则 f 在 G 上有定义, 且 $f \in C^1(G, \mathbb{R})$. 故方程 (3.19) 在 G 的 4 个区域上初值问题的解存在且唯一.

在 $-\infty < t < 0$ 和 $0 < t < +\infty$ 上, 令 $x = tu$, 方程 (3.19) 转换成

$$u' = -\frac{2}{tu},$$

在 $u \neq 0$ 时解得

$$u(t) = \pm\sqrt{c - 4\ln|t|}, \quad 0 < |t| \leqslant e^{\frac{1}{4}c},$$

c 为任意常数. 用 $u = \dfrac{x}{t}$ 代回得方程 (3.19) 的解集

$$x(t) = \pm t\sqrt{c - 4\ln|t|}, \quad 0 < |t| \leqslant e^{\frac{1}{4}c}.$$

(3)

$$x' = f\left(\frac{at + bx + c}{\alpha t + \beta x + \gamma}\right). \tag{3.20}$$

求解的方法是先将方程 (3.20) 化成方程 (3.12) 或 (3.17) 的形式, 再化为变量分离型方程.

如果 $\alpha b = \beta a$, 不妨设 $\alpha \neq 0$, 由于

$$f\left(\frac{at + bx + c}{\alpha t + \beta x + \gamma}\right) = f\left(\frac{a}{\alpha} + \frac{\alpha c - a\gamma}{\alpha(\alpha t + \beta x + \gamma)}\right) := F(\alpha t + \beta x + \gamma),$$

方程已经是 (3.12) 的形式.

如果 $\alpha b \neq \beta a$, 令

$$\begin{cases} \alpha t + \beta x + \gamma = 0, \\ at + bx + c = 0, \end{cases}$$

求出唯一解 (t_0, γ_0), 则

$$\alpha t + \beta x + \gamma = \alpha(t - t_0) + \beta(x - x_0), \quad at + bx + c = a(t - t_0) + b(x - x_0).$$

令 $u = t - t_0, v = x - x_0$, 有 $\dfrac{\mathrm{d}v}{\mathrm{d}u} = \dfrac{\mathrm{d}x}{\mathrm{d}t}$ 及

$$f\left(\frac{at + bx + c}{\alpha t + \beta x + \gamma}\right) = f\left(\frac{au + bv}{\alpha u + \beta v}\right) = f\left(\frac{a + b\frac{v}{u}}{\alpha + \beta\frac{v}{u}}\right) := F\left(\frac{v}{u}\right),$$

于是方程 (3.20) 成为

$$\frac{\mathrm{d}v}{\mathrm{d}u} = F\left(\frac{v}{u}\right),$$

这是方程 (3.17) 的形式.

例 3.5　求解方程

$$x' = \frac{t + x + 2}{t + 1} - \mathrm{e}^{\frac{t + x + 2}{t + 1}}. \tag{3.21}$$

解　由 $t + x + 2 = (t + 1) + (x + 1)$, 令 $u = t + 1, v = x + 1$, 方程 (3.21) 成为

$$\frac{\mathrm{d}v}{\mathrm{d}u} = 1 + \frac{v}{u} - \mathrm{e}^{1 + \frac{v}{u}}. \tag{3.22}$$

记 $f(u, v) = 1 + \dfrac{v}{u} - \mathrm{e}^{1 + \frac{v}{u}}$, 它的定义域 $G = \{(u, v) \in \mathbb{R}^2 : u \neq 0\}$, 且 $f \in C^1(G, \mathbb{R})$. 可知方程 (3.22) 在 G 的两个开区域上任意两条解曲线都不相交. 在方程 (3.22) 中再令 $z = \dfrac{v}{u}$, 最后解得方程 (3.21) 的隐式解为

$$\mathrm{e}^{\frac{x + t + 2}{t + 1}} = \frac{C(t + 1)}{1 + C(t + 1)}.$$

3. Bernoulli **方程**

$$x' + p(x)x = q(t)x^{\alpha}, \quad \alpha \neq 0, 1. \tag{3.23}$$

由于 $\alpha = 0, 1$ 时为线性方程, 故只需讨论 $\alpha \neq 0, 1$ 的情况.

记 $f(t, x) = q(t)x^{\alpha}$, f 的定义域 G 随 α 取值的不同而有差异. 设

$$A = \left\{ \frac{n}{2m+1} : m, n \in \mathbb{Z}, mn > 0 \text{ 或 } m = 0, n > 0 \right\},$$

$$B = \left\{ \frac{n}{2m+1} : m, n \in \mathbb{Z}, mn < 0 \text{ 或 } m = 0, n < 0 \right\},$$

则 f 的定义域 G 有 4 种情况:

$$\alpha \in A, \quad G = \mathbb{R}^2,$$
$$\alpha \in B, \quad G = \mathbb{R} \times (\mathbb{R} \setminus \{0\}),$$
$$\alpha \in \mathbb{R}^+ \setminus A, \quad G = \mathbb{R} \times \mathbb{R}^+,$$
$$\alpha \in \mathbb{R}^- \setminus B, \quad G = \mathbb{R} \times (\mathbb{R}^+ \setminus \{0\}).$$

因此 $\alpha > 0$ 时 $x(t) \equiv 0$ 是方程 (3.23) 的解, $\alpha < 0$ 时, $x(t) \equiv 0$ 不是方程 (3.23) 的解.

当 $x \neq 0$ 时, 由方程 (3.23) 得

$$(1 - \alpha)x^{-\alpha}x' + (1 - \alpha)p(t)x^{1-\alpha} = (1 - \alpha)q(t),$$

即

$$\frac{\mathrm{d}}{\mathrm{d}t}(x^{1-\alpha}) + (1 - \alpha)p(t)x^{1-\alpha} = (1 - \alpha)q(t).$$

令 $u = x^{1-\alpha}$, 就得到一阶线性方程

$$u' + (1 - \alpha)p(t)u = (1 - \alpha)q(t).$$

它的解是

$$u(t) = Ce^{-(1-\alpha)\int p(t)\mathrm{d}t} + (1 - \alpha)e^{-(1-\alpha)\int p(t)\mathrm{d}t}\int q(t)e^{(1-\alpha)\int p(t)\mathrm{d}t}\mathrm{d}t,$$

用 $u = x^{1-\alpha}$ 代回, 就有

$$x^{1-\alpha}(t) = Ce^{-(1-\alpha)\int p(t)\mathrm{d}t} + (1 - \alpha)e^{-(1-\alpha)\int p(t)\mathrm{d}t}\int q(t)e^{(1-\alpha)\int p(t)\mathrm{d}t}\mathrm{d}t,$$

当 $\alpha \in A \cup B$ 时,

$$x(t) = \pm \left(Ce^{-(1-\alpha)\int p(t)dt} + (1-\alpha)e^{-(1-\alpha)\int p(t)dt} \int q(t)e^{(1-\alpha)\int p(t)dt} \right)^{\frac{1}{1-\alpha}} dt.$$
$$(3.24)$$

当 $\alpha \notin A \cup B$ 时,

$$x(t) = \left(Ce^{-(1-\alpha)\int p(t)dt} + (1-\alpha)e^{-(1-\alpha)\int p(t)dt} \int q(t)e^{(1-\alpha)\int p(t)dt}dt \right)^{\frac{1}{1-\alpha}}. \quad (3.25)$$

至于解 $x(t)$ 的定义域要视 α 和 C 以及 $p(t)$, $q(t)$ 的具体情况而定.

除了式 (3.24) 或 (3.25) 所给解外, 当 $\alpha > 0$ 时方程 (3.23) 的零解也需列入.

例 3.6　求解方程

$$x' - 3t^2 x = t^2 x^{-1}. \quad (3.26)$$

解　$x \neq 0$ 时, 两边乘 $2x$, 得

$$2xx' - 6t^2 x^2 = 2t^2,$$

即

$$(x^2)' - 6t^2(x^2) = 2t^2,$$

将 x^2 作为一个新的未知变量求解:

$$\begin{aligned}
x^2(t) &= Ce^{2t^3} + 2e^{2t^3} \int t^2 e^{-2t^3} dt \\
&= Ce^{2t^3} - \frac{1}{3}e^{2t^3} \cdot e^{-2t^3} \\
&= Ce^{2t^3} - \frac{1}{3}.
\end{aligned}$$

对 $C > 0$,

$$x(t) = \pm\sqrt{Ce^{2t^3} - \frac{1}{3}}, \quad t \geqslant -\left(\frac{\ln(3C)}{2} \right)^{\frac{1}{3}}. \quad (3.27)$$

4. 全微分方程及可化为全微分的方程

1) 全微分方程

第 2 章已经说明, 所谓自变量和因变量的提法只是表明它们在数值上的相互联系, 并不意味着两个变量之间有实际的因果关系. 在讨论全微分方程时, 为了在直观上强调两个变量的平等关系, 通常用变量符号 x 和 y 表示它们, 因而一阶方程成为

$$\frac{dy}{dx} = f(x, y),$$

特别当

$$f(x,y) = -\frac{P(x,y)}{Q(x,y)}$$

时, 方程成为

$$Q(x,y)\frac{\mathrm{d}y}{\mathrm{d}x} + P(x,y) = 0. \tag{3.28}$$

方程 (3.28) 的定义域是 P 和 Q 各自定义域的交集, 利用导数 $\dfrac{\mathrm{d}y}{\mathrm{d}x}$ 中两个微分 $\mathrm{d}y$ 和 $\mathrm{d}x$ 可以分离的性质, 方程 (3.28) 可写成

$$P(x,y)\mathrm{d}x + Q(x,y)\mathrm{d}y = 0. \tag{3.29}$$

设 P 和 Q 在 xOy 平面中的一个单连通域 $D = (a,b) \times (a,b)$ 上连续, 且 $P(x,y)$ 关于 y 可微, $Q(x,y)$ 关于 x 可微, 则当

$$\frac{\partial P(x,y)}{\partial y} = \frac{\partial Q(x,y)}{\partial x}, \quad (x,\, y) \in D \tag{3.30}$$

时, 由曲线积分的性质知, 在区域 D 上取定 (x_0, y_0), 则 $\forall (x,\, y) \in D$ 及两点间任一连线 C, 积分

$$\int_C P(x,y)\mathrm{d}x + Q(x,y)\mathrm{d}y$$

与路径无关. 积分值记为 $u(x,y)$, 即

$$u(x,y) = \int_C P(x,y)\mathrm{d}x + Q(x,y)\mathrm{d}y.$$

积分路径示意图见图 3.2.

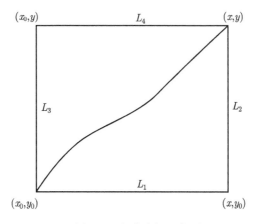

图 3.2 积分路径示意图

现取积分路径如下: 先沿水平线 L_1 从 (x_0, y_0) 积分到 (x, y_0), 再沿垂线 L_2 从 (x, y_0) 积分到 (x, y). 于是

$$
\begin{aligned}
u(x, y) &= \int_{L_1} P(x, y)\mathrm{d}x + Q(x, y)\mathrm{d}y + \int_{L_2} P(x, y)\mathrm{d}x + Q(x, y)\mathrm{d}y \\
&= \int_{L_1} P(x, y_0)\mathrm{d}x + \int_{L_2} Q(x, y)\mathrm{d}y \\
&= \int_{x_0}^{x} P(x, y_0)\mathrm{d}x + \int_{y_0}^{y} Q(x, y)\mathrm{d}y \\
&= \int_{x_0}^{x} P(\xi, y_0)\mathrm{d}\xi + \int_{y_0}^{y} Q(x, \eta)\mathrm{d}\eta.
\end{aligned}
$$

在 L_1 上, 因 $\mathrm{d}y = 0$, 故 $\int_{L_1} Q(x, y)\mathrm{d}y = 0$. 同样 $\int_{L_2} P(x, y)\mathrm{d}x = 0$.

这时, 令 $\dfrac{\mathrm{d}u}{\mathrm{d}x} = 0$, 由

$$
\begin{aligned}
\frac{\mathrm{d}u}{\mathrm{d}x} &= P(x, y_0) + Q(x, y)\frac{\mathrm{d}y}{\mathrm{d}x} + \int_{y_0}^{y} \frac{\partial Q(x, \eta)}{\partial x}\mathrm{d}\eta \\
&= P(x, y_0) + Q(x, y)\frac{\mathrm{d}y}{\mathrm{d}x} + \int_{y_0}^{y} \frac{\partial P(x, \eta)}{\partial \eta}\mathrm{d}\eta \\
&= P(x, y_0) + Q(x, y)\frac{\mathrm{d}y}{\mathrm{d}x} + P(x, y) - P(x, y_0) \\
&= Q(x, y)\frac{\mathrm{d}y}{\mathrm{d}x} + P(x, y)
\end{aligned}
$$

可知 $u(x, y)$ 满足方程 (3.28). 由 $\dfrac{\mathrm{d}u}{\mathrm{d}x} = 0$ 得 $u(x, y) = C$. 因此在条件 (3.30) 成立的前提下,

$$
\int_{x_0}^{x} P(\xi, y_0)\mathrm{d}\xi + \int_{y_0}^{y} Q(x, \eta)\mathrm{d}\eta = C \tag{3.31}
$$

是方程 (3.28) 的通解, 从而也是方程 (3.29) 的通解. 在图 3.2 中也可以选择先沿垂直线 L_3 从 (x_0, y_0) 积分到 (x_0, y), 再沿水平线 L_4 从 (x_0, y) 积分到 (x, y), 则方程 (3.29) 的解有形式

$$
\int_{x_0}^{x} P(\xi, y_0)\mathrm{d}\xi + \int_{y_0}^{y} Q(x, \eta)\mathrm{d}\eta = C. \tag{3.32}
$$

满足条件 (3.30) 的方程 (3.29)(或方程 (3.28)) 称为**全微分方程**或**恰当方程**. 但是不说方程

$$
\frac{\mathrm{d}y}{\mathrm{d}x} = -\frac{P(x, y)}{Q(x, y)} \tag{3.33}
$$

为全微分方程, 因为它的定义域和方程 (3.29) 的定义域有可能不完全相同. 也就是说, 方程 (3.33) 的解集和方程 (3.29) 的解集有可能不同.

例 3.7 求解方程

$$(\sin y + y \cos x)\mathrm{d}x + (\sin x + x \cos y)\mathrm{d}y = 0. \tag{3.34}$$

解 记 $P(x,y) = \sin y + y \cos x$, $Q(x,y) = \sin x + x \cos y$, 则 $P, Q \in C^1(\mathbb{R}^2, \mathbb{R})$, 且

$$\frac{\partial P}{\partial y} = \cos y + \cos x = \frac{\partial Q}{\partial x}.$$

故条件 (3.30) 成立. 于是方程 (3.34) 是一个全微分方程. 取 $(x_0, y_0) = (0,0)$, 令

$$\begin{aligned}
u(x,y) &= \int_0^x P(\xi,0)\mathrm{d}x + \int_0^y Q(x,\eta)\mathrm{d}\eta \\
&= \int_0^y (\sin x + x \cos \eta)\mathrm{d}\eta \\
&= y \sin x + x \sin y,
\end{aligned}$$

则方程 (3.34) 的通解 (隐式) 为

$$y \sin x + x \sin y = C.$$

注 3.2 原则上点 (x_0, y_0) 可以在定义域 D 中任取, 如果 $(0,0) \in D$, 通常取 $(x_0, y_0) = (0, 0)$, 以便计算更方便一些.

2) 可化为全微分的方程

一阶微分方程 (3.29)(也就是方程 (3.28)), 如果在其单连通矩形定义域 D 上不是全微分方程, 但存在函数 $B \in C^1(D, \mathbb{R})$, 使

$$B(x,y) \neq 0, \quad (x, y) \in D$$

且

$$\frac{\partial(BP)}{\partial y} = \frac{\partial(BQ)}{\partial x} \tag{3.35}$$

在 D 上成立, 则一阶方程

$$B(x,y)P(x,y)\mathrm{d}x + B(x,y)Q(x,y)\mathrm{d}y = 0 \tag{3.36}$$

就是一个全微分方程. 按照 1) 中的方法求出方程 (3.36) 的隐式解

$$u(x,y) = C$$

后, 易知方程 (3.29) 和方程 (3.35) 的解集完全相同, 所以 $u(x,y) = C$ 就是方程 (3.29) 的隐式通解.

在这种情况下, 方程 (3.29) 就是一个可化为全微分的方程, $B(x,y)$ 称为方程 (3.29) 的一个**积分因子**.

例 3.8   求解方程 $y' = \dfrac{3x^2y}{x^3 + 2y^4}$.

解   记 $f(x,y) = \dfrac{3x^2y}{x^3 + 2y^4}$, f 的定义域为 $\mathbb{R}^2 \setminus \{0,0\}$. 将方程改写为

$$3x^2y\mathrm{d}x - (x^3 + 2y^4)\mathrm{d}y = 0. \tag{3.37}$$

记 $P(x,y) = 3x^2y$, $Q(x,y) = -(x^3 + 2y^4)$, $P, Q \in C^1(\mathbb{R}^2, \mathbb{R})$. 因

$$\frac{\partial P}{\partial y} = 3x^2, \quad \frac{\partial Q}{\partial x} = -3x^2,$$

故方程 (3.37) 不是全微分方程. 取 $B(x,y) = \dfrac{1}{y^2}$, 在方程 (3.37) 两边同乘 $B(x,y)$, 得

$$\frac{3x^2}{y}\mathrm{d}x - \left(\frac{x^3}{y^2} + 2y^2\right)\mathrm{d}y = 0. \tag{3.38}$$

由于

$$\frac{\partial(BP)}{\partial y} = -\frac{3x^2}{y^2} = \frac{\partial(BQ)}{\partial x},$$

故方程 (3.38) 在 $y > 0$ 和 $y < 0$ 两个半平面上为全微分方程. 在 $y > 0$ 的半平面上取 $(x_0, y_0) = (0, 1)$. 根据式 (3.31), 有通解

$$\int_0^x 3\xi^2\mathrm{d}\xi - \int_1^y \left(\frac{x^3}{\eta^2} + 2\eta^2\right)\mathrm{d}\eta = C,$$

即

$$\frac{x^3}{y} - y^3 = C. \tag{3.39}$$

化简得

$$x^3 - y^4 = Cy, \quad y > 0.$$

在 $y < 0$ 的半平面上, 同样得到式 (3.39) 的解.

因此方程 (3.38) 的解为式 (3.39) 所给出, 其中 $y \neq 0$. 但对方程 (3.37), 允许 $y = 0$, 且 $y(t) \equiv 0$ 是它的解. 这样方程 (3.37) 的通解就是

$$x^3 - y^4 = Cy. \tag{3.40}$$

最后回到例 3.8 中的原方程, 由于 $(0,0)$ 不在方程的定义域中, 通解 (3.40) 中每个解应去掉原点, 即

$$x^3 - y^4 = Cy, \quad x^2 + y^2 \neq 0 \tag{3.41}$$

才是原方程的解.

找出积分因子使 (3.29) 成为全微分方程是解一阶微分方程时的有效方法之一. 但是首先必须明确, 并不是所有这类方程都有积分因子存在, 而且即使有积分因子, 也没有寻找积分因子的标准路径可循.

另一方面, 预先假设积分因子具有某些特殊形式, 根据式 (3.35) 可以得出相应的特殊条件, 便于缩小寻找范围.

设 $\Omega = (a,b) \times (c,d)$ 是 $\mathbb{R}^2$ 中的单连通域, $\alpha \in C((a,b), \mathbb{R})$, $\beta \in C((c,d), \mathbb{R})$, 满足

$$\beta(y)P(x,y) - \alpha(x)Q(x,y) = \frac{\partial Q(x,y)}{\partial x} - \frac{\partial P(x,y)}{\partial y}, \tag{3.42}$$

则 $B(x,y) = \mathrm{e}^{\int \alpha(x)\mathrm{d}x} \cdot \mathrm{e}^{\int \beta(y)\mathrm{d}y}$ 是方程 (3.29) 在 $D \cap \Omega$ 上的一个积分因子.

这一结论可以由验证条件 (3.35) 而得出. 特别是当 $\alpha(x)$ 和 $\beta(x)$ 中有一个为 0 时, 得到的是单变量的积分因子.

设有 $\alpha \in C((a,b), \mathbb{R})$, 在 $D \cap ((a,b) \times \mathbb{R})$ 上满足

$$\alpha(x)Q(x,y) = \frac{\partial P(x,y)}{\partial y} - \frac{\partial Q(x,y)}{\partial x}, \tag{3.43}$$

则 $B(x) = \mathrm{e}^{\int \alpha(x)\mathrm{d}x}$ 是方程 (3.29) 在 $D \cap ((a,b) \times \mathbb{R})$ 上的一个积分因子.

设有 $\beta \in C((c,d), \mathbb{R})$, 在 $D \cap (\mathbb{R} \times (c,d))$ 上满足

$$\beta(y)P(x,y) = \frac{\partial Q(x,y)}{\partial x} - \frac{\partial P(x,y)}{\partial y}, \tag{3.44}$$

则 $B(y) = \mathrm{e}^{\int \beta(y)\mathrm{d}y}$ 为方程 (3.29) 在 $D \cap (\mathbb{R} \times (c,d))$ 上的一个积分因子.

另外, 设有常数 $\alpha, \beta \in \mathbb{R}$, 使

$$\frac{\beta}{y}P(x,y) - \frac{\alpha}{x}Q(x,y) = \frac{\partial Q(x,y)}{\partial x} - \frac{\partial P(x,y)}{\partial y} \tag{3.45}$$

在 D 上成立, 则 $B(x,y) = x^\alpha y^\beta$ 是方程 (3.29) 在 D 上的一个积分因子.

条件 (3.45) 及相应的结论对 $P(x,y)$, $Q(x,y)$ 为二元多项式的情况尤其适用.

例 3.9 求解方程

$$(y - xy^2)\mathrm{d}x + (x + x^2y^2)\mathrm{d}y = 0. \tag{3.46}$$

解　设 $B(x,y) = x^\alpha y^\beta$，则由 (3.45) 得

$$\beta(1 - xy) - \alpha(1 + xy^2) = 1 + 2xy^2 - (1 - 2xy),$$

即

$$(\beta - \alpha) - (\beta + 2)xy - (\alpha + 2)xy^2 = 0.$$

令 $\beta - \alpha = \beta + 2 = \alpha + 2 = 0$，有解 $\alpha = \beta = -2$. 于是 $B(x,y) = x^{-2}y^{-2}$ 是方程 (3.46) 在 x, y 平面上 4 个象限中的积分因子. 在方程 (3.46) 的两边各乘以 $x^{-2}y^{-2}$，成为

$$\left(\frac{1}{x^2 y} - \frac{1}{x}\right) \mathrm{d}x + \left(\frac{1}{xy^2} + 1\right) \mathrm{d}y = 0, \quad xy \neq 0, \tag{3.47}$$

这是一个全微分方程，求得隐式通解

$$y - \left(\ln|x| + \frac{1}{xy}\right) = C,$$

即 $xy^2 - (1 + xy \ln|x|) = Cxy$，$xy \neq 0$. 由于 $x(t) \equiv 0$ 及 $y(t) \equiv 0$ 是方程 (3.46) 的解，故方程 (3.46) 的解集由

$$xy^2 - (1 + xy \ln|x|) = Cxy, \quad C \in \mathbb{R}, \quad xy \neq 0$$

及 $x(t) \equiv 0, y(t) \equiv 0$ 构成.

值得注意的是，有些可以化为全微分的方程，也可以用其他方法求解. 例如，在例 3.8 中，如果将所给方程写成

$$\frac{\mathrm{d}x}{\mathrm{d}y} = \frac{1}{3y}x + \frac{2}{3}y^3 x^{-2}$$

的形式，很容易通过变量代换变成一个线性方程.

3.1.2　一阶隐式方程的求解

设 $G \subset \mathbb{R}^3$ 为单连通域，$F \in C(G, \mathbb{R})$. 对隐式方程

$$F(t, x, x') = 0. \tag{3.48}$$

记 $D = \{(t, x) \in \mathbb{R}^2 : \exists y \in \mathbb{R}, \ \text{使}(t, x, y) \in G\}$. 与显式方程 (3.3) 相比，隐式方程除了同样面临着在给定初值条件 $(t_0, x_0) \in D$ 时讨论解是否唯一的问题之外，还有更为复杂的问题需要解决.

首先, 对 $(t_0, x_0) \in D$, 即使 F 在 G 上连续也不能保证有满足 $x(t_0) = x_0$ 的解. 仅当 $F(t_0, x_0, y) = 0$ 关于 y 有解 y_0, 才会有满足上述条件的解存在. 也就是说, 仅当 (t_0, x_0) 位于 D 的子集

$$\Omega = \{(t, x) \in D : \exists y \in \mathbb{R}, \ 使 F(t, x, y) = 0\}$$

中时方程 (3.48) 才有满足初值条件 $x(t_0) = x_0$ 的解.

其次, 对 $(t_0, x_0) \in \Omega$, $F(t_0, x_0, y) = 0$ 关于 y 的解有可能不唯一, 当有多个解 $y_{01}, y_{02}, \cdots, y_{0k}$ 时, 可分别取 $x(t_0) = y_{0i}$, $i = 1, 2, \cdots, k$, 从而方程 (3.48) 过 (t_0, x_0) 会有 k 个不同的解, 这些解在 (t_0, x_0) 有不同斜率 y_{0i}. 因此, 方程 (3.48) 的解曲线会有以不同斜率相交的情况出现, 这是和显式方程 (3.3) 的最大不同之处.

在方程求解时用 (t, x) 代替 (t_0, x_0).

例 3.10 求解方程

$$(x')^2 + x^2 - 1 = 0. \tag{3.49}$$

解 记 $F(t, x, x') = (x')^2 + x^2 - 1$, 则 $F \in C^1(\mathbb{R}^3, \mathbb{R})$.

$$\Omega = \{(t, x) \in \mathbb{R}^2 : \exists y \in \mathbb{R}, \ 使 F(t, x, y) = 0\} = \mathbb{R} \times [-1, 1].$$

当 $(t, x) \in \Omega$ 时, $y^2 + x^2 - 1 = 0$ 有两解: $y = \pm\sqrt{1 - x^2}$.

先考虑方程

$$x' = \sqrt{1 - x^2}, \quad |x| \leqslant 1. \tag{3.50}$$

这是一个可分离变量的方程, 解得

$$x(t) = \begin{cases} -1, & t < c - \dfrac{\pi}{2}, \\ \sin(t - c), & c - \dfrac{\pi}{2} \leqslant t \leqslant c + \dfrac{\pi}{2}, \\ 1, & t > c + \dfrac{\pi}{2}, \end{cases}$$

且另有解 $x(t) \equiv \pm 1$, 见图 3.3 (a). 同样, 方程

$$x' = -\sqrt{1 - x^2}, \quad |x| \leqslant 1 \tag{3.51}$$

有解

$$x(t) = \begin{cases} 1, & t < c - \dfrac{\pi}{2}, \\ \sin(c - t), & c - \dfrac{\pi}{2} \leqslant t \leqslant c + \dfrac{\pi}{2}, \\ -1, & t > c + \dfrac{\pi}{2} \end{cases}$$

及 $x(t) \equiv \pm 1$, 见图 3.3(b).

于是方程 (3.49) 的解为

$$x(t) = \pm \sin(t - c), \quad t \in \mathbb{R}, \ \text{及} \ x(t) \equiv \pm 1, \tag{3.52}$$

见图 3.3(c).

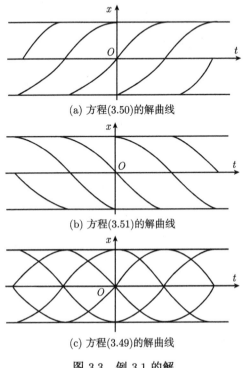

(a) 方程(3.50)的解曲线

(b) 方程(3.51)的解曲线

(c) 方程(3.49)的解曲线

图 3.3　例 3.1 的解

注 3.3　方程 (3.49) 的解 (3.52) 中, $\sin(t - c)$ 的定义域扩大是基于方程 (3.50) 和 (3.51) 的解彼此拼接而使解向左右无限延拓. 且由图 3.3 可知, 方程 (3.49)~(3.51) 在直线 $x = \pm 1$ 上不满足初值解的唯一性条件. 但是当 $|x_0| < 1$ 时, 方程 (3.50) 或 (3.51) 从 (t_0, x_0) 出发的解曲线向左或向右延拓是唯一的, 但对方程 (3.49), 从 (t_0, x_0) 出发的解曲线在未到达直线 $x = 1$ 或 $x = -1$ 之前, 延拓都是唯一的, 而一旦到达这两条直线之一, 延拓就可以按多种多样的方向进行. 这也说明, 即使一个非线性隐式方程可以在某个平面区域上分解成多个一阶显式方程, 隐式方程的解集也不是各显式方程解集的简单合并.

和显式方程一样, 一阶隐式方程也是通过变量代换, 使其化为一阶线性方程而后求出解来. 自然也只有部分一阶隐式方程可由此种途径求解.

结合隐函数定理和 Picard 定理, 对于一阶隐式方程有如下结论.

定理 3.1　设 $G \subset \mathbb{R}^3$ 为单连通域, $F \in C^1(G, \mathbb{R})$. 记 $B = \{(t, x, y) \in \bar{G} : F(t, x, y) = 0\}$, 并设 $\text{int}B \neq \varnothing$, $\forall (t, x, y) \in \text{int}B$, $F_y'(t, x, y) \neq 0$.

则任给 $(t_0, x_0, y_0) \in \text{int} B$, 方程 (3.48) 有唯一解 $x(t)$ 满足 $x(t_0) = x_0$, $x'(t_0) = y_0$. 而且此解可沿 t 的正向和负向延拓, 分别到达 B 的边界.

证   由于 $(t_0, x_0, y_0) \in \text{int} B$, $F \in C^1(G, \mathbb{R})$, 则

$$F(t_0, x_0, y_0) = 0, \quad F_y'(t_0, x_0, y_0) \neq 0.$$

由隐函数定理, $\exists \delta, \gamma > 0$, $\| (t, x) - (t_0, x_0) \| < \delta$ 时,

$$F(t, x, x') = 0.$$

在 $|x - x_0| < \gamma$ 的范围内有唯一解

$$x'(t) = f(t, x), \quad y_0 = f(t_0, x_0), \tag{3.53}$$

且 f 关于 (t, x) 连续可微. 这就蕴涵了 $f(t, x)$ 在 $\| (t, x) - (t_0, x_0) \| < \delta$ 时关于 (t, x) 连续, 关于 x 可微. 于是由推论 1.2 知, $\exists h \in (0, \delta_0)$, 方程 (3.53) 有唯一解:

$$x = x(t), \quad |t - t_0| < h.$$

不妨设

$$\| ((t - t_0), (x(t) - x_0(t))) \| < \delta, \quad |t - t_0| < h. \tag{3.54}$$

由于 $x = x(t)$ 满足方程 (3.53), 即

$$x'(t) = f(t, x(t)), \quad |t - t_0| < h.$$

故

$$F(t, x(t), x'(t)) = 0, \quad |t - t_0| < h.$$

如果 $(t_0 + h, x(t_0 + h), x'(t_0 + h)) \notin \partial B$, 则记 $t_1 = t_0 + h$, $x_1 = x(t_1)$, $y_1 = x'(t_1)$, 有 $(t_1, x(t_1), x'(t_1)) \in \text{int} B$. 这样再应用隐函数定理和 Picard 定理, 经过对方程

$$x' = \hat{f}(t, x), \quad \hat{f}(t_1, x_1) = y_1$$

的讨论, 可使解 $x = x(t)$ 向 t 轴正方向延拓, 直至到达 ∂B. 对 $x(t)$ 沿 t 轴负向的延拓, 可以同样进行.

当从方程 (3.48) 中不能或难于解出 x' 时, 可以考虑解出 x 或解出 t. 这时分两种情况讨论.

1. **由方程 (3.48) 可解出 x**

在方程 (3.48) 中如果可以解出 x', 则可以将其化为显式方程求解. 若方程 (3.48) 可解出 x, 则成为

$$x = f(t, x'). \tag{3.55}$$

设 $f \in C^1(\mathbb{R}^2, \mathbb{R})$. 这类方程通常令 $x' = p$, 将 p 作为参数. 如果能求出 $p = \varphi(t, x)$, 则将 $p = \varphi(t, c)$ 代入 (3.55) 就得到方程的显式解; 如果求出 $t = \psi(p, c)$, 将 $x' = p$ 和 $t = \psi(p, c)$ 同时代入 (3.55), 就得到方程的参数解.

在令 $p = x'$ 后, 方程 (3.55) 就成为

$$x = f(t, p). \tag{3.56}$$

假设 f 关于 (t, p) 连续可微, 两边对 t 求导得

$$p = f_t(t, p) + f_p(t, p)\frac{\mathrm{d}p}{\mathrm{d}t}, \tag{3.57}$$

f_t, f_p 分别为 $f(t, p)$ 对 t 和对 p 的偏导. 对方程 (3.57), 分两种情况讨论.

第 1 种: $p - f_t(t, p) \neq 0$.

这时方程 (3.57) 可以转换成

$$\frac{\mathrm{d}t}{\mathrm{d}p} = \frac{f_p(t, p)}{p - f_t(t, p)}, \tag{3.58}$$

这是一个一阶显式方程, 如果能用 3.1.1 小节中给出的方法解出 $t = \varphi(p, c)$, 则结合 (3.56) 就得到以 p 为参数的解:

$$\begin{cases} t = \varphi(p, c), \\ x = f(\varphi(p, c), p), \end{cases} \tag{3.59}$$

c 是任意常数.

如果由方程 (3.58) 解出 $p = \varphi(t, c)$, 则方程 (3.55) 的解直接由

$$x = f(t, \phi(t, c)) \tag{3.60}$$

给出, 无须用参数表示.

第 2 种: $p - f_t(t, p) = 0$.

此条件成立, 即 $\dfrac{\partial f(t, p)}{\partial t} = p$, 由此解出

$$f(t, p) = tp + \phi(p),$$

其中 $\phi(p)$ 是 p 的一元函数. 这就是说方程 (3.55) 应为

$$x = tx' + \phi(x') \tag{3.61}$$

的形式, 它是著名的 **Clairant 方程**. 仍令 $x' = p$, 再在方程两边对 t 求导 (设 ϕ 为 C^1 函数), 得

$$(\phi'(p) + t)\frac{\mathrm{d}p}{\mathrm{d}t} = 0,$$

令 $\dfrac{\mathrm{d}p}{\mathrm{d}t} = 0$, 得 $p = c$, 即 $x' = c$, 代入方程 (3.61) 得解

$$x = ct + \phi(c), \tag{3.62}$$

c 为任意常数. 如果令 $\phi'(p) + t = 0$, 即 $t = -\phi'(p)$, 得参数解

$$\begin{cases} t = -\phi'(p), \\ x = -p\phi'(p) + \phi(p). \end{cases} \tag{3.63}$$

现讨论方程 (3.55) 初值解的唯一性问题.

记 $F(t, x, p) = x - f(t, p)$, $F \in C^1(\mathbb{R}^3, \mathbb{R})$. 在区域

$$B = \{(t, x, p) \in \mathbb{R}^3 : F(t, x, p) = 0\}$$

中, 由定理 3.1 知, 仅在 B 中满足

$$F_p(t, x, p) = -f_p(t, p) = 0 \tag{3.64}$$

的点 (t, x, p) 上方程 (3.55) 才可能出现初值问题的多解性.

当式 (3.64) 解出 $t = t(p)$ 时, B 中由

$$(t(p), f(t(p), p), p) \tag{3.65}$$

给出的点上不能保证初值问题解的唯一性; 当由式 (3.64) 解出 $p = p(t)$ 时, 则 B 中由

$$(t, f(t, p(t)), p(t)) \tag{3.66}$$

给出的点上初值问题的解不能保证唯一.

对于方程 (3.61), 它作为方程 (3.55) 的一种特殊情况, 条件 (3.64) 成为

$$F_p(t, x, p) = -(t + \phi'(p)) = 0. \tag{3.67}$$

由此可解出 $t = -\phi'(p)$, 得到初值问题可能不唯一的点集为

$$\{(-\phi'(p), -p\phi'(p) + \phi(p), p) : p \in \mathbb{R}\}, \tag{3.68}$$

这一集合正好是由式 (3.63) 给出的解曲线.

由于条件 (3.64) 仅是方程 (3.55) 在点 (t, x, p) 上有多解性的一个必要条件, 所以无论是由 (3.65) 还是由 (3.66) 给出的点是否多解, 还需根据所给具体方程进行讨论. 但是对其特例 Clairant 方程, 即方程 (3.61), 可以给出明确的结论.

实际上取集合 (3.68) 中的任一点 $(-\phi'(p_0), -p_0\phi'(p_0) + \phi(p_0), p_0)$. 式 (3.63) 给出了过此点的一条解曲线. 而在解族 (3.62) 中, 取 $c = p_0$, 则得到过该点的另一解曲线

$$x = p_0 t + \phi(p_0). \tag{3.69}$$

如果 t, x, x' 空间中的点 $(-\phi'(p_0), -p_0\phi'(p_0) + \phi(p_0), p_0)$ 投影到 t, x 平面上, 则上述两个解都是过平面上同一点 $(-\phi'(p_0), -p_0\phi'(p_0) + \phi(p_0))$, 且两个解在这一点有相同的斜率 p_0, 即解曲线在公共点相切.

由此引出奇解的概念:

所谓**奇解**, 是指一阶微分方程 $F(t, x, x') = 0$(既可以是隐式方程, 也可以是显式方程) 的一个解 $x = \varphi(t)$, $t \in J$, 如果它确定的解曲线 $\Gamma = \{(t, \varphi(t)) : t \in J\}$ 上的每一点 $(t_0, \varphi(t_0)) : t_0 \in J$, 都有该方程的另一个解曲线 $\hat{\Gamma} = \{(t, \hat{\varphi}(t)) : t \in \hat{J}\}$ 经过, $\hat{\varphi}'(t_0) = \varphi'(t_0)$, 且在 t_0 的任意小邻域 $(t_0 - \delta, t_0 + \delta_0)$ 中,

$$\varphi(t) \not\equiv \hat{\varphi}(t),$$

则 $t \in J$ 时, $x = \varphi(t)$ 就称为方程 $F(t, x, x') = 0$ 的一个**奇解**.

由此可知, 解 (3.63) 是方程 (3.61) 的一个奇解. 例 3.10 中, $x = \pm 1$ 是方程 (3.49) 的两个奇解.

例 3.11   求解一阶方程

$$x = \frac{1}{4}(x')^2 - \frac{1}{2}x' + t. \tag{3.70}$$

解   记 $F(t, x, p) = x - \frac{1}{4}p^2 + \frac{1}{2}p + t$, 则

$$B = \{(t, x, p) : F(t, x, p) = 0\}$$
$$= \left\{(t, x, p) : p = 1 \pm \sqrt{4(x - t) + 1},\ x \geqslant t - \frac{1}{4}\right\},$$
$$F_p = \frac{1}{2}(p - 1),$$
$$\Omega = \{(t, x, p) \in B : F_p = 0\} = \left\{(t, x, 1) : x = t - \frac{1}{4}\right\}.$$

因此, 在 t, x 平面上, 直线 $x = t - \dfrac{1}{4}$ 上的点不满足初值问题解的唯一性.

令 $x' = p$, 方程 (3.70) 成为

$$x = \frac{1}{4}p^2 - \frac{1}{2}p + t,$$

两边对 t 求导并化简得

$$(p - 1)\left(\frac{\mathrm{d}p}{\mathrm{d}t} - 2\right) = 0.$$

当 $p = 1$ 时得解

$$x = t - \frac{1}{4}. \tag{3.71}$$

当 $\dfrac{\mathrm{d}p}{\mathrm{d}t} - 2 = 0$ 时, 由 $p = 2t + c$ 得解集

$$\left\{ x = \left(t + \frac{c}{2}\right)^2 - \frac{c}{2} : c \in \mathbb{R} \right\}. \tag{3.72}$$

由前讨论可知在式 (3.71) 所确定的解曲线有可能出现初值问题的多解性. 实际上直线 $x = t - \dfrac{1}{4}$ 上的每一点 $\left(t_0, t_0 - \dfrac{1}{4}\right)$, 既有解曲线 (3.71) 经过, 又有解集 (3.72) 中的解曲线

$$x = \left(t - t_0 + \frac{1}{2}\right)^2 + t_0 - \frac{1}{2}, \quad c = \frac{1 - 2t_0}{2}$$

经过, 两个解在点 $\left(t_0, t_0 - \dfrac{1}{4}\right)$ 的斜率同为 1. 因此 $x = t - \dfrac{1}{4}$ 是方程 (3.71) 的一个奇解, 见图 3.4.

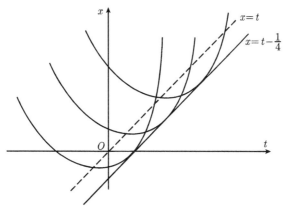

图 3.4 例 3.11 的解曲线

例 3.12 求解一阶隐式方程

$$x = \ln(x')^2 + t(x')^2. \tag{3.73}$$

解 记 $F(t, x, p) = x - \ln(p^2) - tp^2$, 则

$$
\begin{aligned}
B &= \{(t, x, p) \in \mathbb{R}^3 : F(t, x, p) = 0\} \\
&= \{(t, x, p) \in \mathbb{R}^3 : p \neq 0, \, x = \ln(p^2) + tp^2\}, \\
F_p &= -2tp - 2p^{-1} = -\frac{2}{p}(1 + tp^2).
\end{aligned}
$$

进一步

$$
\begin{aligned}
\Omega &= \{(t, x, p) \in B : F_p = 0\} \\
&= \left\{(t, x, p) \in \mathbb{R}^3 : p \neq 0, \, t = -\frac{1}{p^2}, \, x = -1 + \ln(p^2)\right\}.
\end{aligned}
$$

Ω 在 t, x 平面上的投影为以 p 为参数的曲线

$$
\begin{cases}
t = -\dfrac{1}{p^2}, \\
x = -1 + \ln(p^2),
\end{cases}
\qquad p \neq 0. \tag{3.74}
$$

但在这条曲线上,

$$\frac{\mathrm{d}x}{\mathrm{d}t} = \frac{\mathrm{d}x}{\mathrm{d}p} \Big/ \frac{\mathrm{d}p}{\mathrm{d}t} = p^2 \neq p, \quad p \neq 0, 1,$$

故方程 (3.73) 无奇解, 但在 $p = 1$, 即 $(t, x) = (-1, -1)$ 时, 方程 (3.73) 在该点可能出现多解.

在方程 (3.73) 中将 x' 换为 p, 两边对 t 求导得

$$p(1 - p) = 2\left(tp + \frac{1}{p}\right)\frac{\mathrm{d}p}{\mathrm{d}t}, \tag{3.75}$$

$p = 0$ 不在 B 中. $p = 1$, 即 $x = t$ 则是方程 (3.73) 的解. 当 $p \neq 0, 1$ 时, 方程 (3.75) 可改写为

$$\frac{\mathrm{d}t}{\mathrm{d}p} = \frac{2}{1 - p}t + \frac{1}{p^2(1 - p)}.$$

这是一个变量 t 关于参数 p 的一阶线性方程, 求解得 $t = \dfrac{1}{p(1 - p)^2}(cp - 2 - 2p \ln|p|)$, 代入方程 (3.73) 又得到 x 的参数表达式, 于是 (3.75) 的解为

$$
\begin{cases}
t = \dfrac{1}{p(1 - p)^2}(cp - 2 - 2p \ln|p|), \\
x = \dfrac{p}{(1 - p)^2}(cp - 2 - 2p \ln|p|) + 2 \ln|p|,
\end{cases}
\qquad p \neq 0. \tag{3.76}
$$

解 $x = t$ 经过 $(-1, -1)$, 但解族 (3.76) 中没有任一解过点 $(-1, -1)$, 故方程 (3.73) 在区域 B 中的任一点均满足解的存在唯一性.

2. 由方程 (3.48) 可解出 t

这时方程 (3.48) 可写成

$$t = g(x, x'). \tag{3.77}$$

其解法如下.

仍令 $x' = p$, 以 p 为参数, 并设 g 在定义域 $G \subset \mathbb{R}^2$ 上连续可微. 方程 (3.77) 两边对 x 求导得

$$\frac{1}{p} = g_x(x, p) + g_p(x, p) \frac{\mathrm{d}p}{\mathrm{d}x}.$$

设 $1 - pg_x(x, p) \neq 0$, 则有

$$\frac{\mathrm{d}x}{\mathrm{d}p} = \frac{pg_p(x, p)}{1 - pg_x(x, p)}. \tag{3.78}$$

这是一个一阶显式方程. 如果能解出 $x = \psi(p, c)$, 就得到方程 (3.77) 的参数解

$$\begin{cases} x = \psi(p, c), \\ t = g(\psi(p, c), p), \end{cases} \quad p \neq 0, \tag{3.79}$$

其中 p 是参数, c 是任意常数. 如果由方程 (3.78) 解出 $p = \phi(x, c)$, 则

$$t = g(x, \phi(x, c)) \tag{3.80}$$

就是方程 (3.77) 的一个隐式通解.

设 $1 - pg_x(x, p) = 0$, 可得 $g(x, p) = \dfrac{x}{p} + \varphi(p)$. 于是方程 (3.77) 成为

$$t = \frac{x}{p} + \varphi(p), \quad p \neq 0,$$

也就是

$$x = pt - p\varphi(p), \quad p \neq 0,$$

这是前面已经讨论过的 Clairant 方程.

设 $g \in C^1(\mathbb{R}^2, \mathbb{R})$, 则方程 (3.77) 的有解区域是

$$B = \{(t, x, p) \in \mathbb{R}^3 : t = g(x, p)\}.$$

在有解区域 B 中有可能出现多解的点集是

$$\Omega = \{(t,x,p) \in \mathbb{R}^3 : t = g(x,p), \, g_p(x,p) = 0\}.$$

例 3.13　求解一阶隐式方程

$$t = x - (x')^2. \tag{3.81}$$

解　记 $F(t,x,p) = t - x + p^2$, $F \in C^1(\mathbb{R}^3, \mathbb{R})$, $g(x,p) = x - p^2$.

$$B = \{(t,x,p) \in \mathbb{R}^3 : t - x + p^2 = 0\}$$
$$= \{(t,x,p) \in \mathbb{R}^3 : x - t \geqslant 0, \, p = \pm\sqrt{x-t}\},$$

$$\Omega = \{(t,x,p) \in \mathbb{R}^3 : x - t \geqslant 0, \, p = \pm\sqrt{x-t}, \, p = 0\}$$
$$= \{(t,x,0) : x = t\}.$$

Ω 投影到 t,x 平面, 是一条直线 $x = t$, 以此代入方程 (3.81) 的右方得 $t - 1$, 故 $\{(t,x) : x = t \in \mathbb{R}\}$ 不是方程 (3.81) 的解曲线. 由此知方程 (3.81) 无奇解.

令 $x' = p$, 方程 (3.81) 成为

$$t = x - p^2, \tag{3.82}$$

两边对 x 求导得

$$\frac{1}{p} = 1 - 2p\frac{\mathrm{d}p}{\mathrm{d}x}.$$

当 $p \neq 1$ 时, 得

$$\frac{\mathrm{d}x}{\mathrm{d}p} = \frac{2p^2}{p-1}.$$

积分得

$$x = 2\ln|p-1| + 2p + p^2 + c.$$

于是方程 (3.81) 的参数解族为

$$\begin{cases} t = 2\ln|p-1| + 2p + c, \\ x = 2\ln|p-1| + 2p + p^2 + c, \end{cases} \tag{3.83}$$

其中 c 为任意常数. 当 $p = 1$ 时方程 (3.81) 另有解

$$x = t + 1. \tag{3.84}$$

在 t,x 平面上解曲线的分布见图 3.5.

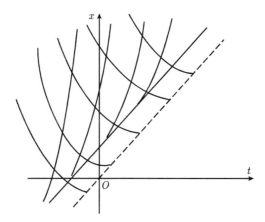

图 3.5 例 3.13 的解曲线

习 题 3.1

1. 解方程:

(1) $tx' + x^2 = 0$;

(2) $e^t x' - t = x'$;

(3) $(x')^2 + 5x' + 6 = (t+x)(x'+3)$(提示: 左方分解因式);

(4) $x' = -\dfrac{t-x}{t+x}$; (5) $x' = \dfrac{tx^2}{t^2 x + x^3}$;

(6) $y' = 2x(y^2 + 9)$ (x为自变量);

(7) $x' = \dfrac{2x^4 + t^4}{tx^3}$; (8) $x' = \dfrac{t^2 + x^2}{tx}$, $x(1) = 1$;

(9) $x' = \dfrac{2t + x^2}{tx}$; (10) $x' = \dfrac{x}{t + \sqrt{tx}}$.

2. 解方程:

(1) $(2 + ye^{xy})dx + (xe^{xy} - 2y)dy = 0$;

(2) $(2xy^2 - 2y^3)dx + (4y^3 - 6xy^2 + 2x^2 y)dy = 0$;

(3) $y' = \dfrac{-y^2}{2xy + 1}$, $y(1) = 2$;

(4) $y' = \dfrac{2y^2(y-x)}{4y^3 - 6y^2 x + 2x^2 y}$, $y(1) = 2$;

(5) $(\cos y + y\cos x)dx + (\sin x - x\sin y)dy = 0$.

3. 解方程:

(1) $(y - xy^2)dx + (x + x^2 y^2)dy = 0$, $y(1) = 1$;

(2) $3x^2 ydx - (x^3 + 2y^4)dy = 0$;

(3) $(x^2 + y + y^2)dx = xdy$;

(4) $(x + t^4 x^2)dt + tdx = 0$, $x(1) = 1$;

(5) $(3x^2 y - x^2)dx + dy = 0$;

(6) $y\mathrm{d}x - (x + y^3)\mathrm{d}y = 0, \quad y(2) = 2$.

4. 求解下列一阶隐式方程 (讨论奇解存在性):

(1) $t^2(x')^2 - (t - a)^2 = 0$;

(2) $t(x')^3 - x(x')^2 = 1$ (提示 : 令 $p = x'$, 解出 x);

(3) $y = x(1 + y') + (y')^2$;

(4) $(y')^2 + 2xy' - y = 0$ (提示 : 解出 y).

3.2 非线性微分系统的定性分析

由于非线性微分系统及高阶非线性微分方程几乎无法用初等积分的方法求解, 就希望在不求解的情况下得到一些关于解的有用信息. 沿着这一方向进行研究, 提出的概念、形成的方法和得到的结果, 形成了常微分方程的**定性理论**.

常微分方程定性理论主要关注非线性微分系统中定常解、周期解的存在性和稳定性. 在机械、电力等实际系统中, 这两类解的存在及稳定与否, 和系统的正常运行有关. 因此非线性微分系统的定性分析虽然除了平衡点外一般不能给出解的明确表达式, 但在对系统运行情况进行理论分析方面, 仍然有实际意义.

3.2.1 解的稳定性

1. 稳定性的数学定义

在 2.3 节已对线性系统提到稳定性的概念本节对稳定性给出正式的数学定义, 它对线性和非线性系统都适用.

设 $t_0 \in \mathbb{R}$, $G \subset \mathbb{R}^n$ 为单连通域, $\mathbb{R}^+ = [t_0, +\infty)$, 给定系统

$$x' = F(t, x), \tag{3.85}$$

其中 $x = (x_1, x_2, \cdots, x_n)^{\mathrm{T}}$, $F \in C(\mathbb{R}^+ \times G, \mathbb{R}^n)$. 假设 $x = \varphi(t)$ 是系统 (3.85) 满足初值条件 $x(t_0) = \varphi_0$ 的解, 即

$$\varphi'(t) = F(t, \varphi(t)).$$

现在需要讨论, 系统 (3.85) 满足 $x(t_0) = x_0$ 的解 $x = x(t)$, 当 x_0 和 φ_0 充分接近时, 是否可以保证 $x(t)$ 在 $t \geqslant t_0$ 时充分靠近 $\varphi(t)$. 这个问题的实际意义是十分明显的: 如果初值条件 x_0 充分接近 φ_0 可以保证相应的解 $x(t)$ 充分靠近 $\varphi(t)$, 我们就可以用 $x(t)$ 作为 $\varphi(t)$ 的近似解.

无论 "充分靠近" 还是 "充分接近", 意义都不是很确切. 这就需要在数学上给出明确的定义, 消除概念上的不确定性.

定义 3.1 设 $\varphi(t)$ 是系统 (3.85) 满足 $x(t_0) = \varphi_0$ 的解, $\varphi(t)$ 的存在区间为 $J = [t_0, +\infty)$. 如果 $\forall \varepsilon > 0$, 都有 $\delta > 0$, 当 $\| x_0 - \varphi_0 \| < \delta$ 时, 系统 (3.85) 满足

$x(t_0) = x_0$ 的解 $x(t)$ 都存在, 且可右延拓到 $+\infty$, 使

$$\parallel x(t) - \varphi(t) \parallel < \varepsilon, \quad t \geqslant t_0, \tag{3.86}$$

则说系统 (3.85) 的解 $\varphi(t)$ 在 J 上是**稳定的**.

进一步, 如果 $\varphi(t)$ 是系统 (3.85) 的稳定解, 而且存在 $b > 0$, 当 $\parallel x_0 - \varphi_0 \parallel < \delta$ 时系统 (3.85) 满足初值条件 $x(t_0) = x_0$ 的解 $x(t)$ 在 J 上存在, 且

$$\lim_{t \to \infty} \parallel x(t) - \varphi(t) \parallel = 0, \tag{3.87}$$

则说系统 (3.85) 的解 $\varphi(t)$ 在 J 上是**渐近稳定的**.

如果系统 (3.85) 的解 $\varphi(t)$ 在 J 上不满足稳定的要求, 就说 $\varphi(t)$ 在 J 上是**不稳定的**.

从定义中不难发现, 说一个解 $\varphi(t)$ 在正向无穷区间 J 上稳定或渐近稳定, 不是指 $\varphi(t)$ 自身作为一个函数所表现的性态, 而是指它附近的其余所有解是否与它充分靠近. 而且, $\varphi(t)$ 如果在 $J = [t_0, \infty)$ 上是系统 (3.85) 的稳定解(渐近稳定解), 则当 $J_1 = [t_1, \infty)$, $t_1 > t_0$ 时, $\varphi(t)$ 在 J_1 上必定是**稳定的(渐近稳定的)**.

例 3.14 显然 $\varphi(t) = 1$ 是一个一阶非线性方程

$$x' = t(1 - x^2) \tag{3.88}$$

在 $J = [0, \infty)$ 上满足初值条件 $\varphi(0) = 1$ 的解. 由于方程 (3.88) 是变量分离型. 除解 $x(t) = \pm 1$ 外, 利用初等积分法得通解

$$x(t) = \frac{ce^{t^2} - 1}{ce^{t^2} + 1}, \tag{3.89}$$

见图 3.6.

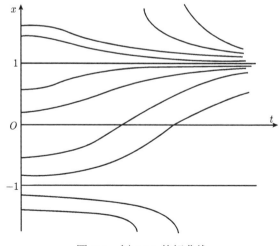

图 3.6 例 3.14 的解曲线

当 $x_0 \neq \pm 1$ 时, 方程 (3.89) 满足初值条件 $x(0) = x_0$ 的解为

$$x(t) = \frac{(1+x_0)\mathrm{e}^{t^2} - (1-x_0)}{(1+x_0)\mathrm{e}^{t^2} + (1-x_0)}. \tag{3.90}$$

当 $|x_0 - 1| < \dfrac{1}{2}$ 时,

$$(1+x_0)\mathrm{e}^{t^2} + (1-x_0) \geqslant (1+x_0) - (1-x_0) = 2x_0 \geqslant 2(1+(x_0-1)) \geqslant 1.$$

于是 $\forall \varepsilon > 0$, 取 $\delta = \min\left\{\dfrac{1}{2}, \dfrac{\varepsilon}{2}\right\}$. 当 $|x_0 - \varphi(0)| = |x_0 - 1| < \delta$ 时,

$$|x(t) - \varphi(t)| = \frac{2|x_0 - 1|}{(1+x_0)\mathrm{e}^{t^2} + (1-x_0)} \leqslant 2|x_0 - 1| < \varepsilon$$

在 J 上成立. 故 $\varphi(t)$ 在 J 上是方程 (3.88) 的一个稳定解.

而且, 当 $|x_0 - \varphi(0)| = |x_0 - 1| < \delta$ 时, 由于 $1 + x_0 > 0$, 有

$$\lim_{t\to\infty} |x(t) - \varphi(t)| = \lim_{t\to\infty} \frac{2|x_0 - 1|}{(1+x_0)\mathrm{e}^{t^2} + (1-x_0)} = 0.$$

因此 $\varphi(t) = 1$ 还是方程 (3.88) 在 J 上的一个渐近稳定解.

至于 $\psi(t) = -1$, 虽然它也是 (3.88) 在 J 上的一个解, 但却是不稳定解. 实际上, 取 $\varepsilon = 1$, 不论 $\delta \in (0,1)$ 多么小, 取 $x_0 = -1 - \dfrac{\delta}{2}$, 则

$$|x_0 - \psi(0)| = \frac{\delta}{2} < \delta < 1.$$

由式 (3.90), 方程 (3.88) 满足 $x_0 = -1 - \dfrac{\delta}{2}$ 的解为

$$x(t) = \frac{-\dfrac{\delta}{2}\mathrm{e}^{t^2} - \left(2 + \dfrac{\delta}{2}\right)}{-\dfrac{\delta}{2}\mathrm{e}^{t^2} + \left(2 + \dfrac{\delta}{2}\right)} = \frac{\mathrm{e}^{t^2} + \left(1 + \dfrac{4}{\delta}\right)}{\mathrm{e}^{t^2} - \left(1 + \dfrac{4}{\delta}\right)}.$$

取 $t_1 = \left[\ln\left(1 + \dfrac{4}{\delta}\right)\right]^{\frac{1}{2}}$, 则 $x(t)$ 只在 $[0, t_1)$ 有定义, 且

$$\lim_{t\to t_1^-} |x(t) - \psi(t)| = \lim_{t\to t_1^-} \frac{2\mathrm{e}^{t^2}}{\left|\mathrm{e}^{t^2} - \left(1 + \dfrac{4}{\delta}\right)\right|} = \infty.$$

因此 $\psi(t) = -1$ 作为方程 (3.88) 的解, 在 J 上是不稳定的.

当讨论 $\varphi(t)$ 在无穷区间 $J = [t_0, \infty)$ 是否是微分系统 (3.85) 的稳定解时, 其前提是已经知道 $\varphi(t)$ 是该系统在 J 上的解. 这时记

$$z = x - \varphi, \quad H(t, z) = F(t, z + \varphi(t)),$$

则系统 (3.85) 转换成

$$z' = H(t, z), \tag{3.91}$$

其中 $H \in C(\hat{G}, \mathbb{R}^n)$, 而 $\hat{G} = \{(t, z) : t \in J, z + \varphi(t) \in G\}$. 系统 (3.85) 的解 $\varphi(t)$ 在 J 上的稳定性和系统 (3.91) 的零解 $z(t) = 0$ 在 J 上的稳定性是一致的. 因此通常只讨论微分系统零解的稳定性.

2. 零解稳定性的判定

设一阶自治微分系统

$$x' = F(t, x) \tag{3.92}$$

中 $F \in C^1(\mathbb{R} \times G, \mathbb{R}^n)$, $F(\theta) = \theta$, 则系统 (3.92) 有零解 $x(t) = \theta$, $t \in \mathbb{R}$. $\forall t_0 \in \mathbb{R}$, 以下讨论系统 (3.92) 的零解在 $J = [t_0, \infty)$ 上的稳定性.

首先考虑 $F(t, x) = Ax$ 的情况, 其中 A 是 n 阶实矩阵. 这时系统 (3.92) 成为

$$x' = Ax. \tag{3.93}$$

在第 2 章中我们已经建立定理 2.16. 由该定理知, 系统 (3.92) 的特征多项式 $P(\lambda) = \det(\lambda I - A)$,

当特征根实部全为负值时, 零解渐近稳定;

当特征根实部至少有一个为正值时, 零解不稳定.

其次讨论 $F(t, x) = Ax + N(t, x)$ 的情况, 其中 $N \in C^1(\mathbb{R} \times G, \mathbb{R}^n)$, $N(t, \theta) = \theta$. 这时系统 (3.92) 成为

$$x' = Ax + N(t, x). \tag{3.94}$$

我们有

定理 3.2 如果线性微分系统 (3.93) 的特征根都有负实部, 则当

$$\lim_{\|x\| \to 0} \frac{\| N(t, x) \|}{\| x \|} = 0 \tag{3.95}$$

在 $J = [t_0, \infty)$ 上一致成立时, 非线性系统 (3.94) 的零解在 J 上渐近稳定; 如果线性微分系统 (3.93) 的特征根至少有一个为正实部, 则当式 (3.95) 成立时, 非线性微分系统 (3.94) 的零解在 J 上不稳定.

例 3.15 在质量–弹簧–阻尼系统中, 根据 Hooke 定律假定弹簧力的大小与质量 m 偏离平衡位置的位移量 x 成正比, 方向指向平衡位置. 由牛顿定律得到运动方程

$$mx'' = -kx - \rho x',$$

其中 $k > 0$ 是弹性系数, $\rho > 0$ 为阻尼系数, 这里假定质量为 m 的物体受到的弹性力为

$$F(x) = -kx.$$

但实际的弹性力和位移的关系并不是线性的. 在 $F(-x) = -F(x)$ 的前提下进一步假定

$$F(x) = -kx + \beta x^3, \quad \beta > 0,$$

则运动方程成为

$$mx'' = -kx + \beta x^3 - \rho x',$$

即

$$x'' = -ax + bx^3 - cx', \tag{3.96}$$

其中 $a = \dfrac{k}{m}$, $b = \dfrac{\beta}{m}$, $c = \dfrac{\rho}{m}$, 有 $a, b, c > 0$.

令 $x_1 = x$, $x_2 = x'$, 方程 (3.96) 成为微分系统

$$\begin{cases} x_1' = x_2, \\ x_2' = -ax_1 - cx_2 + bx_1^3. \end{cases} \tag{3.97}$$

记 $z = (x_1, x_2)^{\mathrm{T}}$, $N(t, z) = (0, bx_1^3)^{\mathrm{T}}$, 则系统 (3.97) 又可写成

$$z' = Az + N(t, z),$$

其中 $A = \begin{pmatrix} 0 & 1 \\ -a & -c \end{pmatrix}$.

由于 $P(\lambda) = \det(\lambda I - A) = \lambda^2 + c\lambda + a$, 有特征根

$$\lambda = -\frac{c}{2} \pm \frac{1}{2}\sqrt{c^2 - 4a},$$

两根都有负实部, 且

$$\lim_{\|z\| \to 0} \frac{\|N(t, z)\|}{\|z\|} = \lim_{x_1^2 + x_2^2 \to 0} \frac{b|x_1|^3}{\sqrt{x_1^2 + x_2^2}} = 0,$$

对 $\forall t_0 \in \mathbb{R}$, 极限在 $[t_0, \infty)$ 上一致成立, 故系统 (3.97) 的零解在 J 上是渐近稳定的. 由于系统 (3.97) 由方程 (3.96) 而来, 这时也说方程 (3.96) 的零解 $x = 0$ 是渐近稳定的.

3.2.2 自治微分系统的定常解和平衡点

对 $x = (x_1, x_2, \cdots, x_n)^{\mathrm{T}}, F \in C(\mathbb{R}^n, \mathbb{R}^n)$, 其中 F 的每个分量 F_i 都是 $x_1, x_2, \cdots,$ x_n 的连续函数, 且 $F(\theta) = \theta$. 这时微分系统

$$x' = F(x) \tag{3.98}$$

可表示为

$$x' = Ax + N(x), \tag{3.99}$$

其中 A 为 n 阶实矩阵, $N(x) = (N_1(x), N_2(x), \cdots, N_n(x))^{\mathrm{T}}$ 中各分量都是 $x_1, x_2, \cdots,$ x_n 的函数, 并设

$$\lim_{\|x\| \to 0} \frac{\|N(x)\|}{\|x\|} = 0. \tag{3.100}$$

这时定理 3.2 中的条件 (3.95) 自然成立. 因此对任意 $t_0 \in \mathbb{R}$, 系统 (3.98) 的零解在 $J = [t_0, \infty)$ 上的稳定性多数情况下可由矩阵 A 的特征值决定.

式 (3.99) 中的 Ax 称为 $F(x)$ 在 $x = \theta$ 时的线性近似.

由于系统 (3.98) 是一个自治系统 (也叫做**动力系统**, 这是因为当将 x 作为动点在 $\mathbb{R}^n$ 中的位置时, 系统 (3.98) 给出了运动速度和位置的关系.), 它的每个定常解投影到相空间 $\mathbb{R}^n$ 中只是一个点, 称为**平衡点**或**奇点**. 这时如果定常解是稳定或渐近稳定的, 就说相应的平衡点是**稳定的**; 如果定常解是不稳定的, 就说相应的平衡点是**不稳定的**, 因此非线性系统 (3.98) 中平衡点 $x = \theta$ 的稳定性多数情况下可以由 $F(x)$ 线性部分 Ax 中的矩阵 A 确定.

当 $\det A \neq 0$ 时, 平衡点 $x = \theta$ 为**初等平衡点**.

例 3.16 给出下列系统的平衡点, 并确定各平衡点的稳定性:

$$x' = x(1 - y), \quad y' = y(1 - x). \tag{3.101}$$

解 令 $x(1 - y) = y(1 - x) = 0$, 平衡点为 $(0, 0), (1, 1)$. 在 $(0, 0)$ 处, 求得系统 (3.101) 右方函数的线性近似为

$$A \begin{pmatrix} x \\ y \end{pmatrix} = \begin{pmatrix} 1 & 0 \\ 0 & 1 \end{pmatrix} \begin{pmatrix} x \\ y \end{pmatrix}.$$

令

$$|\lambda I - A| = (\lambda - 1)^2 = 0,$$

求得特征根 $\lambda = 1$(二重根). 故平衡点 $(0, 0)$ 是不稳定的.

在 $(1, 1)$ 处, 作平移变换

$$x = \xi + 1, \ y = \eta + 1,$$

则 xOy 坐标系中的平衡点 $(1,1)$ 变到 $\xi O\eta$ 坐标系中的原点 $(0,0)$, 且系统 (3.101) 变换为

$$\xi' = -\eta(1+\xi), \quad \eta' = -\xi(1+\eta). \tag{3.102}$$

系统 (3.100) 右方函数的线性近似为

$$\hat{A} \begin{pmatrix} \xi \\ \eta \end{pmatrix} = \begin{pmatrix} 0 & -1 \\ -1 & 0 \end{pmatrix} \begin{pmatrix} \xi \\ \eta \end{pmatrix}.$$

令 $|\lambda I - \hat{A}| = \lambda^2 - 1 = 0$, 求得特征根 $\lambda = \pm 1$, 故 $(\xi, \eta) = (0,0)$, 即 $(x,y) = (1,1)$ 是不稳定平衡点.

注 3.4   对一个自治微分系统 (3.98) 由方程组

$$F(x) = \theta$$

求出平衡点后, 对非零平衡点 x_0, 通常令

$$x = z + x_0.$$

将微分系统 (3.98) 转换为

$$z' = \hat{F}(z),$$

其中 $\hat{F}(z) = F(z + x_0)$. 然后由 $\hat{F}(z)$ 分离出线性近似部分 $\hat{A}z$, 由矩阵 $\hat{A}$ 的特征值判定平衡点 $z = \theta$, 即 $x = x_0$ 的稳定性. 但实际上无须计算出 $\hat{F}(z) = F(z + x_0)$, 即可由

$$\hat{A} = \begin{pmatrix} \dfrac{\partial F_1(x)}{\partial x_1} & \cdots & \dfrac{\partial F_1(x)}{\partial x_n} \\ \vdots & & \vdots \\ \dfrac{\partial F_n(x)}{\partial x_1} & \cdots & \dfrac{\partial F_n(x)}{\partial x_1} \end{pmatrix}_{x=x_0}$$

直接得到矩阵 $\hat{A}$. 例如, 在例 3.16 中, 在平衡点 $(1,1)$ 处,

$$\hat{A} = \begin{pmatrix} 1-y & -x \\ -y & 1-x \end{pmatrix}_{(x,y)=(1,1)} = \begin{pmatrix} 0 & -1 \\ -1 & 0 \end{pmatrix}.$$

3.2.3 平面微分系统平衡点的指标

当 $n = 2$ 时, 微分系统 (3.98) 的相空间为二维平面, 因此系统本身称为平面微分系统. 设 $x = \theta$ 是平面微分系统的平衡点, 且条件 (3.100) 成立. 这时表示式 (3.99) 中的矩阵 A 是二阶实矩阵.

将系统 (3.98) 用方程组表示, 即令

$$x = \left(\begin{array}{c} x_1 \\ x_2 \end{array}\right), \quad N(x) = \left(\begin{array}{c} P(x_1, x_2) \\ Q(x_1, x_2) \end{array}\right),$$

则有

$$x = \left(\begin{array}{c} x_1' \\ x_2' \end{array}\right) = A\left(\begin{array}{c} x_1 \\ x_2 \end{array}\right) + \left(\begin{array}{c} P(x_1, x_2) \\ Q(x_1, x_2) \end{array}\right).$$

这时条件 (3.100) 成为

$$\lim_{x_1^2 + x_2^2 \to 0} \frac{\sqrt{P^2(x_1, x_2) + Q^2(x_1, x_2)}}{\sqrt{x_1^2 + x_2^2}} = 0. \tag{3.103}$$

设

$$A = \left(\begin{array}{cc} a & b \\ c & d \end{array}\right),$$

则

$$F(x) = \left(\begin{array}{c} F_1(x_1, x_2) \\ F_2(x_1, x_2) \end{array}\right) = \left(\begin{array}{c} ax_1 + bx_2 + P(x_1, x_2) \\ cx_1 + dx_2 + Q(x_1, x_2) \end{array}\right).$$

现在在 $x_1 O x_2$ 平面上画一条简单闭曲线 Γ, Γ 不经过系统 (3.98) 的平衡点, 如图 3.7 中左图所示. 在 Γ 上任取一点 (x_1, x_2), 可计算出向量 $F(x) = (F_1(x_1, x_2), F_2(x_1, x_2))$. 记向量的辐角为 φ, 则

$$\tan\varphi = \frac{F_2(x_1, x_2)}{F_1(x_1, x_2)}.$$

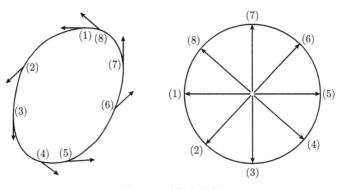

图 3.7 平衡点指标

由于 F 是连续的, 且 Γ 上无平衡点, 所以动点 $x = (x_1, x_2)$ 沿 Γ 连续变动时, 辐角 φ 也是连续变动的, 辐角变动情况如图 3.7 中右方图形所示. 令动点在 Γ 上沿正方向 (逆时针方向) 绕行一周, 辐角的累计改变量 $\Delta\varphi$ 应是 2π 的整数倍, 即

$$\Delta\varphi = 2n\pi.$$

这时将 n 称为简单闭曲线 Γ 在向量场 $F(x)$ 中的**旋转数**, 记为

$$r(\Gamma) = n.$$

假设 B 是平面系统 (3.98) 的一个孤立平衡点, Γ 是围绕 B 点的简单闭曲线, Γ 上无平衡点, Γ 所围区域内部只有一个平衡点, 即点 B. 可以证明, 满足上述要求的任意两条简单闭曲线 Γ_1 和 Γ_2, 它们在向量场 $F(x)$ 中的旋转数是相等的. 因此可以将 Γ 在向量场 $F(x)$ 中的旋转数定义为平衡点 B 的**指标**, 记为

$$j_B = r(\Gamma).$$

与此同时, 当简单闭曲线 γ 上不含平面系统 (3.98) 的平衡点, 而在所围区域的内部有 k 个平衡点 $B_1, B_2, \cdots, B_k$, 可通过 Γ 所围内部区域的划分证明: γ 在向量场 $F(x)$ 中的旋转数等于所围各平衡点的指标之和, 即

$$r(\Gamma) = \sum_{i=1}^{k} j_{B_i}.$$

具体计算平衡点的指标时, 先将平衡点移至原点.

下设平衡点 O 处微分系统线性近似 Ax 的系数矩阵满足

$$\det A = ad - bc \neq 0, \tag{3.104}$$

即平衡点 O 为初等平衡点. 对初等平衡点有以下定理.

定理 3.3　设平衡点 O 是初等平衡点, 则其指数为

$$j_0 = \operatorname{sgn} \det A = \operatorname{sgn}(ad - bc).$$

证　由于 $\Delta\varphi$ 是向量 $F(x_1, x_2)$ 辐角沿 Γ 正向走一周后的累计改变量, 因此

$$j_0 = \frac{1}{2\pi} \oint_\Gamma \mathrm{d}\varphi = \frac{1}{2\pi} \oint_\Gamma \mathrm{d}\left(\arctan \frac{F_2(x_1, x_2)}{F_1(x_1, x_2)}\right) = \frac{1}{2\pi} \oint_\Gamma \frac{F_1 \mathrm{d}F_2 - F_2 \mathrm{d}F_1}{F_1^2 + F_2^2}.$$

既然 j_0 与 Γ 的具体形状无关, 只要保证其所围闭区域内只有一个平衡点 O 即可. 可设

$$\Gamma = \{(x_1, x_2) : x_1^2 + x_2^2 = r^2\},$$

$r > 0$ 充分小, 其内部只有点 O 一个平衡点. 这时 Γ 是一个半径为 r 的小圆周, 因此,

$$F_1 \mathrm{d}F_2 - F_2 \mathrm{d}F_1 = r^2[(a\cos\varphi + b\sin\varphi)\mathrm{d}(c\cos\varphi + d\sin\varphi)$$
$$- (c\cos\varphi + d\sin\varphi)\mathrm{d}(a\cos\varphi + b\sin\varphi) + o(r)\mathrm{d}\varphi],$$

$$F_1^2 + F_2^2 = r^2[(a\cos\varphi + b\sin\varphi)^2 + (c\cos\varphi + d\sin\varphi)^2 + o(r)],$$

$$
\begin{aligned}
j_0 &= \frac{1}{2\pi}\int_0^{2\pi} \frac{a(\cos\varphi + b\sin\varphi)\mathrm{d}(c\cos\varphi + d\sin\varphi)}{(a\cos\varphi + b\sin\varphi)^2 + (c\cos\varphi + d\sin\varphi)^2}\mathrm{d}\varphi \\
&\quad - \frac{1}{2\pi}\int_0^{2\pi}\left[\frac{(c\cos\varphi + d\sin\varphi)\mathrm{d}(a\cos\varphi + b\sin\varphi)}{(a\cos\varphi + b\sin\varphi)^2 + (c\cos\varphi + d\sin\varphi)^2} + o(r)\right]\mathrm{d}\varphi \\
&= \frac{1}{2\pi}\int_0^{2\pi}\left[\frac{ad - bc}{(a^2 + c^2)\cos^2\varphi + 2(ab + cd)\cos\varphi\sin\varphi + (b^2 + d^2)\sin^2\varphi} + o(r)\right]\mathrm{d}\varphi \\
&\overset{*}{=} \frac{1}{\pi}\int_{-\frac{\pi}{2}}^{\frac{\pi}{2}}\frac{ad - bc}{(a^2 + c^2)\cos^2\varphi + 2(ab + cd)\cos\varphi\sin\varphi + (b^2 + d^2)\sin^2\varphi}\mathrm{d}\varphi \\
&\xlongequal{u = \tan\varphi}\frac{ad - bc}{\pi}\int_{-\infty}^{+\infty}\frac{\mathrm{d}u}{(a^2 + c^2) + 2(ab + cd)u + (b^2 + d^2)u^2} \\
&= \frac{ad - bc}{\pi}\int_{-\infty}^{+\infty}\frac{(b^2 + d^2)\mathrm{d}u}{[(b^2 + d^2)u + (ab + cd)]^2 + (ad - bc)^2} \\
&\xlongequal{v = (b^2 + d^2)u}\frac{ad - bc}{\pi}\int_{-\infty}^{+\infty}\frac{\mathrm{d}v}{v^2 + (ad - bc)^2} \\
&= \frac{ad - bc}{\pi}\frac{1}{|ad - bc|}\arctan\frac{v}{ad - bc}\bigg|_{-\infty}^{+\infty} \\
&= \frac{ad - bc}{\pi}\frac{\pi}{|ad - bc|} = \mathrm{sgn}(ad - bc).
\end{aligned}
$$

* 推导中由于 j_0 是整数, 故 $r \to 0$ 时, $\int_0^{2\pi} o(r)\mathrm{d}\varphi = 0$. sgn 是符号函数, $ad - bc$ 为正、负、0 时, $\mathrm{sgn}(ad - bc)$ 分别为 $1, -1, 0$.

由定理可知, 在例 3.16 中, 由 $\det A = 1$, 知 $j_{(0,0)} = 1$; 而由 $\det \hat{A} = -1$ 知 $j_{(1,1)} = -1$. 易证

命题 3.1 闭曲线 Γ 上及 Γ 内无平衡点, 则旋转数

$$r(\Gamma) = 0. \tag{3.105}$$

3.2.4 平面微分系统的周期解和极限环

在 2.3.1 节中对线性微分系统的周期解已作了讨论. 就非线性系统而言, 周期解的概念是一样的. 设 $\varphi(t)$ 是系统 (3.85) 在 $\mathbb{R}$ 上的一个解, 且存在正数 $T > 0$ 使

$$\varphi(t + T) = \varphi(t) \tag{3.106}$$

对 $\forall t \in \mathbb{R}$ 成立, 则说 $\varphi(t)$ 是系统 (3.85) 的一个周期解. 如果 T 是具有性质 (3.106) 的最小正数, 就说 $\varphi(t)$ 是系统 (3.85) 的 T 周期解.

当 $\varphi(t)$ 是系统 (3.85) 的 T 周期解时, 有

$$\varphi'(t+T) = F(t+T, \varphi(t+T)) = F(t+T, \varphi(t)).$$

再由

$$\varphi'(t+T) = \varphi'(t) = F(t, \varphi(t)),$$

可得

$$F(t+T, \varphi(t)) = F(t, \varphi(t)).$$

这就是说, 当 $x = \varphi(t)$ 时, F 必定关于 t 有周期性. 为此, 凡讨论周期解时, 总假设 F 对任意 x 都关于 t 有周期性, 即有最小正数 $\omega > 0$ 使

$$F(t+\omega, x) = F(t, x) \tag{3.107}$$

对 $\forall (t, x) \in \mathbb{R} \times G$ 成立. 当 φ 关于 t 的周期解 T 和 F 关于 t 的周期 ω 相等时, $\varphi(t)$ 称为系统 (3.85) 的**调和解**; 当 T 是 ω 的整数倍, 即 $T = k\omega$ 时, $\varphi(t)$ 是系统 (3.85) 的**次调和解**; 当 ω 是 T 的整数倍, 即 $\omega = lT$ 时, 称 $\varphi(t)$ 是系统 (3.85) 的**超调和解**.

当 $F(t, x) = F(x)$, 即系统 (3.85) 成为自治微分系统 (3.98) 时, 如果 $\varphi(t)$ 是系统 (3.98) 的 T 周期解, 将解曲线 $\{(t, \varphi) : t \in \mathbb{R}\}$ 投影到相空间 $\mathbb{R}^n$ 中就得到闭曲线

$$\Gamma = \{\varphi(t) : t \in [0, T]\}, \tag{3.108}$$

Γ 称为系统 (3.98) 的一条**闭轨线**.

周期解 $\varphi(t)$ 可以按 3.2.1 小节中的方式讨论稳定性. 对于自治微分系统, 由周期解的稳定、渐近稳定、不稳定又可定义相应闭轨线 Γ 的稳定、渐近稳定和不稳定. 特别当 $n = 2$ 时, 式 (3.108) 所给出的轨线 Γ 如果是**一条孤立的闭轨线**, 它就称为平面系统 (3.98) 的一个**极限环**.

由于极限环规定为孤立的闭轨线, 这就保证式 (3.108) 中极限环 Γ 所对应的周期解 $\varphi(t)$ 只能是渐近稳定或不稳定. 当周期解 $\varphi(t)$ 渐近稳定时, 就说**极限环 Γ 是稳定的**. 当周期解 $\varphi(t)$ 不稳定时, 需要区分相应的极限环 Γ 的内外两侧是否都不稳定. 如果两侧都不稳定, 就说 Γ 是**不稳定极限环**; 如果一侧稳定, 一侧不稳定, 就说 Γ 是**半稳定极限环**(图 3.8).

设 Γ 是平面系统 (3.98) 的一条闭轨线, 由于 Γ 上各点的切线方向和方向场 $F(x)$ 在该点的方向一致, 根据旋转数的定义可得

命题 3.2 设 Γ 是平面系统 (3.98) 的一条闭轨线, 则旋转数

$$r(\Gamma) = 1. \tag{3.109}$$

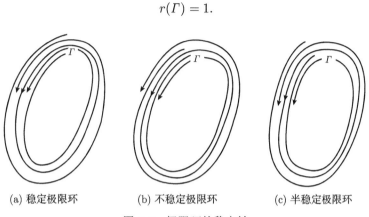

(a) 稳定极限环   (b) 不稳定极限环   (c) 半稳定极限环

图 3.8 极限环的稳定性

以此和命题 3.1 中的结论作比较, 可知闭轨线内部必定存在平衡点, 且平衡点指标之和等于 1.

判断极限环的不存在性有如下准则.

首先由命题 3.1 和命题 3.2 可得

命题 3.3 平面微分系统 (3.98) 如果在平面单连通域 $G \subset \mathbb{R}^2$ 上无平衡点或虽有平衡点但从中无论怎样选取平衡点的组合, 其指标之和都不为 1, 则系统 (3.98) 没有完全位于 G 中的闭轨线.

其次, 将 $F(x)$ 表示为 $(F_1(x_1, x_2), F_2(x_1, x_2))$ 时, 有

命题 3.4 设 $F(x)$ 在平面单连通域 $G \subset \mathbb{R}^2$ 上有定义且连续可微, 且

$$\frac{\partial F_1}{\partial x_1} + \frac{\partial F_2}{\partial x_2} \neq 0$$

在 G 上成立, 则平面系统 (3.98) 不存在完全位于 G 中的闭轨线.

证 设不然, $\Gamma \subset G$ 是一条周期为 T 的闭轨线, 记 Γ 所围单连通域为 D, 并记面积元为 $\mathrm{d}S$, 则

$$
\begin{aligned}
0 &= \int_0^T (F_1(x_1(t), x_2(t)) F_2(x_1(t), x_2(t)) - F_2(x_1(t), x_2(t)) F_1(x_1(t), x_2(t))) \mathrm{d}t \\
&= \oint_\Gamma F(x_1, x_2) \mathrm{d}x_2 - F_2(x_1, x_2) \mathrm{d}x_1 \\
&= \iint_D \left(\frac{\partial F_1(x_1, x_2)}{\partial x_1} + \frac{\partial F_2(x_1, x_2)}{\partial x_2} \right) \mathrm{d}S \\
&\neq 0,
\end{aligned}
$$

得出矛盾. 命题得证.

例 3.17　讨论平面微分系统

$$\begin{cases} x_1' = x_1(1 - x_2^2), \\ x_2' = x_2(1 - x_1^2) \end{cases} \tag{3.110}$$

的平衡点和闭轨线.

解　令 $F_1(x_1, x_2) = x_1(1 - x_2^2)$, $F_2(x_1, x_2) = x_2(1 - x_1^2)$. 由 $F_1(x_1, x_2) = F_2(x_1, x_2) = 0$ 得平衡点

$$(0, 0), \quad (1, 1), \quad (1, -1), \quad (-1, 1), \quad (-1, -1).$$

由

$$A(x_1, x_2) = \begin{pmatrix} \dfrac{\partial F_1}{\partial x_1} & \dfrac{\partial F_1}{\partial x_2} \\ \dfrac{\partial F_2}{\partial x_1} & \dfrac{\partial F_2}{\partial x_2} \end{pmatrix} = \begin{pmatrix} 1 - x_2^2 & -2x_1 x_2 \\ -2x_1 x_2 & 1 - x_1^2 \end{pmatrix}$$

得

$$A(0, 0) = \begin{pmatrix} 1 & 0 \\ 0 & 1 \end{pmatrix}, \quad A(1, 1) = A(-1, -1) = \begin{pmatrix} 0 & -2 \\ -2 & 0 \end{pmatrix},$$

$$A(1, -1) = A(-1, 1) = \begin{pmatrix} 0 & 2 \\ 2 & 0 \end{pmatrix}.$$

易知, 所有平衡点都是初等的, 且

$$i_{(0,0)} = 1, \quad i_{(1,1)} = i_{(1,-1)} = i_{(-1,1)} = i_{(-1,-1)} = -1.$$

虽然原点 $(0, 0)$ 的平衡点指标是 1, 但是有 4 条直线轨线

$$x_1 = 0, \ x_2 > 0; \quad x_1 = 0, \ x_2 < 0; \quad x_2 = 0, \ x_1 > 0; \quad x_2 = 0, \ x_1 < 0$$

负向无限接近平衡点 $(0, 0)$, 而当 $F \in C^1(\mathbb{R}^2, \mathbb{R}^2)$ 时, 由 Picard 定理知微分系统 (3.98) 初值问题解存在唯一, 从而微分系统 (3.110) 的轨线不相交, 这就保证了系统没有围绕原点的闭轨线. 排除原点后, 只剩下 4 个指标为 -1 的平衡点, 由命题 3.3 即知微分系统 (3.110) 无闭轨线.

例 3.18　讨论平面微分系统

$$\begin{cases} x_1' = -x_1 + x_2^3, \\ x_2' = -2x_2 - 3x_1^5 \end{cases} \tag{3.111}$$

闭轨线的存在性.

解 记

$$F_1(x_1, x_2) = -x_1 + x_2^3, \ F_2(x_1, x_2) = -2x_2 - 3x_1^5, \quad \forall\, (x_1, x_2) \in \mathbb{R}^2,$$

有

$$\frac{\partial F_1}{\partial x_1} + \frac{\partial F_2}{\partial x_2} = -1 - 2 = -3 < 0.$$

故系统 (3.111) 无闭轨线.

另外, 判定平面微分系统 (3.98) 存在极限环的重要依据是下列 Poincaré-Bendixson 定理.

定理 3.4 设平面区域 $A \subset \mathbb{R}^2$ 是由两条简单闭曲线 C_2 和 C_1 围成的环域, C_1 包在 C_2 之内. 又设平面系统 (3.98) 中 $F \in C^1(\bar{A}, \mathbb{R}^2)$ 且在 $\bar{A}$ 上无平衡点. 这时, 如果从 A 的边界 ∂A 上出发的轨线都正向 (都负向) 进入 A 的内部, 则系统 (3.98) 在 A 中有稳定 (不稳定) 极限环.

证明见文献 [22]3.7 节中 Theorem 1 和 Theorem 2.

定理中的简单闭曲线 C_2 和 C_1 分别称为环域 A 的外境界线和内境界线.

注 3.5 给定环域 A 的内、外境界线 C_1 和 C_2 的方程

$$C_1: \quad V_1(x_1, x_2) = r_1, \tag{3.112}$$

$$C_2: \quad V_2(x_1, x_2) = r_2, \tag{3.113}$$

其中 V_1, V_2 关于 x_1, x_2 连续可微, 且曲线 C_1 和 C_2 的法向量

$$\left(\frac{\partial V_1(x_1, x_2)}{\partial x_1}, \frac{\partial V_1(x_1, x_2)}{\partial x_2} \right) \quad \text{和} \quad \left(\frac{\partial V_2(x_1, x_2)}{\partial x_1}, \frac{\partial V_2(x_1, x_2)}{\partial x_2} \right)$$

分别指向曲线 C_1, C_2 的外部, 则当

$$\frac{\partial V_1}{\partial x_1} F_1 + \frac{\partial V_1}{\partial x_2} F_2 < 0 \ (> 0) \quad \text{在} C_2 \text{ 上成立}$$

且

$$\frac{\partial V_2}{\partial x_1} F_1 + \frac{\partial V_2}{\partial x_2} F_2 > 0 \ (< 0) \quad \text{在} C_1 \text{ 上成立}$$

时, 系统 (3.98) 从 ∂A 上出发的轨线全都正向 (负向) 进入 A 的内部.

需要说明的是, 内、外境界线 C_1, C_2 的方程 (3.112) 和 (3.113) 可以是分段表示的方程.

例 3.19　讨论平面系统

$$\begin{cases} x_1' = -x_1 - x_2 + x_1^3 + x_1 x_2^2, \\ x_2' = x_1 - x_2 + x_1^2 x_2 + x_2^3 \end{cases} \tag{3.114}$$

极限环的存在性.

解　记 $F_1(x_1, x_2) = -x_1 - x_2 + x_1^3 + x_1 x_2^2$, $F_2(x_1, x_2) = x_1 - x_2 + x_1^2 x_2 + x_2^3$. 令 $F_1(x_1, x_2) = F_2(x_1, x_2) = 0$, 求平衡点. 显然原点 $(0, 0)$ 满足 $F_1(0, 0) = F_2(0, 0) = 0$, 是一个平衡点. 现证系统 (3.114) 只有原点一个平衡点.

设不然, 系统另有平衡点 $(\hat{x}_1, \hat{x}_2)$, $\hat{x}_1^2 + \hat{x}_2^2 > 0$, 则由 $F_1(\hat{x}_1, \hat{x}_2) = F_2(\hat{x}_1, \hat{x}_2) = 0$ 得

$$\hat{x}_1 F_2(\hat{x}_1, \hat{x}_2) - \hat{x}_2 F_1(\hat{x}_1, \hat{x}_2) = 0,$$

即

$$\hat{x}_1^2 + \hat{x}_2^2 = 0,$$

得出矛盾.

这时平衡点 O 是一个初等平衡点

$$j_0 = \operatorname{sgn} \det \begin{pmatrix} -1 & -1 \\ 1 & -1 \end{pmatrix} = \operatorname{sgn} 2 = 1.$$

因此围绕原点可能出现极限环. 取环域 $A : \dfrac{1}{2} < x_1^2 + x_2^2 < 2$, 则系统 (3.114) 在 $\bar{A}$ 上无平衡点.

在内境界线 $C_1 : V_1 = x_1^2 + x_2^2 = \dfrac{1}{2}$ 上,

$$\frac{\partial V_1}{\partial x_1} F_1 + \frac{\partial V_1}{\partial x_2} F_2 = -2(x_1^2 + x_2^2) + 2(x_1^2 + x_2^2)^2 = -1 + \frac{1}{2} = -\frac{1}{2} < 0.$$

在外境界线 $C_2 : V_2 = x_1^2 + x_2^2 = 2$ 上,

$$\frac{\partial V_2}{\partial x_1} F_1 + \frac{\partial V_2}{\partial x_2} F_2 = -2(x_1^2 + x_2^2) + 2(x_1^2 + x_2^2)^2 = -4 + 8 = 4 > 0.$$

可知在 ∂A 上出发的轨线全都负向进入 A, 由定理 3.4, 系统 (3.114) 有不稳定极限环.

习　题　3.2

1. 讨论下列系统零解的稳定性:

(1) $\begin{cases} x' = -x + 2y + x^2 \cos x, \\ y' = 2x - 5y - xy^2; \end{cases}$　(2) $\begin{cases} x' = 2x - y + x^3 + y^3, \\ y' = -x - y + x^2 - 2xy. \end{cases}$

2. 求下列平面系统的平衡点, 并计算各平衡点的指数, 确定其稳定性:

(1) $\begin{cases} x' = x(3 - x - 2y), \\ y' = y(-1 + x + y); \end{cases}$ (2) $\begin{cases} x' = 2x(1 + x^2 - 2y^2), \\ y' = -y(1 - 4x^2 + 3y^2). \end{cases}$

3. 证明下列平面系统无闭轨:

(1) $\begin{cases} x' = -2x + y - 2xy^2, \\ y' = y + x^2 - 3x^2y; \end{cases}$ (2) $\begin{cases} x' = x(3 - x - 2y), \\ y' = y(-2 + x + y). \end{cases}$ (提示 : $B(x, y) = xy^2$.)

4. 证明下列平面系统有围绕原点的极限环, 说明其稳定性:

(1) $\begin{cases} x_1' = -x_1 + x_2 + x_1^2 x_2 - x_2^3, \\ x_2' = -x_2 + 2x_1^3 + x_1 x_2^2; \end{cases}$

(2) $\begin{cases} x_1' = x_1 - x_1(x_1^2 + 2x_2^2), \\ x_2' = x_2 - x_2(x_1^2 + 2x_2^2). \end{cases}$ (提示 : $A : \dfrac{1}{4} < x_1^2 + 2x_2^2 < 4$.)

3.3　分支和混沌

根据实际问题建立的微分系统模型中, 除自变量 (一般为时间变量 t)、未知变量及导数外, 还会有一些常数, 这些常数或者可以具体测定, 如质量-弹簧系统中的弹性系数; 有的只能根据实际背景设定, 如生态方程某个生物种群的出生率、死亡率等. 无论是测定的常数还是假设的常数, 实际上它们是可以在一定范围内变动的. 这种在微分方程模型中不是自变量、不是未知函数却又允许在一定范围内取值的量就是**参量**, 也叫**参数**.

第 1 章给出了微分系统的解连续依赖参数的充分条件, 但是在另外一些情况下, 参数变动跨越某个数值时, 恰好不满足解对参数连续依赖的条件, 从而微分系统的解的性态会出现突然的巨大改变. 分支和混沌的研究就是要探索和解释这类现象.

3.3.1　分支

设微分系统

$$x' = F(x, \lambda) \tag{3.115}$$

中 $x \in \mathbb{R}^n$, $\lambda \in \Lambda \subset \mathbb{R}^m$, $F \in C(\mathbb{R}^n \times \Lambda, \mathbb{R}^n)$. x 是未知变量, $\lambda = (\lambda_1, \lambda_2, \cdots, \lambda_m)$ 是在集合 Λ 中取值的参数向量. 当 λ 的取值在 Λ 中变动时, 微分系统实际上是彼此不同的. 因此式 (3.115) 表示一族自治微分系统. 如上所述, 分支问题研究的是: 参数向量 λ 变动时, 相应微分系统的轨线族何时出现重大改变. 所谓重大改变, 主要指平衡点的产生、消失或稳定性的改变, 极限环的产生、消失及稳定性的改变.

对 $\lambda_0 \in \Lambda$, 如果在 λ_0 的任何小邻域

$$U_\delta(\lambda_0) = \{\lambda \in \Lambda : ||\lambda - \lambda_0|| < \delta\}$$

中总有两点 $\lambda_1, \lambda_2 \in U_\delta(\lambda_0)$, 使两个微分系统

$$x' = F(x, \lambda_1),$$
$$x' = F(x, \lambda_2)$$

的轨线族有重大差异, 就说微分系统族 (3.115) 在 λ_0 出现**分支现象**, λ_0 是一个**分支点**.

在实际问题中, 如果有两个模型是十分类似的自治微分系统, 而解族却大为不同, 可以考虑用微分系统族存在分支现象加以解释.

分支 (bifurcation) 也称为**分岔**或**分叉**.

1. 单参数常微分方程的分支

微分方程

$$x' = \lambda - x^2, \tag{3.116}$$

$$x' = \lambda x - x^2, \tag{3.117}$$

$$x' = \lambda x - x^3 \tag{3.118}$$

中, $\lambda \in \mathbb{R}$, 因此它们都是单参数常微分方程, 且是几种最简单的类型.

方程 (3.116): $\lambda < 0$ 时无平衡点; $\lambda = 0$ 时有唯一平衡点 $x = 0$, 它是一个不稳定平衡点; $\lambda > 0$ 时有两个平衡点, 其中 $x = \sqrt{\lambda}$ 是稳定平衡点, $x = -\sqrt{\lambda}$ 是不稳定平衡点. 因此 $\lambda_0 = 0$ 是一个分支点.

方程 (3.117): $\lambda < 0$ 时有两个平衡点, $x = 0$ 是稳定平衡点, $x = \lambda$ 是不稳定平衡点; $\lambda = 0$ 时有唯一平衡点, 是不稳定的; $\lambda > 0$ 时有两个平衡点, $x = 0$ 是不稳定的, $x = \lambda$ 是稳定的. 因此 $\lambda_0 = 0$ 是一个分支点.

方程 (3.118): $\lambda \leqslant 0$ 时有唯一平衡点 $x = 0$, 是稳定的; $\lambda > 0$ 时有 3 个平衡点, $x = \sqrt{\lambda}$ 和 $x = -\sqrt{\lambda}$ 都是稳定的, $x = 0$ 是不稳定的. 因此 $\lambda_0 = 0$ 是一个分支点.

以上三种不同类型的分支分别称为**鞍结点分支**、**变临界分支**和**叉式分支**. 图 3.9 是三种情况标示在 λOx 平面上的示意图.

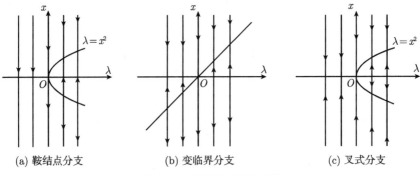

　　(a) 鞍结点分支　　　　　　　(b) 变临界分支　　　　　　　(c) 叉式分支

图 3.9　单参数方程的分支

2. 平面系统的单参数分支

平面系统的单参数分支中最常见的是 Hopf 分支和同宿分支.

考虑单参数微分系统

$$\begin{cases} x_1' = \lambda x_1 - x_2 + x_1(x_1^2 + x_2^2), \\ x_2' = x_1 + \lambda x_2 + x_2(x_1^2 + x_2^2) \end{cases} \tag{3.119}$$

和

$$\begin{cases} x_1' = x_2, \\ x_2' = x_1 + \lambda x_2 - x_1^2, \end{cases} \tag{3.120}$$

其中 $\lambda \in \mathbb{R}$ 为实参数.

系统 (3.119) 取 $\lambda = -1$, 就是例 3.19 已经研究过的系统. 和例 3.19 一样, 可证系统 (3.119) 仅有唯一平衡点 $(0,0)$, 其指标 $j_0 = 1$.

原点 $(0,0)$ 处线性近似为

$$A \begin{pmatrix} x_1 \\ x_2 \end{pmatrix} = \begin{pmatrix} \lambda & -1 \\ 1 & \lambda \end{pmatrix} \begin{pmatrix} x_1 \\ x_2 \end{pmatrix}.$$

A 的特征多项式 $P(\mu) = \det(\mu I - A) = \mu^2 - 2\lambda\mu + (\lambda^2 + 1)$, 其特征根为

$$\mu = \lambda \pm \mathrm{i},$$

故 $\lambda < 0$ 时原点为稳定平衡点; $\lambda > 0$ 时为不稳定平衡点. 就平衡点稳定性的改变而言, $\lambda = 0$ 是一个分支点.

在原点稳定性改变的同时, 当 $\lambda < 0$ 变到 $\lambda > 0$ 时, 围绕 O 点的极限环出现一个由存在到消失的过程.

实际上 $\lambda < 0$ 时, 可取环域

$$\Omega: \quad \frac{1}{2}|\lambda| < x_1^2 + x_2^2 < 2|\lambda|,$$

其内外境界线分别为

$$C_1: \quad V_1(x_1, x_2) = x_1^2 + x_2^2 = \frac{1}{2}|\lambda|,$$
$$C_2: \quad V_2(x_1, x_2) = x_1^2 + x_2^2 = 2|\lambda|.$$

记 $(F_1, F_2) = (\lambda x_1 - x_2 + x_1(x_1^2 + x_2^2), x_1 + \lambda x_2 + x_2(x_1^2 + x_2^2))$, 在 C_1 上,

$$\frac{\partial V_1}{\partial x_1} F_1 + \frac{\partial V_1}{\partial x_2} F_2 = 2\lambda(x_1^2 + x_2^2) + 2(x_1^2 + x_2^2)^2 = -\frac{1}{2}|\lambda|^2 < 0;$$

在 C_2 上,

$$\frac{\partial V_2}{\partial x_1} F_1 + \frac{\partial V_2}{\partial x_2} F_2 = 2\lambda(x_1^2 + x_2^2) + 2(x_1^2 + x_2^2)^2 = 4|\lambda|^2 > 0.$$

因此 O 点周围有一个不稳定极限环.

但当 $\lambda > 0$ 时, 取函数族

$$V(x_1, x_2) = x_1^2 + x_2^2 = r^2, \quad r > 0, \tag{3.121}$$

则上述函数族代表的曲线族覆盖除原点以外的整个 $x_1 O x_2$ 平面. 由于

$$\frac{\partial V}{\partial x_1} F_1 + \frac{\partial V}{\partial x_2} = 2\lambda(x_1^2 + x_2^2) + 2(x_1^2 + x_2^2)^2 = 2(\lambda + r^2)r^2 > 0,$$

可知系统 (3.119) 的轨线正向走出曲线族 (3.121) 中的每条闭曲线. 因此这时系统 (3.119) 无闭轨.

这种伴随平衡点稳定性改变而出现闭轨线产生或消失的现象称为 **Hopf 分支**. 对系统 (3.119), $\lambda = 0$ 是一个 **Hopf 分支点**.

注 3.6 $\lambda > 0$ 时也可根据命题 3.4 论证闭轨的不存在性, 实际上这时

$$\frac{\partial F_1}{\partial x_1} + \frac{\partial F_2}{\partial x_2} = 2\lambda + 4(x^2 + y^2) > 0$$

在 $x_1 O x_2$ 平面上成立.

系统 (3.120), 无论 λ 是何值, 都有两个平衡点 $O(0, 0)$ 和 $A(1, 0)$.

在点 O 处, 线性近似为

$$\begin{pmatrix} x_1' \\ x_2' \end{pmatrix} = \begin{pmatrix} 0 & 1 \\ 1 & \lambda \end{pmatrix} \begin{pmatrix} x_1 \\ x_2 \end{pmatrix}. \tag{3.122}$$

易知 $j_0 = -1$, 且系数矩阵的特征根 $\mu = \dfrac{\lambda \pm \sqrt{\lambda^2 + 4}}{2}$, 其中一根为正, 一根为负.

对点 O 处一阶近似系统可求得通解

$$x(t) = c_1 \mathrm{e}^{\frac{\lambda + \sqrt{\lambda^2 + 4}}{2} t} \begin{pmatrix} \dfrac{-\lambda + \sqrt{\lambda^2 + 1}}{2} \\ 1 \end{pmatrix} + c_2 \mathrm{e}^{\frac{\lambda - \sqrt{\lambda^2 + 4}}{2} t} \begin{pmatrix} \dfrac{-\lambda - \sqrt{\lambda^2 + 4}}{2} \\ 1 \end{pmatrix}.$$

令 (c_1, c_2) 依次取 $(1, 0), (-1, 0), (0, 1), (0, -1)$, 就得到线性系统 (3.122) 的 4 条直线解.

在点 A 处, 令 $x_1 = \xi + 1$, $x_2 = \eta$, 线性近似为

$$\begin{pmatrix} \xi' \\ \eta' \end{pmatrix} = \begin{pmatrix} 0 & 1 \\ -1 & \lambda \end{pmatrix} \begin{pmatrix} \xi \\ \eta \end{pmatrix}, \tag{3.123}$$

因此 $\lambda > 0$, A 为不稳定平衡点; $\lambda < 0$, A 为稳定平衡点.

$\lambda = 0$ 时系统 (3.120) 成为

$$\begin{cases} x_1' = x_2, \\ x_2' = x_1 - x_1^2. \end{cases} \tag{3.124}$$

由此得出

$$\frac{\mathrm{d}x_2}{\mathrm{d}x_1} = \frac{x_1 - x_1^2}{x_2},$$

这是一个变量分离型一阶方程. 积分得隐式通解

$$x_2^2 - x_1^2 + \frac{2}{3}x_1^3 = C, \tag{3.125}$$

即 $x_2^2 + x_1^2\left(\frac{2}{3}x_1 - 1\right) = C$. 曲线族 (3.125) 中每条曲线都关于 x_1 轴对称. 特别当 $C = 0$ 时, 曲线为

$$L: x_2^2 + \frac{2}{3}x_1^3 - x_1^2 = 0. \tag{3.126}$$

由于解出

$$x_2 = \pm|x_1|\sqrt{1 - \frac{2}{3}x_1},$$

它只在 $x_1 \leqslant \frac{3}{2}$ 时有意义, 故曲线 (3.126) 只在 $x_1 \leqslant \frac{3}{2}$ 时有意义, 它和 x_1 轴有两交点 $(0,0)$ 和 $\left(\frac{3}{2}, 0\right)$, 且当 $x_1 \to -\infty$ 时, $|x_2|/|x_1| \to \infty$. 因此曲线 (3.126) 是一条尾部无限张开的鱼形曲线 L, 见图 3.10(b). 由于 $(0,0)$ 是一个平衡点. 它是定常解投影在 x_1, x_2- 相平面上的轨线, 因此鱼形曲线 L 实际上由 4 条轨线组成, 即 $L = \Gamma_1 \cup \Gamma_2 \cup \Gamma_3 \cup \Gamma_4$, 其中

$$\Gamma_1 = \{(0,0)\},$$
$$\Gamma_2 = \left\{(x_1, x_2) \in \mathbb{R}^2 : x_1 > 0, x_2^2 = x^2 - \frac{2}{3}x^3\right\},$$
$$\Gamma_3 = \left\{(x_1, x_2) \in \mathbb{R}^2 : x_1 < 0, x_2 = -x_1\sqrt{1 - \frac{2}{3}x_1}\right\},$$
$$\Gamma_4 = \left\{(x_1, x_2) \in \mathbb{R}^2 : x_1 < 0, x_2 = x_1\sqrt{1 - \frac{2}{3}x_1}\right\}.$$

在 Γ_2 上任取一点, 如 $\left(\frac{3}{2}, 0\right)$, 设系统 (3.120) 满足初值条件 $(x_1(0), x_2(0)) = \left(\frac{3}{2}, 0\right)$

的解是 $(x_1(t), x_2(t))$, 则

$$\lim_{t \to -\infty} (x_1(t), x_2(t)) = \lim_{t \to +\infty} (x_1(t), x_2(t)) = (0, 0),$$

即 $t \to -\infty$ 和 $t \to +\infty$ 时轨线 Γ_2 趋向于同一平衡点, 这样的轨线称为**同宿轨线**. 虽然 Γ_2 本身不是闭轨线, 但 $\Gamma_2 \cup \{(0,0)\}$ 是一条闭曲线, 所以 Γ_2 也称为是一条奇异闭轨.

将曲线族 (3.125) 中的曲线和曲线 L 作比较, 易知 $C > 0$ 时曲线族 (3.125) 中的曲线都位于曲线 L 外侧的单连通区域上, 且 C 越大, 距曲线 L 越远, L 不经过系统 (3.120) 的平衡点, 故由单一轨线构成.

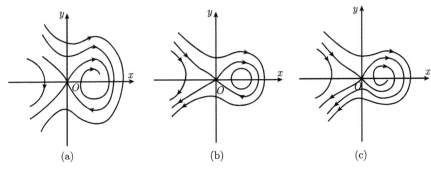

图 3.10　平面系统分支

当 $C < 0$ 时, 曲线族 (3.125) 中相应曲线有两种情况, 一种是由单一轨线构成, 位于曲线 $\gamma = \Gamma_3 \cup \Gamma_1 \cup \Gamma_4$ 的左方, $|C|$ 越大, 曲线离 γ 越远; 而另一种是由一条位于 γ 左方的轨线和一条位于 Γ_2 内部的闭轨线构成. 曲线族 (3.125) 的曲线

$$x_2^2 = x_1^2 - \frac{2}{3}x_1^3 + C$$

有一部分落在 Γ_2 内部的条件是

$$0 \leqslant \max\left\{ x_1^2 - \frac{2}{3}x_1^3 + C : x_1 \geqslant 0 \right\} = 1 - \frac{2}{3} + C = \frac{1}{3} + C,$$

故 $C \geqslant -\dfrac{1}{3}$. 因此, $C < -\dfrac{1}{3}$ 时, 曲线族 (3.125) 中的每条曲线仅由位于 γ 左方的轨线构成; $-\dfrac{1}{3} < C < 0$ 时, 由一条位于 γ 左方的轨线和一条位于 Γ_2 内围绕平衡点 A 的闭轨线构成; $C = -\dfrac{1}{3}$ 时, 位于 Γ_2 内的部分退化为平衡点 A, 见图 3.10(b).

记 $V(x_1, x_2) = x_2^2 + \dfrac{2}{3}x_1^3 - x_1^2$, 则

$$\{(x_1, x_2) : V(x_1, x_2) = C, C \in \mathbb{R}\} = \mathbb{R}^2.$$

曲线 $V(x_1, x_2) = C$ 的法线方向 $\left(\dfrac{\partial V}{\partial x_1}, \dfrac{\partial V}{\partial x_2}\right)$ 指向 V 值增大的方向.

系统 (3.120), 当 $\lambda \neq 0$ 时记 $(F_1, F_2) = (x_2, x_1 + \lambda x_2 - x_1^2)$,

$$\frac{\partial V}{\partial x_1} F_1 + \frac{\partial V}{\partial x_2} F_2 = 2\lambda x_2^2 \leqslant 0 (\geqslant 0) \quad \text{当} \lambda < 0 (\lambda > 0) \text{时},$$

且除了在 $V(x_1, x_2) = C$ 和 x_1 轴的交点外, 恒不为零. 因此, 除了平衡点 O 和 A 保持不动外, $\lambda < 0$ 时轨线全是从 V 值大的位置向 V 值小的位置走, 而 $\lambda > 0$ 时则从 V 值小的位置向 V 值大的位置走, 分别见图 3.10(a) 和 (c). 两种情况下都没有同宿轨线.

这种因参数 λ 跨越某个值 λ_0 导致同宿轨线产生又消失的现象, 称为**同宿分支**, λ_0 称为**分支点**. 以上讨论的系统 (3.120), 分支点为 $\lambda_0 = 0$.

3.3.2 混沌

混沌 (chaos) 研究的对象也是含参数系统, 也涉及轨线分布的重大变化, 但与分支问题不同的是:

分支问题讨论某个参数值 λ_0(即分支点) 附近轨线分布是否有重大改变, 混沌问题关注的是参数达到某个值 (即**阈值**) 以后轨线分布的巨大变化;

在混沌问题中, 参数达到阈值后, 轨线的走向呈现无序的现象, 然而是否出现混沌通常无法单纯由数学推理作出论证, 需要计算机模拟作为辅助手段;

分支问题一般只讨论自治微分系统, 混沌问题则对一些非自治微分系统也一样进行研究.

由于平面自治微分系统一般不会出现混沌状态, 因此用于研究混沌现象的一阶微分系统通常是三维及三维以上的自治系统或平面非自治系统. 对混沌现象尚无适用于普遍情况的统一定义. 习惯上用一些典型的例子来进行讨论.

用于讨论混沌现象的自治微分系统中, Lorenz 系统是一个十分著名的例子. 这一系统的出现源于 20 世纪中期对数值天气预报的研究. 当时通行的方法是将大气方程简化后进行数值积分, 然后作出预测, 但是预测的结果并不理想. 与此同时, 也有一些人主张用统计的方法作预报. E.N.Lorenz 出于对统计预报的怀疑, 就想对微分系统数值求解中得出的人工数据用统计方法进行处理, 以检验统计预报的可行性. 这时关键的问题是要找到一个适于求解的微分系统, 这个系统要既简单, 其通解又没有周期性. 有一次他和 Barry Saltzman 博士交谈时, 后者向他出示了热对流方面的研究工作, 其中用到了由 7 个常微分方程构成的一阶微分系统. 这一微分系统的多数解很快出现了周期性态, 但一个解始终没有呈现周期性. 而且在这个解中, 有 4 个分量明显趋于零. 据此, Lorenz 设想: 如果在微分系统中去掉这 4 个分量所对应的方程, 并在余下的 3 个方程中凡出现这 4 个分量处全取为零, 则新的微分系统也应该有非周期解. 他用由余下 3 个方程构成的新系统在计算机上做试验, 确认了非周期解的存在性. 这个新系统就是 Lorenz 系统:

$$\begin{cases} x' = a(y - x), \\ y' = cx - y - xz, \\ z' = -bz + xy. \end{cases} \tag{3.127}$$

在系统 (3.127) 中, $a, b, c > 0$ 为参数, 而非线性项只有 $-xz$ 和 xy 两项. 通常取 $a = 10$, $b = 8/3$, 则系统 (3.127) 成为

$$\begin{cases} x' = 10(y - x), \\ y' = cx - y - xz, \\ z' = -\dfrac{8}{3}z + xy. \end{cases} \tag{3.128}$$

在 $Oxyz$ 空间中, 系统 (3.128) 的轨线:

(1) 关于 z 轴有对称性, 即设

$$\gamma = \{(x(t), y(t), z(t)) : t \in \mathbb{R}\}$$

是系统 (3.128) 的一条轨线, 则

$$\gamma' = \{(-x(t), -y(t), z(t)) : t \in \mathbb{R}\}$$

也是系统 (3.128) 的一条轨线.

(2) 原点 O 是平衡点. 正负 z 轴是两条直轨线, 轨线正向指向 O 点.

(3) 相空间有耗散性. 记向量

$$f(x, y, z) = \left(10(y - x), cx - y - xz, -\frac{8}{3}z + xy \right),$$

则其散度

$$\mathrm{div} f = -10 - 1 - \frac{8}{3} = -\frac{41}{3} < 0.$$

在相空间 $\mathbb{R}^3$ 中任取单连通空间体 G. 由于 $f \in C^1(\mathbb{R}^3, \mathbb{R}^3)$, 故 $\forall (x_0, y_0, z_0) \in \mathbb{R}^3$, 系统 (3.128) 满足初值条件 $(x(0), y(0), z(0)) = (x_0, y_0, z_0)$ 的解存在唯一. 设 $(x(t), y(t), z(t))$ 是系统 (3.128) 的解, 记

$$G(t) = \{(x(t), y(t), z(t)) : (x(0), y(0), z(0)) \in G\},$$

则 $G(t)$ 是 G 中所有点沿各自轨线运动经 t 时刻后所形成的空间体, 且有 $G(0) = G$. 记空间体 $G(t)$ 的体积为 $V(t)$, 由 $\text{div} f = -\dfrac{41}{3} < 0$, 知空间体 $G(t)$ 是收缩的, 于是当 $V(t) > 0$ 时有

$$\frac{\mathrm{d}V(t)}{\mathrm{d}t} < 0,$$

因而有 $\lim\limits_{t \to +\infty} V(t) = 0$.

以下讨论系统 (3.128) 的平衡点. 令 $f(x, y, z) = 0$, 得

$$y = x, \quad z = \frac{3}{8}x^2, \quad \left(c - 1 - \frac{3}{8}x^2\right)x = 0.$$

由此可知当 $c \leqslant 1$ 时, 原点是唯一平衡点, 且 $0 < c < 1$, 原点还是一个渐近稳定平衡点. 当 $c > 1$ 时, 除原点外还有两个平衡点 A, B, 分别是

$$\left(-\sqrt{\frac{8}{3}(c-1)}, -\sqrt{\frac{8}{3}(c-1)}, c-1\right), \quad \left(\sqrt{\frac{8}{3}(c-1)}, \sqrt{\frac{8}{3}(c-1)}, c-1\right).$$

这表明 $c = 1$ 是一个分支点, 在 $c = 1$ 时出现叉式分支. 坐标系平移, 将坐标原点分别移到 A 点和 B 点, 即作坐标变换

$$x = \xi \pm \sqrt{\frac{8}{3}(c-1)}, \quad y = \eta \pm \sqrt{\frac{8}{3}(c-1)}, \quad z = \zeta + (c-1),$$

得系统 (3.128) 的线性近似为

$$\begin{cases} \xi' = -10\xi + 10\eta, \\ \eta' = \xi - \eta \mp \sqrt{\dfrac{8}{3}(c-1)}\zeta, \\ \zeta' = \pm\sqrt{\dfrac{8}{3}(c-1)}\xi \pm \sqrt{\dfrac{8}{3}(c-1)}\eta - \dfrac{8}{3}\zeta. \end{cases} \tag{3.129}$$

相应的特征多项式为

$$\lambda^3 + \frac{41}{3}\lambda^2 + \frac{8}{3}(c+10)\lambda + \frac{160}{3}(c-1).$$

当 $1 < c < \dfrac{470}{19} \approx 24.74$ 时, 特征根实部都是负数, 因而 A, B 两点都是系统 (3.128) 的渐近稳定平衡点. $c > \dfrac{470}{19}$ 时, A, B 不再是稳定平衡点.

至于在平衡点 O 处, 系统 (3.128) 的线性近似为

$$\begin{cases} x' = -10x + 10y, \\ y' = cx - y, \\ z' = -\dfrac{8}{3}z. \end{cases} \tag{3.130}$$

相应特征多项式为

$$P(\lambda) = \left(\lambda + \frac{8}{3}\right)(\lambda^2 + 11\lambda + 10(1 - c)).$$

当 $0 < c < 1$ 时, 特征根均为负实部, O 点为渐近稳定平衡点. 当 $c > 1$ 时, 从系统 (3.130) 中删去第三个方程, 得到平面系统

$$\begin{cases} x' = -10x + 10y, \\ y' = cx - y. \end{cases} \tag{3.131}$$

xOy 平面上的原点为线性系统 (3.131) 的唯一平衡点. 记系统 (3.131) 右方函数的系数矩阵为

$$M = \begin{pmatrix} -10 & 10 \\ c & -1 \end{pmatrix}.$$

由于矩阵有特征根

$$\lambda_1 = -\frac{1}{2}(11 + \sqrt{121 + 40(c - 1)}) < 0, \quad \lambda_2 = -\frac{1}{2}(11 - \sqrt{121 + 40(c - 1)}) > 0.$$

对应 λ_1, λ_2 的特征向量分别

$$v_1 = \begin{pmatrix} 10 \\ \frac{1}{2}(9 - \sqrt{81 + 40c}) \end{pmatrix}, \quad v_2 = \begin{pmatrix} -\frac{1}{2}(9 + \sqrt{81 + 40c}) \\ c \end{pmatrix},$$

易知系统 (3.131) 有解

$$\pm v_1 e^{\lambda_1 t}, \quad \pm v_2 e^{\lambda_2 t}.$$

从而系统 (3.130) 有解

$$(\pm v_1 e^{\lambda_1 t}, 0), \quad (\pm v_2 e^{\lambda_2 t}, 0).$$

这 4 个解在 x, y, z 相空间中为 4 条直轨线, 分别记为 $\gamma_{1i}, \gamma_{2i}, i = 1, 2$. 由于 $\lambda_1 < 0 < \lambda_2$, 故 $t \to +\infty$ 时, γ_{11} 和 γ_{12} 趋近于 O 点; $t \to -\infty$ 时, γ_{21} 和 γ_{22} 趋近于 O 点. 这时非线性系统 (3.128) 有两条轨线 Γ_{11} 和 Γ_{12} 分别沿 γ_{11} 和 γ_{12} 正向趋于 O 点; 另有两条轨线 Γ_{21} 和 Γ_{22} 沿 γ_{21} 和 γ_{22} 负向趋于 O 点.

至于 Γ_{21} 和 Γ_{22} 在 $t \to +\infty$ 时正向的分布情况, 随 $c > 1$ 时数值的增大而有所变化.

c 渐次增大. 在 $10 < c < 13.926$ 时, Γ_{21} 和 Γ_{22} 正向分别盘旋趋近渐近稳定平衡点 A 和 B, 见图 3.11(a). 当 $c \approx 13.926$ 时, 虽然 A 和 B 仍是稳定平衡点, 但 Γ_{21}

和 Γ_{22} 正向不再盘旋趋近 A 或 B, 而是沿 z 轴趋近于 O 点, 成为两条同宿轨线, 见图 3.11(b). c 值进一步增大, 在 $13.926 < c < 24.74$ 时, 上述两条同宿轨线消失, 而在平衡点 A, B 附近各出现一条闭轨线. 轨线 Γ_{21} 和 Γ_{22} 正向分别盘近稳定平衡点 B 和 A, 见图 3.11(c). 在 $c \approx 24.74$ 时, 平衡点 A, B 处线性近似系统的特征根中各有一对纯虚根, $c > 24.74$ 时闭轨线消失, 从原点出发的轨线 Γ_{21} 和 Γ_{22} 分别盘绕平衡点 A, B 若干周后, 不是趋近所绕的平衡点而是移向 A, B 中的另一平衡点盘绕, 见图 3.11(d). 这时由 Γ_{21} 和 Γ_{22} 得到 $\mathbb{R}^3$ 中的一个有界集, 记为 S, 系统 (3.128) 的其余轨线正向都趋近于 S. 由于 S 中不仅有两个平衡点 A 和 B, 而且有反复盘绕 A 和 B 的轨线, 轨线每次盘绕 A 或 B 的周数及在两个平衡点间移动的次数都难以预测, 因此 S 作为吸引系统 (3.128) 的轨线无限趋近的集合, 称为系统 (3.128) 的一个**奇怪吸引子**.

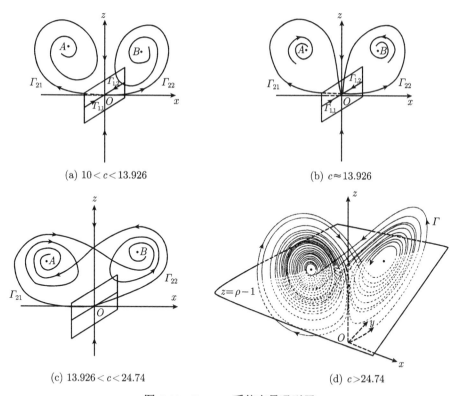

(a) $10 < c < 13.926$

(b) $c \approx 13.926$

(c) $13.926 < c < 24.74$

(d) $c > 24.74$

图 3.11　Lorenz 系统奇异吸引子

在产生奇怪吸引子之后, 参数 c 由 24.74 继续增大, 还会不断出现 Hopf 分支, 伴有周期闭轨的产生与消失. 其间, 刚消失的闭轨和之后新出现的闭轨, 两者周期之比恰为 2. 这种现象称为**周期倍分现象**.

习　题　3.3

1. 确定下列系统在分支值, 并判定分支类型:

(1) $x' = (\mu - 1)x - x^3$;

(2) $\begin{cases} x' = \mu x - y + x(x^2 + y^2), \\ y' = x + \mu y + y(x^2 + y^2); \end{cases}$

(3) $\begin{cases} x' = -\mu x - y + x[(x^2 + y^2) - 1], \\ y' = x - \mu y + y[(x^2 + y^2) - 1]. \end{cases}$

(提示: 除考虑 $\mu = 0$ 外, 还需考虑 $\mu = 1$ 附近闭环稳定性有改变.)

3.4　用数学软件解非线性系统

仍以 MATLAB 软件为例, 介绍用数学软件解非线性微分系统的基本指令和方法.

3.4.1　用数学软件解微分系统和作图

在一阶非线性微分方程有显式通解的情况下, 仍可用 2.4 节中介绍的指令求解.

例 3.20　求 $x' = \mathrm{e}^t \sin^2 x$ 的通解, 并画出满足 $x(0) = \dfrac{\pi}{6}$ 的特解.

解　这是一个分离变量型方程, 可以给出通解. 由下列程序:

```
clear
syms  x   y
eqn='Dy= exp(x)* sin(y)^2';
gsol=dsolve(eqn, 'x')
y=dsolve(eqn, 'y(0)=π/6', 'x' );
ezplot(y, [-3, 2, 0,  3], 1)
```

即可得到通解的表达式和特解的图形, 见下式和图 3.12.

```
gsol=
   2* atan(exp(x)+C1+(exp(2* x)+2* exp(x)* C1+C1^2+1)^(1/2))
    −2* atan(−exp(x)−C1+(exp(2* x)+2* exp(x)* C1+C1^2+1)^(1/2))
```

但是当方程为恰当方程或隐式方程时, 往往需要调入 Maple 软件系统中的微分方程工具库 "DEtools", 先在 Maple 软件环境下作一些运算.

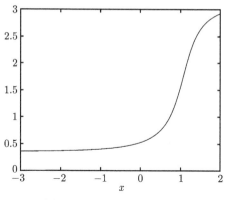

图 3.12 例 3.20 的解曲线

1. Maple 微分工具库的调用

调用 Maple 中微分方程工具库的指令是

$$\mathrm{Maple}('\mathrm{with}(\mathrm{DEtools})')$$

调用之后, 在 Maple 环境下的算式表示略有不同. 如果 x 是自变量, 作为 x 的函数 $y, z, \cdots$ 要记为

$$y(x), z(x), \cdots.$$

求导 diff(y, x), diff(z, x), $\cdots$ 也要写成

```
diff(y(x),x),  diff(z(x),x),  ···.
```
因此, 在 MATLAB 环境下的算式

```
(1+x* exp(x* y))* Dy=−(1+y* exp(x* y)).
```
在 Maple 环境下应写成

```
(1+x* exp(x* y(x)))* diff(y(x),x)=−(1+y(x)* exp(x* y(x))).
```

在 Maple 环境下可以先对一阶微分方程的类型作出判断, 然后根据其类型的特点进行求解.

2. 方程类型的判定

在 Maple 环境下, 判定一阶微分方程 f 类型的指令是

$$\mathrm{odeadvisor}(f)$$

根据方程 f 是按变量分离型、线性型、全微分型、齐次型而分别给出结果

[_separable], [_linear], [_exact], [_homogeneous]

然后根据不同类型选择相应解法. 需要注意的是, 我们毕竟是在 MATLAB 的大环境下对方程求解, 因此分类判断的指令需要用

$$\mathrm{maple}('\mathrm{odeadvisor}(f)')$$

写出. 如果只要求对某种方程类型作判断, 如判定方程 f 是否是恰当方程, 可以用指令

$$\text{maple}('\text{odeadvisor(f, [\_exact])}')$$

来实现. 对全微分方程, 一般解出的是隐式解.

3. 求方程的隐式解

求方程的隐式解是在 Maple 环境下, 于 dsolve 指令内加进 "implicit" 选项. 使指令成为

$$\text{maple}('\text{dsolve(f, implicit)}')$$

通过运行程序, 得到需要的解.

例 3.21   判断微分方程

$$(2xy - \tan x)\mathrm{d}x + (x^2 + 3\tan y)\mathrm{d}y = 0$$

是否为全微分方程, 并求解.

解   先给出程序

clear

syms   x y

maple('with(DEtools)');

maple('odeadvisor(2* x* y(x))-tan(x)+(x^2+3* y(x)^2)* diff(y(x),x)=

0, [exact]')

运行后得到结果

$$\text{ans}=[\_\text{exact}]$$

确认了所给方程是一个全微分方程. 然后运行指令

maple('dsolve(2* x* y(x)$-$tan(x)+(x^2+3* y(x)^2)* diff(y(x), x)=0,

implicit)')

得

$$\text{ans}=\text{x^2* y(x)+log(cos(x))+y(x)^3+\_C1=0}$$

即知隐式解为

$$x^2 y + \ln(\cos x) + y^3 = C.$$

对方程 f 执行指令

$$\text{maple}('\text{dsolve(f, implicit)}')$$

也可以给出参数解, 如对方程

$$(y')^3 + 2xy' - y = 0$$

用指令

maple($'$dsolve(diff(y(x), x)^3+2$*$ x$*$ diff(y(x),x)$-$y(x)=0, implicit)$'$)

求解, 就得到参数形式的解

ans=[x(_T)=1/_T^2$*$ ($-$3/4$*$ _T^4+_C1), y(_T)=_T^3+2/_T$*$ ($-$3/4$*$ _T^4+_C1)]

对于微分系统, 尤其是非线性微分系统, 由于无法得到初等形式的解, 往往只能用数值解的方法计算一些特解, 数值解的方法将在第 4 章中作较系统的介绍, 这里仅介绍在 MATLAB 软件环境下的数值解指令.

在作数值解之前往往需要在辅助窗口中建立函数 M 文件.

4. 函数 M 文件的建立

建立函数 M 文件的命令为

$$\text{function}[a, b, c]=f(m, n, s)$$

的形式, 其中 f 是函数 M 文件的名称, m, n, s 是函数中的输入参数, 而等式左方方括号中的 a, b, c 是输出参数, 各参数间以逗号分开. 当输出只有一个参数时, 方括号 [ ] 可省略.

在建立函数 M 文件的命令之后, 需要给出计算函数 f 的程序. 例如, Van der Pol 方程

$$x'' - a(1 - x^2)x' + x = 0$$

可写成

$$\frac{\mathrm{d}}{\mathrm{d}t}\left(x' - a\left(x - \frac{x^3}{3}\right)\right) + x = 0. \tag{3.132}$$

进一步记 $x_1 = x, x_2 = x' - a\left(1 - \dfrac{x^3}{3}\right)$, 则 (3.132) 写成

$$\begin{cases} x_1' = x_2 + a\left(x - \dfrac{1}{3}x_1^3\right), \\ x_2' = -x_1. \end{cases} \tag{3.133}$$

对 Van der Pol 方程的函数 M 文件就可以由

```
function dx=VdP(t,x)
global a
dx=[x(2)+a*(x(1)-x(1)^3/3); -x(1)]
```

给出. 文件输出 $\mathrm{d}x$, 而第 3 行中规定输出方式为列向量方式, 列向量计算按系统 (3.133) 右方的算式进行. 文件第 2 行中 global a 表示 a 是全局参数, 在具体计算时可指定具体的数值.

5. 数值计算指令

常微分方程数值计算通常用指令

[T,X]=ode23('f', TSPAN, YO, options)

或

[T,X]=ode45('f', TSPAN, YO, options)

来实现, ode23 和 ode45 分别表示用 2 阶, 3 阶 Runge-Kutta 法解常微分方程或用 4 阶, 5 阶 Runge-Kutta 法解常微分方程, f 为一阶显式微分系统的右方表达式, 常以向量方式给出, TSPAM 是数值计算中变量的取值范围, YO 为初始值, options 为可选参数. 不给初值和参数也是可以的. Runge-Kutta 法是一种数值计算格式, 将在第 4 章作详细介绍.

对系统 (3.133) 中的 Van der Pol 方程, 在建立函数 M 文件 VdP 之后, 可以由程序

```
clear
global a
a=2
[T,X]=ode45('VdP', [0, 20], [-3; 0.1]);
```

在 $0 \leqslant x_1 \leqslant 20, -3 \leqslant x_2 \leqslant 0.1$ 的范围内作数值计算. 注意, x_1, x_2 的取值范围也可以用离散点集的方式给定.

求得的数值解是一组庞大的数据, 只有当画出平面曲线或空间曲线的图形才能给出直观的形象.

6. 曲线图形

画二维图形用指令 plot 实现. 如果要分别用黄色和红色线画出 $y = \sin x$, $z = \cos x$, 可以由程序

```
clear
x=linspace(0, 2π, 30)
y=sin(x); z=cos(x);
plot(x, y, 'y', x, z, 'r')
```

完成, 其中第 2 行指定 x 取值在 0 和 2π 之间, 分 30 个格点; 第 4 行则是将 $y = \sin x$ 和 $z = \cos x$ 分别用黄线 (yellow) 和红线 (red) 画在同一个图上. 除 'y', 'r' 分别表示黄色和红色外,

$$\text{'m', 'c', 'g', 'b', 'k'}$$

分别表示紫红、青色、绿色、蓝色和黑色.

画三维图形用 plot3 实现, 如果要用蓝色线在三维空间画出曲线

$$\{(t,\sin t,\cos t): t \in [0,3\pi]\},$$

可以由

```
clear
t=linspace(0, 3* pi, 30);
x=sin(t); y=cos(t);
plot3(t, x, y, 'b')
```

完成, 见图 3.13.

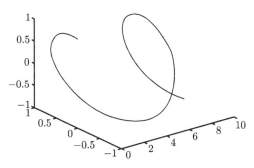

图 3.13　三维曲线示例

图中是由方位角 $-37.5°$, 高度角 $30°$的视点观察到的曲线形状, 如果更换视点, 可在程序后加一个 View 指令, 如

View$(-45,45)$

就将视点移到了方位角 $-45°$, 高度角 $45°$ 处了.

3.4.2 示例

1. Van der Pol **方程**

将前面的 Van der Pol 方程所写的程序合并到一起:

在辅助窗口写好

function dx=VdP(t,x)

global a

dx=[x(2)+a* (x(1)−x(1)^3/3); −x(1)];

点 "File" 键, 再点 "Save", 将函数 M 文件 VdP 保存, 然后在主窗口写程序

```
clear
global a
a=2
[T,X]=ode45('VdP', [0, 20], [−3; 0.1]);
plot(X(:, 1), X(:, 2), 'r')
```

运行后就得到图 3.14.

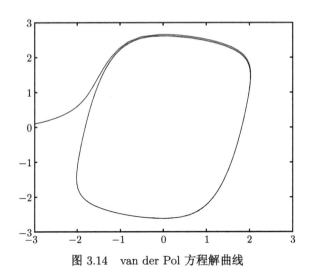

图 3.14　van der Pol 方程解曲线

2. Lorenz **系统**

可以利用 MATLAB 数学软件的作图功能, 观察 Lorenz 系统的轨线, 判断混沌的出现.

在 MATLAB 环境中点击 "File", 选择 "New", 再在随之出现的子菜单中点击 "M-file", 并在之后打开的窗口中键入程序

```
function dx=Lorenz(t,x)
global a b c
dx=[a* (x(2)−x(1)); c* x(1)−x(1)* x(3)−x(2); x(1)* x(2)-bx(3)];
return
```

完成后点击 "Save" 进行保存, 就得到一个以后可以调用的函数 M 文件. 程序中 dx 为输出, Lorenz 是文件名; 第 3 行给出了 Lorenz 微分系统的表达式. 原系统中由 x, y, z 构成的列向量用 $[x(1); x(2); x(3)]$ 表示, dx 实际上代表了向量

$[dx(1); dx(2); dx(3)]$

以后在程序中调用这一函数时, 在命令语句中键入 'Lorenz' 即可. 由 a, b, c 的赋值不同, 即可给出不同的数值, 并画出相应的曲线.

运行下列程序:

```
clear
global a b c
a=10; b=8/3; c=10;
[T1,x1]=ode45('Lorenz', [0, 100], [12;4; 0]);
plot3(x1(:,1), x1(:,2), x1(:,3), 'g')
```

```
hold on
[T2,x2]=ode45('Lorenz', [0, 100], [-12; -4; 0]);
plot3(x2(:,1), x2(:,2), x2(:,3), 'r')
View(40, 30)
xlabel('x'); ylabel('y'); zlabel('z');
hold off
```

就得到了 Lorenz 方程在 $a = 10, b = \dfrac{8}{3}, c = 10$ 时初值分别为 $(x(0), y(0), z(0))$ $= (12, 4, 0)$ 和 $(x(0), y(0), z(0)) = (-12, -4, 0)$ 的两条轨线, 一条用绿色表示, 另一条用红色表示. T 的取值区间是 $[0, 100]$. 第 6 行 "hold on" 用于将两个不同初值的相轨线画到同一个视图上, 第 9 行 "View(40, 30)" 表示所显示的 3 维图形是从方位角为 $40°$, 高度角为 $30°$ 的视点所观察的形象. 运行后所得到的两条轨线见图 3.15, 图中的轨线各自盘近相应的平衡点 $(2\sqrt{6}, 2\sqrt{6}, 9)$ 和 $(-2\sqrt{6}, -2\sqrt{6}, 9)$. 由于本书并非彩印, 所以绿色和红色在图中分别由深黑和浅黑体现.

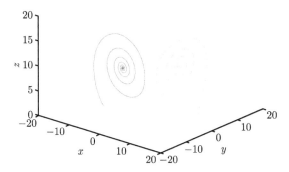

图 3.15 Lorenz 系统的轨线 ($c=10$)

如果改变参数, 使 $c = 14$, 则轨线性态见图 3.16. 这时两条轨线交叉式地盘绕趋近两个平衡点 $\left(-\sqrt{\dfrac{104}{3}}, -\sqrt{\dfrac{104}{3}}, 13\right)$ 和 $\left(\sqrt{\dfrac{104}{3}}, \sqrt{\dfrac{104}{3}}, 13\right)$.

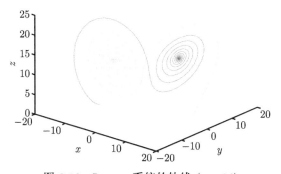

图 3.16 Lorenz 系统的轨线 ($c = 14$)

进一步改变参数, 使 $c = 28$, 轨线性态见图 3.17, 这时两条由预定初始点出发的轨线, 重复绕对应的平衡点若干圈后, 又各自移向对面的平衡点盘绕. 如此反复进行, 使轨线盘绕平衡点的圈数及移向对面平衡点的方式很难预测, 这就出现了混沌现象.

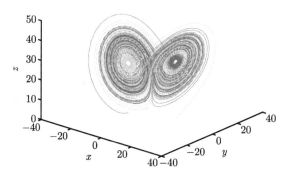

图 3.17   Lorenz 系统的轨线 $(c = 28)$

习   题   3.4

1. 用 MATLAB 软件解下列方程并画图:

(1) $x' = \mathrm{e}^t \cos^2 t$, $x(0) = \dfrac{\pi}{3}$;

(2) $(2xy + \cos x)\mathrm{d}x + (x^2 + y^2)\mathrm{d}y = 0$ $\left(\text{任意常数 } c = \dfrac{1}{3}\right)$;

(3) 画出 Lorenz 方程在 $a = 10$, $b = \dfrac{8}{3}$, $c = 30$, 初值为 $(1, 1, 0)$ 的轨线.

第4章 微分方程数值计算和数学软件

在科学和工程中建立的微分方程模型, 通常无法给出解析形式的解, 这就推动我们在对微分方程或系统解的存在性有所了解的基础上, 寻求定解问题的数值解. 例如, 种群动力学中著名的 Lotka-Volterra 修正模型

$$\begin{cases} x' = x(b_1 + a_{11}x + a_{12}y), \\ y' = y(b_2 + a_{21}x + a_{22}y), \quad t_0 \leqslant t \leqslant T, \\ x(t_0) = x_0, \quad y(t_0) = y_0 \end{cases}$$

就不易找到解析解, 而利用数值逼近, 可以得到数值列表. 取 $b_1 = a_{21} = 1$, $a_{11} = -0.1$, $a_{12} = b_2 = -1$, $a_{22} = -0.05$, 通过数值计算可以得到积分曲线及轨线, 见图 4.1.

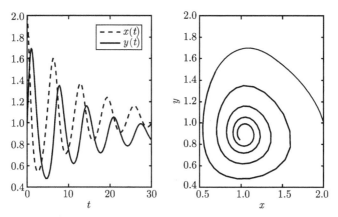

图 4.1 Lotka-Volterra 修正模型积分曲线与轨线图

这就很方便我们对模型进行研究和应用.

计算数值解的过程中需要对微分方程中的连续变量离散化. 总体上说, 离散点取得越多, 越能逼近于微分方程的精确解. 但增加离散点, 必然产生计算量增大的困难. 随着电子计算机的出现和发展, 微分方程数值解的上述困难得到解决, 数值解的研究和应用有了前所未有的发展. 常微分方程数值解的理论分析和软件实现已经比较成熟. 本章将介绍一阶常微分系统初值问题非刚性和刚性问题的数值方法, 并应用数学软件 MATLAB 求常微分系统数值解. 对于高阶微分方程, 则可通过转化为一阶微分系统来求解.

4.1　常微分系统数值逼近和误差分析

本节讨论一阶常微分系统初值问题

$$
\begin{cases}
\dfrac{\mathrm{d}u}{\mathrm{d}t} = f(t, u), & t \in I = [t_0, T], \\
u(t_0) = u_0
\end{cases}
\tag{4.1}
$$

的数值求解, 其中 $u = (u_1(t), u_2(t), \cdots, u_m(t))^{\mathrm{T}}$ 为未知函数向量, $f(t, u) = (f_1(t, u),$ $f_2(t, u), \cdots, f_m(t, u))^{\mathrm{T}}$ 为已知函数向量, t_0 为初始时刻, $u_0 = (u_{10}, u_{20}, \cdots, u_{m0})^{\mathrm{T}}$ 是给定的初值.

本章总假设函数向量 $f(t, u)$ 在定义域 $I \times \mathbb{R}^m$ 内连续, 且关于 u 满足局部 Lipschitz 条件. 由常微分方程基本理论可知: 在上述条件下, 初值问题 (4.1) 在区间 I 上有唯一解 $u = u(t)$, 且 $u(t)$ 连续可微.

常微分方程数值解法中通常有效的方法是**有限差分法**, 差分法也称**离散变量法**, 是一种递推算法. 建立差分算法有以下几个基本步骤.

(1) 建立差分格式: ① 定义域离散; ② 方程离散; ③ 初边界处理.

(2) 实用性分析: ① 误差分析; ② 收敛速度; ③ 差分格式的稳定性.

(3) 差分方程系统求解.

严格来说, 数值解是定解问题的近似解, 所以要对计算过程作误差分析, 以保证所得数值解与"真正的解"之间的误差保持在允许的范围内. 同时数值解的本质是连续变量离散化, 由此出现收敛速度、误差积累等计算方法方面的问题. 虽然这些问题与常微分方程理论本身并无直接联系, 但是对获取"有效"的数值解至关重要. 因此我们应该对其有所了解和掌握, 在此基础上才能利用计算机语言或数学软件编写有效的程序得出有实际意义的数值解. 下面依次讨论 Euler 法、线性多步法和 Runge-Kutta 法, 说明微分方程数值解的相关概念和主要论题. 关于这些算法的求解将放到 4.3 节中讨论.

4.1.1　Euler 法

Euler 法是最简单的数值方法, 它的累积误差较大, 用途有限. 但这种方法包含了数值解中几乎所有内容, 有必要加以讨论.

1. 建立差分格式

在区间 I 上依此取出有限个离散点 $t_1, t_2, \cdots, t_N$, 称为**节点**(结点), $h_n = t_{n+1} - t_n (n = 0, 1, \cdots, N-1)$ 称为**步长**, 通常情况下步长取成等距的, 即 $h_n = h, n = 0, 1, \cdots, N-1$, 这样有

$$h = \frac{t_N - t_0}{N}, \quad t_n = t_0 + nh, \quad n = 0, 1, \cdots, N.$$

显然 $t_{n+1} = t_n + h$, $n = 0, 1, \cdots, N-1$.

在区间 $[t_n, t_{n+1}]$ 上, 当 h 充分小时, 有

$$\frac{u(t_{n+1}) - u(t_n)}{h} \approx \left.\frac{\mathrm{d}u}{\mathrm{d}t}\right|_{t=t_n} = f(t_n, u(t_n)).$$

用 u_n 代替 $u(t_n)$, 用等号 "=" 代替约等于号 "≈", 定义差分方程组

$$u_{n+1} = u_n + hf(t_n, u_n), \quad n = 0, 1, \cdots, N-1. \tag{4.2}$$

这就是 Euler 法计算公式. u_n 是差分方程组的精确解, 它用来表示微分方程组初值问题在 $t = t_n$ 处的数值解. 显然数值解与精确解之间有误差. 即使同一个计算方法下的数值解, 因为步长选取不同也有所不同, 因此是不唯一的.

Euler 法的几何意义十分清楚, 就是用经过 (t_0, u_0) 的折线来近似代替微分方程的积分曲线, 见图 4.2. 因此, Euler 法又称为**折线法**.

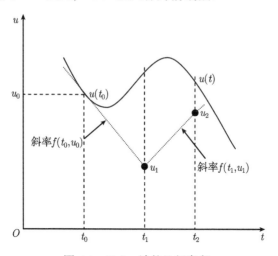

图 4.2 Euler 法的几何意义

对于常数 $h > 0$ 和函数 $u = u(t)$, 称 $u(t+h) - u(t)$ 为向前差分, $u(t) - u(t-h)$ 为向后差分, $u\left(t + \frac{1}{2}h\right) - u\left(t - \frac{1}{2}h\right)$ 为中心差分. 由 Taylor 展开式, 可得到数值微分与导数之间的关系

$$\frac{u(t+h) - u(t)}{h} = u'(t) + O(h),$$

$$\frac{u(t) - u(t-h)}{h} = u'(t) + O(h),$$

$$\frac{u\left(t + \frac{1}{2}h\right) - u\left(t - \frac{1}{2}h\right)}{h} = u'(t) + O(h^2),$$

这里, $O(h)$ 表示 h 的同阶无穷小. 以上等式左端的三个表达式又分别称为向前、向后和中心差商.

　　Euler 法是用向前差商代替导数后得出的算法. 同理也可以用向后差商代替导数, 有

$$u_{n+1} = u_n + hf(t_{n+1}, u_{n+1}), \quad n = 0, \cdots, N-1. \tag{4.3}$$

此即为向后 Euler 公式. (4.2) 是 u_{n+1} 的线性方程, 称为**显格式**. (4.3) 是 u_{n+1} 的非线性方程, 称为**隐格式**.

　　例 4.1　用 Euler 法求解如下初值问题, 并就 $h = 1$, $h = \frac{1}{2}$, $h = \frac{1}{4}$, $h = \frac{1}{8}$ 作比较:

$$\begin{cases} u' = \dfrac{t - u}{2}, & t > 0, \\ u(0) = 1. \end{cases}$$

　　解　直接计算可知该初值问题的精确解为 $u = 3\mathrm{e}^{-\frac{t}{2}} + t - 2$. 下面考虑初值问题在区间 $[0, 3]$ 上的数值解. 对于步长 h, 数值解计算公式为

$$\begin{cases} u_0 = 1, \\ u_{n+1} = \left(1 - \dfrac{h}{2}\right) u_n + \dfrac{nh^2}{2}, & n = 0, 1, \cdots, \dfrac{3}{h} - 1. \end{cases}$$

把 $h = 1$, $h = \frac{1}{2}$, $h = \frac{1}{4}$, $h = \frac{1}{8}$ 代入, 依此求得该初值问题数值解, 见表 4.1.

表 4.1　例 4.1 数值解与精确解

t_k	数值解 u_k				精确解 $u(t_k)$
	$h = 1$	$h = \frac{1}{2}$	$h = \frac{1}{4}$	$h = \frac{1}{8}$	
0	1	1	1	1	1
0.125				0.9375	0.9432
0.25			0.8750	0.8867	0.8975
0.375				0.8469	0.8621
0.50		0.7500	0.7969	0.8174	0.8364
0.75			0.7598	0.7868	0.8119
1.00	0.5000	0.6875	0.7585	0.7902	0.8196
1.50		0.7656	0.8464	0.8829	0.9171
2.00	0.7500	0.9492	1.0308	0.0682	0.1036
2.50		1.2119	1.2892	1.3252	0.3595
3.00	1.3750	1.5339	1.6043	1.6374	0.6694

绘图于图 4.3.

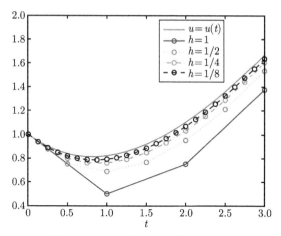

图 4.3 例 4.1 数值解与精确解比较

从表 4.1 和图 4.3 可以看出: h 越小, 数值解的计算量越大, 精度越高.

2. 实用性分析

因为数值解与精确解之间有误差, 所以在构造差分格式后, 需要考察算法在实际中是否切实可行, 包括对数值解作相容、收敛和稳定性分析.

1) 相容性

相容性的研究对象是由差商代替微商所引起的局部截断误差. 设 $u(t)$ 是初值问题 (4.1) 的解, 在 $[t, t+h]$ 上定义算子

$$R(t, u; h) = u(t+h) - u(t) - hf(t, u(t)).$$

那么, $R(t, u; h)$ 称为**局部截断误差**. 如果 $t = t_n$, 局部截断误差也记为

$$R(t_n, u; h) := R_n = u(t_{n+1}) - u_{n+1},$$

此时 $u(t_k) = u_k, \ k = 0, 1, \cdots, n$ 成立.

定义 4.1 如果 $R(t, u; 0) = 0$, 那么称差分格式 (4.2) 是相容的. 进一步, 如果 $R(t, u; h) = O(h^{q+1})$, 那么称它是 q 阶 (相容)的.

下面具体分析 Euler 法的相容性. 将 $u(t+h)$ 在 t 处作 Taylor 展开, 且注意到 $u(t)$ 是初值问题 (4.1) 的解, 那么有

$$R(t, u; h) = u(t) + hu'(t) + \frac{h^2}{2}u''(\xi) - u(t) - hf(t, u(t))$$

$$= h(u'(t) - f(t, u(t))) + \frac{h^2}{2} u''(\xi)$$

$$= \frac{h^2}{2} \left[\frac{\partial f}{\partial t} + \frac{\partial f}{\partial u} f \right] (\xi, u(\xi)), \tag{4.4}$$

其中 $\xi \in [t, t+h]$, $\frac{\partial f}{\partial u}$ 表示 Jacobi 矩阵, 即

$$\frac{\partial f}{\partial u} = \begin{pmatrix} \dfrac{\partial f_1}{\partial u_1} & \dfrac{\partial f_1}{\partial u_2} & \cdots & \dfrac{\partial f_1}{\partial u_n} \\ \dfrac{\partial f_2}{\partial u_1} & \dfrac{\partial f_2}{\partial u_2} & \cdots & \dfrac{\partial f_2}{\partial u_n} \\ \vdots & \vdots & & \vdots \\ \dfrac{\partial f_n}{\partial u_1} & \dfrac{\partial f_n}{\partial u_2} & \cdots & \dfrac{\partial f_n}{\partial u_n} \end{pmatrix},$$

也可以用 f_u 表示 $\frac{\partial f}{\partial u}$. 显然由式 (4.4) 可知, Euler 法的局部截断误差 $R(t, u; h) = O(h^2)$, 故 Euler 法是一阶相容的.

2) 收敛性

收敛性研究的是误差累积产生的整体截断误差. 设 $u(t)$ 是初值问题 (4.1) 的解, u_n 是差分格式 (4.2) 的解, 那么

$$\varepsilon_n = u(t_n) - u_n, \quad n = 1, 2, \cdots$$

称为**整体截断误差**. 与局部截断误差的区别在于: 此时 $u_k = u(t_k)$, $k = 0, 1, \cdots, n-1$ 未必成立, 且一般 $u_k \neq u(t_k)$.

定义 4.2　如果 $\lim\limits_{h \to 0} \varepsilon_n = 0$, 即对任意的 u_0 及 $t \in I$, $t = t_n$ 时, 有

$$\lim_{h \to 0} u_n = u(t).$$

那么称差分格式 (4.2) 是收敛的. 进一步, 如果 $\varepsilon_n = O(h^q)$, 那么称差分格式 (4.2) 是 q 阶收敛的.

记

$$K = \max_{t_0 \leqslant t \leqslant T} \left\| \frac{\partial f(t, u)}{\partial t} \right\|, \quad L = \max_{t_0 \leqslant t \leqslant T} \left\| \frac{\partial f(t, u)}{\partial u} \right\|, \quad M = \max_{t_0 \leqslant t \leqslant T} \| f(t, u(t)) \|,$$

其中 $\left\| \dfrac{\partial f(t, u)}{\partial u} \right\|$ 表示矩阵 $\dfrac{\partial f(t, u)}{\partial u}$ 的范数 (例如, 对 n 阶方阵 A 而言, $\| A \| = \sqrt{A^{\mathrm{T}} A}$ 的最大特征值, 也就是说求出特征多项式 $\rho(\lambda) = \det(\lambda I - A^{\mathrm{T}} A)$ 的特征值

$\lambda_1^2 \leqslant \lambda_2^2 \leqslant \cdots \leqslant \lambda_n^2 (\lambda_i \geqslant 0)$ 后, 取 $\| A \| = \lambda_n$. 注意 $A^{\mathrm{T}}A$ 的特征值都是非负数, 故可以写成平方数的形式). 这样有

$$\| R(t, u; h) \| \leqslant \frac{1}{2}h^2(K + ML) := R.$$

与此同时

$$\begin{aligned}
\varepsilon_{n+1} &= u(t_{n+1}) - u_{n+1} \\
&= u(t_n) + hf(t_n, u(t_n)) + R_n - (u_n + hf(t_n, u_n)) \\
&= \varepsilon_n + h\left[f(t_n, u(t_n)) - f(t_n, u_n)\right] + R_n,
\end{aligned}$$

两边取范数, 且注意到 $f(t, u)$ 关于 u 满足 Lipschitz 条件, 得

$$\begin{aligned}
\| \varepsilon_{n+1} \| &\leqslant \| \varepsilon_n \| + h \| f(t_n, u(t_n)) - f(t_n, u_n) \| + R \\
&\leqslant (1 + hL) \| \varepsilon_n \| + R,
\end{aligned}$$

从而

$$\begin{aligned}
\| \varepsilon_n \| &\leqslant (1 + hL) \| \varepsilon_{n-1} \| + R \\
&\leqslant (1 + hL)^2 \| \varepsilon_{n-2} \| + (1 + hL)R + R \\
&\leqslant \cdots \\
&\leqslant (1 + hL)^n \| \varepsilon_0 \| + \left[(1 + hL)^{n-1} + (1 + hL)^{n-2} + (1 + hL) + 1\right] R \\
&\leqslant R\frac{(1 + hL)^n - 1}{hL},
\end{aligned}$$

这里 $\varepsilon_0 = u(0) - u_0 = 0$. 又因为对 $n \leqslant N$,

$$h = \frac{t_N - t_0}{N} \leqslant \frac{T - t_0}{n},$$

故

$$(1 + hL)^n \leqslant \left(1 + \frac{T - t_0}{n}L\right)^n \leqslant \mathrm{e}^{L(T-t_0)}.$$

可见 Euler 法整体截断误差满足估计式

$$\| \varepsilon_n \| \leqslant \frac{h}{2}\left(M + \frac{K}{L}\right)\left(\mathrm{e}^{L(T-t_0)} - 1\right).$$

显然, 当 $h \to 0$ 时, Euler 法的解 u_n 一致收敛于初值问题 (4.1) 的解 $u(t_n)$, 故 Euler 法是一阶收敛的. 由此得到

定理 4.1 若 $f(t, u)$ 关于 t, u 满足 Lipschitz 条件, 相应的 Lipschitz 常数分别为 K 和 L, 那么 Euler 法整体截断误差满足估计式

$$\|\varepsilon_n\| \leqslant \frac{h}{2}\left(M + \frac{K}{L}\right)\left(\mathrm{e}^{L(T-t_0)} - 1\right).$$

例 4.2　估计如下初值问题 Euler 法的截断误差:

$$\begin{cases} u' + u^2 = 0, & 0 \leqslant t \leqslant 1, \\ u(0) = 1. \end{cases}$$

解　注意到 $u' = -u^2 \leqslant 0$, 且 $u = 0$ 满足方程, 故由解的存在唯一性定理可知, 该初值问题的解是非负递减函数. 记 $f(t, u) = -u^2$, 那么

$$K = \max_{0 \leqslant t \leqslant 1} \left| \frac{\partial f(t, u)}{\partial t} \right| = 0,$$

$$L = \max_{0 \leqslant t \leqslant 1} \left| \frac{\partial f(t, u)}{\partial u} \right| = \max_{0 \leqslant t \leqslant 1} |-2u(t)| = 2u(0) = 2,$$

$$M = \max_{0 \leqslant t \leqslant 1} |f(t, u(t))| = \max_{0 \leqslant t \leqslant 1} \left| -u^2(t) \right| = u^2(0) = 1.$$

从而整体截断误差上界为

$$|\varepsilon_n| \leqslant \frac{h}{2} \left(M + \frac{K}{L} \right) \left(e^{L(T-t_0)} - 1 \right) = \frac{h}{2} (e^2 - 1).$$

3) 稳定性

在利用公式 (4.2) 计算数值解的过程中, 难免有舍入误差. 稳定性关注舍入误差是否会随计算过程无限扩大地传递下去. 为简单起见, 仅考虑初值 u_0 有误差, 而计算过程中不再有舍入误差.

定义 4.3　如果存在正常数 C 和 h_0 使得以任意的 $0 < h \leqslant h_0$ 为步长, u_0, v_0 为初值得到的两组数值解 u_n, v_n 满足

$$\| u_n - v_n \| \leqslant C \| u_0 - v_0 \|, \quad n = 1, 2, \cdots, N, Nh \leqslant T - t_0,$$

那么称差分格式 (4.2) 是稳定的.

下面分析 Euler 法的稳定性. 令 $e_n = u_n - v_n$, 则

$$\| e_{n+1} \| \leqslant \| e_n \| + h \| f(t_n, u_n) - f(t_n, v_n) \|$$

$$\leqslant (1 + hL) \| e_n \| \leqslant \cdots \leqslant (1 + hL)^{n+1} \| e_0 \|,$$

从而当 $t_n \in I$, 即 $n \leqslant N$ 时, 有

$$\| e_n \| \leqslant (1 + hL)^n \| e_0 \| \leqslant e^{L(T-t_0)} \| e_0 \|.$$

所以当 $f(t, u)$ 关于 u 满足 Lipschitz 条件时, Euler 法是稳定的.

3. 改进的 Euler 法

Euler 法的精度较低, 下面用梯形数值积分法构造一个较高精度的方法 —— 梯形法.

将初值问题 (4.1) 写成等价的积分方程, 有

$$u(t) = u_0 + \int_{t_0}^{t} f(\tau, u(\tau)) \mathrm{d}\tau,$$

于是

$$u(t + h) = u(t) + \int_{t}^{t+h} f(\tau, u(\tau)) \mathrm{d}\tau,$$

取 $t = t_n$, 并用梯形公式计算右端积分, 有

$$u(t_{n+1}) = u(t_n) + \frac{h}{2} \left[f(t_n, u(t_n)) + f(t_{n+1}, u(t_{n+1})) \right] + R_n^{(1)},$$

其中 $R_n^{(1)}$ 表示求积分公式的余项. 舍去误差项, 用 u_n 代替 $u(t_n)$, 那么就可以得到梯形法计算公式

$$u_{n+1} = u_n + \frac{h}{2} \left[f(t_n, u_n) + f(t_{n+1}, u_{n+1}) \right], \quad n = 0, 1, \cdots, N - 1. \quad (4.5)$$

由数值积分中的 Newton 前插值公式可知

$$R_n^{(1)} = \int_{t_n}^{t_{n+1}} f(\tau, u(\tau)) \mathrm{d}\tau - \frac{h}{2} \left[f(t_n, u(t_n)) + f(t_{n+1}, u(t_{n+1})) \right]$$

$$= -\frac{h^3}{12} f^{(2)}(\xi, u(\xi)), \quad \xi \in [t_n, t_{n+1}],$$

即 $R_n^{(1)} = O(h^3)$. 类似还可建立误差估计式

$$\| \varepsilon_n \| = \| u(t_n) - u_n \| = O(h^2).$$

梯形法截断误差比 Euler 法高一阶, 故梯形法是二阶方法.

与 Euler 法不同, 梯形法 (4.5) 是关于 u_{n+1} 的一个非线性方程, 属于隐式方法. 实际计算中, 采用预测–校正格式, 即

$$\begin{cases} u_{n+1}^{(0)} = u_n + h f(t_n, u_n), \\ u_{n+1}^{(l+1)} = u_n + \frac{h}{2} \left[f(t_n, u_n) + f(t_{n+1}, u_{n+1}^{(l)}) \right], \quad l = 0, 1, 2, \cdots, \end{cases} \quad (4.6)$$

其中迭代次数 l 根据精度选择上限, 通常只需一两次迭代即可, 即 $l = 0$ 或 $l = 1$. 如需多次迭代, 则应缩小步长 h 后再计算.

4.1.2　线性多步法

在 Euler 法中, 计算 u_{n+1} 时只用到前面 u_n 的值. 如果充分利用已知数据 u_0, $u_1, \cdots$, u_n 的值, 减少由计算方法产生的误差, 则可以得到高精度的差分格式. 线性多步法就是基于这样的目的建立起来的. 这种方法最早由 J. C. Adamas 提出. 若计算 u_{n+1} 时, 用到之前 k 个已知数据, 即 $u_{n-k+1}, \cdots, u_n$, 此时建立的线性多步法也称为**线性 k 步法**.

1. 建立差分格式

下面利用数值积分原理构造线性多步法的计算公式.

1) Adamas 外插值法

考虑微分系统初值问题 (4.1), 将求解区间 I 进行 N 等分, 即 $t_n = t_0 + nh$, $n = 0, 1, \cdots, N$. 假设初值问题的解 $u(t)$ 在节点 $t_{n-k+1}, \cdots, t_n$ 处的近似值 $u_{n-k+1}, \cdots, u_n$ 已知, 下面讨论 $u(t)$ 在 $t = t_{n+1}$ 处的近似值 u_{n+1}.

在区间 $[t_n, t_{n+1}]$ 上积分初值问题 (4.1), 有

$$u(t_{n+1}) = u(t_n) + \int_{t_n}^{t_{n+1}} f(\tau, u(\tau)) \mathrm{d}\tau, \tag{4.7}$$

(4.7) 式右端积分项需要用到未知函数的值, 无法精确计算. 但由已给定的 $u_{n-k+1}, \cdots, u_n$, 可计算出

$$f_i = f(t_i, u_i), \quad i = n - k + 1, \cdots, n.$$

由 $\{(t_i, f_i), \ i = n - k + 1, \cdots, n\}$ 的插值多项式 $p(t)$ 来近似代替 $f(t, u(t))$, 见图 4.4.

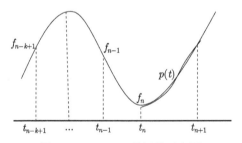

图 4.4　Adamas 外插值示意图

这样式 (4.7) 中的积分可以继续计算下去. 事实上, 当 $t \in [t_n, t_{n+1}]$ 时, 由牛顿插值多项式, 有

$$p(t) = p(t_n + sh) = \sum_{j=0}^{k-1} (-1)^j \mathrm{C}_{-s}^j \nabla^j f_n, \quad 0 \leqslant s \leqslant 1, \tag{4.8}$$

其中 $\mathrm{C}_s^j = \dfrac{s(s-1)\cdots(s-j+1)}{j!}$ 表示广义二次项系数, $\nabla^j f_n = \nabla^{j-1} f_n - \nabla^{j-1} f_{n-1}$

表示向后差分, $\nabla^0 f_n = f_n$.

由 (4.7) 和 (4.8) 可推出

$$
\begin{aligned}
u(t_{n+1}) &\approx u(t_n) + \int_{t_n}^{t_{n+1}} p(\tau)\mathrm{d}\tau \\
&= u(t_n) + h \int_0^1 p(t_n + sh)\mathrm{d}s \\
&= u(t_n) + h \sum_{j=0}^{k-1} \gamma_j \nabla^j f_n,
\end{aligned}
$$

其中

$$
\gamma_j = (-1)^j \int_0^1 \mathrm{C}_{-s}^j \mathrm{d}s. \tag{4.9}
$$

用 u_n 代替 $u(t_n)$, 用等号代替 $\approx$, 则得到**Adamas显式 k 步法**

$$
u_{n+1} = u_n + h \sum_{j=0}^{k-1} \gamma_j \nabla^j f_n. \tag{4.10}
$$

系数 γ_j 如 (4.9) 定义, 取值见表 4.2.

表 4.2　外插值公式系数 γ_j

j	0	1	2	3	4	5	...
γ_j	1	$\dfrac{1}{2}$	$\dfrac{5}{12}$	$\dfrac{3}{8}$	$\dfrac{251}{720}$	$\dfrac{95}{288}$	...

因为插值多项式 $p(t)$ 由 $[t_n, t_{n+1}]$ 以外的值来确定的, 故 (4.10) 也称为**Adamas外插值公式**.

取定 k 的值, 可得到常用的 Adamas 显格式(记 $f_n = f(t_n, u_n)$).

$$
\begin{aligned}
k = 1: & \quad u_{n+1} = u_n + h f_n \quad (\text{Euler 公式}), \\
k = 2: & \quad u_{n+1} = u_n + h\left(\frac{3}{2}f_n - \frac{1}{2}f_{n-1}\right), \\
k = 3: & \quad u_{n+1} = u_n + h\left(\frac{23}{12}f_n - \frac{16}{12}f_{n-1} + \frac{5}{12}f_{n-2}\right), \\
k = 4: & \quad u_{n+1} = u_n + h\left(\frac{55}{24}f_n - \frac{59}{24}f_{n-1} + \frac{37}{24}f_{n-2} - \frac{9}{24}f_{n-3}\right).
\end{aligned} \tag{4.11}
$$

这里最常用的是 $k = 4$ 时的四步方法.

例 4.3 讨论 $\varepsilon = 1$ 时 Van der Pol 方程

$$
\begin{cases}
u'' + \varepsilon(u^2 - 1)u' + u = 0, \\
u(0) = 1, \quad u'(0) = 0
\end{cases}
$$

在 Adamas 显格式下的数值解.

解　令 $x = u$, $y = u'$, 那么该初值问题可转化为微分系统初值问题:

$$
\begin{cases}
x' = y, \\
y' = \varepsilon(1 - x^2)y - x, \\
x(0) = 1, \quad y(0) = 0.
\end{cases}
$$

采取 Adamas 多步显格式, 用 Runge-Kutta 四阶经典方法 (4.49) 确定其余初值. 例如, $k = 4$ 时的四步方法计算公式为

$$x_0 = 0, \quad x_1 = 0.2198, \quad x_2 = 0.4753, \quad x_3 = 0.7524,$$

$$y_0 = 1, \quad y_1 = 1.1949, \quad y_2 = 1.3492, \quad y_3 = 1.3975,$$

$$x_n = x_{n-1} + h\left(\frac{55}{24}y_{n-1} - \frac{59}{24}y_{n-2} + \frac{37}{24}y_{n-3} - \frac{9}{24}y_{n-4}\right),$$

$$y_n = y_{n-1} + h\left[\frac{55}{24}\left((1 - x_{n-1}^2)y_{n-1} - x_{n-1}\right) - \frac{59}{24}\left((1 - x_{n-2}^2)y_{n-2} - x_{n-2}\right)\right.$$

$$\left. + \frac{37}{24}\left((1 - x_{n-3}^2)y_{n-3} - x_{n-3}\right) - \frac{9}{24}\left((1 - x_{n-4}^2)y_{n-4} - x_{n-4}\right)\right],$$

$$n = 4, 5, \cdots.$$

类似可以给出其他显格式计算公式, 这里不再一一列出. 计算结果见表 4.3.

表 4.3　Van der Pol 方程 Adamas 显格式下数值解

t_n	一步法	二步法	三步法	四步法
0	(0,1)	(0,1)	(0,1)	(0,1)
0.2	(0.2,1.2)	(0.2198,1.1949)	(0.2198,1.1949)	(0.2198,1.1949)
0.4	(0.44,1.3904)	(0.4783,1.3701)	(0.4753,1.3492)	(0.4753,1.3492)
0.6	(0.7181,1.5266)	(0.7698,1.4519)	(0.7572,1.4061)	(0.7524,1.3975)
0.8	(1.0234,1.5309)	(1.0684,1.3406)	(1.0360,1.2705)	(1.0230,1.2586)
1.0	(1.3296,1.3117)	(1.3254,0.9810)	(1.2605,0.9270)	(1.2391,0.9414)
1.2	(1.5919,0.8444)	(1.4856,0.4865)	(1.3942,0.5226)	(1.3815,0.5865)
$\vdots$	$\vdots$	$\vdots$	$\vdots$	$\vdots$

注 4.1　γ_j 可由式 (4.9) 依次计算出来, 但随着 j 增加, 计算量越来越大. 这里给出一个比较容易计算 γ_j 的递推公式. 定义函数

$$G(t) = \sum_{j=0}^{\infty} \gamma_j t^j,$$

那么,

$$G(t) = \sum_{j=0}^{\infty} (-t)^j \int_0^1 \mathrm{C}_{-s}^j \mathrm{d}s = \int_0^1 \sum_{j=0}^{\infty} (-t)^j \mathrm{C}_{-s}^j \mathrm{d}s$$

$$= \int_0^1 (1-t)^{-s} \mathrm{d}s = -\frac{t}{(1-t)\ln(1-t)},$$

从而

$$-\frac{\ln(1-t)}{t} G(t) = \frac{1}{1-t},$$

利用 Taylor 展开式, 有

$$\left(1 + \frac{1}{2}t + \frac{1}{3}t^2 + \cdots\right)(\gamma_0 + \gamma_1 t + \gamma_2 t^2 + \cdots) = 1 + t + t^2 + \cdots.$$

通过比较 t^k 的系数, 可以得到递推公式

$$\gamma_k + \frac{1}{2}\gamma_{k-1} + \frac{1}{3}\gamma_{k-2} + \cdots + \frac{1}{k+1}\gamma_0 = 1, \quad k = 0, 1, 2, \cdots.$$

2) Adamas 内插值法

在建立 Adamas 外插值法计算公式时, 利用区间 $[t_{n-k+1}, t_n]$ 上的值来逼近 $[t_n, t_{n+1}]$ 上的函数, 也就是说用 $[t_n, t_{n+1}]$ 之外的函数值来逼近其上的函数值, 这样得到的插值多项式 $p(t)$ 并非一个好的逼近函数, 为此扩充插值点 (t_{n+1}, f_{n+1}), 以期望得到更好的计算公式.

利用点 $\{(t_i, f_i), i = n-k+1, \cdots, n+1\}$ 来构造插值多项式 $p^*(t)$, 见图 4.5.

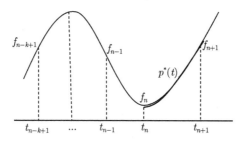

图 4.5 Adamas 内插值示意图

此时, 有

$$p^*(t) = p^*(t_n + sh) = \sum_{j=0}^{k}(-1)^j \mathrm{C}_{-s+1}^j \nabla^j f_{n+1}. \tag{4.12}$$

用 $p^*(t)$ 来近似代替 $f(t, u(t))$, 同理可建立**Adamas内插值公式**

$$u_{n+1} = u_n + h \sum_{j=0}^{k} \gamma_j^* \nabla^j f_{n+1}, \tag{4.13}$$

其中

$$\gamma_j^* = (-1)^j \int_0^1 \mathrm{C}_{-s+1}^j \mathrm{d}s. \tag{4.14}$$

因为插值多项式 $p^*(t)$ 用到 $[t_n, t_{n+1}]$ 内的值来确定, 故 (4.13) 称为 Adamas 内插值公式. 同时 (4.13) 关于 u_{n+1} 是一个非线性方程, 所以 (4.13) 也被称为 Adamas 隐式 k 步方法.

按 (4.14) 计算 γ_j^* 取值, 见表 4.4.

表 4.4　Adamas 内插值公式系数 γ_j^*

j	0	1	2	3	4	5	...
γ_j^*	1	$-\dfrac{1}{2}$	$-\dfrac{1}{12}$	$-\dfrac{1}{24}$	$-\dfrac{19}{720}$	$-\dfrac{3}{160}$	...

当取定 k 的值, 可得到常用的 Adamas 隐格式

$$
\begin{aligned}
&k = 0: \quad && u_{n+1} = u_n + h f_{n+1} \quad \text{(向后 Euler 公式)}, \\
&k = 1: \quad && u_{n+1} = u_n + h\left(\frac{1}{2}f_{n+1} + \frac{1}{2}f_n\right) \quad \text{(梯形法公式)}, \\
&k = 2: \quad && u_{n+1} = u_n + h\left(\frac{5}{12}f_{n+1} + \frac{8}{12}f_n - \frac{1}{12}f_{n-1}\right), \\
&k = 3: \quad && u_{n+1} = u_n + h\left(\frac{9}{24}f_{n+1} + \frac{19}{24}f_n - \frac{5}{24}f_{n-1} + \frac{1}{24}f_{n-2}\right).
\end{aligned} \tag{4.15}
$$

注 4.2　同注 4.1 的讨论, 可以建立计算 γ_j^* 的递推公式

$$
\gamma_k^* + \frac{1}{2}\gamma_{k-1}^* + \frac{1}{3}\gamma_{k-2}^* + \cdots + \frac{1}{k+1}\gamma_0^* = 0, \quad k = 1, 2, \cdots.
$$

相比较而言, 隐式方法步数少, 误差小且绝对稳定区间大 (绝对稳定的概念在后面会介绍到), 因此同阶的隐式方法优于显式方法. 然而隐式方法一般是非线性的, 虽可以用迭代法求近似解, 但计算量远远大于显式公式. 在实际计算时, 通常采用的预测 – 校正格式兼有这两种方法的优点. 常用的 PECE 模式为

P :　　利用显格式(4.10)预测(predictor), 即 $u_{n+1}^{(0)} = u_n + h\sum\limits_{j=0}^{k-1}\gamma_j \nabla^j f_n$.

E :　　计算(evaluate)函数 f 的值, 即 $f_{n+1}^{(0)} = f(t_{n+1}, u_{n+1}^{(0)})$.

C :　　利用隐格式(4.13)校正(corrector), 即 $u_{n+1}^{(1)} = u_n + h\sum\limits_{j=0}^{k}\gamma_j^* \nabla^j f_{n+1}^{(0)}$,

　　　　这里 $f_i^{(0)} = f_i, \quad i = n - k + 1, \cdots, n$.

E :　　再计算函数 f 的值, 为下一次校正作准备, 即 $f_{n+1}^{(1)} = f(t_{n+1}, u_{n+1}^{(1)})$.

3) Nyström 法

在区间 $[t_{n-1}, t_{n+1}]$ 上对微分系统积分, 有

$$u(t_{n+1}) = u(t_{n-1}) + \int_{t_{n-1}}^{t_{n+1}} f(\tau, u(\tau)) \mathrm{d}\tau.$$

同理, 用插值多项式 (4.8) 近似逼近 $f(t, u(t))$, 可建立差分格式

$$u_{n+1} = u_{n-1} + h \sum_{j=0}^{k-1} \kappa_j \nabla^j f_n, \tag{4.16}$$

其中

$$\kappa_j = (-1)^j \int_{-1}^1 \mathrm{C}_{-s}^j \mathrm{d}s. \tag{4.17}$$

这种方法称 **Nyström 法**. 系数 κ_j 取值见表 4.5.

表 4.5   Nyström 显格式系数 κ_j

j	0	1	2	3	4	5	...
κ_j	2	0	$\dfrac{1}{3}$	$\dfrac{1}{3}$	$\dfrac{29}{90}$	$\dfrac{14}{45}$	...

当取定 k 的值, 可得到常用计算公式

$$k = 1, 2: \quad u_{n+1} = u_{n-1} + 2hf_n \quad \text{(中点公式)},$$
$$k = 3: \quad u_{n+1} = u_{n-1} + h\left(\frac{7}{3}f_n - \frac{2}{3}f_{n-1} + \frac{1}{3}f_{n-2}\right).$$

4) Milne-Simpson 法

如果在 Nyström 法中, 用插值多项式 (4.12) 近似逼近 $f(t, u(t))$, 可建立差分格式

$$u_{n+1} = u_{n-1} + h \sum_{j=0}^{k} \kappa_j^* \nabla^j f_{n+1}, \tag{4.18}$$

其中

$$\kappa_j^* = (-1)^j \int_{-1}^1 \mathrm{C}_{-s+1}^j \mathrm{d}s. \tag{4.19}$$

这种方法称 **Milne-Simpson 法**. 系数 κ_j^* 取值见表 4.6.

表 4.6   Milne-Simpson 隐格式系数 κ_j^*

j	0	1	2	3	4	5	...
κ_j^*	2	-2	$\dfrac{1}{3}$	0	$-\dfrac{1}{90}$	$-\dfrac{1}{90}$	...

当取定 k 的值, 可得到常用计算公式

$$k = 0: \quad u_{n+1} = u_{n-1} + 2hf_{n+1} \quad \text{(2h 步长的向后 Euler 公式)},$$
$$k = 1: \quad u_{n+1} = u_{n-1} + 2hf_n \quad \text{(中点公式)},$$

$$k = 2, 3: \quad u_{n+1} = u_{n-1} + \left(\frac{1}{3}f_{n+1} + \frac{4}{3}f_n + \frac{1}{3}f_{n-1} \right) \quad \text{(Milne 公式)},$$

$$k = 4: \quad u_{n+1} = u_{n-1} + h \left(\frac{29}{90}f_{n+1} + \frac{124}{90}f_n + \frac{24}{90}f_{n-1} + \frac{4}{90}f_{n-2} - \frac{1}{90}f_{n-3} \right).$$

5) 其他多步法

如果选择区间 $[t_{n-l}, t_{n+1}]$ 上积分微分系统, 则可以建立类似的多步方法. 例如, 取 $l = 3$, 用外插值多项式 (4.8) 近似逼近 $f(t, u(t))$, 当 $k = 4$ 时, 可以得到差分格式

$$u_{n+1} = u_{n-3} + \left(\frac{8}{3}f_n - \frac{4}{3}f_{n-1} + \frac{8}{3}f_{n-2} \right).$$

关于更一般公式, 可以参考文献 [4],[6],[7],[18],[19] 等.

2. 实用性分析

线性多步方法的一般理论最早由 Dahquist 在 1956 年开始研究的. 上面介绍的所有方法关于 u_n 和 f_n 都是线性的. 为统一起见, 以后考虑线性 k 步方法的一般形式为

$$\alpha_k u_{n+k} + \alpha_{k-1} u_{n+k-1} + \cdots + \alpha_0 u_n = h(\beta_k f_{n+k} + \cdots + \beta_0 f_n), \tag{4.20}$$

其中 $\alpha_k \neq 0$, $|\alpha_0| + |\beta_0| > 0$, $f_i = f(t_i, u_i)$, $t_i = t_0 + ih$, $i = n, \cdots, n+k$. 显然这里以 u_{n+k} 为未知量, 而 $u_{n+k-1}, \cdots, u_n$ 为已知量. 当 $\beta_k = 0$ 时, (4.20) 为显格式, 当 $\beta_k \neq 0$ 时, (4.20) 为隐格式.

1) 相容性

仿照 Euler 法, 首先引入局部截断误差的概念. 设 $u(t)$ 是初值问题 (4.1) 的解, 则线性 k 步法 (4.20) 的局部截断误差定义为

$$R(t, u; h) = \sum_{j=0}^{k} \left(\alpha_j u(t + jh) - h\beta_j f(t + jh, u(t + jh)) \right). \tag{4.21}$$

定义 4.4　如果存在 $\tau(h)$, $\lim_{h \to 0} \tau(h) = 0$, 使得

$$\| R(t, u; h) \| \leqslant \tau(h) \cdot h, \quad \forall t_0 \leqslant t \leqslant T, \quad \| u \| < +\infty$$

成立, 那么称线性 k 步法 (4.20) 是相容的. 进一步, 如果 $\tau(h) = O(h^q)$, 那么称线性 k 步法 (4.20) 是 q 阶 (相容) 的.

下面分析线性 k 步法 (4.20) 的相容性. 将 $u(t + jh)$ 和 $f(t + jh, u(t + jh)) = u'(t + jh)$ 在 t 处作 Taylor 展开, 有

$$R(t, u; h) = \sum_{j=0}^{k} \left(\alpha_j u(t + jh) - h\beta_j f(t + jh, u(t + jh)) \right)$$

$$\begin{aligned}
&= \sum_{j=0}^{k} \left(\alpha_j \sum_{p=0}^{\infty} \frac{(jh)^p}{p!} u^{(p)}(t) - h\beta_j \sum_{r=0}^{\infty} \frac{(jh)^r}{r!} u^{(r+1)}(t) \right) \\
&= \sum_{j=0}^{k} \left(\alpha_j u(t) + \alpha_j \sum_{p=1}^{\infty} \frac{(jh)^p}{p!} u^{(p)}(t) - \beta_j \sum_{p=1}^{\infty} \frac{j^{p-1}h^p}{(p-1)!} u^{(p)}(t) \right) \quad (4.22) \\
&= u(t) \sum_{j=0}^{k} \alpha_j + \sum_{p=1}^{\infty} \frac{h^p}{p!} u^{(p)}(t) \left(\sum_{j=0}^{k} \alpha_j j^p - p \sum_{j=0}^{k} \beta_j j^{p-1} \right).
\end{aligned}$$

显然,若 $\displaystyle\sum_{j=0}^{k} \alpha_j = 0$, $\displaystyle\sum_{j=0}^{k} \alpha_j j^p - p \sum_{j=0}^{k} \beta_j j^{p-1} = 0$, $p = 1, 2, \cdots, q$, 且同时有

$$\sum_{j=0}^{k} \alpha_j j^{q+1} - (q+1) \sum_{j=0}^{k} \beta_j j^q \neq 0,$$

那么

$$R(t, u; h) = \sum_{p=q+1}^{\infty} \frac{h^p}{p!} u^{(p)}(t) \left(\sum_{j=0}^{k} \alpha_j j^p - p \sum_{j=0}^{k} \beta_j j^{p-1} \right) = O(h^{q+1}),$$

这时线性 k 步法 (4.20) 是 q 阶相容的. 引入多项式

$$\rho(\lambda) = \sum_{j=0}^{k} \alpha_j \lambda^j, \quad \sigma(\lambda) = \sum_{j=0}^{k} \beta_j \lambda^j,$$

那么 (4.20) 是一阶相容的充要条件为

$$\rho(1) = 0, \quad \rho'(1) = \sigma(1). \quad (4.23)$$

等式 (4.23) 称为线性 k 步法 (4.20) 的**相容性条件**, 而 $\rho(\lambda)$ 称为**第一特征多项式**, $\sigma(\lambda)$ 称为**第二特征多项式**.

　　为了方便地确定线性多步方法的阶, 这里给出一个判别定理.

　　定理 4.2　线性 k 步法 (4.20) 是 q 阶相容的, 当且仅当下面条件之一成立:

(1) $\displaystyle\sum_{j=0}^{k} \alpha_j = 0, \sum_{j=0}^{k} \alpha_j j^p = p \sum_{j=0}^{k} \beta_j j^{p-1}, \quad p = 1, 2, \cdots, q;$

(2) $\rho(e^h) - h\sigma(e^h) = O(h^{q+1}),$　　　　　当 $h \to 0$ 时;

(3) $\dfrac{\rho(\lambda)}{\ln \lambda} - \sigma(\lambda) = O\big((\lambda-1)^q\big),$　　　　　当 $\lambda \to 1$ 时.

　　证　由上面的分析可知 (4.20) 的 q 阶相容性与条件 (1) 等价. 下面证明定理中的三个条件是等价的. 为方便起见, 仅讨论一维模型 (即 $m = 1$). 对于方法 (4.20)

的局部截断误差, 取 $u = e^t$, 有

$$R(t, e^t; h) = \sum_{j=0}^{k} \left(\alpha_j e^{t+jh} - h\beta_j e^{t+jh} \right)$$

$$= e^t \left(\rho(e^h) - h\sigma(e^h) \right),$$

从而 $R(0, e^t; h) = \rho(e^h) - h\sigma(e^h)$. 而由式 (4.22) 可知

$$R(0, e^t; h) = \sum_{j=0}^{k} \alpha_j + \sum_{p=1}^{\infty} \frac{h^p}{p!} \left(\sum_{j=0}^{k} \alpha_j j^p - p \sum_{j=0}^{k} \beta_j j^{p-1} \right),$$

即条件 (2) 和 (1) 是等价的.

再令 $\lambda = e^h$, 即 $h = \ln \lambda$, 那么

$$\rho(e^h) - h\sigma(e^h) = O(h^{q+1}), \quad h \to 0时,$$

即为

$$\rho(\lambda) - \sigma(\lambda) \ln \lambda = O(\ln^{q+1} \lambda), \quad \lambda \to 1时.$$

注意到, 当 $\lambda \to 1$ 时, $\ln \lambda = (\lambda - 1) + O((\lambda - 1)^2)$, 故条件 (3) 和 (2) 是等价的. 定理证毕.

在实际应用上述定理时, 通常由计算

$$\rho(1+z) - \ln(1+z)\sigma(1+z) = C_{q+1} z^{q+1} + O(z^{q+2})$$

来确定阶 q 及误差常数 C_{q+1}.

例 4.4　讨论 Adamas 显格式和隐格式的阶和误差常数.

解　当 $k = 1$, 对于 Adamas 显格式, 有 $\rho(\lambda) = \lambda - 1$, $\sigma(\lambda) = 1$, 则

$$\rho(1+z) - \ln(1+z)\sigma(1+z)$$

$$= (1 + z - 1) - \left(z - \frac{1}{2}z^2 + O(z^3) \right)$$

$$= \frac{1}{2}z^2 + O(z^3),$$

故此格式是一阶相容的, 误差常数为 $\dfrac{1}{2}$. 对于 Adamas 隐格式, 有 $\rho(\lambda) = \lambda - 1$, $\sigma(\lambda) = \dfrac{1}{2}\lambda + \dfrac{1}{2}$, 则

$$\rho(1+z) - \ln(1+z)\sigma(1+z)$$

$$= (1 + z - 1) - \left(z - \frac{1}{2}z^2 + \frac{1}{3}z^3 + O(z^4) \right) \cdot \left(\frac{1}{2}(1+z) + \frac{1}{2} \right)$$

$$= -\frac{1}{12}z^3 + O(z^4),$$

故此格式是二阶相容的, 误差常数为 $-\dfrac{1}{12}$.

同理讨论 $k = 2, 3, 4$, 结论见表 4.7.

表 4.7　Adamas 格式的阶与误差常数

k	阶 q		误差常数 C_{q+1}	
	显格式	隐格式	显格式	隐格式
1	1	2	$\dfrac{1}{2}$	$-\dfrac{1}{12}$
2	2	3	$\dfrac{5}{12}$	$-\dfrac{1}{24}$
3	3	4	$\dfrac{3}{8}$	$-\dfrac{19}{720}$
4	4	5	$\dfrac{251}{720}$	$-\dfrac{3}{160}$

2) 收敛性

设 $u(t)$ 是初值问题 (4.1) 的解, u_n 是线性 k 步法 (4.20) 的解, 那么定义线性 k 步法的收敛性为

定义 4.5　如果对满足 $\lim\limits_{h \to 0} u_i = u(t_i)$ 的初值 u_i, $i = 0, 1, \cdots, k-1$, 有

$$\lim_{h \to 0} u_n = u(t), \quad t = t_n, \quad n = 0, 1, \cdots, N,$$

那么称线性 k 步法 (4.20) 是**收敛**的. 进一步, 如果存在正数 h_0, 使得 $0 < h \leqslant h_0$ 时, 有

$$u_n - u(t_n) = O(h^q), \quad n = 0, 1, \cdots, N,$$

那么称线性 k 步法 (4.20) 是 q **阶收敛**的.

下面讨论线性 k 步法的收敛性. 由线性 k 步法 (4.20) 和截断误差 (4.21), 有

$$\sum_{j=0}^{k} \alpha_j u_{n+j} = h \sum_{j=0}^{k} \beta_j f(t_{n+j}, u_{n+j}),$$

$$\sum_{j=0}^{k} \alpha_j u(t_n + jh) = h \sum_{j=0}^{k} \beta_j f(t_n + jh, u(t_n + jh)) + R(t_n, u; , h).$$

两式作差, 记 $\varepsilon_n = u(t_n) - u_n$, 那么有

$$\sum_{j=0}^{k} \alpha_j \varepsilon_{n+j} = h \sum_{j=0}^{k} \beta_j \big[f(t_n + jh, u(t_n + jh)) - f(t_{n+j}, u_{n+j}) \big] + R(t_n, u; , h) := b_n,$$

$$\tag{4.24}$$

即

$$\varepsilon_{n+k} = -\sum_{j=0}^{k-1} \frac{\alpha_j}{\alpha_k} \varepsilon_{n+j} + \frac{1}{\alpha_k} b_n. \tag{4.25}$$

引入 mk 维列向量 $E_n = (\varepsilon_{n+k-1}, \varepsilon_{n+k-2}, \cdots, \varepsilon_n)^{\mathrm{T}}$, $B_n = \left(\dfrac{1}{\alpha_k} b_n, 0, \cdots, 0\right)^{\mathrm{T}}$
和 $mk \times mk$ 阶矩阵

$$
A = \begin{pmatrix}
-\alpha_k^{-1}\alpha_{k-1}I & -\alpha_k^{-1}\alpha_{k-2}I & \cdots & -\alpha_k^{-1}\alpha_1 I & -\alpha_k^{-1}\alpha_0 I \\
I & 0 & \cdots & 0 & 0 \\
\vdots & \vdots & \ddots & \vdots & \vdots \\
0 & 0 & \cdots & I & 0
\end{pmatrix},
$$

其中 I 表示 m 阶单位矩阵. 那么 (4.25) 可写成向量形式:

$$
E_{n+1} = AE_n + B_n,
$$

进而有

$$
E_n = A^n E_0 + \sum_{l=0}^{n-1} A^l B_{n-l-1}. \tag{4.26}
$$

估计 (4.26) 右端项的上界时, 需要如下引理.

引理 4.1　矩阵族 $\{A^n\}$ 关于 n 一致有界的充要条件是矩阵 A 的特征值满足**根条件**, 即 A 的特征值 λ 满足 $|\lambda| \leqslant 1$ 且 $|\lambda| = 1$ 时, λ 是单根.

证　由线性代数知识可知: 任何一个矩阵都相似于一个 Jordan 矩阵. 故对于矩阵 A 而言, 存在非奇异矩阵 P(即 $\det P \neq 0$), 使得

$$
A = PJP^{-1} = P\begin{pmatrix}
J_1 & & & \\
& J_2 & & \\
& & \ddots & \\
& & & J_r
\end{pmatrix} P^{-1},
$$

其中 J_i 为 J 的对应于特征值 λ_i 的若当块, $i = 1, 2, \cdots, r$, 其阶数之和等于 mk. 显然

$$
A^n = (PJP^{-1})^n = PJ^n P^{-1}
$$

$$
= P\begin{pmatrix}
J_1^n & & & \\
& J_2^n & & \\
& & \ddots & \\
& & & J_r^n
\end{pmatrix} P^{-1}.
$$

Jordan 块 J_i 及其幂 J_i^n 的形状由 A 的特征值重数决定, 即

(1) 当 A 的特征值 λ 是单根时, 对应的若当块是一阶矩阵 (λ), 显然其 n 次幂为 (λ^n);

(2) 当 A 的特征值 λ 是重根时, 对应的若当块可能不唯一, 其维数之和等于特征值 λ 的重数, 且都具有形式

$$\begin{pmatrix} \lambda & 1 & & \\ & \ddots & \ddots & \\ & & \ddots & 1 \\ & & & \lambda \end{pmatrix}_s,$$

这里 s 是一正整数且不大于 λ 的重数, 此时若当块的 n 次幂为

$$\begin{pmatrix} \lambda^n & n\lambda^{n-1} & \cdots & \mathrm{C}_n^{n-s+1}\lambda^{n-s+1} \\ & \ddots & \ddots & \vdots \\ & & \ddots & n\lambda^{n-1} \\ & & & \lambda^n \end{pmatrix}_s;$$

故 A^n 一致有界性等价于 J^n 中因子 λ^n 和 $n^l\lambda^{n-l}$ 关于 n 的一致有界性, 而

λ 是单根时: $\quad \lambda^n$ 有界 $\Leftrightarrow |\lambda| \leqslant 1$;

λ 是重根时: $\quad n^l\lambda^{n-l}(l=0,1,\cdots,s-1)$ 有界 $\Leftrightarrow |\lambda| < 1$.

因此 A^n 一致有界的充要条件是根条件成立. 引理证毕.

注 4.3 矩阵 A 的特征值即为 $\rho(\lambda)=0$ 的根, 故 A 的特征值满足根条件也称为 $\rho(\lambda)$ 满足根条件, 有时也称线性 k 步法满足根条件.

以下估计 (4.26) 右端项的上界. 如果矩阵 A 的特征值满足根条件, 那么存在正常数 M, 使得

$$\| A^n \| \leqslant M, \quad n = 0,1,\cdots,N-k+1.$$

记 $\bar{\beta} = \max\{|\beta_0|,|\beta_1|,\cdots,|\beta_k|\}$, 注意到 f 关于 u 满足 Lipschitz 条件, 即

$$\| f(t,u) - f(t,v) \| \leqslant L \| u - v \|.$$

如果线性 k 步法是 q 阶相容的, 那么由 (4.24) 可知

$$\| b_n \| \leqslant \bar{\beta}Lh \sum_{j=0}^{k} \| u(t_{n+j}) - u_{n+j} \| + \| R(t_n,u;h) \|$$

$$= \bar{\beta}Lh \sum_{j=0}^{k} \| \varepsilon_{n+j} \| + O(h^{q+1}),$$

即

$$\| B_n \| = \frac{1}{|\alpha_k|} \| b_n \| \leqslant \frac{\bar{\beta}Lh}{|\alpha_k|} \sum_{j=0}^{k} \| \varepsilon_{n+j} \| + O(h^{q+1}).$$

故

$$\| E_n \| \leqslant M \| E_0 \| + \frac{M\bar{\beta}Lh}{|\alpha_k|} \sum_{l=0}^{n-1} \sum_{j=0}^{k} \| \varepsilon_{n+j-l-1} \| + O(h^{q+1})$$

$$= M \| E_0 \| + \frac{M\bar{\beta}Lh}{|\alpha_k|} \sum_{j=0}^{k} \sum_{i=j}^{n+j-1} \| \varepsilon_i \| + O(h^{q+1})$$

$$\leqslant M \| E_0 \| + \frac{M\bar{\beta}Lh}{|\alpha_k|}(k+1) \sum_{i=j}^{n+k-1} \| \varepsilon_i \| + O(h^{q+1}).$$

由此可知

$$\| \varepsilon_{n+k-1} \| \leqslant \| E_n \| \leqslant M \| E_0 \| + \frac{M\bar{\beta}Lh}{|\alpha_k|}(k+1) \sum_{i=0}^{n+k-1} \| \varepsilon_i \| + O(h^{q+1}).$$

显然存在 $h_0 > 0$, 使得 $h \leqslant h_0$ 时,

$$\frac{M\bar{\beta}Lh}{|\alpha_k|}(k+1) < 1,$$

这样有

$$\| \varepsilon_{n+k-1} \| \leqslant K_1 \| E_0 \| + K_2 h \sum_{i=0}^{n+k-2} \| \varepsilon_i \| + O(h^q), \qquad (4.27)$$

其中

$$K_1 = \frac{|\alpha_k|M}{|\alpha_k| - M\bar{\beta}Lh(k+1)}, \quad K_2 = \frac{M\bar{\beta}Lh(k+1)}{|\alpha_k| - M\bar{\beta}Lh(k+1)}.$$

引理 4.2 (Gronwall 不等式)　设 $\alpha,\ \beta \geqslant 0$. 如果

$$|\varepsilon_n| \leqslant \alpha + \beta h \sum_{i=0}^{n-1} |\varepsilon_i|, \quad n = k, k+1, \cdots, N, \quad h = \frac{T - t_0}{N},$$

那么

$$|\varepsilon_n| \leqslant e^{\beta(T-t_0)} \left(\alpha + \beta h \sum_{i=0}^{k-1} |\varepsilon_i| \right).$$

证　令 $\xi_n = \alpha + \beta h \sum_{i=0}^{n-1} |\varepsilon_i|$, 那么由已知有 $|\varepsilon_n| \leqslant \xi_n$. 又

$$\xi_n - \xi_{n-1} = \beta h |\varepsilon_{n-1}| \leqslant \beta h \xi_{n-1},$$

即

$$\xi_n \leqslant (1 + \beta h)\xi_{n-1} \leqslant (1 + \beta h)^2 \xi_{n-2} \leqslant \cdots$$

$$\leqslant (1 + \beta h)^{n-k} \xi_k \leqslant e^{\beta(T-t_0)} \left(\alpha + \beta h \sum_{i=0}^{k-1} |\varepsilon_i| \right).$$

证毕.

由引理 4.2 和 (4.27) 可得

$$\| \varepsilon_{n+k-1} \| \leqslant \mathrm{e}^{K_2(T-t_0)} \left[(K_1 + K_2 h)\sqrt{\| \varepsilon_0 \|^2 + \| \varepsilon_1 \|^2 + \cdots + \| \varepsilon_{k-1} \|^2} + O(h^q) \right].$$
$$(4.28)$$

于是当 $\lim\limits_{h\to 0} \varepsilon_i = 0$, $i = 0, 1, \cdots, k-1$ 时, 有 $\varepsilon_{n+k+1} \to 0$, $n = 0, 1, \cdots, N$. 故线性多步法的收敛性成立.

这里的 Gronwall 不等式是定理 1.5 中 Gronwall 不等式的离散形式.

由上面的讨论, 可以得到线性 k 步法收敛性的判别定理.

定理 4.3 线性 k 步法 (4.20) 是相容的且 $\rho(\lambda)$ 满足根条件, 那么它也是收敛的.

注 4.4 进一步可证, 当 f 连续且满足 Lipschitz 条件时, 当且仅当根条件和相容性成立时, 线性 k 步方法是收敛的. 关于该结论必要性的证明, 可以参考定理 4.4.

例 4.5 判断如下常见方法的收敛性和收敛阶数.

(1) Euler 法：$u_{n+1} = u_n + h f_n$;

(2) 改进 Euler 法：$u_{n+1} = u_n + \dfrac{1}{2} h (f_{n+1} + f_n)$;

(3) Adamas 两步外插值法：$u_{n+2} = u_{n+1} + h \left(\dfrac{3}{2} f_{n+1} - \dfrac{1}{2} f_n \right)$;

(4) Adamas 两步内插值法：$u_{n+2} = u_{n+1} + h \left(\dfrac{5}{12} f_{n+2} + \dfrac{8}{12} f_{n+1} - \dfrac{1}{12} f_n \right)$;

(5) Milne 法：$u_{n+2} = u_n + h \left(\dfrac{1}{3} f_{n+2} + \dfrac{4}{3} f_{n+1} + \dfrac{1}{3} f_n \right)$;

(6) 两步显格式法：$u_{n+2} + 4u_{n+1} - 5u_n = h(4f_{n+1} + 2f_n)$.

解 根据定理 4.3 和注 4.4 可有结论, 如表 4.8 所示.

表 4.8 常见方法收敛性及其阶

方法	$\rho(\lambda)$	根条件	$\sigma(\lambda)$	$\dfrac{\rho(\lambda)-\ln(\lambda)\sigma(\lambda)}{(\lambda=1-z)}$	相容	收敛
(1)	$\lambda-1$	$\checkmark$	1	$\dfrac{1}{2}z^2 + O(z^3)$	1 阶相容	1 阶收敛
(2)	$\lambda-1$	$\checkmark$	$\dfrac{1}{2}(\lambda+1)$	$-\dfrac{1}{12}z^3 + O(z^4)$	2 阶相容	2 阶收敛
(3)	$\lambda^2-\lambda$	$\checkmark$	$\dfrac{3}{2}\lambda - \dfrac{1}{2}$	$\dfrac{5}{12}z^3 + O(z^4)$	2 阶相容	2 阶收敛
(4)	$\lambda^2-\lambda$	$\checkmark$	$\dfrac{5}{12}\lambda^2 + \dfrac{8}{12}\lambda - \dfrac{1}{12}$	$-\dfrac{1}{24}z^4 + O(z^5)$	3 阶相容	3 阶收敛

续表

方法	$\rho(\lambda)$	根条件	$\sigma(\lambda)$	$\rho(\lambda)-\ln(\lambda)\sigma(\lambda)$ $(\lambda=1-z)$	相容	收敛
(5)	λ^2-1	$\surd$	$\dfrac{1}{3}\lambda^2+\dfrac{4}{3}\lambda+\dfrac{1}{3}$	$-\dfrac{1}{90}z^5+O(z^6)$	4 阶相容	4 阶收敛
(6)	$\lambda^4+4\lambda-5$	$\times$	—	—	—	—

3) 稳定性

如 Euler 法计算一样, 采用多步法计算时, 也会有舍入误差. 如果这些误差随着计算而无限增长地传递下去, 就会歪曲真解, 这样的算法是不可取的. 为此对线性多步法同样要提出稳定性的要求.

定义 4.6　如果存在正常数 C 和 h_0, 使得 (4.20) 以任意 $0 < h \leqslant h_0$ 为步长和 u_i, $v_i(i=0,1,\cdots,k-1)$ 为初值的解 $\{u_n\}$, $\{v_n\}$ 满足

$$\|u_n-v_n\| \leqslant C \max_{0\leqslant i\leqslant k-1} \|u_i-v_i\|, \quad \forall n\in\{k,\cdots,N\}.$$

那么称线性 k 步法 (4.20) 是稳定的.

对于线性 k 步方法 (4.20) 稳定性的判别, 有如下定理.

定理 4.4　线性 k 步方法 (4.20) 稳定的充要条件是 $\rho(\lambda)$ 满足根条件.

证　充分性的证明类似于收敛性的讨论, 这里只证必要性. 考虑一维初值问题 $u'=0$, $u(t_0)=u_0$, 亦即 $f(t,u)=0$, 对该问题实施线性 k 步法, 有

$$\sum_{j=1}^{k}\alpha_j u_{n+j}=0. \tag{4.29}$$

设 u_n, v_n 是 (4.29) 的任意两个解, 且记 $e_n=u_n-v_n$, 那么有

$$\sum_{j=1}^{k}\alpha_j e_{n+j}=0. \tag{4.30}$$

一方面, 由稳定性定义可知, 存在正常数 C 和 h_0, 使

$$\|e_n\| \leqslant C \max_{0\leqslant i\leqslant k-1} \|e_i\|, \quad \forall n\in\{k,\cdots,N\}.$$

步长 h 在计算中是固定的, 此时 $n \leqslant N = \dfrac{T-t_0}{h}$. 而若 $h\to 0$, 必有 $N\to\infty$. 上式说明 $\{e_n\}$ 关于 n 和 h 是一致有界的.

另一方面, (4.30) 是一个线性齐次差分方程, 类似于线性齐次常微分方程解结构的讨论可得: 若 λ_1 是 $\rho(\lambda)$ 的根, 那么 $e_n=\lambda_1^n$ 是 (4.30) 的一个解. 进一步, 若 λ_1 是 $\rho(\lambda)$ 的重根, 那么 $e_n=n\lambda_1^n$ 也是 (4.30) 的一个解, 参见文献 [4].

显然, 若 $\rho(\lambda)$ 的根 λ 满足 $|\lambda| > 1$ 或 $|\lambda| = 1$ 时, λ 为重根, (4.30) 有解 $e_n = \lambda^n$ 或 $e_n = n\lambda^n$, 它们关于 n 无界, 与上面稳定性要求矛盾. 从而可得 $\rho(\lambda)$ 满足根条件. 定理证毕.

根条件是线性多步法关于初值稳定的充要条件, 因而根条件又称为稳定性条件. 结合收敛性的判别定理, 有下面重要结论.

定理 4.5 线性 k 步法 (4.20) 是相容且稳定的当且仅当它是收敛的.

例 4.6 分析初值问题

$$\begin{cases} u' = 4tu^{\frac{1}{2}}, & 0 \leqslant t \leqslant 2, \\ u(0) = 1 \end{cases} \tag{4.31}$$

的线性两步法

$$u_{n+2} - (1+a)u_{n+1} + au_n = \frac{h}{2}\big((3-a)f_{n+1} - (1+a)f_n\big) \tag{4.32}$$

的稳定性.

解 计算 (4.32) 第一特征多项式有

$$\rho(\lambda) = \lambda^2 - (1+a)\lambda + a = (\lambda - 1)(\lambda - a),$$

$\rho(\lambda)$ 有特征根 $\lambda_1 = 1$, $\lambda_2 = a$. 由根条件可知当 $|a| \leqslant 1$ 且 $a \neq 1$ 时, (4.32) 是稳定的.

事实上, 初值问题 (4.31) 有精确解 $u(t) = (1+t^2)^2$. 分别以 (4.32) 中 $a = 0$, $a = 5$ 的线性两步法计算其数值解, 步长 $h = 0.1$, 初值 $u_0 = 1$, $u_1 = 1.0201$, 那么结果见表 4.9.

表 4.9 例 4.6 数值解与精确解

t_k	数值解 u_k		精确解 $u(t_k)$
	$a = 0$	$a = -5$	
0	1	1	1
0.1	1.0201	1.0201	1.0201
0.2	1.0807	1.0812	1.0816
0.3	1.1852	1.1892	1.1881
0.4	1.3396	1.3389	1.3456
0.5	1.5521	1.5930	1.5625
$\vdots$	$\vdots$	$\vdots$	$\vdots$
1.0	3.9407	$-68.6375+3.3087\mathrm{i}$	4
1.1	4.8082	$367.5751-5.0279\mathrm{i}$	4.8841
$\vdots$	$\vdots$	$\vdots$	$\vdots$
2.0	24.6325	$-6.97\times10^8+9.49\times10^6\mathrm{i}$	25

从表 4.9 所列出的数据不难看出: 当 $a = 0$ 时, 由 (4.32) 计算出的解与 (4.31) 的精确解基本相符; 而当 $a = 5$ 时, 虽然开始几步结果较精确, 然而随着计算进行, 数值解与精确解相差甚远, 已失去作为近似解的应用价值. 这充分体现了研究数值方法稳定性的重要意义.

3. 绝对稳定性

这里从一个数值例子出发. 考虑初值问题 $u' = -10(u-1)^2$, $u(0) = 2$, 易知其精确解为 $u = 1 + 1/(1 + 10t)$. 用 Milne 法 (参见 Milne-Simpson 法或例 4.5) 计算其数值解, 取步长 $h = 0.1$, $u_0 = 2$, $u_1 = 1.5$, 那么结果见表 4.10.

表 4.10　绝对稳定性引例的数值解与精确解

t_k	数值解u_k	精确解$u(t_k)$
⋮	⋮	⋮
0.2	1.3028	1.3333
0.3	1.2701	1.25
0.4	1.1658	1.2
⋮	⋮	⋮
3.8	0.8672	1.0256
3.9	0.9533	1.025
4.0	0.8510	1.0244
⋮	⋮	⋮
4.8	0.0407	1.0204
4.9	$-0.5 - 1.7307\mathrm{i}$	1.02
5.0	$2.8356 - 3.1133\mathrm{i}$	1.0196

我们知道, Milne 方法是收敛的两步四阶方法, 在所有两步方法中精度阶数最高, 其数值结果应该较为理想. 然而从表 4.10 可以看出, 当用 $h = 0.1$ 计算到 50 步前后, 数值解与和精确解已经相差甚远. 对于一个稳定的数值计算公式, 为什么会出现这种反常的不稳定现象呢?

事实上, 在前面引入相容、收敛和稳定性时, 都作出过一个共同假设, 就是 h 充分小, 即 $0 < h \leqslant h_0$ 或 $h \to 0$. 而实际计算时, 步长 h 不可能任意小. 那么对于固定的步长 h, 考察计算方法对误差的敏感性, 就涉及数值方法的绝对稳定问题.

对初值问题 (4.1) 实施线性 k 步法, 有

$$\sum_{j=0}^{k} \alpha_j u_{n+j} = h \sum_{j=0}^{k} \beta_j f(t_{n+j}, u_{n+j}). \tag{4.33}$$

由于实际计算时有舍入误差, 只能得到 u_n 的近似值 $\bar{u}_n$, 满足

$$\sum_{j=0}^{k} \alpha_j \bar{u}_{n+j} = h \sum_{j=0}^{k} \beta_j f(t_{n+j}, \bar{u}_{n+j}) + \eta_{n+k}, \tag{4.34}$$

其中向量 η_n 表示第 n 步数值解的局部舍入误差.

记 $e_n = \bar{u}_n - u_n$, 式 (4.34) 减去式 (4.33), 有

$$\sum_{j=0}^{k} \alpha_j e_{n+j} = h \sum_{j=0}^{k} \beta_j \left[f(t_{n+j}, \bar{u}_{n+j}) - f(t_{n+j}, u_{n+j}) \right] + \eta_{n+k}$$

$$= h \sum_{j=0}^{k} \beta_j \frac{\partial f}{\partial u}(t_{n+j}, u_{n+j} + \theta e_{n+j}) e_{n+j} + \eta_{n+k}, \quad 0 \leqslant \theta \leqslant 1. \quad (4.35)$$

假设 $\dfrac{\partial f}{\partial u} = J$ 是常数矩阵, 即初值问题为 $u' = Ju$, 那么 (4.35) 可化简为

$$\sum_{j=0}^{k} (\alpha_j I - h\beta_j J) e_{n+j} = \eta_{n+k}. \quad (4.36)$$

若 J 是可对角化矩阵, 则存在非奇异矩阵 H 使得

$$H^{-1}JH = \begin{pmatrix} \mu_1 & & & \\ & \mu_2 & & \\ & & \ddots & \\ & & & \mu_m \end{pmatrix}.$$

对式 (4.36) 左乘 H^{-1}, 右乘 H, 则系统 (4.36) 可化为 m 个独立方程:

$$\sum_{j=0}^{k} (\alpha_j - h\beta_j \mu_i)(H^{-1}e_{n+j}H)_i = (H^{-1}\eta_{n+k}H)_i, \quad i = 1, 2, \cdots, m.$$

类似于收敛性的讨论可知, 当方程

$$\rho(\lambda) - \mu_i h \sigma(\lambda) = 0, \quad i = 1, 2, \cdots, m \quad (4.37)$$

的所有根都在单位圆内 (严格根条件) 时, e_n 随着 n 的增大而减少. 记 $\mu(J)$ 表示矩阵 J 的特征值, 那么我们把 $\rho(\lambda) - \mu(J)h\sigma(\lambda)$ 称为**特征多项式**, (4.37) 称为**特征方程**, 并由此引入绝对稳定性的概念.

定义 4.7 如果其特征方程的所有根都在单位圆内, 那么称线性 k 步法关于 $\hbar = \mu(J)h$ 是**绝对稳定**的. 若存在区间 $(a,b) \subset \mathbb{R}$(或区域 $D \subset \mathbb{C}$), 使得线性 k 步法对任意的 $\hbar \in (a,b)$(或 D) 都绝对稳定, 则称 (a,b)(或 D) 为**绝对稳定区间**(或区域).

显然绝对稳定域越大, 方法的适用性越强. 而判别绝对稳定区域归结为检验特征方程的根是否按模小于 1. 这里列出几个常用的判别法则.

判别法则 1 实系数二次方程 $\lambda^2 + p\lambda + q = 0$ 的两个根按模小于 1 的充要条件为

$$\begin{cases} 1 + p + q > 0, \\ 1 - p + q > 0, \\ 1 - q > 0. \end{cases}$$

此充要条件也等价于 $|p| < 1 + q < 2$.

判别法则 2　实系数三次方程 $\lambda^3 + p\lambda^2 + q\lambda + r = 0$ 的三个根按模小于 1 的充要条件为

$$\begin{cases} 1 + r > 0, \quad 1 - r > 0, \\ 1 + p + q + r > 0, \quad 1 - p + q - r > 0, \\ 1 + q + pr - r^2 > 0. \end{cases}$$

判别法则 3　**边界轨迹法**：如果 $\hbar = \mu(J)h$ 位于绝对稳定域边界上，那么 $\Psi(\lambda, \hbar) = \rho(\lambda) - \hbar\sigma(\lambda)$ 有模为 1 的根. 换句话说，对实数 θ，$\Psi(e^{i\theta}, \hbar) = 0$ 的根 $\hbar$ 必在绝对稳定域的边界上. 因此可以取若干固定的 θ，如 $\theta = \dfrac{j\pi}{n}$，$j = 1, 2, \cdots$，通过曲线拟合 $\Psi(e^{i\theta}, \hbar) = 0$ 的解，得到复平面上绝对稳定区域的边界.

例 4.7　讨论如下数值方法的绝对稳定区域.

(1) Euler 法：$u_{n+1} = u_n + hf_n$；

(2) 向后 Euler 法：$u_{n+1} = u_n + hf_{n+1}$；

(3) 改进 Euler 法 (梯形法)：$u_{n+1} = u_n + \dfrac{1}{2}h(f_{n+1} + f_n)$；

(4) Adamas 两步外插值法：$u_{n+2} = u_{n+1} + h\left(\dfrac{3}{2}f_{n+1} - \dfrac{1}{2}f_n\right)$；

(5) Adamas 两步内插值法：$u_{n+2} = u_{n+1} + h\left(\dfrac{5}{12}f_{n+2} + \dfrac{8}{12}f_{n+1} - \dfrac{1}{12}f_n\right)$；

(6) Milne 法：$u_{n+2} = u_n + h\left(\dfrac{1}{3}f_{n+2} + \dfrac{4}{3}f_{n+1} + \dfrac{1}{3}f_n\right)$；

(7) Gear 法：$u_{n+2} - \dfrac{4}{3}u_{n+1} + \dfrac{1}{3}u_n = \dfrac{2}{3}hf_{n+2}$.

解　对于模型方程 $u' = Ju$ 实施 Euler 法，有

$$u_{n+1} = u_n + hJu_n.$$

其特征方程为 $\lambda - (1 + \mu(J)h) = 0$，记 $\hbar = \mu(J)h$，从而绝对稳定区域为 $|1 + \hbar| < 1$. 若 $\mu(J)$ 为实数，绝对稳定区间为 $-2 < \hbar < 0$；若 $\mu(J)$ 为复数，绝对稳定区域为以 $(-1, 0)$ 为中心的单位开圆盘. 同理讨论其他方法的特征方程，并利用判别准则 1 可得稳定区域，见表 4.11.

当 $\mu(J)$ 为复数时，利用边界轨迹法得到绝对稳定域边界，见图 4.6.

表 4.11 常见方法的绝对稳定区域

方法	特征方程	稳定区域 ($\mu(J)$ 为实数)
(1)	$\lambda - (1 + \hbar) = 0$	$-2 < \hbar < 0$
(2)	$(1 - \hbar)\lambda - 1 = 0$	$\hbar < 0$ 或 $\hbar > 2$
(3)	$\left(1 - \dfrac{1}{2}\hbar\right)\lambda - \left(1 + \dfrac{1}{2}\hbar\right) = 0$	$\hbar < 0$
(4)	$\lambda^2 - \left(1 + \dfrac{3}{2}\hbar\right)\lambda + \dfrac{1}{2}\hbar = 0$	$-1 < \hbar < 0$
(5)	$\left(1 - \dfrac{5}{12}\hbar\right)\lambda^2 - \left(1 + \dfrac{8}{12}\hbar\right)\lambda + \dfrac{1}{12}\hbar = 0$	$-6 < \hbar < 0$
(6)	$\left(1 - \dfrac{1}{3}\hbar\right)\lambda^2 - \dfrac{4}{3}\hbar\lambda - \left(1 + \dfrac{1}{3}\hbar\right) = 0$	$\varnothing$
(7)	$\left(1 - \dfrac{2}{3}\hbar\right)\lambda^2 - \dfrac{4}{3}\lambda + \dfrac{1}{3} = 0$	$\hbar < 0$

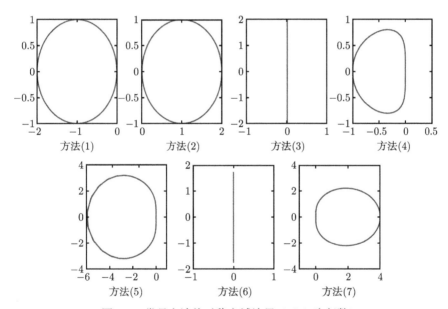

图 4.6 常见方法绝对稳定域边界 ($\mu(J)$ 为复数)

其中方法 (1), (4) 和 (5) 的绝对稳定域为闭曲线内部, 方法 (2), (7) 为闭曲线外部, 方法 (3) 为整个左半平面, 而方法 (6) 绝对不稳定.

从上面的例子看出, 绝对稳定区域一般位于左半平面 (除向后 Euler 法). 当 $\mu(J)$ 是正数时, 这些方法都不是绝对稳定的, 因为此时检验方程 $u' = Ju$ 本身是不稳定的. 绝对稳定性放弃了 h 充分小的限制, 将 $\rho(\lambda)$ 满足根条件转化为 $\rho(\lambda)$ 和 $\sigma(\lambda)$ 共同决定, 从而将限制转移到 f, 对 f 提出 $\mu\left(\dfrac{\partial f}{\partial u}\right) < 0$ 的要求.

在用线性多步法的实际计算中, 还需要考虑初始值的选取和隐式方法 $(\beta_k \neq 0)$ 的求解. 从公式 (4.20) 可知, 若利用线性 k 步法计算 k 步后的值, 除 u_0 外, 必须事先提供附加初值 $u_1, \cdots, u_{k-1}$. 这些初值通常选用四阶 Runge-Kutta 法提供, 这个算法将在后面介绍. 对于隐式方法的计算, 选用预测 – 校正格式 (PECE), 计算过程如下

P：　利用显格式预测, $u_{n+k}^{(0)} = -\sum\limits_{j=0}^{k-1} \dfrac{\alpha_j^*}{\alpha_k^*} u_{n+j} + h \sum\limits_{j=0}^{k-1} \dfrac{\beta_j^*}{\alpha_k^*} f_{n+j}.$

E：　计算函数 f 的值, 即 $f_{n+k}^{(0)} = f(t_{n+k}, u_{n+k}^{(0)}).$

C：　利用隐格式校正, $u_{n+k}^{(1)} = -\sum\limits_{j=0}^{k-1} \dfrac{\alpha_j}{\alpha_k} u_{n+j} + h \sum\limits_{j=0}^{k-1} \dfrac{\beta_j}{\alpha_k} f_{n+j} + h \dfrac{\beta_k}{\alpha_k} f_{n+k}^{(0)}.$

E：　再计算函数 f 的值, 为下一次校正作准备, 即 $f_{n+k}^{(1)} = f(t_{n+k}, u_{n+k}^{(1)}).$

4.1.3　Runge-Kutta 法

Euler 法易于计算, 但精度不高. 线性多步法的精度可提高, 然而在计算时需要附加初值. 下面介绍的 Runge-Kutta(龙格 – 库塔) 法作为单步方法, 在提高精度的同时, 并不需要附加初值.

1. 建立差分格式

在区间 $[t_n, t_n + h]$ 上积分初值问题 (4.1), 并利用积分中值定理, 有

$$
\begin{aligned}
u(t_n + h) &= u(t_n) + \int_{t_n}^{t_n+h} f(\tau, u(\tau)) \mathrm{d}\tau \\
&= u(t_n) + h f(t_n + \theta h, u(t_n + \theta h)), \quad 0 \leqslant \theta \leqslant 1. \quad (4.38)
\end{aligned}
$$

为计算 $f(t_n + \theta h, u(t_n + \theta h))$ 的值, 在区间 $[t_n, t_n + h]$ 上依次取 s 个点 $t_n = \tilde{t}_1 \leqslant \tilde{t}_2 \leqslant \cdots \leqslant \tilde{t}_s \leqslant t_n + h$, 用这 s 个点对应 f 值的权重之和来近似代替 f 在 $t_n + \theta h$ 处的值, 即

$$
f(t_n + \theta h, u(t_n + \theta h)) \approx \sum_{i=1}^{s} c_i f(\tilde{t}_i, u(\tilde{t}_i)), \quad (4.39)
$$

其中 $\sum\limits_{i=1}^{s} c_i = 1$. 因为函数 u 未知, $u(\tilde{t}_i)$ 未知, 故 $f(\tilde{t}_i, u(\tilde{t}_i))$ 无法确定. 如何继续进行下去, 有一个可行的办法是: 设 $u(t_n) = u(\tilde{t}_1)$ 已知, 那么

$$
K_1 = f(\tilde{t}_1, u(\tilde{t}_1))
$$

可确定. 由 Euler 法, $u(\tilde{t}_2) \approx u(\tilde{t}_1) + (\tilde{t}_2 - \tilde{t}_1) f(\tilde{t}_1, u(\tilde{t}_1))$, 于是

$$
K_2 = f(\tilde{t}_2, u(\tilde{t}_2)) \approx f(\tilde{t}_2, u(\tilde{t}_1) + (\tilde{t}_2 - \tilde{t}_1) K_1),
$$

继续进行下去, 有

$$K_3 = f(\tilde{t}_3, u(\tilde{t}_3)) \approx f(\tilde{t}_3, u(\tilde{t}_1) + (\tilde{t}_2 - \tilde{t}_1)K_1 + (\tilde{t}_3 - \tilde{t}_2)K_2),$$

$$\cdots\cdots$$

这样所有 s 个 $f(\tilde{t}_i, u(\tilde{t}_i))$ 的值可以近似确定出, 代入到 (4.38) 和 (4.39), 由 $u(t_n)$ 就求出了 $u(t_n + h)$. 适当选取 c_i 和 $\tilde{t}_i$ 可以使近似式 (4.39) 有尽可能高的逼近阶, 提高计算精度.

将上面的思想算法化, 就可建立Runge-Kutta法. 为简便起见, 引入记号 α_i, β_{ij}, c_i 分别满足

$$
\begin{aligned}
&\alpha_i: \quad t_n + \alpha_i h = \tilde{t}_i, \quad i = 2, \cdots, s;\\
&\beta_{ij}: \quad i = 2, \cdots, s, \ j = 1, \cdots, i-1, \ \text{即为}\\
&\qquad \beta_{21}\\
&\qquad \beta_{31} \quad \beta_{32}\\
&\qquad \cdots\cdots\\
&\qquad \beta_{s1} \quad \beta_{s2} \quad \cdots \quad \beta_{s,s-1}\\
&\qquad \text{使得} \sum_{j=1}^{i-1} \beta_{ij} = \alpha_i, \quad i = 2, \cdots, s.\\
&c_i: \quad c_i \geqslant 0, \quad \sum_{i=1}^{s} c_i = 1.
\end{aligned}
$$

Runge-Kutta 法计算公式为

$$
\begin{cases}
u_{n+1} = u_n + h \sum\limits_{i=1}^{s} c_i K_i,\\
K_1 = f(t_n, u_n),\\
K_i = f\left(t_n + \alpha_i h, u_n + h \sum\limits_{j=1}^{i-1} \beta_{ij} K_j\right), \quad i = 2, 3, \cdots, s.
\end{cases}
\tag{4.40}
$$

系数 α_i, β_{ij} 及 c_i 选取原则: Runge-Kutta 法局部截断误差具有尽可能高的阶, 即 $u(t_n + h) - u(t_n) - \sum\limits_{i=1}^{s} c_i K_i$ 的 Taylor 展开式中系数不为零的 $h^l (l = q, q+1, \cdots)$ 的最小幂次尽可能大 (q 尽可能大), 此时得到的算法 (4.40) 称为 s 级 q 阶 Runge-Kutta 法.

我们按照上面的选取原则, 导出几个具体的计算公式.

首先, 将 $u(t_n + h)$ 在 t_n 处展开, 有

$$
\begin{aligned}
u(t_n + h) - u(t_n) &= \sum_{l=1}^{\infty} \frac{1}{l!} u^{(l)}(t_n) \cdot h^l \\
&= \sum_{l=1}^{\infty} \frac{1}{l!} \frac{\mathrm{d}^{l-1}}{\mathrm{d}t^{l-1}} f(t_n, u(t_n)) \cdot h^l \\
&= \left(hf + \frac{1}{2} h^2 F + \frac{1}{6} h^3 (f_u F + G) \right) \bigg|_{t=t_n} + O(h^4), \quad (4.41)
\end{aligned}
$$

其中

$$
F = f_t + f_u f, \quad G = f_{tt} + 2 f_{tu} f + f_{uu} f^2.
$$

另一方面, 由二元函数的 Taylor 展式, 且注意到讨论局部截断误差时, $u_n = u(t_n)$, 有

$$
\begin{aligned}
K_1 &= f(t_n, u(t_n)), \\
K_2 &= f(t_n + \alpha_2 h, u(t_n) + \beta_{21} h K_1) \\
&= \left[f + h\alpha_2 (f_t + f_u K_1) + \frac{1}{2} h^2 \alpha_2^2 (f_{tt} + 2 f_{tu} K_1 + f_{uu} K_1^2) \right] \bigg|_{t=t_n} + O(h^3) \\
&= \left[f + h\alpha_2 F + \frac{1}{2} h^2 \alpha_2^2 G \right] \bigg|_{t=t_n} + O(h^3), \\
K_3 &= \left[f + h\alpha_3 F + h^2 \left(\alpha_2 \beta_{32} f_u F + \frac{1}{2} \alpha_3 G \right) \right] \bigg|_{t=t_n} + O(h^3),
\end{aligned}
$$

从而

(1) 当 $s = 1$ 时,

$$
h \sum_{i=1}^{s} c_i K_i = h c_1 K_1 = h c_1 f(t_n, u(t_n)), \tag{4.42}
$$

比较 (4.41) 和 (4.42), h 同幂系数相等时, 有 $c_1 = 1$, 此时 Runge-Kutta 法即为 Euler 法.

(2) 当 $s = 2$ 时,

$$
\begin{aligned}
h \sum_{i=1}^{s} c_i K_i &= h(c_1 K_1 + c_2 K_2) \\
&= \left[h(c_1 + c_2) f + h^2 \alpha_2 c_2 F + \frac{1}{2} h^3 \alpha_2^2 G \right] \bigg|_{t=t_n} + O(h^4), \quad (4.43)
\end{aligned}
$$

比较 (4.41) 和 (4.43), h 同幂系数相等时, 有

$$
\begin{cases}
h: & c_1 + c_2 = 1, \\
h^2: & \alpha_2 c_2 = \dfrac{1}{2}.
\end{cases} \tag{4.44}
$$

此即二级二阶 Runge-Kutta 法系数满足的方程组. 显然方程组 (4.44) 有无穷多个解, 可以得到无穷多个二级二阶 Runge-Kutta 法. 其中常用的方法分别对应 $\alpha_2 = \dfrac{1}{2}$, $\dfrac{2}{3}$, 1, 计算公式为

$$\text{中点法:} \quad u_{n+1} = u_n + hf\left(t_n + \frac{1}{2}h, u_n + \frac{1}{2}hf_n\right),$$

$$\text{Heun 法:} \quad u_{n+1} = u_n + \frac{1}{4}h\left[f_n + 3f\left(t_n + \frac{2}{3}h, u_n + \frac{2}{3}hf_n\right)\right],$$

$$\text{PEC 改进 Euler 法:} \quad u_{n+1} = u_n + \frac{1}{2}h\left[f_n + f(t_n + h, u_n + hf_n)\right].$$

(3) 当 $s = 3$ 时,

$$
\begin{aligned}
h\sum_{i=1}^{s} c_i K_i &= h(c_1 K_1 + c_2 K_2 + c_3 K_3)\\
&= \left[h(c_1 + c_2 + c_3)f + h^2(\alpha_2 c_2 + \alpha_3 c_3)F\right.\\
&\quad \left.+\frac{1}{2}h^3(2\alpha_2\beta_{32}c_3 f_u F + (\alpha_2^2 c_2 + \alpha_3^2 c_3)G)\right]\Big|_{t=t_n} + O(h^4), \quad (4.45)
\end{aligned}
$$

比较 (4.41) 和 (4.45), 令 h 各次幂的系数相等, 有

$$
\begin{cases}
h: & c_1 + c_2 + c_3 = 1,\\
h^2: & \alpha_2 c_2 + \alpha_3 c_3 = \dfrac{1}{2},\\
h^3: & \alpha_2 \beta_{32} c_3 = \dfrac{1}{6},\\
& \alpha_2^2 c_2 + \alpha_3^2 c_3 = \dfrac{1}{6}.
\end{cases} \quad (4.46)
$$

方程组 (4.46) 有两个自由变量, 同样可以建立无穷多个三级三阶 Runge-Kutta 方法. 常用的三阶方法有

Heun 三阶方法 $\left(c_1 = \dfrac{1}{4}, c_2 = 0, c_3 = \dfrac{3}{4}; \alpha_2 = \dfrac{1}{3}, \alpha_3 = \dfrac{2}{3}; \beta_{32} = \dfrac{2}{3}\right)$:

$$
\begin{cases}
u_{n+1} = u_n + \dfrac{h}{4}(K_1 + 3K_3),\\
K_1 = f(t_n, u_n),\\
K_2 = f\left(t_n + \dfrac{1}{3}h, u_n + \dfrac{1}{3}hK_1\right),\\
K_3 = f\left(t_n + \dfrac{2}{3}h, u_n + \dfrac{2}{3}hK_2\right).
\end{cases} \quad (4.47)
$$

Kutta 三阶方法 $\left(c_1 = \dfrac{1}{6}, c_2 = \dfrac{2}{3}, c_3 = \dfrac{1}{6}; \alpha_2 = \dfrac{1}{2}, \alpha_3 = 1; \beta_{32} = 2\right)$:

$$\begin{cases} u_{n+1} = u_n + \dfrac{h}{6}(K_1 + 4K_2 + K_3), \\ K_1 = f(t_n, u_n), \\ K_2 = f\left(t_n + \dfrac{1}{2}h, u_n + \dfrac{1}{2}hK_1\right), \\ K_3 = f(t_n + h, u_n - hK_1 + 2hK_2). \end{cases} \tag{4.48}$$

(4) 当 $s = 4$ 时, 同理可以得到四级四阶 Runge-Kutta 法系数所满足的含有 11 个方程 13 个未知量的方程组. 实际计算中常用的四阶 Runge-Kutta 方法计算公式为

Runge-Kutta 经典方法:

$$\begin{cases} u_{n+1} = u_n + \dfrac{h}{6}(K_1 + 2K_2 + 2K_3 + K_4), \\ K_1 = f(t_n, u_n), \\ K_2 = f\left(t_n + \dfrac{1}{2}h, u_n + \dfrac{1}{2}hK_1\right), \\ K_3 = f\left(t_n + \dfrac{1}{2}h, u_n + \dfrac{1}{2}hK_2\right). \\ K_4 = f(t_n + h, u_n + hK_3). \end{cases} \tag{4.49}$$

Kutta 四阶方法:

$$\begin{cases} u_{n+1} = u_n + \dfrac{h}{8}(K_1 + 3K_2 + 3K_3 + K_4), \\ K_1 = f(t_n, u_n), \\ K_2 = f\left(t_n + \dfrac{1}{3}h, u_n + \dfrac{1}{3}hK_1\right), \\ K_3 = f\left(t_n + \dfrac{2}{3}h, u_n - \dfrac{1}{3}hK_1 + hK_2\right), \\ K_3 = f(t_n + h, u_n + hK_1 - hK_2 + hK_3). \end{cases} \tag{4.50}$$

例 4.8　用 Euler 法、向后 Euler 法、梯形法和四阶 Runge-Kutta 经典方法计算初值问题

$$\begin{cases} u' = -u + t + 1, \\ u(0) = 1. \end{cases}$$

解 该初值问题的精确解为 $u(t) = t + \mathrm{e}^{-t}$. 数值解计算公式分别为
Euler 法

$$u_{n+1} = (1-h)u_n + nh^2 + h,$$

向后 Euler 法

$$u_{n+1} = \frac{1}{1+h}\big(u_n + (n+1)h^2 + h\big),$$

梯形法

$$u_{n+1} = \frac{1}{2+h}\big((2-h)u_n + (2n+1)h^2 + 2h\big),$$

经典 Runge-Kutta 法

$$\begin{cases}
u_{n+1} = u_n + \dfrac{h}{6}(K_1 + 2K_2 + 2K_3 + K_4), \\
K_1 = -u_n + nh + 1, \\
K_2 = -\left(u_n + \dfrac{1}{2}hK_1\right) + \left(n + \dfrac{1}{2}\right)h + 1, \\
K_3 = -\left(u_n + \dfrac{1}{2}hK_2\right) + \left(n + \dfrac{1}{2}\right)h + 1, \\
K_4 = -(u_n + hK_3) + (n+1)h + 1.
\end{cases}$$

取步长 $h = 0.1$, 初值 $u_0 = 1$ 计算结果见表 4.12.

表 4.12 例 4.8 数值解与精确解

t_k	数值解 u_k				精确解 $u(t_k)$
	Euler 法	向后 Euler 法	梯形法	经典 Runge-Kutta 法	
0	1	1	1	1	1
0.1	1	1.0091	1.0048	1.0048	1.0048
0.2	1.01	1.0264	1.0186	1.0187	1.0187
0.3	1.029	1.0513	1.0406	1.0408	1.0408
0.4	1.0561	1.0830	1.0701	1.0703	1.0703
0.5	1.0905	1.1209	1.1063	1.1065	1.1065
⋮	⋮	⋮	⋮	⋮	⋮

从上面的例子很容易看出四阶 Runge-Kutta 经典方法的精确度较高, 但在同样步长情况下, 此种 Runge-Kutta 方法的计算量大. 为避免此弊端, 可扩大步长, 这样在计算量相等的情况下, 可得到精确度高的数值解.

例 4.9　用 Runge-Kutta 法计算常微分方程组初值问题

$$\begin{cases} x' = x + 2y, \\ y' = 3x + 2y, \\ x(0) = 6, \quad y(0) = 4. \end{cases}$$

解　该初值问题的精确解为：$x(t) = 4\mathrm{e}^{4t} + 2\mathrm{e}^{-t}$, $y(t) = 6\mathrm{e}^{4t} - 2\mathrm{e}^{-t}$. 采用四阶经典 Runge-Kutta 法, 计算公式为

$$x_0 = 6, \qquad\qquad\qquad y_0 = 4,$$

$$x_{n+1} = x_n + \frac{h}{6}(f_1 + 2f_2 + 2f_3 + f_4), \quad y_{n+1} = y_n + \frac{h}{6}(g_1 + 2g_2 + 2g_3 + g_4),$$

$$f_1 = x_n + 2y_n, \qquad\qquad\qquad g_1 = 3x_n + 2y_n,$$

$$f_2 = \left(x_n + \frac{h}{2}f_1\right) + 2\left(y_n + \frac{h}{2}g_1\right), \quad g_2 = 3\left(x_n + \frac{h}{2}f_1\right) + 2\left(y_n + \frac{h}{2}g_1\right),$$

$$f_3 = \left(x_n + \frac{h}{2}f_2\right) + 2\left(y_n + \frac{h}{2}g_2\right), \quad g_3 = 3\left(x_n + \frac{h}{2}f_2\right) + 2\left(y_n + \frac{h}{2}g_2\right),$$

$$f_4 = (x_n + hf_3) + 2(y_n + hg_3), \qquad g_4 = 3(x_n + hf_3) + 2(y_n + hg_3),$$

$$n = 0, 1, \cdots, N - 1.$$

取步长 $h = 0.2$, 计算结果见表 4.13.

表 4.13　例 4.9 数值解和精确解

t_k	数值解		精确解	
	x_k	y_k	$x(t_k)$	$y(t_k)$
0	6	4	6	4
0.2	10.5271	11.6969	10.5396	11.7158
0.4	21.0969	28.2937	21.1528	28.3776
0.6	45.0039	64.7618	45.1903	65.0414
0.8	98.4760	145.4673	99.0288	146.2965
1.0	217.5916	324.5480	219.1284	326.8531
⋮	⋮	⋮	⋮	⋮

注 4.5　在 MATLAB 中, 求解常微分方程组初值问题最常用的算法是Runge-Kutta-Fehlberg 算法, 它具有更高的精度和稳定性, 计算公式为

$$u_{n+1} = u_n + \frac{16}{135}K_1 + \frac{6656}{12825}K_3 + \frac{28561}{56430}K_4 - \frac{9}{50}K_5 + \frac{2}{55}K_6,$$

$$K_1 = hf(t_n, u_n),$$

$$K_2 = hf\left(t_n + \frac{1}{4}h, u_n + \frac{1}{4}K_1\right),$$

$$K_3 = hf\left(t_n + \frac{3}{8}h, u_n + \frac{3}{32}K_1 + \frac{9}{32}K_2\right),$$

$$K_4 = hf\left(t_n + \frac{12}{13}h, u_n + \frac{1932}{2197}K_1 - \frac{7200}{2197}K_2 + \frac{7296}{2197}K_3\right),$$

$$K_5 = hf\left(t_n + h, u_n + \frac{439}{216}K_1 - 8K_2 + \frac{3680}{513}K_3 - \frac{845}{4104}K_4\right),$$

$$K_6 = hf\left(t_n + \frac{1}{2}h, u_n - \frac{8}{27}K_1 + 2K_2 - \frac{3544}{2565}K_3 + \frac{1859}{4104}K_4 - \frac{11}{40}K_5\right).$$

2. 实用性分析

为了讨论的方便, 将 Runge-Kutta 法改写为

$$\begin{cases} u_{n+1} = u_n + h\varphi(t_n, u_n; h), \\ \varphi(t_n, u_n; h) = \sum_{i=1}^{s} c_i K_i, \\ K_1 = f(t_n, u_n), \\ K_i = f\left(t_n + \alpha_i h, u_n + h\sum_{j=1}^{i-1} \beta_{ij} K_j\right), \quad i = 2, 3, \cdots, s, \end{cases} \tag{4.40$'$}$$

其中 $\varphi(t, u; h)$ 称为 Runge-Kutta 法 (4.40)$'$ 的**增量函数**.

1) 相容性

设 $u(t)$ 是初值问题 (4.1) 的解, 定义算子

$$R(t, u; h) = u(t+h) - u(t) - h\varphi(t, u(t); h)$$

为 Runge-Kutta 法的**局部截断误差**.

定义 4.8 如果 $R(t, u; 0) = 0$, 那么称差分格式 (4.40) 是**相容**的. 进一步, 如果 $R(t, u; h) = O(h^{q+1})$, 那么称 (4.40) 是 q **阶相容**的.

Runge-Kutta 法是相容的. 事实上, 将 $u(t + h)$ 在 t 处作 Taylor 展开, 将 $f\left(t + \alpha_i h, u(t) + h\sum_{j=1}^{i-1} \beta_{ij} K_j\right)$ 在 (t, u) 处作 Taylor 展开, 有

$$R(t, u; h) = u(t+h) - u(t) - h\left(c_1 f(t, u(t)) + \sum_{i=2}^{s} c_i f\left(t + d_i h, u(t) + h\sum_{j=1}^{i-1} \beta_{ij} k_j\right)\right)$$

$$= hu'(t) + O(h^2) - h\left(\sum_{i=1}^{s} c_i f(t, u(t)) + O(h^2)\right)$$

$$= hu'(t) - h\sum_{i=1}^{s} c_i f(t, u(t)) + O(h^2).$$

因为 $u(t)$ 是初值问题 (4.1) 的解, 故当 $\sum_{i=1}^{s} c_i = 1$ 时, $R(t, u; h) = O(h^2)$, 从而

Runge-Kutta 法是相容的. 进一步, 当 $s = q$ 时, 由系数 α_i, β_{ij} 及 c_i 选取原则可知此方法是 q 阶相容的.

2) 收敛性

设 $u(t)$ 是初值问题 (4.1) 的解, u_n 是差分格式 (4.40) 的解, 那么定义算子

$$\varepsilon_n = u(t_n) - u_n, \quad n = 1, 2, \cdots$$

为 Runge-Kutta 法的**整体截断误差**.

定义 4.9　如果 $\lim\limits_{h \to 0} \varepsilon_n = 0$, 那么称差分格式 (4.40) 是收敛的. 进一步, 如果 $\varepsilon_n = O(h^q)$, 称它为 q 阶收敛的.

对于 q 阶相容的 Runge-Kutta 法, 由

$$u(t_{n+1}) = u(t_n) + h\varphi(t_n, u(t_n); h) + R(t_n, u; h),$$
$$u_{n+1} = u_n + h\varphi(t_n, u_n; h),$$

可得

$$\varepsilon_{n+1} = \varepsilon_n + h\big(\varphi(t_n, u(t_n); h) - \varphi(t_n, u_n; h)\big) + R(t_n, u; h).$$

因为 f 满足 Lipschitz 条件, 故有

$$\parallel \varepsilon_{n+1} \parallel \leqslant \parallel \varepsilon_n \parallel + h\sum_{i=1}^{s} c_i L P_{i-1}(Lh)\|\varepsilon_n\| + \parallel R(t_{n+1}, u; h) \parallel, \qquad (4.51)$$

这里 $P_i(Lh)$ 是 Lh 的 i 次多项式, 记 $M = \sum_{i=1}^{s} c_i L P_{i-1}(Lh)$, 同时对于 q 阶相容的

Runge-Kutta 法, 存在常数 C 使 $|R(t_n, u; h)| \leqslant Ch^{q+1}$, 再结合 (4.51) 可推出

$$\begin{aligned}
\parallel \varepsilon_n \parallel &\leqslant (1 + Mh) \parallel \varepsilon_{n-1} \parallel + Ch^{q+1} \\
&\leqslant (1 + Mh)^2 \parallel \varepsilon_{n-2} \parallel + Ch^{q+1}(1 + Mh + 1) \\
&\leqslant \cdots \\
&\leqslant Ch^{q+1}\left[(1 + Mh)^{n-1} + (1 + Mh)^{n-2} + (1 + Mh) + 1\right] \\
&\leqslant Ch^{q+1}\frac{(1 + Mh)^n - 1}{Mh} \\
&\leqslant \frac{C}{M}\left(e^{M(T-t_0)-1}\right)h^q,
\end{aligned}$$

这里 $\varepsilon_0 = u(0) - u_0 = 0$. 所以 q 阶相容的 Runge-Kutta 法是 q 阶收敛的.

上面利用定义讨论了 Runge-Kutta 法的收敛性, 同时也给出了误差估计式. 关于其收敛性也可以采用线性多步法中的根条件来判断, 显然 $\rho(\lambda) = \lambda - 1$ 满足根条件, 同样可以得到收敛性成立.

3) 稳定性

记 u_n, v_n 分别是差分格式 (4.40) 分别以 u_0, v_0 为初值, h 为步长的解.

定义 4.10 如果存在常数 C 和 h_0 使得

$$\| u_n - v_n \| \leqslant C \| u_0 - v_0 \|, \quad 0 < h \leqslant h_0, \quad Nh \leqslant T - t_0, \quad n = 1, 2, \cdots, N.$$

那么称差分格式 (4.40) 是稳定的.

令 $e_n = u_n - v_n$, 那么

$$
\begin{aligned}
\| e_{n+1} \| &\leqslant \| e_n \| + h \| \varphi(t_n, u_n; h) - \varphi(t_n, v_n; h) \| \\
&\leqslant (1 + Mh) \| e_n \| \leqslant \cdots \leqslant (1 + Mh)^{n+1} \| e_0 \| .
\end{aligned}
$$

当 $t_n \in I$, 即 $n \leqslant N$ 时, 有

$$\| e_n \| \leqslant (1 + Mh)^{n+1} \| e_0 \| \leqslant \mathrm{e}^{M(T - t_0)} \| e_0 \|,$$

所以 Runge-Kutta 法是稳定的.

4) 绝对稳定性

在 Runge-Kutta 法中取 $f = Ju(J$ 是可对角化实矩阵$)$, 则

$$
\begin{aligned}
K_1 &= Ju_n, \\
K_2 &= J(1 + \beta_{21}Jh)u_n = JP_1(Jh)u_n, \\
K_3 &= J(1 + \beta_{31}Jh + \beta_{32}Jh(1 + \beta_{21}Jh))u_n = JP_2(Jh)u_n, \\
&\quad \cdots\cdots \\
K_s &= JP_{s-1}(Jh)u_n,
\end{aligned}
$$

其中 $P_s(z)$ 表示 z 的 s 次多项式. 这样有

$$
\begin{aligned}
u_{n+1} &= u_n + h \sum_{i=1}^{s} c_i K_i \\
&= u_n + h \sum_{i=1}^{s} c_i J P_{i-1}(Jh)u_n \\
&= (I + P_s(Jh))u_n.
\end{aligned}
$$

对于方程 $u' = Ju$ 有解 $u(t) = e^{Jt} \cdot c$. 利用 Taylor 展式, 有

$$u(t_{n+1}) = u(t_n) + hu'(t_n) + \cdots + \frac{h^q}{q!} u^{(q)}(t_n) + O(h^{q+1})$$

$$= \left(I + Jh + \cdots + \frac{(Jh)^q}{q!} \right) u(t_n) + O(h^{q+1}),$$

所以, 若 Runge-Kutta 法是 q 阶的, 那么 $s \geqslant q$, 且

$$I + P_s(Jh) = I + Jh + \cdots + \frac{(Jh)^q}{q!}.$$

不妨取 $s = q$, 此时 Runge-Kutta 法可以写为

$$u_{n+1} = \sum_{l=0}^{q} \frac{(Jh)^l}{l!} u_n. \tag{4.52}$$

因为 J 是可对角化矩阵, 存在非奇异矩阵 H 使

$$H^{-1}JH = \begin{pmatrix} \mu_1 & & & \\ & \mu_2 & & \\ & & \ddots & \\ & & & \mu_m \end{pmatrix}.$$

在 (4.52) 左乘 H^{-q}, 右乘 H^q, 可以得到独立方程组

$$u_{n+1} = \sum_{l=0}^{q} \frac{(\mu_i h)^l}{l!} u_n, \quad i = 1, 2, \cdots, m. \tag{4.53}$$

其特征方程为

$$\lambda - \sum_{l=0}^{q} \frac{(\mu_i h)^l}{l!} = 0, \quad i = 1, 2, \cdots, m.$$

显然, 特征方程有特征根 $\lambda = \sum_{l=0}^{q} \frac{(\mu_i h)^l}{l!}$. 由此可知, Runge-Kutta 方法绝对稳定当且仅当

$$|\lambda| = \left| \sum_{l=0}^{q} \frac{(\mu_i h)^l}{l!} \right| < 1, \quad i = 1, 2, \cdots, m.$$

取 $q = 1, 2, 3, 4, \cdots$, 那么相应绝对稳定区域, 如表 4.14 所示.

若 $\mu(J)$ 是复数, 由边界轨迹法可得到稳定区域, 稳定域均为闭曲线内部, 如图 4.7 所示.

表 4.14 q 阶 Runge-Kutta 法绝对稳定区域

q	特征值	绝对稳定区域 ($\mu(J)$ 是实数)
1	$1 + \hbar$	$(-2, 0)$
2	$1 + \hbar + \dfrac{1}{2}\hbar^2$	$(-2, 0)$
3	$1 + \hbar + \dfrac{1}{2}\hbar^2 + \dfrac{1}{6}\hbar^3$	$(-2.51, 0)$
4	$1 + \hbar + \dfrac{1}{2}\hbar^2 + \dfrac{1}{6}\hbar^3 + \dfrac{1}{24}\hbar^4$	$(-2.78, 0)$
$\vdots$	$\vdots$	$\vdots$

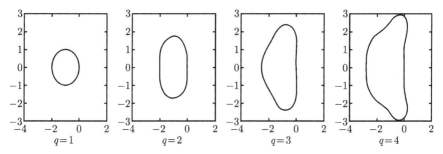

图 4.7 q 阶 Runge-Kutta 法绝对稳定区域边界

由表 4.14 和图 4.7 可以看出, 当 Runge-Kutta 方法阶数增大时, 绝对稳定区间或区域也随之增大. 考虑到计算量和精度问题, 实际计算中一般采用四阶 Runge-Kutta 法.

这里介绍的 Runge-Kutta 法都是显式的, 为进一步扩大稳定域, 可采用隐式 Runge-Kutta 法, 关于这些算法的详细讨论, 将在刚性方程系统的数值计算中给出.

习 题 4.1

1. 用 Euler 法求解初值问题 $u' = -5u$, $u(0) = 1$ 的数值解, 取步长 $h = 0.1$, 求解区间为 $[0, 1]$, 并绘制折线与精确解比较.

2. 设 $f(t, u)$ 关于 u 满足 Lipschitz 条件, Lipschitz 常数为 L. 对梯形法 (4.5) 试证明: 当 $hL < 1$ 时, 其整体截断误差满足:

$$\| \varepsilon_n \| \leqslant \mathrm{e}^{2L(T-t_0)} \| \varepsilon_0 \| + \frac{R}{hL} \left(\mathrm{e}^{2L(T-t_0)} - 1 \right).$$

3. 将二阶常微分方程初值问题

$$\begin{cases} u'' = -u, & 0 \leqslant t \leqslant 1, \\ u(0) = 0, & u'(0) = 1 \end{cases}$$

化为一阶方程组, 并用 Euler 法与梯形法求解.

4. 求具有最高阶的线性三步方法的系数.

5. 对于线性 k 步法 (4.20) 满足条件 $\beta_j = 0 \, (j = 0, 1, \cdots, k-1)$ 的 k 阶 k 步方法叫做Gear 方法. 试对 $k = 1, 2, 3, 4$, 求 Gear 法的表达式.

6. 对给定初值问题 $u' = u - \dfrac{2t}{u}$, $u(0) = 1$, 试分别用四阶 Adamas 显格式和预估 – 校正格式求数值解, 步长 $h = 0.1$, 并利用计算结果估计数值解的局部误差主项.

7. 试求出Quade 方法

$$u_{n+4} - \frac{8}{19}\left(u_{n+3} - u_{n+1}\right) - u_n = \frac{9}{16}h\left(f_{n+4} + 4f_{n+3} + 4f_{n+1} + f_n\right)$$

的阶和误差常数.

8. 讨论下列线性多步法的相容性和收敛性:

(1) $u_{n+2} + u_{n+1} - 2u_n = \dfrac{h}{4}(f_{n+2} + 8f_{n+1} + 3f_n)$;

(2) $u_{n+2} - u_{n+1} = \dfrac{h}{3}(3f_{n+1} - 2f_n)$;

(3) $u_{n+3} + \dfrac{1}{4}u_{n+2} - \dfrac{1}{2}u_{n+1} - \dfrac{3}{4}u_n = \dfrac{h}{8}(19f_{n+2} + 5f_n)$;

(4) $u_{n+2} + (a-1)u_{n+1} - au_n = \dfrac{h}{4}[(a+3)f_{n+2} + (3a+1)f_n]$.

9. 将 Adamas 内插值法

$$u_{n+3} - u_{n+2} = \frac{h}{24}(9f_{n+3} + 19f_{n+2} - 5f_{n+1} + f_n)$$

应用于方程组

$$\begin{cases} u' = v, \\ v' = -200u - 20v. \end{cases}$$

并求其绝对稳定域.

10. 讨论下列方法的绝对稳定域:

(1) $u_{n+2} - u_{n+1} = \dfrac{h}{12}(5f_{n+2} + 8f_{n+1} - f_n)$;

(2) $u_{n+3} + \dfrac{27}{11}u_{n+2} - \dfrac{27}{11}u_{n+1} - u_n = \dfrac{h}{11}(3f_{n+3} + 3f_{n+2} + 27f_{n+1} + 27f_n)$.

11. 对于初值问题 $u' = e^{10(t-u)}$, $u(0) = 0.1$, 在区间 $[0,1]$ 上分别用 Euler 法, 梯形法和 Runge-Kutta 法进行计算. 取步长 $h = 0.1, 0.2, 0.5$, 并由结果比较同样步长下, 哪种方法精度高; 对同种方法, 步长对结果有何影响.

12. 证明单步方法 $u_{n+1} = u_n + h\varphi(t_n, u_n; h)$ 是三阶收敛的, 其中

$$\varphi(t, u; h) = f(t, u) + \frac{h}{2}g\left(t + \frac{h}{3}, u + \frac{h}{3}f(t, u)\right),$$

$$g(t, u) = f_t(t, u) + f(t, u) \cdot f_u(t, u).$$

4.2 刚性方程组的数值计算

本节讨论一类具有特殊性质的常微分系统 —— 刚性 (stiff) 微分方程组的数值求解问题. 4.1 节介绍的显式计算公式应用于这类系统时, 步长不能放大, 甚至要求特别小, 否则误差会急剧增加, 数值解不稳定. 而若采用小步长, 计算量特别大, 效率太低. 为高效地求解这类问题, 必须讨论具有无限稳定域的方法.

下面首先认识一下常微分系统的刚性性质, 然后引入无限绝对稳定域的严格数学定义, 列出几个求解刚性问题的数值方法, 最后叙述一下隐式 Runge-Kutta 法和 B 稳定性.

4.2.1 刚性方程组的特点和数值方法的 A 稳定性

1. 刚性方程组

下面通过一个实例引入刚性常微分系统.

例 4.10 求解

$$u' = \begin{pmatrix} -2 & 1 \\ 1 & -2 \end{pmatrix} u, \quad u(0) = \begin{pmatrix} 2 \\ 2 \end{pmatrix} \tag{4.54}$$

和

$$u' = \begin{pmatrix} -2 & 1 \\ 9998 & -9999 \end{pmatrix} u, \quad u(0) = \begin{pmatrix} 2 \\ 2 \end{pmatrix}. \tag{4.55}$$

解 这两个初值问题分别有特征值 $\lambda_1^{(1)} = -1$, $\lambda_2^{(1)} = -3$ 和 $\lambda_1^{(2)} = -1$, $\lambda_2^{(2)} = -10000$, 且它们有相同的解析解为

$$u(t) = \left(2\mathrm{e}^{-t}, \ 2\mathrm{e}^{-t} \right)^{\mathrm{T}}.$$

若采用四阶显式 Runge-Kutta 法求解上面两个问题, 为保证其绝对稳定性, 则要求 $|h\lambda_j^{(i)}| < 2.78$, $i, j = 1, 2$. 对于初值问题 (4.54), 其步长限制为 $h < 2.78/3$, 步长较大, 计算可顺利进行下去. 而对于初值问题 (4.55), 步长限制为 $h < 2.78 \times 10^{-4}$, 步长很小. 如果使数值解达到稳定状态, 例如, 当解满足 $2\mathrm{e}^{-t} < 2\mathrm{e}^{-3}$ 时认为达到了稳定状态, 则要求出 $t > 3$ 的数值解, 即数值求解区间至少为 $[0, 3]$, 此时步数为 $3/h \approx 10^4$, 计算量十分庞大.

上述这种现象就是刚性问题, 它是由方程组的某个特性引起的, 故称 (4.55) 为刚性方程组. 事实上, (4.55) 有通解

$$u(t) = c_1 \mathrm{e}^{-t} + c_2 \mathrm{e}^{-10000t}, \quad c_1, c_2 \in \mathbb{R}^2.$$

通解中包含了慢变分量 $c_1\mathrm{e}^{-t}$ 和快变分量 $c_2\mathrm{e}^{-10000t}$, 显然当 $t \to +\infty$ 时, 这两个分量都趋于 0, 此时称它们之和为暂态解, 而其和的极限值 0 称为稳定解. 刚性就是

由微分方程组解中的快变分量和慢变分量变化速度相差多个数量级产生的. 由此定义线性刚性方程组如下:

定义 4.11　对于线性系统 $\dfrac{\mathrm{d}u}{\mathrm{d}t} = Ju + g$, 若

(1) $\mathrm{Re}(\lambda_j) < 0, j = 1, 2, \cdots, m$;

(2) $s := \max\limits_{1 \leqslant j \leqslant m} |\mathrm{Re}(\lambda_j)| / \min\limits_{1 \leqslant j \leqslant m} |\mathrm{Re}(\lambda_j)| \gg 1$,

那么称它是刚性的, 其中 λ_j 为矩阵 J 的特征值, 而 s 称为刚性比.

刚性方程也称病态方程或坏条件方程. 通常刚性比 s 达到 $10^p (p \geqslant 1)$ 就认为是刚性的. 例 4.10 中的系统 (4.55) 刚性比为 10^4. p 越大, 病态越严重. 在控制系统、生物学、物理学及化学动力学领域中, 很多系统的刚性比可高达 10^6, 此为严重刚性问题.

例 4.11　求下列方程组的刚性比:

$$u' = \begin{pmatrix} -0.1 & -49.9 & 0 \\ 0 & -50 & 0 \\ 0 & 70 & -30000 \end{pmatrix} u, \quad u(0) = \begin{pmatrix} 2 \\ 1 \\ 2 \end{pmatrix}.$$

解　令方程组的特征多项式

$$\begin{vmatrix} \lambda + 0.1 & 49.9 & 0 \\ 0 & \lambda + 50 & 0 \\ 0 & -70 & \lambda + 30000 \end{vmatrix} = (\lambda + 0.1)(\lambda + 50)(\lambda + 30000) = 0$$

有特征值 $\lambda_1 = -0.1$, $\lambda_2 = -50$, $\lambda_3 = -30000$. 这时

$$s = \frac{\max\limits_{1 \leqslant j \leqslant 3} |\mathrm{Re}(\lambda_j)|}{\min\limits_{1 \leqslant j \leqslant 3} |\mathrm{Re}(\lambda_j)|} = 3 \times 10^5 \gg 1,$$

故此为刚性方程组, 刚性比为 3×10^5. 若用四阶显式 Runge-Kutta 法求解, 则要求 $|h\lambda_j| < 2.78$, $j = 1, 2, 3$, 此时步长 $h < 2.78 \times 10^5 / 3$.

对于非线性方程组的刚性性质, 可通过将其线性化处理后再确定. 考虑常微分方程组初值问题 (4.1)

$$u' = f(t, u), \quad u(t_0) = u_0,$$

有解 $\bar{u}(t)$, 即 $\bar{u}' = f(t, \bar{u})$, 将方程组 (4.1) 线性化, 用 $u - \bar{u}$ 代替 u, 有

$$u' - J(t)(u - \bar{u}(t)) - f(t, \bar{u}) = 0, \tag{4.56}$$

其中 $J(t)$ 表示 $(t, \bar{u})$ 处 $f(t, u)$ 的 Jacobi 矩阵 $\dfrac{\partial f}{\partial u}$. 设在 t 时刻, $J(t)$ 有特征值 $\lambda_j = \lambda_j(t)$, $j = 1, 2, \cdots, m$. 若 λ_j 均为单根, 则线性化后的方程组 (4.56) 的基本解组可近似取为函数组 $\mathrm{e}^{\lambda_j t} \xi_j$, 通解也可以近似地写为

$$u(t) = \bar{u}(t) + \sum_{j=1}^{m} c_j e^{\lambda_j t} \xi_j,$$

这里 c_j 是任意常数, ξ_j 是 $J(t)$ 对应于 λ_j 的特征向量, $j = 1, 2, \cdots, m$. 显然当 $\mathrm{Re}(\lambda_j) < 0$, $j = 1, 2, \cdots, m$ 时, 解是局部稳定的. 类似于线性情形, 引入一般刚性方程组的定义.

定义 4.12 考虑初值问题 (4.1), 若对任意的 $t \in [a, b]$, 有

(1) $\mathrm{Re}(\lambda_j) < 0, j = 1, 2, \cdots, m$,

(2) $s(t) := \max\limits_{1 \leqslant j \leqslant m} |\mathrm{Re}(\lambda_j)| / \min\limits_{1 \leqslant j \leqslant m} |\mathrm{Re}(\lambda_j)| \gg 1$,

那么称它在区间 $[a, b] \subset [t_0, T]$ 内是**刚性**的, 其中 $\lambda_j = \lambda_j(t)$ 为矩阵 $J(t)$ 在 t 处的特征值, 而 $s(t)$ 为 t 处的**局部刚性比**.

根据刚性方程组的定义可知, 它是渐近稳定的, 因为 $\mathrm{Re}(\lambda_j) < 0$. 解曲线最终趋向于它的稳定解, 而解的各个分量衰减快慢不同, 解的快变分量在边界层迅速衰减掉, 而在边界层外, 解所含的分量个数减少, 使得刚性方程具有奇异摄动的性质.

例 4.12 讨论 $\varepsilon = 1000$ 时的 van der Pol 方程的刚性性质.

$$\begin{cases} u'' + \varepsilon(u^2 - 1)u' + u = 0, \\ u(0) = 2, \quad u'(0) = 0, \end{cases}$$

解 令 $x_1 = u$, $x_2 = u'$, 那么该初值问题可转化为方程组:

$$\begin{cases} x_1' = x_2, \\ x_2' = \varepsilon(1 - x_1^2)x_2 - x_1, \\ x_1(0) = 2, \quad x_2(0) = 0. \end{cases}$$

该方程组的 Jacobi 矩阵为

$$J = \begin{pmatrix} 0 & 1 \\ -2\varepsilon x_1 x_2 - 1 & \varepsilon(1 - x_1^2) \end{pmatrix},$$

J 的特征方程为

$$\lambda^2 - \varepsilon(1 - x_1^2)\lambda + 2\varepsilon x_1 x_2 + 1 = 0.$$

当 $t = 0$ 时, 由初值条件可知 $x_1(0) = 2, x_2(0) = 0$, 故方程组有特征根 $\lambda_1 \approx -3.3 \times 10^{-4}$, $\lambda_2 \approx -3000$, 显然刚性比 $s = O(10^7)$, 此时 van der Pol 为严重刚性方程组. 而当 $t > 0$ 时, van der Pol 方程有解, 见图 4.8. 显然, 当 $x_1^2 \neq 1$ 时, $x_2 = 0$, 故方程组仍是刚性的. 而当 $x_1 = \pm 1$ 时, x_2 急剧变化, 符合刚性性质, 故 $\varepsilon = 1000$ 时的 van der Pol 方程是典型的刚性方程.

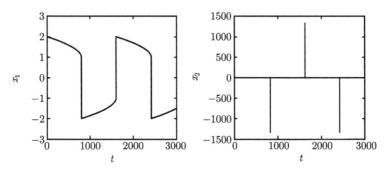

图 4.8　van der Pol 方程 $(\varepsilon = 1000)$ 数值解图示

若令 $s = t/\varepsilon$, $y_1(s) = x_1(t)$, $y_2(s) = \varepsilon x_2(t)$, $\mu = 1/\varepsilon^2$, 那么上列方程组可转化为

$$\begin{cases} y_1' = y_2, \\ \mu y_2' = (1 - y_1^2)y_2 - y_1, \end{cases}$$

显然当 $\mu \to 0$(即 $\varepsilon \to \infty$) 时, 方程组收敛到退化形式

$$\begin{cases} y_1' = y_2, \\ (1 - y_1^2)y_2 - y_1 = 0, \end{cases}$$

此时可利用奇异摄动理论讨论, 所以也说刚性系统具有奇异摄动的性质.

2. A 稳定性

用数值方法求解刚性方程组时, 要求步长 h 的大小必须满足 $h\lambda_j$ 落在稳定域内. 如果稳定域是有限的, 步长受 $\max_{j}|\mathrm{Re}(\lambda_j)|$ 的限制, 使得计算步数超过刚性比. 鉴于这一点, 需要研究具有无限稳定域的方法. Dahlquist 在 1963 年给出了具有无限稳定域的 A 稳定性概念.

定义 4.13　如果一个数值方法的绝对稳定域包含整个左半平面, 就称它为 A **稳定**的,

根据定义 4.13 及例 4.7 可知, 向后 Euler 法、梯形法和 Gear 法都是 A 稳定的. 具有 A 稳定性的数值方法用于计算时, 步长 h 不受稳定性条件的限制, 故适用于刚性方程组的求解. 如何构造新的具有 A 稳定的数值方法和能否减弱 A 稳定性要求是刚性方程组数值方法研究的两个重要方面.

在 A 稳定被引入的同时, Dahlquist 证明了任何显式的线性多步法 (包括显式 Runge-Kutta 法) 不可能是 A 稳定的, 隐式线性多步法中也只有阶数不超过 2 的计算方法才有可能是 A 稳定的, 且其中梯形法是精度最高的一个. 这个结论说明了具有 A 稳定的数值方法很少, 因此减弱 A 稳定性定义, 即减弱 "稳定性区域包含左半平面" 这一限制势在必行.

定义 4.14 如果一个数值方法的绝对稳定域包含三角区域$T_\alpha = \{\hbar : |\pi - \arg(\hbar)| < \alpha\}$,那么就称它为$A(\alpha)$ **稳定**的, $\alpha \in \left(0, \dfrac{\pi}{2}\right)$. 如果对于充分小的 α, 它是 $A(\alpha)$ 稳定的, 那么称它为 $A(0)$ 稳定的. 如果对所有的 $\alpha \in \left(0, \dfrac{\pi}{2}\right)$, 它是 $A(\alpha)$ 稳定的, 就称它为 $A\left(\dfrac{\pi}{2}\right)$ 稳定的.

$A\left(\dfrac{\pi}{2}\right)$ 稳定就是 A 稳定, $A(\alpha)$ 稳定是 A 稳定性的推广, 其稳定区域如示意图 4.9 所示.

Gear 从刚性方程组的特点出发, 既考虑了稳定性, 又考虑了数值解近似的精度, 给出了刚性稳定概念.

定义 4.15 如果一个数值方法是收敛的, 且存在正常数 D, θ, α 使得方法在区域 $R_1 = \{\hbar : \text{Re}(\hbar) \leqslant -D\}$ 上是绝对稳定的, 而在区域 $R_2 = \{\hbar : -D < \text{Re}(\hbar) < \alpha, |\text{Im}(\hbar)| < \theta\}$ 上具有较高精度且是相对或绝对稳定的, 那么就称它为**刚性稳定**的, 见图 4.10.

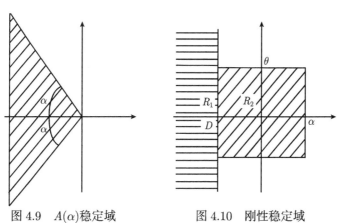

图 4.9 $A(\alpha)$稳定域   图 4.10 刚性稳定域

3. 线性多步法的 A 稳定性

线性 k 步法公式为

$$\sum_{j=0}^{k} \alpha_j u_{n+j} = h \sum_{j=0}^{k} \beta_j f_{n+j},$$

其特征方程

$$\Psi(\lambda, \bar{\hbar}) := \rho(\lambda) - \hbar\sigma(\lambda) = 0,$$

其中 $\rho(\lambda) = \displaystyle\sum_{j=0}^{k} \alpha_j \lambda^j$, $\sigma(\lambda) = \displaystyle\sum_{j=0}^{k} \beta_j \lambda^j$. 由 4.1 节的结论可知线性 k 步法的绝对稳定域为 $R = \{\hbar : |\hbar| < 1, \Psi(\lambda, \hbar) = 0\}$.

线性多步法 A 稳定性的基本结论已在前面给出, 下面给出线性多步法 A 稳定、$A(\alpha)$ 稳定和刚性稳定的一些判别定理. 为方便起见, 记 $q(\lambda) = \dfrac{\rho(\lambda)}{\sigma(\lambda)}$ 和条件

$$\text{多项式} \sigma(\lambda) \text{的根} \sigma_i \text{满足}: \quad |\sigma_i| < 1, \quad i = 1, 2, \cdots, k. \tag{4.57}$$

定理 4.6   线性 k 步法是 A 稳定的充要条件是对于 $|\lambda| > 1$, $q(\lambda)$ 正则且 $\mathrm{Re}(q(\lambda)) \geqslant 0$.

定理 4.7   如果 $\mathrm{Re}(q(\mathrm{e}^{\mathrm{i}\theta})) \geqslant 0$ 且条件 (4.57) 成立, 则线性 k 步法是 A 稳定的.

定理 4.8   设下列条件成立:

(1) 线性 k 步法稳定, 即 $\rho(\lambda)$ 满足根条件;

(2) $\beta_k \neq 0$, $\alpha_k \beta_k > 0$;

(3) $\mathrm{Im}(q(\mathrm{e}^{\mathrm{i}\theta})) \geqslant 0, \theta \in [0, \pi]$;

(4) $\mathrm{Im}(q(\mathrm{e}^{\mathrm{i}\theta})) + \tan\alpha \mathrm{Re}(q(\mathrm{e}^{\mathrm{i}\theta})) \geqslant 0$, $\theta \in [0, \pi]$;

(5) 条件 (4.57) 成立,

则线性 k 步法 (4.20) 是 $A(\alpha)$ 稳定的.

定理 4.9   线性 k 步法 (4.20) 是刚性稳定的充要条件是下列条件成立:

(1) 线性 k 步法 A_0 稳定, 即该方法的绝对稳定域包含整个负实轴;

(2) 多项式 $\rho(\lambda)/(\lambda - 1)$ 任何根的模小于 1;

(3) λ^* 是 $\sigma(\lambda)$ 模为 1 的根, 那么 λ^* 是单根, 且 $\dfrac{\rho(\lambda^*)}{\lambda^* \sigma'(\lambda^*)}$ 是正实数.

例 4.13   讨论如下线性多步法的 A 稳定、$A(\alpha)$ 稳定和刚性稳定性:

$$u_{n+3} - \frac{18}{11}u_{n+2} + \frac{9}{11}u_{n+1} - \frac{2}{11}u_n = \frac{6}{11}hf_{n+3}. \tag{4.58}$$

解   容易计算出对应这种方法的第一和第二多项式分别为

$$\rho(\lambda) = \lambda^3 - \frac{18}{11}\lambda^2 + \frac{9}{11}\lambda - \frac{2}{11}, \quad \sigma(\lambda) = \frac{6}{11}\lambda^3.$$

从而

$$q(\lambda) = \frac{11}{6} - \frac{3}{\lambda} + \frac{3}{2\lambda^2} - \frac{1}{3\lambda^3}.$$

令 $\lambda = r\mathrm{e}^{\mathrm{i}\theta}$, 则

$$\mathrm{Re}(q(r\mathrm{e}^{\mathrm{i}\theta})) = \frac{11}{6} - \frac{3}{r}\cos\theta + \frac{3}{2r^2}\cos 2\theta - \frac{1}{3r^3}\cos 3\theta,$$

$$\mathrm{Im}(q(r\mathrm{e}^{\mathrm{i}\theta})) = \frac{3}{r}\sin\theta - \frac{3}{2r^2}\sin 2\theta + \frac{1}{3r^3}\sin 3\theta.$$

取 $r = 1.01$, $\theta = 1$, 则 $\mathrm{Re}(q(\lambda)) = -0.0632 < 0$, 由定理 4.6 可知, 该线性三步法不是 A 稳定的.

对于该多步法, 容易验证定理 4.8 中条件 (1),(2) 和 (5) 成立. 因为

$$\mathrm{Im}(q(\mathrm{e}^{\mathrm{i}\theta})) = \frac{3}{r}\sin\theta - \frac{3}{2r^2}\sin 2\theta + \frac{1}{3r^3}\sin 3\theta$$

$$= \frac{1}{3}\sin\theta(8 - 9\cos\theta + 4\cos^2\theta) \geqslant 0, \quad \theta \in [0,\pi],$$

故条件 (3) 成立. 进一步, 记 $x = \cos\theta$, 那么如果定理 4.8 中的条件 (4) 成立, 即

$$\mathrm{Im}(q(\mathrm{e}^{\mathrm{i}\theta})) + \tan\alpha\,\mathrm{Re}(q(\mathrm{e}^{\mathrm{i}\theta}))$$

$$= \frac{1}{3}\sqrt{1 - x^2}(8 - 9x + 4x^2) + \tan\alpha\left(\frac{1}{3} - 2x + 3x^2 - \frac{4}{3}x^3\right)$$

$$\geqslant 0, \quad x \in [-1,1]$$

成立. 注意到 $\mathrm{Im}(q(\mathrm{e}^{\mathrm{i}\theta})) \geqslant 0$, 所以有

$$\tan(\alpha_{\max}) = \min_{x \in \Omega}\left(\frac{\dfrac{1}{3}\sqrt{1 - x^2}(8 - 9x + 4x^2)}{\dfrac{1}{3} - 2x + 3x^2 - \dfrac{4}{3}x^3}\right),$$

$$\Omega := \left\{x:\ x \in [-1,1],\ \frac{1}{3} - 2x + 3x^2 - \frac{4}{3}x^3 < 0\right\}.$$

由此可得该线性三步法是 $\alpha_{\max} = 88°27'$ 稳定的.

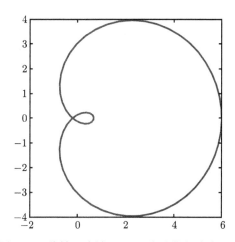

图 4.11 线性三步法 (4.58) 绝对稳定域边界

因为 $A(\alpha)$ 稳定性包含 A_0 稳定, 而多项式

$$\frac{\rho(\lambda)}{\lambda - 1} = \lambda^2 - \frac{7}{11}\lambda + \frac{2}{11}$$

有根 $\dfrac{7 \pm \mathrm{i}\sqrt{39}}{22}$, 其模小于 1, 满足定理 4.9 中条件 (2), 同时 $\sigma(\lambda)$ 的根为 0, 所以该算法是刚性稳定的, 利用边界轨迹法, 可有稳定域边界, 稳定域为闭曲线的外部, 见图 4.11.

4. 解刚性方程组的线性多步法

这里给出几个求解刚性方程组的线性多步法.

1) 向后差分法

对于初值问题,

$$\frac{\mathrm{d}u}{\mathrm{d}t} = f(t, u), \quad u(t_0) = u_0, \tag{4.1}$$

假设其精确解 $u(t)$ 在节点 $t_{n-k+1}, \cdots, t_n$ 处的近似值 $u_{n-k+1}, \cdots, u_n$ 已知, 为计算 u_{n+1}, 类似于 Adamas 内插值法, 用 $\{(t_i, u_i), i = n - k + 1, \cdots, n + 1\}$ 的插值多项式 $q(t)$ 来近似代替 $u(t)$(注意这里是 $u(t)$, 而非 Adamas 插值法中的 $f(t, u(t))$), 即

$$q(t) = q(t_n + sh) = \sum_{j=0}^{k} (-1)^j \mathrm{C}_{-s+1}^j \nabla^j u_{n+1}.$$

在 $t = t_{n+1}$ 处对函数 $q(t)$ 求导, 有

$$q'(t_{n+1}) = \frac{\mathrm{d}q(t_n + sh)}{\mathrm{d}sh}\bigg|_{s=1} = \frac{1}{h}\sum_{j=0}^{k} \delta_j^* \nabla^j u_{n+1},$$

其中

$$\delta_j^* = \frac{\mathrm{d}}{\mathrm{d}s}(-1)^j \mathrm{C}_{-s+1}^j\bigg|_{s=1} = \frac{\mathrm{d}}{\mathrm{d}s}\left[\frac{1}{j!}(s-1)s\cdots(s+j-2)\right]\bigg|_{s=1} = \frac{1}{j}.$$

令 $q'(t_{n+1}) = f(t_{n+1}, u(t_{n+1}))$, 则得到初值问题的差分近似, 即向后差分公式

$$\sum_{j=0}^{k} \frac{1}{j}\nabla^j u_{n+1} = hf(t_{n+1}, u(t_{n+1})). \tag{4.59}$$

向后差分公式也称 **BDF公式**(backward differentiation formulas). 取定 k 的值后, 就可以得到具体的向后差分公式.

$$k = 1: \quad u_{n+1} - u_n = hf_{n+1},$$

$$k = 2: \quad \frac{3}{2}u_{n+1} - 2u_n + \frac{1}{2}u_{n-1} = hf_{n+1},$$

$$k = 3: \quad \frac{11}{6}u_{n+1} - 3u_n + \frac{3}{2}u_{n-1} - \frac{1}{3}u_{n-2} = hf_{n+1},$$

$$k = 4: \quad \frac{25}{12}u_{n+1} - 4u_n + 3u_{n-1} - \frac{4}{3}u_{n-2} + \frac{1}{4}u_{n-3} = hf_{n+1},$$

$$k = 5: \quad \frac{137}{60}u_{n+1} - 5u_n + 5u_{n-1} - \frac{10}{3}u_{n-2} + \frac{5}{4}u_{n-3} - \frac{1}{5}u_{n-4} = hf_{n+1},$$

$$k = 6: \quad \frac{147}{60}u_{n+1} - 6u_n + \frac{15}{2}u_{n-1} - \frac{20}{3}u_{n-2} + \frac{15}{4}u_{n-3} - \frac{6}{5}u_{n-4} + \frac{1}{6}u_{n-5} = hf_{n+1}.$$

根据定理 4.6~ 定理 4.9 可验证, 当 $k = 1, 2$ 时, 它是 A 稳定的; 当 $k = 3, 4, 5, 6$ 时, 它是 $A(\alpha)$ 稳定和刚性稳定的. 当 $k > 6$ 时, 向后差分公式不稳定. 进一步由边界轨迹法可得到 k 步向后差分法的绝对稳定域边界, 稳定区域为闭曲线的外部, 见图 4.12, 且根据绝对稳定域还可以得出 $A(\alpha)$ 稳定的最大 α 值和刚性稳定的最小 D 值和最大 θ 值, 见表 4.15.

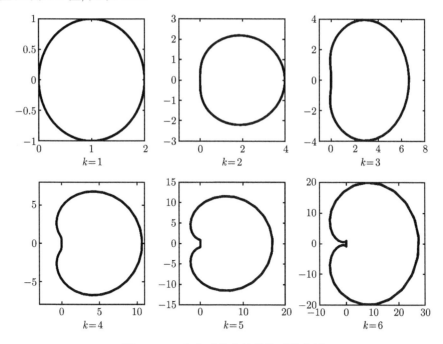

图 4.12　k 步向后差分法的绝对稳定域

表 4.15　BDF 的 $A(\alpha)$ 稳定及刚性稳定域参数最值

k	1	2	3	4	5	6
α	90°	90°	88°27′	73°14′	51°50′	18°47′
D	0	0	0.1	0.7	2.4	6.1
θ			0.75	0.75	0.75	0.5

若 $u_n, \cdots, u_{n+k-1}$ 已知, 要确定 u_{n+k}, 公式 (4.59) 也可以写成

$$\sum_{j=0}^{k} \frac{1}{j} \nabla^j u_{n+k} = h f(t_{n+k}, u(t_{n+k})). \tag{4.59'}$$

2) 广义向后差分法

为增强向后差分公式的稳定性, 在公式 (4.59)′ 中加入点 t_{n+k+1}, 有

$$\sum_{j=0}^{k} \alpha_j u_{n+j} = h\beta_k f_{n+k} + h\beta_{k+1} f_{n+k+1}, \tag{4.60}$$

其中 $\alpha_k = 1$, $\displaystyle\sum_{j=0}^{k} \alpha_j j^q = \sum_{j=k}^{k+1} \beta_j j^{q-1}$, $q = 0, 1, \cdots, k+1$. 公式 (4.60) 称为广义向后

差分法. 通常采用预测–校正格式进行计算.

(1) 已知 $u_{n+1}, \cdots, u_{n+k-1}$, 由 BDF 公式计算出 $\bar{u}_{n+k}$, 即

$$\bar{u}_{n+k} - h\hat{\beta} f_{n+k} = -\sum_{j=0}^{k-1} \hat{\alpha}_j u_{n+j}.$$

(2) 用 BDF 公式继续计算出 $\bar{u}_{n+k+1}$, 即

$$\bar{u}_{n+k+1} - h\hat{\beta} f_{n+k+1} = -\sum_{j=0}^{k} \hat{\alpha}_j u_{n+j} \quad (u_{n+k} = \bar{u}_{n+k}).$$

(3) $\bar{f}_{n+k+1} = f(t_{n+k+1}, \bar{u}_{n+k+1})$.

(4) 由广义向后差分公式计算出 u_{n+k}, 即

$$u_{n+k} - h\beta f_{n+k} = -\sum_{j=0}^{k-1} \alpha_j u_{n+j} + h\beta_{k+1} \bar{f}_{n+k+1}.$$

若广义向后差分算法 (4.60) 是 $k+1$ 阶方法, 而 (4.59) 是 k 阶方法, 那么上面的预测–校正格式是 $k+1$ 阶方法. 对于 (4.60), 当 $k > 6$ 时, 仍能构造稳定的计算公式, 如 $k = 7, 8$ 时, 可构造广义向后差分公式系数, 见表 4.16. 它们分别是 A(50°) 和 A(20°) 稳定, 这是 BDF 格式不能达到的.

3) Enright 法

Enright 是含二阶导数的线性多步法. 在微分系统

$$u' = f(t, u)$$

两边关于 t 求导, 有

$$u'' = f_t + f_u \cdot f := g(t, u).$$

表 4.16 广义向后差分公式系数表

k	α_8	α_7	α_6	α_5	α_4	α_3
7	—	1	$-\dfrac{1324470}{626709}$	$\dfrac{1393070}{626709}$	$-\dfrac{1189475}{626709}$	$\dfrac{723975}{626709}$
8	1	$-\dfrac{28187040}{12403947}$	$\dfrac{34531280}{12403947}$	$-\dfrac{35354480}{12403947}$	$\dfrac{26886300}{12403947}$	$-\dfrac{14471072}{12403947}$

	α_2	α_1	α_0	β_k	β_{k+1}
7	$-\dfrac{292334}{626709}$	$\dfrac{70070}{626709}$	$-\dfrac{7545}{626709}$	$\dfrac{319620}{626709}$	$-\dfrac{14700}{626709}$
8	$\dfrac{5201840}{12403947}$	$-\dfrac{1120080}{12403947}$	$\dfrac{109305}{12403947}$	$\dfrac{5988360}{12403947}$	$-\dfrac{235200}{12403947}$

对它取级数法

$$u_{n+1} = u_n + h f_n + \frac{h^2}{2} g_n$$

的推广形式

$$\sum_{j=0}^{k} \alpha_j u_{n+j} = h \sum_{j=0}^{k} \beta_j f_{n+j} + h^2 \sum_{j=0}^{k} \gamma_j g_{n+j}, \tag{4.61}$$

其中 $\alpha_j, \beta_j, \gamma_j$ 满足

$$\sum_{j=0}^{k} \alpha_j j^p = p \sum_{j=0}^{k} \beta_j j^{p-1} + p(p-1) \sum_{j=0}^{k} \gamma_j j^{p-2}, \quad p = 1, 2, \cdots, q, \tag{4.62}$$

则 (4.61), (4.62) 就构成了 Enright 法计算公式, 其中 q 是该数值方法的阶数. 容易计算出 Enright 法的误差常数为

$$C = \frac{1}{(p+1)! \sum_{j=0}^{k} \beta_j} \left(\sum_{j=0}^{k} \alpha_j j^{p+1} - (p+1) \sum_{j=0}^{k} \beta_j j^p - p(p+1) \sum_{j=0}^{k} \gamma_j j^{p-1} \right).$$

为使 Enright 具有尽可能高的精度和稳定性, 可按照如下方式选取系数 α_j, β_j 和 γ_j:

(1) $\alpha_k = 1$, $\alpha_{k-1} = -1$, $\alpha_{k-2} = \cdots = \alpha_0 = 0$;

(2) $\gamma_k \neq 0$, $\gamma_{k-1} = \cdots = \gamma_0 = 0$;

(3) 剩余 $k + 2$ 个系数 $\gamma_k, \beta_k, \beta_{k-1}, \cdots, \beta_0$ 按 (4.62) 计算, $q = 1, \cdots, k + 2$.

这样 Enright 法 (4.61) 简化为 $k + 2$ 阶线性 k 步法

$$u_{n+1} = u_n + h \sum_{j=0}^{k} \beta_j f_{n+j-k+1} + h^2 \gamma_k g_{n+1}. \tag{4.63}$$

取定 k, 得到具体计算公式

$$k = 1: \quad u_{n+1} = u_n + h\left(\frac{2}{3}f_{n+1} + \frac{1}{3}f_n\right) - \frac{1}{6}h^2 g_{n+1},$$

$$k = 2: \quad u_{n+1} = u_n + h\left(\frac{29}{48}f_{n+1} + \frac{5}{12}f_n - \frac{1}{48}f_{n-1}\right) - \frac{1}{8}h^2 g_{n+1},$$

$$k = 3: \quad u_{n+1} = u_n + h\left(\frac{307}{540}f_{n+1} + \frac{19}{40}f_n - \frac{1}{20}f_{n-1} + \frac{7}{1080}f_{n-2}\right) - \frac{19}{180}h^2 g_{n+1},$$

$$k = 4: \quad u_{n+1} = u_n + h\left(\frac{3133}{5760}f_{n+1} + \frac{47}{90}f_n - \frac{41}{480}f_{n-1} + \frac{1}{45}f_{n-2} - \frac{17}{5760}f_{n-3}\right)$$

$$- \frac{3}{32}h^2 g_{n+1}.$$

对于 Enright 法 (4.63), 当 $k = 1, 2$ 时, 它是 A 稳定的; 当 $k = 3, \cdots, 7$ 时, 它是 $A(\alpha)$ 稳定和刚性稳定的. 利用边界轨迹法, 可确定出这些算法的绝对稳定域边界, 稳定域为闭曲线的外部, 见图 4.13. 且根据绝对稳定域还可以得到 $A(\alpha)$ 稳定的最大 α 和刚性稳定的最小 D 及最大 θ 取值, 如表 4.17 所示.

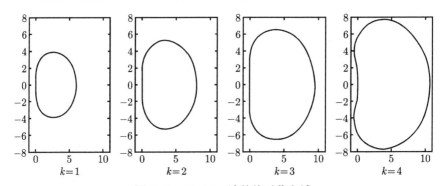

图 4.13　Enright 法的绝对稳定域

表 4.17　**Enright 的 $A(\alpha)$ 稳定及刚性稳定域参数最值**

k	1	2	3	4	5	6	7
α	90°	90°	87°88′	82°03′	73°10′	59°95′	37°61′
D	0	0	0.1	0.52	1.339	2.7	5.182
θ			2.0	2.0	2.0	2.0	1.9

与表 4.15 对比可以看出, Enright 法比向后差分法具有更高阶的精度和更大的绝对稳定域.

注 4.6　建立具有尽可能大绝对稳定域的数值方法是为了更好地求解刚性方

程组. 但数值方法稳定域放得很大时, 求解的微分系统有可能变得不稳定, 从而引起数值方法的 "危险性" 问题. 因此, 在构造求解刚性方程组的数值方法时, 还应考虑待求解的系统是否稳定. 通常在每步计算完成后进行误差检验, 并自动选取步长, 及时发现系统的不稳定性, 防止 "危险性" 发生.

4.2.2 隐式 Runge-Kutta 法和 B 稳定性

Runge-Kutta 法是求解常微分系统初值问题的一类重要的单步算法. 显式 Runge-Kutta 法的绝对稳定区域是有限区域, 它不适用于刚性方程的求解. 求解刚性方程的算法一定都是隐式的, 从而隐式 Runge-Kutta 法及其稳定性成为数值求解刚性方程的一个重要研究方向.

1. 隐式 Runge-Kutta 法

在区间 $[t_n, t_n + h]$ 上积分初值问题 (4.1), 有

$$u(t_n + h) = u(t_n) + \int_{t_n}^{t_n+h} f(\tau, u(\tau))\mathrm{d}\tau. \tag{4.64}$$

在区间 $[t_n, t_n + h]$ 上取出 s 个点, 用这 s 个点对应 f 的值近似代替上式右端积分, 有

$$\int_{t_n}^{t_n+h} f(\tau, u(\tau))\mathrm{d}\tau \approx h\sum_{i=1}^{s} c_i f(t_n + \alpha_i h, u(t_n + \alpha_i h)), \tag{4.65}$$

其中 $\alpha_i \in [0, 1]$, c_i 为权重. 对 (4.1) 再从 t_n 到 $t_n + \alpha_i h$ 积分, 有

$$u(t_n + \alpha_i h) = u(t_n) + \int_{t_n}^{t_n+\alpha_i h} f(\tau, u(\tau))\mathrm{d}\tau, \quad i = 1, 2 \cdots, s, \tag{4.66}$$

对于式 (4.66) 右端积分, 仍用 $[t_n, t_n + h]$ 上的 s 个点对应 f 的值来近似代替, 即

$$\int_{t_n}^{t_n+\alpha_i h} f(\tau, u(\tau))\mathrm{d}\tau \approx h\sum_{j=1}^{s} \beta_{ij} f(t_n + \alpha_j h, u(t_n + \alpha_j h)). \tag{4.67}$$

联合式 (4.64) 至式 (4.67), 用 u_n 代替 $u(t_n)$, 用 K_i 代替 $f(t_n + \alpha_i h, u(t_n + \alpha_i h))$, 用等号代替约等于号 "$\approx$", 则可得到 Runge-Kutta 法计算公式

$$\begin{cases} u_{n+1} = u_n + h\sum_{i=1}^{s} c_i K_i, \\ K_i = f\left(t_n + \alpha_i h, u_n + h\sum_{j=1}^{s} \beta_{ij} K_j\right), \quad i = 1, 2, \cdots, s, \end{cases} \tag{4.68}$$

其中, 当 $\beta_{ij} = 0$, $i \leqslant j$ 时, (4.68) 即为显式 Runge-Kutta 法. 当 $\beta_{ij} = 0$, $j < i$ 且至少有一个 $\beta_{ii} \neq 0$ 时, 则称 (4.68) 为**对角隐式 Runge-Kutta 法**. 进一步, 若 β_{ii}

关于 i 恒为一常数, 则称 (4.68) 为**单对角隐式 Runge-Kutta 法**, 其他情况统称为**隐式 Runge-Kutta 法**.

为确定出具体的 Runge-Kutta 法, 需要确定系数 α_i, β_{ij} 和 c_i. 为方便起见, 系数表按如下形式描述:

$$
\begin{array}{c|ccc}
\alpha_1 & \beta_{11} & \cdots & \beta_{1s} \\
\vdots & \vdots & & \vdots \\
\alpha_s & \beta_{s1} & \cdots & \beta_{ss} \\
\hline
 & c_1 & \cdots & c_s
\end{array}
\qquad 或向量形式 \qquad
\begin{array}{c|c}
\alpha & \beta \\
\hline
 & C^{\mathrm{T}}
\end{array}
$$

例如, 4.1 节建立的显式 Runge-Kutta 法 (4.48), 它对应的系数表为

$$
\begin{array}{c|ccc}
0 & 0 & 0 & 0 \\
\dfrac{1}{2} & \dfrac{1}{2} & 0 & 0 \\
1 & -1 & 2 & 0 \\
\hline
 & \dfrac{1}{6} & \dfrac{2}{3} & \dfrac{1}{6}
\end{array}
$$

确定系数 α_i, β_{ij} 和 c_i 的途径有多种. 下面给出具有最高精度的 s 级 $2s$ 阶隐式 Runge-Kutta 法的系数确定步骤

(1) $P_s(t) = 0$ 的 s 个根为 α_i, $i = 1, 2, \cdots, s$ 的值, 其中 $P_s(t)$ 为 $[0,1]$ 上的 s 次 Legendre 多项式.

(2) 由线性方程组 $\sum\limits_{i=1}^{s} c_i \alpha_i^{k-1} = \dfrac{1}{k}$, $k = 1, 2, \cdots, s$ 求出系数 c_i, $i = 1, 2, \cdots, s$.

(3) 由 $\sum\limits_{j=1}^{s} \beta_{ij} \alpha_i^{k-1} = \dfrac{1}{k} \alpha_i^k$, $i, k = 1, 2, \cdots, s$ 求出系数 β_{ij}, $i, j = 1, 2, \cdots, s$.

注 4.7　在区间 $[0, 1]$ 上的 Legendre 多项式 $P_s(t), s = 1, \cdots, 6$ 为

$$P_0(t) = 1, \quad P_1(t) = 2t - 1, \quad P_2(t) = 6t^2 - 6t + 1,$$

$$P_3(t) = 20t^3 - 30t^2 + 12t - 1,$$

$$P_4(t) = 70t^4 - 140t^3 + 90t^2 - 20t + 1,$$

$$P_5(t) = 252t^5 - 630t^4 + 560t^3 - 210t^2 + 30t - 1,$$

$$P_6(t) = 924t^6 - 2772t^5 + 3150t^4 - 1680t^3 + 420t^2 - 42t + 1.$$

按照如上系数确定步骤计算 s 级 $2s$ 阶隐式 Runge-Kutta 法, 有系数表分别为

$$
s = 1: \qquad
\begin{array}{c|c}
\dfrac{1}{2} & \dfrac{1}{2} \\
\hline
 & 1
\end{array}
\tag{4.69}
$$

$$
s = 2: \quad
\begin{array}{c|cc}
\dfrac{1}{2} - \dfrac{\sqrt{3}}{6} & \dfrac{1}{4} & \dfrac{1}{4} - \dfrac{\sqrt{3}}{6} \\[2mm]
\dfrac{1}{2} + \dfrac{\sqrt{3}}{6} & \dfrac{1}{4} + \dfrac{\sqrt{3}}{6} & \dfrac{1}{4} \\[2mm]
\hline
 & \dfrac{1}{2} & \dfrac{1}{2}
\end{array}
\tag{4.70}
$$

$$
s = 3: \quad
\begin{array}{c|ccc}
\dfrac{1}{2} - \dfrac{\sqrt{15}}{10} & \dfrac{5}{36} & \dfrac{2}{9} - \dfrac{\sqrt{15}}{15} & \dfrac{5}{36} - \dfrac{\sqrt{15}}{30} \\[2mm]
\dfrac{1}{2} & \dfrac{5}{36} + \dfrac{\sqrt{15}}{24} & \dfrac{2}{9} & \dfrac{5}{36} - \dfrac{\sqrt{15}}{24} \\[2mm]
\dfrac{1}{2} + \dfrac{\sqrt{15}}{10} & \dfrac{5}{36} + \dfrac{\sqrt{15}}{30} & \dfrac{2}{9} + \dfrac{\sqrt{15}}{15} & \dfrac{5}{36} \\[2mm]
\hline
 & \dfrac{5}{18} & \dfrac{4}{9} & \dfrac{5}{18}
\end{array}
\tag{4.71}
$$

因为区间 $[0, 1]$ 上的 s 次 Legendre 多项式 $P_s(t) = 0$ 的根确定为 $[0,1)$ 上的 Gauss 求积公式节点 $\alpha_i, i = 1, \cdots, s$, 故按照上法则确定的隐式 Runge-Kutta 法也称为 Gauss-Legendre 法 (简称 G-L 法). 同时, 也有基于 Radau 求积公式和 Lobatto 求积公式确定参数后建立的隐式 Runge-Kutta 法, 这里不再一一叙述.

2. 隐式 Runge-Kutta 法的 A 稳定性

s 级 $2s$ 阶隐式 Runge-Kutta 法是 A 稳定的. 事实上, 将 (4.68) 应用于试验方程

$$
u' = \lambda u,
\tag{4.72}
$$

其中 λ 是复数且 $\mathrm{Re}(\lambda) < 0$, 那么有

$$
u_{n+1} = u_n + h\lambda \sum_{i=1}^{s} c_i K_i,
\tag{4.73}
$$

$$
K_i = u_n + h\lambda \sum_{j=1}^{s} \beta_{ij} K_j, \quad i = 1, \cdots, s.
\tag{4.74}
$$

记 $K = (K_1, \cdots, K_s)^{\mathrm{T}}, C^{\mathrm{T}} = (c_1, \cdots, c_s), e = (1, \cdots, 1)_s^{\mathrm{T}}$, 那么式 (4.73) 和 (4.74) 可以写成向量形式为

$$
u_{n+1} = u_n + h\lambda C^{\mathrm{T}} K, \quad K = e u_n + h\lambda \beta K, \quad \text{即} (I - h\lambda \beta) K = e u_n,
$$

从而有

$$
u_{n+1} = \left(1 + h\lambda C^{\mathrm{T}}(I - h\lambda \beta)^{-1} e\right) u_n := R(\hbar) u_n,
$$

其中 $\hbar = h\lambda$, I 是 s 阶单位矩阵,

$$R(\hbar) = 1 + h\lambda C^{\mathrm{T}}(I - h\lambda\beta)^{-1}e$$

是 Runge-Kutta 法 (4.68) 的**稳定性函数**. 该函数也可表示为

$$R(\hbar) = \frac{\det\left(I - \hbar\beta + \hbar e C^{\mathrm{T}}\right)}{\det(I - \hbar\beta)}. \tag{4.75}$$

事实上由 (4.73) 和 (4.74) 可得

$$\begin{pmatrix} 1 - \hbar\beta_{11} & -\hbar\beta_{12} & \cdots & -\hbar\beta_{1s} & 0 \\ -\hbar\beta_{21} & 1 - \hbar\beta_{22} & \cdots & -\hbar\beta_{2s} & 0 \\ \vdots & \vdots & & \vdots & \vdots \\ -\hbar\beta_{s1} & -\hbar\beta_{s2} & \cdots & 1 - \hbar\beta_{ss} & 0 \\ -\hbar c_1 & -\hbar c_2 & \cdots & -\hbar c_s & 1 \end{pmatrix} \begin{pmatrix} K_1 \\ K_2 \\ \vdots \\ K_2 \\ u_{n+1} \end{pmatrix} = \begin{pmatrix} u_n \\ u_n \\ \vdots \\ u_n \\ u_n \end{pmatrix}.$$

利用 Cramer 法则, 得

$$u_{n+1} = \frac{\det\left(I - \hbar\beta + \hbar e C^{\mathrm{T}}\right)}{\det(I - \hbar\beta)} u_n,$$

从而 (4.75) 成立.

例 4.14　对于 $s = 1$, $q = 2$ 时的隐式 Runge-Kutta 法 (4.69), 其稳定性函数是

$$R(\hbar) = \frac{1 + \dfrac{1}{2}\hbar}{1 - \dfrac{1}{2}\hbar}.$$

对于 $s = 2$, $q = 4$ 时的隐式 Runge-Kutta 法 (4.70), 其稳定性函数是

$$R(\hbar) = \frac{\begin{vmatrix} 1 + \dfrac{1}{4}\hbar & \left(\dfrac{1}{4} + \dfrac{\sqrt{3}}{6}\right)\hbar \\ \left(\dfrac{1}{4} - \dfrac{\sqrt{3}}{6}\right)\hbar & 1 + \dfrac{1}{4}\hbar \end{vmatrix}}{\begin{vmatrix} 1 - \dfrac{1}{4}\hbar & \left(-\dfrac{1}{4} + \dfrac{\sqrt{3}}{6}\right)\hbar \\ \left(-\dfrac{1}{4} - \dfrac{\sqrt{3}}{6}\right)\hbar & 1 - \dfrac{1}{4}\hbar \end{vmatrix}} = \frac{1 + \dfrac{1}{2}\hbar + \dfrac{1}{12}\hbar^2}{1 - \dfrac{1}{2}\hbar + \dfrac{1}{12}\hbar^2}.$$

对于 $s = 3$, $q = 6$ 时的隐式 Runge-Kutta 法 (4.71), 其稳定性函数是

$$R(\hbar) = \frac{\begin{vmatrix} 1 + \dfrac{5}{36}\hbar & \left(\dfrac{2}{9} - \dfrac{\sqrt{15}}{15}\right)\hbar & \left(\dfrac{5}{36} + \dfrac{\sqrt{15}}{30}\right)\hbar \\[3mm] \left(\dfrac{5}{36} - \dfrac{\sqrt{15}}{24}\right)\hbar & 1 + \dfrac{2}{9}\hbar & \left(\dfrac{5}{36} + \dfrac{\sqrt{15}}{24}\right)\hbar \\[3mm] \left(\dfrac{5}{36} - \dfrac{\sqrt{15}}{30}\right)\hbar & \left(\dfrac{2}{9} - \dfrac{\sqrt{15}}{15}\right)\hbar & 1 + \dfrac{5}{36}\hbar \end{vmatrix}}{\begin{vmatrix} 1 - \dfrac{5}{36}\hbar & \left(-\dfrac{2}{9} - \dfrac{\sqrt{15}}{15}\right)\hbar & \left(-\dfrac{5}{36} + \dfrac{\sqrt{15}}{30}\right)\hbar \\[3mm] \left(-\dfrac{5}{36} - \dfrac{\sqrt{15}}{24}\right)\hbar & 1 - \dfrac{2}{9}\hbar & \left(-\dfrac{5}{36} + \dfrac{\sqrt{15}}{24}\right)\hbar \\[3mm] \left(-\dfrac{5}{36} - \dfrac{\sqrt{15}}{30}\right)\hbar & \left(-\dfrac{2}{9} - \dfrac{\sqrt{15}}{15}\right)\hbar & 1 - \dfrac{5}{36}\hbar \end{vmatrix}}$$

$$= \frac{1 + \dfrac{1}{2}\hbar + \dfrac{1}{10}\hbar^2 + \dfrac{1}{120}\hbar^3}{1 - \dfrac{1}{2}\hbar + \dfrac{1}{10}\hbar^2 - \dfrac{1}{120}\hbar^3}.$$

由 A 稳定性定义可知, 对于 $\text{Re}(\lambda) < 0$, 只要 $|R(\hbar)| < 1$ 成立, 隐式 Runge-Kutta 法就是 A 稳定的.

易知试验方程 (4.72) 有解 $u(t) = ce^{\lambda t}$, 从而

$$u(t_{n+1}) = ce^{\lambda t_{n+1}} = ce^{\lambda t_n}e^{\lambda h} = e^{\hbar}u(t_n).$$

而数值解满足 $u_{n+1} = R(\hbar)u_n$, 因此, 若 Runge-Kutta 法是 q 阶的, 那么

$$u(t_{n+1}) - u_{n+1} = (e^{\hbar} - R(\hbar))u_n = O(\hbar^{q+1}),$$

其中 $u(t_n) = u_n$. 此时称 $R(\hbar)$ 是 $e^{\hbar}$ 的 q 阶**有理逼近**. 记

$$R(\hbar) = \frac{P_M(\hbar)}{Q_N(\hbar)},$$

其中 $P_M(\hbar)$, $Q_N(\hbar)$ 表示 $\hbar$ 的 M 和 N 次多项式, 且它们无公因子. 如果

$$e^{\hbar} - R(\hbar) = O(\hbar^{M+N+1}),$$

那么称 $R(\hbar)$ 是 $e^{\hbar}$ 的第 (M, N) 个**Padé逼近**.

定义 4.16　假设 $R(\hbar)$ 是 $e^{\hbar}$ 的有理逼近, 若 $\text{Re}(\lambda) < 0$ 时, 有 $|R(\hbar)| < 1$, 则称 $R(\hbar)$ 是A**可接受的**.

可以证明, $e^\hbar$ 的任何 (M,N)Padé逼近 $R(\hbar)$ 是 A 可接受的当且仅当 $N-2 \leqslant M \leqslant N$ 成立. 换言之, 若 Runge-Kutta 法的稳定性函数 $R(\hbar)$ 是 $e^\hbar$ 的第 (M,N) 个 Padé逼近, 那么该数值方法是 A 稳定的充要条件是 $N-2 \leqslant M \leqslant N$.

s 级 $2s$ 阶隐式 Runge-Kutta 法的稳定性函数 $R(\hbar)$ 由 (4.75) 可知其分子、分母为不超过 s 次的多项式, 若要使 $R(\hbar)-e^\hbar = O(\hbar^{2s+1})$, 只有其分子、分母均为无公因子的 s 次多项式, 即 $R(\hbar)$ 是 $e^\hbar$ 的第 (s,s) 个 Padé逼近, 故它是 A 稳定的.

3. 隐式 Runge-Kutta 法的 B 稳定性

隐式 Runge-Kutta 法的 A 稳定性是对线性常系数试验方程 (4.72) 进行讨论的. 对于一般的非线性试验方程, 则可导出 B 稳定性, 这个定义是 Butcher 在 1975 年引入的.

考虑试验方程

$$u' = f(u), \quad f: \mathbb{R}^m \to \mathbb{R}^m, \tag{4.76}$$

其中 f 满足单调性条件, 即

$$\langle f(u)-f(v), u-v \rangle \leqslant 0, \quad \forall u,v \in \mathbb{R}^m, \tag{4.77}$$

这里 $\langle \cdot, \cdot \rangle$ 表示 $\mathbb{R}^m$ 上的内积.

设 u_n, v_n 是由隐式 Runge-Kutta 法 (4.68) 以同一步长 h 不同初值情况下求解初值问题 (4.1) 得到的两个近似解序列, 即

$$u_{n+1} = u_n + h\sum_{i=1}^s c_i f(U_i), \tag{4.78}$$

$$v_{n+1} = v_n + h\sum_{i=1}^s c_i f(V_i), \tag{4.79}$$

其中 U_i, V_i, $i=1,\cdots,s$ 分别满足

$$U_i = u_n + h\sum_{j=1}^s \beta_{ij} f(U_i), \tag{4.80}$$

$$V_i = v_n + h\sum_{j=1}^s \beta_{ij} f(V_i). \tag{4.81}$$

定义 4.17　如果对所有满足条件 (4.77) 的自治系统 (4.76) 的数值解 u_n, v_n 和 $h>0$ 都有

$$\| u_{n+1}-v_{n+1} \| \leqslant \| u_n-v_n \|,$$

就称隐式 Runge-Kutta 法是 B **稳定**的.

一个 B 稳定的隐式 Runge-Kutta 法必是 A 稳定的. 事实上将隐式 Runge-Kutta 法应用于试验方程 (4.72), 则有 $u_{n+1} = R(\hbar)u_n$, 这时 $f = \lambda u$ 满足单调性, 而由

$$\| u_{n+1} - v_{n+1} \| = \| R(\hbar)u_n - R(\hbar)v_n \|$$
$$= |R(\hbar)| \| u_n - v_n \| \leqslant \| u_n - v_n \|$$

可推导出 $|R(\hbar)| \leqslant 1$, 即方法是 A 稳定的.

下面给出一个判断隐式 Runge-Kutta 法是 B 稳定的充分条件.

定理 4.10 如果隐式 Runge-Kutta 法满足

(1) $c_i \geqslant 0$, $i = 1, 2, \cdots, s$;

(2) $Q = (q_{ij}) = (c_i\beta_{ij} + c_j\beta_{ji} - c_ic_j)_{i,j=1}^s$ 是非负定的,

那么该方法是 B 稳定的.

证 记 u_n, v_n 分别满足 (4.78), (4.79), 且记

$$e_n = u_n - v_n, \quad w_i = U_i - V_i, \quad \Delta f_i = h(f(U_i) - f(V_i)),$$

那么

$$e_{n+1} = e_n + \sum_{i=1}^s c_i\Delta f_i, \tag{4.82}$$

$$w_i = e_n + \sum_{j=1}^s \beta_{ij}\Delta f_j. \tag{4.83}$$

在 (4.82) 两边取范数平方, 并利用 (4.83), 得

$$\| e_{n+1} \|^2 = \| e_n + \sum_{i=1}^s c_i\Delta f_i \|^2$$

$$= \| e_n \|^2 + 2\left\langle e_n, \sum_{i=1}^s c_i\Delta f_i \right\rangle + \left\langle \sum_{i=1}^s c_i\Delta f_i, \sum_{i=1}^s c_i\Delta f_i \right\rangle$$

$$= \| e_n \|^2 + 2\sum_{i=1}^s c_i\langle e_n, \Delta f_i \rangle + \sum_{i=1}^s \sum_{j=1}^s c_ic_j\langle \Delta f_i, \Delta f_j \rangle$$

$$= \| e_n \|^2 + 2\sum_{i=1}^s c_i\left\langle w_i - \sum_{j=1}^s \beta_{ij}\Delta f_j, \Delta f_i \right\rangle + \sum_{i=1}^s \sum_{j=1}^s c_ic_j\langle \Delta f_i, \Delta f_j \rangle$$

$$= \| e_n \|^2 + 2\sum_{i=1}^s c_i\langle w_i, \Delta f_i \rangle - \sum_{i=1}^s q_{ij}\langle \Delta f_i, \Delta f_j \rangle. \tag{4.84}$$

由 f 满足单调性可知

$$\langle w_i, \Delta f_i \rangle = h\langle U_i - V_i, f(U_i) - f(V_i) \rangle \leqslant 0,$$

结合定理条件可知 (4.84) 后两项非正, 故成立

$$\| u_{n+1} - v_{n+1} \| \leqslant \| u_n - v_n \|.$$

定理证毕.

　　定义 4.18　如果定理 4.10 的条件成立, 那么就称隐式 Runge-Kutta 法是**代数稳定**的.

　　定理 4.11　如果隐式 Runge-Kutta 法满足

(1) $\alpha_i, i = 1, 2, \cdots, s$ 互异; $c_i, i = 1, 2, \cdots, s$ 非负, 且有

$$\sum_{i=1}^{s} c_i \alpha_i^{q-1} = \frac{1}{q}, \quad q = 1, \cdots, 2s - 2,$$

$$\sum_{j=1}^{s} \beta_{ij} \alpha_j^{q-1} = \frac{1}{q} \alpha_i^q, \quad i = 1, \cdots, s, \quad q = 1, \cdots, s - 1,$$

$$\sum_{i=1}^{s} c_i \beta_{ij} \alpha_i^{q-1} = \frac{1}{q} c_j (1 - \alpha_j^q), \quad j = 1, \cdots, s, \quad q = 1, \cdots, s - 1;$$

(2) $|R(\infty)| \leqslant 1$,

则定理 4.10 的条件成立, 从而该数值方法是 B 稳定的.

　　由定理 4.11 很容易得到 s 级 $2s$ 阶隐式 Runge-Kutta 法是 B 稳定的.

　　考虑非自治试验方程

$$u' = f(t, u), \quad f : \mathbb{R} \times \mathbb{R}^m \to \mathbb{R}^m, \tag{4.85}$$

这里假设 f 关于 u 满足单调性条件, 即

$$\langle f(t, u) - f(t, v), u - \mathbf{v} \rangle \leqslant 0, \quad \forall u, v \in \mathbb{R}^m, \tag{4.86}$$

　　定义 4.19　对于一个隐式 Runge-Kutta 法, 若对满足条件 (4.86) 的微分系统 (4.85) 的数值解 u_n, v_n 和 $h > 0$ 都有

$$\| u_{n+1} - v_{n+1} \| \leqslant \| u_n - v_n \|,$$

那么称它是BN **稳定**的.

　　一个数值方法是 BN 稳定的, 则它必然是 B 稳定的. 而一个数值方法是 BN 稳定的, 当且仅当它是代数稳定的. 由代数稳定定义 4.18 和定理 4.10 以及定理 4.11 可得到 BN 稳定性的判别定理, 这里就不再赘述.

　　例 4.15　讨论如下 Runge-Kutta 法的 A 稳定性、B 稳定性和 BN 稳定性.

$$
(1) \quad \begin{array}{c|cc}
0 & \dfrac{1}{4} & -\dfrac{1}{4} \\[2mm]
\dfrac{2}{3} & \dfrac{1}{4} & \dfrac{5}{12} \\[2mm]
\hline
 & \dfrac{1}{4} & \dfrac{3}{4}
\end{array}
\qquad
(2) \quad \begin{array}{c|ccc}
0 & 0 & 0 & 0 \\[2mm]
\dfrac{1}{2} & \dfrac{5}{24} & \dfrac{1}{3} & -\dfrac{1}{24} \\[2mm]
1 & \dfrac{1}{6} & \dfrac{2}{3} & \dfrac{1}{6} \\[2mm]
\hline
 & \dfrac{1}{6} & \dfrac{2}{3} & \dfrac{1}{6}
\end{array}
$$

解 由于 BN 稳定 $\Rightarrow$ B 稳定 $\Rightarrow$ A 稳定, 首先利用定理 4.10 来讨论两种数值方法的 BN 稳定性. 事实上对应这两种方法的 Q 矩阵分别为

$$
Q^{(1)} = \frac{1}{16}\begin{pmatrix} 1 & -1 \\ 1 & 1 \end{pmatrix}, \quad Q^{(2)} = \frac{1}{36}\begin{pmatrix} -1 & 1 & 0 \\ 1 & 0 & -1 \\ 0 & -1 & 1 \end{pmatrix}.
$$

容易验证 $Q^{(1)}$ 是非负定的, 而 $Q^{(2)}$ 不是非负定的, 所以方法 (1) 是 BN 稳定, 从而也是 B 稳定和 A 稳定, 而方法 (2) 不是 BN 稳定, 它的 B 稳定和 A 稳定需要进一步讨论. 方法 (2) 的稳定性函数为

$$
R(\hbar) = \frac{1 + \dfrac{1}{2}\hbar + \dfrac{1}{12}\hbar^2}{1 - \dfrac{1}{2}\hbar + \dfrac{1}{12}\hbar^2},
$$

它是 $e^{\hbar}$ 的第 (2,2) 个 Padé 逼近, 故该方法是 A 稳定的. 但方法 (2) 不是 B 稳定的, 关于这一点的证明超出了本书范围, 不再列出.

习　题　4.2

1. 求下列方程组的刚性比, 若用四阶经典 Runge-Kutta 法求解, 最大步长取多少.

(1) $\begin{cases} u' = -10u + 9v, \\ v' = 10u - 11v; \end{cases}$

(2) $\begin{cases} u' = -2000u + 999.75v + 1000.25, \\ v' = u - v; \end{cases}$

(3) $\begin{cases} u' = -500000.5u + 499999.5v, \\ v' = 499999.5u - 500000.5v, \\ u(0) = 0, \quad v(0) = 2. \end{cases}$

2. 若令 $\rho(\lambda) = (\lambda - 1)(2\lambda - 1)$, $\sigma(\lambda) = 2(\lambda - 1)^2 + 2(\lambda - 1) + (\lambda + 1)/2$, 那么试证明由此确定的线性三步法是 A 稳定的.

3. 讨论下列隐式线性多步法的 A 稳定性:

(1) $u_{n+2} - u_{n+1} = h\left(f_{n+2} - \dfrac{1}{2}f_{n+1} + \dfrac{1}{2}f_n \right);$

(2) $25u_{n+4} - 48u_{n+3} + 36u_{n+2} - 16u_{n+1} + 3u_n = 12hf_{n+4}$.

4. 使用边界轨迹法画出如下线性三步法的绝对稳定域.

$$u_{n+3} - \frac{119}{63}u_{n+2} + \frac{73}{63}u_{n+1} - \frac{17}{63}u_n = \frac{h}{63}(38f_{n+3} - 18f_{n+2} + 4f_{n+1}).$$

5. 当 $r = \frac{1}{2} \pm \frac{1}{6}\sqrt{3}$ 时, 证明下列 Runge-Kutta 法是 3 阶的, 并讨论它们的稳定性:

$$(1) \quad \begin{array}{c|cc} r & r & 0 \\ 1-r & 1-2r & r \\ \hline & \dfrac{1}{2} & \dfrac{1}{2} \end{array} \qquad (2) \quad \begin{array}{c|ccc} (2-\sqrt{2})r & \left(1-\dfrac{\sqrt{2}}{4}\right)r & \left(1-\dfrac{3\sqrt{2}}{4}\right)r \\ (2+\sqrt{2})r & \left(1+\dfrac{3\sqrt{2}}{4}\right)r & \left(1+\dfrac{\sqrt{2}}{4}\right)r \\ \hline & \dfrac{1+\sqrt{2}}{2} - \dfrac{\sqrt{2}}{8r} & \dfrac{1-\sqrt{2}}{2} + \dfrac{\sqrt{2}}{8r} \end{array}$$

6. 分别用向后差分法和隐式 Runge-Kutta 法求刚性方程组

$$\begin{cases} y_1' = -0.013y_1 - 1000y_1y_3, \\ y_2' = -2500y_1y_3, \\ y_3' = -0.013y_1 - 1000y_1y_3 - 2500y_2y_3, \\ y_1(0) = 0, \quad y_2(0) = 1, \quad y_3(0) = 0 \end{cases}$$

在区间 $[0,1]$ 上的解, 并就结果进行比较.

4.3　数学软件在数值计算中的应用

线性常微分系统和低阶特殊非线性常微分系统往往可以求得解析解, 但一般的非线性常微分系统难以得到解析解, 故需要用数值解的方法求解. 在 MATLAB 环境中, 既有求常微分方程组初值问题解析解的函数, 也有求其数值解的函数. 本节首先介绍一下常见数值方法的 MATLAB 程序实现, 而后在第二部分给出用 MATLAB 库函数求解常微分系统初值问题.

4.3.1　数值方法的 MATLAB 程序实现

下面给出用 MATLAB 解微分方程的具体程序. 结合 3.4 节中对 Lorenz 方程所给出的程序, 读者可以从中体会和掌握编写程序的方法和要点.

考虑初值问题 (4.1),

$$\begin{cases} \dfrac{\mathrm{d}u}{\mathrm{d}t} = f(t,u), \quad t \in [a,b], \\ u(a) = u_0. \end{cases}$$

程序 1　利用欧拉方法 (4.2) 逼近初值问题 (4.1) 的解.

```
function E=euler(f,a,b,u0,h)
```

% 输入: f 为函数名; [a,b] 为求解区间; u0 为初值行向量; h 为步长

% 输出: E=(t,u), t 为节点值列向量, u 为数值解列向量

```
t=a:h:b;t=t';
M=length(u0);
N=ceil((b-a)/h);
u=zeros(N+1,M);
u(1,:)=u0;
for n=1:N
    u(n+1,:)=u(n,:)+h*feval(f,t(n),u(n,:));
end
E=[t,u];
```

程序 2　利用梯形法的预测–校正格式 (4.6) 逼近初值问题 (4.1) 的解.

```
function E=trap(f,a,b,u0,l,h)
```

% 输入: f 为函数名; [a,b] 为求解区间; u0 为初值行向量; l 为校正次数; h 为步长

% 输出: E=(t,u), t 为节点值列向量, u 为数值解列向量

```
t=a:h:b;t=t';
M=length(u0);
N=ceil((b-a)/h);
u=zeros(N+1,M);
u(1,:)=u0;
for n=1:N
    % 预测
    k1=feval(f,t(n),u(n,:));
    u(n+1,:)=u(n,:)+h*k1;
    % 校正
    for j=0:l
      k2=feval(f,t(n+1),u(n+1,:));
      u(n+1,:)=u(n,:)+h*(k1+k2)/2;
    end
end
E=[t,u];
```

程序 3　利用 Adamas 显格式计算公式 (4.11) 逼近初值问题 (4.1) 的解.

```
function E=adamas(f,a,b,u0,h)
```

% 输入:f 为函数名，[a,b] 为求解区间，u0 为初值接受矩阵输入，其中一行表示一组初值，多行表示多组初值，h 为步长

% 输出：E=[t,u]，t 为节点值，u 为方程系统数值解

```
t=a:h:b;
N=ceil((b-a)/h);
M=size(u0); L=M(1); M=M(2);
u1=zeros(N+1,M);
switch L
    case 1
        u(1,:)=u0(1,:);
        for n=1:N
            k1=feval(f,t(n),u(n,:));
            u(n+1,:)=u(n,:)+h*k1;
        end
        fprintf('Adamas 一步显格式下的数值解')
        E=[t',u];
    case 2
        u(1:2,:)=u0(1:2,:);
        for n=2:N-1
            k1=feval(f,t(n),u(n,:));
            k2=feval(f,t(n-1),u(n-1,:));
            u(n+1,:)=u(n,:)+h*(3*k1/2-k2/2);
        end
        fprintf('Adamas 二步显格式下的数值解')
        E=[t',u];
    case 3
        u(1:3,:)=u0(1:3,:);
        for n=3:N-1
            k1=feval(f,t(n),u(n,:));
            k2=feval(f,t(n-1),u(n-1,:));
            k3=feval(f,t(n-2),u(n-2,:));
            u(n+1,:)=u(n,:)+h*(23*k1/12-16*k2/12+5*k3/12);
        end
        fprintf('Adamas 三步显格式下的数值解')
        E=[t',u];
```

```
    case 4
        u(1:4,:)=u0(1:4,:);
        for n=4:N-1
            k1=feval(f,t(n),u(n,:));
            k2=feval(f,t(n-1),u(n-1,:));
            k3=feval(f,t(n-2),u(n-2,:));
            k4=feval(f,t(n-3),u(n-3,:));
            u(n+1,:)=u(n,:)+h*(55*k1/24-59*k2/24+37*k3/24-9*k4/24);
        end
        fprintf('Adamas 四步显格式下的数值解')
        E=[t',u];
    otherwise
        fprintf('此程序仅适用于 Adamas 显格式 k=1,2,3,4 的情形')
end
```

程序 4 利用 Adamas 四步显格式三步隐格式的预测 – 校正公式 (4.11) 和 (4.15) 逼近初值问题 (4.1) 的解.

```
function E=adams43(f,a,b,u0,h)
% 输入:  f 为函数名; [a,b] 为求解区间; u0 为初值行向量; h 为步长
% 输出: E=(t,u), t 为节点值列向量, u 为数值解列向量
M=size(u0); L=M(1); M=M(2);
if L~=4
    error('输入的初值个数不符.')
    return
end
N=ceil((b-a)/h);
if N<5
    error('求解区间过小或步长选取过大.')
    return
end
t=a:h:b;t=t';
u=zeros(N+1,M);
u(1:4,:)=u0;
for n=4:N
    % 预测
    k1=feval(f,t(n),u(n,:));
```

```
        k2=feval(f,t(n-1),u(n-1,:));
        k3=feval(f,t(n-2),u(n-2,:));
        k4=feval(f,t(n-3),u(n-3,:));
        u(n+1,:)=u(n,:)+h*(55*k1/24-59*k2/24+37*k3/24-9*k4/24);
        % 校正
        k0=feval(f,t(n+1),u(n+1,:));
        u(n+1,:)=u(n,:)+h*(9*k0/24+19*k1/24-5*k2/24+k3/24);
    end
    E=[t,u];
```

程序 5   利用四阶经典 Runge-Kutta 法 (4.49) 逼近初值问题 (4.1) 的解.

```
function E=rk44(f,a,b,u0,h)
% 输入:  f 为函数名; [a,b] 为求解区间; u0 为初值行向量; h 为步长
% 输出: E=(t,u), t 为节点值列向量, u 为数值解列向量
t=a:h:b;t=t';
M=length(u0);
N=ceil((b-a)/h);
u=zeros(N+1,M);
u(1,:)=u0;
for n=1:N
    k1=feval(f,t(n),u(n,:));
    k2=feval(f,t(n)+0.5*h,u(n,:)+0.5*h*k1);
    k3=feval(f,t(n)+0.5*h,u(n,:)+0.5*h*k2);
    k4=feval(f,t(n)+h,u(n,:)+h*k3);
    u(n+1,:)=u(n,:)+h*(k1+2*k2+2*k3+k4)/6;
end
E=[t,u];
```

程序 1 至程序 5 是常见数值方法求常微分系统数值解的 M 函数文件. 一般 M 函数格式为:

function [返回变量]= 函数名 (输入变量)

% 注释说明语句段

程序语句段

例如, 在程序 1 中, 返回变量为矩阵 E, 仅有一个, 所以省去了方括号. 如果返回变量多于一个, 应该用方括号把它们括起来, 变量之间用逗号分开. 函数名一般用小写字母表示, 设定的标准因为 MATLAB 版本不同而不同, 例如在 MATLAB7 中, 函数文件名长度最多包含 63 个字符. 除程序 2 输入变量是 6 个外, 其他程序的

输入变量都是 5 个, 其中 f 是一个字符串变量, 表示微分系统右端函数的 M 文件名; a,b,h 是数值型变量, 分别表示求解区间左右端点值和步长; u0 是一维数组, 表示微分系统的初值向量, 这里接收行向量输入, 如果用列向量输入, 需要调整部分程序语句, 对矩阵 u 作转置. 程序 2 中的 l 是数值型变量, 表示校正次数.

这些程序中都采用了循环结构体来实现:

for n=V

程序语句段

end

在循环结构体中, n 是循环变量, V 是条件变量、循环变量 n 从 V 中取一个数值, 执行一次程序语句段, 然后 n 再从 V 中取下一个数值, 如此下去, 直至执行完 V 向量中的所有分量.

程序 3 中还采用了 switch-case 结构, 它的一般格式为:

switch 开关表达式

  case 表达式 1

    程序语句段 1

  case {表达式 2, 表达式 3,···, 表达式 m}

    程序语句段 2

  otherwise

    程序语句段 3

end

开关表达式必须是一个标量或者一个字符串. case 语句执行的是一个比较操作, 按照从上到下的顺序进行. 如果开关表达式等于 case 后的表达式, 则执行程序段, 后面的命令就跳过. 如程序 3 中, 根据输入初值的个数 L, 执行 Adamas L 步显格式计算公式. 第二个 case 语句给出了一个单元数组表达式, 也可以用单个表达式, 多个 case 表示. 如果各个表达式均不满足, 则执行 otherwise 语句后的程序段.

在程序 1 至程序 5 中出现的 ceil() 是向无穷大取整函数, 若区间长 b−a 不是步长的整数倍, 则取大于倍数的最小正整数, feval() 是串演算函数, 命令 feval(f,t(n), u(n,:)) 表示把 t(n),u(n,:) 代入到 f 中求值.

最后还需要说明一点, 在利用上面的程序求解微分方程组初值问题时, 需要编辑一个微分方程组右端函数的 M 文件, 然后才能在 MATLAB 命令窗口调用程序. 建立 M 文件的过程在 3.4 节中已有介绍. 因为上面程序接受初值行向量输入, 所以 M 文件中方程组右端函数按行向量函数输入, 同时右端函数按 $f = f(t,u)$ 形式定义. 例如, 对于初值问题

$$
\begin{cases}
\dfrac{\mathrm{d}x}{\mathrm{d}t} = y - z, \\[2mm]
\dfrac{\mathrm{d}y}{\mathrm{d}t} = x^2 + y, \\[2mm]
\dfrac{\mathrm{d}z}{\mathrm{d}t} = x^2 + z, \\[2mm]
x(0) = 0, \quad y(0) = 1, \quad z(0) = -1.
\end{cases}
$$

首先, 建立该方程组的 M 函数文件如下:

```
function xdot=exam(t,x)
xdot=[x(2)-x(3), x(1)^2+x(2), x(1)^2+x(3)];
```

然后在命令窗口调用程序 5 计算方程组在 $[0,2]$ 上的数值解, 步长 $h = 0.2$,

```
b=rk44('exam',0,2,[0,1,-1],0.2)
```

类似地, 也可以写出上面两节其他算法的程序, 这里不再一一列出.

4.3.2　用 MATLAB 库函数求解常微分系统

对常系数线性微分系统, MATLAB 软件已经有了提供解析解的功能, 这在 2.5 节中虽已有介绍, 但在这里作更详细的说明.

MATLAB 符号运算工具箱中提供了求解常系数线性微分方程系统解析解的实用函数 dsolve(), 其调用格式为

$$[u_1, \cdots, u_m] = \mathrm{dsolve}(f_1, \cdots, f_m, s_1, s_2, \cdots, 'x')$$

其中 $u_1, \cdots, u_m$ 为输出函数, $f_1, \cdots, f_m$ 为 m 个微分方程, $s_1, s_2, \cdots$ 表示初始条件, x 表示自变量. 微分方程中导数用 D 表示, $D, D2, D3, \cdots$ 分别表示一阶、二阶和三阶等导数. 若输出变量缺省或只有一个输出变量, 则运算后给出一个结构体; 若初始条件缺省, 则给出带有任意常数 $C_1, \cdots, C_m$ 的通解; 若自变量缺省, 其值为 t.

例 4.16　求解常系数线性微分方程组

(1) $u'(t) = -au(t)$;　　　　(2) $u'(s) = -au(s), \quad u(0) = 1$;

(3) $\begin{cases} u' = u + v, \\ v' = -u + v; \end{cases}$　　(4) $\begin{cases} u''(t) + 2u'(t) = u(t) + 2v(t) - \mathrm{e}^{-t}, \\ v'(t) = 4u(t) + 3v(t) + 4\mathrm{e}^{-t}. \end{cases}$

解　在 MATLAB 命令窗口输入

```
>>u1=dsolve('Du=-a*u'), u2=dsolve('Du=-a*u','u(0)=1','s'),...
   u3=dsolve('Du=u+v','Dv=-u+v'),...
   [u4,v4]=dsolve('D2u+2*Du=u+2*v-exp(-t)','Dv=4*u+3*v+4*exp(-t)')
```

得到结果为

```
u1 =
   C1*exp(-a*t)
u2 =
   exp(-a*s)
u3 =
   u:  [1x1 sym]
   v:  [1x1 sym]
u4 =
 -6*t*exp(-t)+C1*exp(-t)+C2*exp((1+6^(1/2))*t)+C3*exp
 (-(-1+6^(1/2))*t)
v4 =
   6*t*exp(-t)-C1*exp(-t)+4*C2*exp((1+6^(1/2))*t)+2*C2*exp
 ((1+6^(1/2))*t)*6^(1/2)+4*C3*exp(-(-1+6^(1/2))*t)-2*C3*exp(-
 (-1+6^(1/2))*t)*6^(1/2)+1/2*exp(-t)
```

用命令 Latex( ) 处理, 有结果显示为

$$\mathrm{u1} = C1\mathrm{e}^{-at}, \quad \mathrm{u2} = \mathrm{e}^{-as}, \quad \begin{cases} \mathrm{u3.u} = \mathrm{e}^t \left(C1\sin\left(t\right) + C2\cos\left(t\right) \right), \\ \mathrm{u3.v} = -\mathrm{e}^t \left(-C1\cos\left(t\right) + C2\sin\left(t\right) \right), \end{cases}$$

$$\begin{cases} \mathrm{u4} = -6\,t\mathrm{e}^{-t} + C1\,\mathrm{e}^{-t} + C2\,\mathrm{e}^{(1+\sqrt{6})t} + C3\,\mathrm{e}^{-(-1+\sqrt{6})t}, \\ \mathrm{v4} = 6\,t\mathrm{e}^{-t} - C1\,\mathrm{e}^{-t} + 4\,C2\,\mathrm{e}^{(1+\sqrt{6})t} + 2\,C2\,\mathrm{e}^{(1+\sqrt{6})t}\sqrt{6} \\ \qquad + 4\,C3\,\mathrm{e}^{-(-1+\sqrt{6})t} - 2\,C3\,\mathrm{e}^{-(-1+\sqrt{6})t}\sqrt{6} + 1/2\,\mathrm{e}^{-t}. \end{cases}$$

一些简单的非线性微分方程也可以用 dsolve() 函数求出解析解. 例如在 MAT-LAB 命令窗口输入

```
>> u=dsolve('Du=u*(1+u^2)'),
```

则得到非线性微分方程 $u' = u(1+u^2)$ 的解 $u = \pm\dfrac{1}{\sqrt{-1 + \mathrm{e}^{-2t}C1}}$. 但一般非线性方程若无解析解, 则调用 dsolve() 函数会出现错误, 如对于 Van der Pol 方程

$$u''(t) + \varepsilon(u^2(t) - 1)u'(t) + u(t) = 0,$$

若用 dsolve() 函数求解, 则有结果显示:

```
u=
&where(_a,[diff(_b(_a),_a)*_b(_a)+eps*_b(_a)*_a^2-eps*_b(_a)+_a = 0,
_a=u(t), _b(_a)=diff(u(t),t), u(t)=_a, t=Int(1/_b(_a),_a)+C1])
```

针对于一般的非线性微分方程需要采用数值方法求解. MATLAB 提供了 8 个常微分方程初值问题数值解求解程序, 每个程序适用于不同类型的初值问题, 这里主要介绍一下常用的 ode45() 和求刚性问题的 ode15s(). 函数 ode45() 采用了四阶五级 Runge-Kutta 算法, 包括变步长情形. 该函数调用格式为

$$[t, u] = \text{ode45}(\text{Fun}, [t_0, T], u_0)$$

其中, Fun 为 MATLAB 函数或 inline() 函数指定格式描述的微分系统, $[t_0, T]$ 为求解区间, u_0 为微分系统的初值. 在命令中可以通过添加 option 参数来对求解算法作进一步的设置, 而初始 option 变量可以通过 odeset() 函数获取.

例 4.17   求解 Van der Pol 方程

$$u''(t) + \varepsilon(u^2(t) - 1)u'(t) + u(t) = 0.$$

解   令 $x_1 = u$, $x_2 = u'$, 那么以上方程可转换为方程组

$$\begin{cases} x_1' = x_2, \\ x_2' = \varepsilon(1 - x_1^2)x_2 - x_1. \end{cases}$$

为该方程组建立 M 函数文件

```
function xdot=vdpol(t,x)
% van der Pol 方程, eps=1
eps=1;
xdot=[x(2); eps*(1-x(1)^2)*x(2)-x(1)];
```

然后利用 ode45 求数值解, 并利用 plot 绘图, 见图 4.14.

```
[t,u]=ode45('vdpol',[0,20],[2;0]);
plot(t,u(:,1),t,u(:,2),'--','LineWidth',1.5)
```

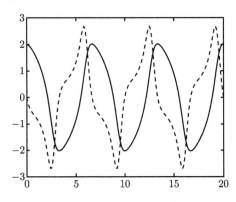

图 4.14   Van der Pol 方程数值解图示

注意: Van der Pol 方程的函数 M 文件在 3.4 节中已讨论, 但本例中所转化的方程组不同, 因此给出的函数 M 文件也略有差异.

对于刚性方程组, 一般不适合用 ode45() 这类函数求解, 而应采用 ode15s(). 该函数的调用格式和 ode45() 函数完全一样.

例 4.18 求解初值问题

$$\begin{cases} u_1' = 0.04(1-u_1) - (1-u_2)u_1 + 0.0001(1-u_2)^2, \\ u_2' = -10^4 u_1 + 3000(1-u_2)^2, \\ u_1(0) = 0, \qquad u_2(0) = 1. \end{cases}$$

解 首先建立微分方程系统的 M 函数

```
function udot=exam418(t,u)
udot=[0.04*(1-u(1))-(1-u(2))*u(1)+0.0001*(1-u(2))^2;
      -10^4*u(1)+3000*(1-u(2))^2];
```

下面用函数 ode15s() 和 ode45() 分别来求解. 为了体现出 ode15s() 比 ode45() 对求解刚性方程组的优越性, 记录一下两种算法所需时间和步长, 在命令窗口中输入,

```
format long
tic,[t1,u1]=ode15s('exam418', [0,100],[0;1]);t=toc;
fprintf('ode15s 方法计算时间为:%f 秒 \ n',t);
fprintf('ode15s 方法计算节点数为:%d\ n',length(t1));
fprintf('ode15s 方法计算步长变化范围为:[%f,%f]\ n',min(diff(t1)),
max(diff(t1)));
plot(t1,u1,'r','LineWidth',1.5)
pause
tic,[t2,u2]=ode45('exam418', [0,100],[0;1]);tt=toc;
fprintf('ode45 方法计算时间为:%f 秒 \ n',tt);
fprintf('ode45 方法计算节点数为:%d\ n',length(t2));
fprintf('ode45 方法计算步长变化范围为:[%f,%f]\ n',min(diff(t2)),
max(diff(t2)));
hold on
plot(t2,u2,'-k','LineWidth',1.5)
```

输出结果为

```
ode15s 方法计算时间为:0.031662 秒
ode15s 方法计算节点数为:56
```

　　ode15s 方法计算步长变化范围为: [0.001789, 10.000000]

　　ode45 方法计算时间为: 32.005607 秒

　　ode45 方法计算节点数为: 356941

　　ode45 方法计算步长变化范围为: [0.000222, 0.002150]

通过比较可以看出, 用普通 ode45() 求解时所需时间长, 步长小, 计算量大, 而用 ode15s() 求解效率大大提高, 对这个例子来说, 时间减少了上千倍, 而得到的曲线几乎完全一致, 见图 4.15.

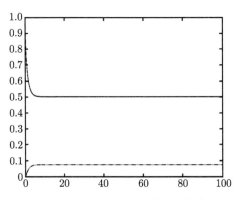

图 4.15　例 4.18 两种方法下的数值解

习　题　4.3

　　1. 分别用 Euler 法和 Runge-Kutta 法求解下列常微分方程或常微分方程组的数值解, 步长 $h = 0.05$, 并在同一坐标系下画出近似解与解析解.

　　(1) $y' = \dfrac{2xy - y^2 - 1}{x^2 - 1}$, 　$y(0) = 1$, 　$0 \leqslant x < 1$;

　　(2) $\begin{cases} x' = 2x + 3y, & 0 \leqslant t \leqslant 1, \\ y' = 2x + y, \\ x(0) = -2.7, \ y(0) = 2.8; \end{cases}$

　　(3) $\begin{cases} x' = x - 4y, & 0 \leqslant t \leqslant 2, \\ y' = x + y, \\ x(0) = 2, \ y(0) = 3; \end{cases}$

　　(4) $\begin{cases} x' = x + y^2, & 0 \leqslant t \leqslant 1, \\ y' = y, \\ x(0) = 2, \ y(0) = 1; \end{cases}$

(5) $\begin{cases} 2x'' - 5x' - 3x = 45\mathrm{e}^{2t}, & 0 \leqslant t \leqslant 1, \\ x(0) = 2, \quad x'(0) = 1; \end{cases}$

(6) $\begin{cases} x'' + x = 6\cos t, & 0 \leqslant t \leqslant 2, \\ x(0) = 2, \quad x'(0) = 3. \end{cases}$

2. 一个跳伞运动员自飞机上跳下, t 时刻的速度为 $v = v(t)$, 直到降落伞打开之前, 空气阻力与 $v^{3/2}$ 成正比. 设 $0 \leqslant t \leqslant 6$ 时运动满足的微分方程为

$$\begin{cases} v' = 32 - 0.032v^{3/2}, & 0 \leqslant t \leqslant 6, \\ v(0) = 0. \end{cases}$$

试估计 $t = 6$ 时刻的速度 $v(6)$.

3. 一个有周期性外力的共振弹簧系统用 $x''(t) + 25x(t) = 8\sin 5t$, $x(0) = x'(0) = 0$ 来表示, 试求区间 $[0, 2]$ 内步长为 $h = 0.05$ 的数值解, 并绘制曲线图.

4. 捕食者–被捕食者模型. 假设有两个物种, 被捕食者有充足的食物和生存空间, 而捕食者仅以被捕食者为食物. 设 t 时刻被捕食者和捕食者数量分别为 $x(t)$ 和 $y(t)$, 那么捕食者–被捕食者满足微分方程组

$$\begin{cases} x'(t) = \mu x(t) - \delta x(t)y(t), \\ y'(t) = \sigma x(t)y(t) - \lambda y(t), \\ x(0) = x_0, \quad y(0) = y_0, \end{cases}$$

其中 μ 表示被捕食者自然增长率, δ 表示捕食者的捕食能力, λ 表示捕食者自然死亡率, σ 表示被捕食者的供应能力. x_0, y_0 表示初始时刻被捕食者和捕食者数量. 在区间 $[0, 5]$ 内用步长 $h = 0.2$ 就下列三种情况分别求其数值解, 并绘制曲线图和轨线图, 根据结果分析模型.

(1) $\mu = 2$, $\delta = 0.02$, $\sigma = 0.0002$, $\lambda = 0.8$, $x_0 = 3000$, $y_0 = 120$;

(2) $\mu = 2$, $\delta = 0.02$, $\sigma = 0.0002$, $\lambda = 0.8$, $x_0 = 5000$, $y_0 = 100$;

(3) $\mu = 1$, $\delta = 0.1$, $\sigma = 0.02$, $\lambda = 0.5$, $x_0 = 25$, $y_0 = 2$.

5. 求解俄勒冈模型 (Oregonator):

$$\begin{cases} u_1' = 77.27\left(u_2 + u_1(1 - 8.375 \times 10^{-6}u_1 - u_2)\right), \\ u_2' = \dfrac{1}{77.27}(u_3 - (1 + u_1)u_2), \\ u_3' = 0.161(u_1 - u_3). \end{cases}$$

第5章　微分方程模型的建立与求解

5.1　建立模型的原则与基本方法

5.1.1　数学模型

我们经常需要用数学语言来描述现实世界中包括力学、物理、化学、生物、医学、经济学、社会学等领域中的各种现象. 对现象的数学描述称为数学模型. 由于数学描述中不可避免地要简化实际问题, 所以它不是实际问题的全面复制, 而是实际问题的本质概括. 用常微分方程理论研究实际问题, 首先要将它转化成一个微分方程或微分系统的求解问题, 这种"转化"就是我们常说的建立微分方程模型. 微分方程模型是数学模型中的一种类型.

数学建模需要根据实际问题的叙述, 识别其中有重要作用的因子, 将各因子用数学符号表示出来, 通过合理简化, 补充必要假设, 构建数学模型, 然后对模型求解. 求解后所得结果作为处理实际问题的依据或对实际问题给出合理解释.

大量实际问题可以写成一个微分方程或方程组, 所以许多问题可用微分方程作为数学模型. 如涉及物体变化速度、加速度和所处位置随时间的变化规律, 就可写成一个微分方程或方程组. 微分方程经过三百余年的发展, 无论在解法上还是理论上日臻完善, 可以为定性分析和数值求解提供足够的方法, 这在本书第 $2 \sim 4$ 章已有介绍.

在实际建模时, 由于添加新的假设, 以作必要的简化, 所以由数学模型求解得出的结论可能背离实际情况. 因此, 数学模型求解后, 必须回到实际情况, 检验由模型得出的结论是否合理, 如不合理, 就要改变假设, 修改模型. 这种检验, 实际上是验证模型的合理性, 数学模型经过合理性检验后, 才能对现实状态作出解释, 对今后发展进行预测或加以控制. 这一点是和微分方程的纯数学研究之根本区别所在. 可以说, 单纯的数学研究其结果只对方程或模型负责, 而建模则要求方程或模型及相关分析对实际问题负责.

例 5.1　在一个培养皿中培养细菌, 在繁殖率和消亡率都不变的情况下, 建立细菌数量模型.

解　分析: 除了问题叙述中包含的条件外, 还必须补充一些假设, 才能建立数学模型. 这些假设是

(1) 在初始时刻细菌数量为 $P(0) = P_0$;

(2) 细菌数量为正数;

(3) 细菌数量本身是离散变量, 谈不到可微性, 但由于长时期内增加或减少的不只是单一个体或少数个体, 而是众多个体构成的庞大群体. 与整体总量相比, 这种增长量是微小的, 所以我们近似假设总量随时间的变化是连续的甚至是可微的.

第一个假设给出了细菌的初始数量, 第三个假设限定了建立微分方程模型, 取时间 t 为自变量, $P(t)$ 为未知函数, 表示细菌在 t 时刻的数量, 之后我们设法把问题转化为数学问题.

设繁殖率为 a, 消亡率为 b.

细菌的净增长率为 $a-b$, 即细菌随时间的变化率与细菌总数成正比:

$$\frac{\mathrm{d}P}{\mathrm{d}t} = kP,$$

其中 $k = a - b$. 再由初始数量得到初值问题

$$\begin{cases} \dfrac{\mathrm{d}P}{\mathrm{d}t} = kP, \\ P(0) = P_0. \end{cases} \tag{5.1}$$

式 (5.1) 中的方程实际就是方程 (1.1). 根据问题的具体背景, 这里限制 $k > 0$. 下面解 (5.1). 对 (5.1) 中第一个方程, 先分离变量, 再两边积分得

$$\int \frac{1}{P}\mathrm{d}P = \int k\mathrm{d}t,$$

即

$$\ln P = kt + C,$$

则 $P(t) = \mathrm{e}^{kt+C} = A\mathrm{e}^{kt}$, 其中 $A = \mathrm{e}^C$. 由初始条件 $P(0) = P_0$ 得 $A = P_0$, 所以 (5.1) 的特解是 $P(t) = P_0\mathrm{e}^{kt}$.

因为解是指数形式, 所以 $\dfrac{\mathrm{d}P}{\mathrm{d}t} = kP$ 经常称为**自然增长方程**或**指数增长方程**.

我们是要确定将来某一时刻的细菌数量, 通过将数学结果 $P(t) = P_0\mathrm{e}^{kt}$ 应用到客观世界中, 发现结果是正确的.

5.1.2 建立微分方程模型的原则

下面列出遇到某些实际问题时, 建立模型的原则:

(1) 转化问题. 在实际问题中, 有许多表示 "导数" 的常用词, 像 "变化"、"改变"、"增加"、"减少"、"增长"、"衰变" 等问题, 这可能与导数有关. 再注意到什么在变化, 就可以转化成导数了. 再根据实际问题的特征, 考虑是用已知的物理定律还是用微元法导出微分方程. 不少问题遵循着下面模式:

$$净变化率 = 输入率 - 输出率.$$

在实际问题中, 如果能正确运用这个模式, 就可能列出微分方程模型.

(2) 微分方程. 微分方程是表示未知函数及其导数与自变量之间关系的等式, 是某一事物在任意位置、任一时刻都必须满足的表达式. 如果看到了表示导数的关键词时, 就要寻找 y' 与 y, t 之间的关系.

(3) 给定条件. 包括初值条件和边界条件, 它们独立于微分方程, 给出系统在某一特定时刻的状态. 在求微分方程通解后, 利用给定条件能够确定通解中的有关常数, 从而得到解的具体表达式.

(4) 分析验证结果. 在得到方程解以后, 还应对解作分析, 看结果是否与观察问题所得结果相符. 在建立微分方程模型的过程中, 为简单起见, 往往略去了一些当时认为与问题有关但影响不大的次要因素, 因此所得模型是近似的. 如果计算结果与实际不符就应该修改数学模型.

记住这四条原则: 翻译; 建立瞬时表达式; 叙述给定的条件; 分析验证结果.

例 5.2　某人食量是每天 2500 单位, 其中 1200 单位用于自身消耗即新陈代谢, 在健身训练中, 他消耗 16 单位/kg/天乘以他的体重 (kg). 假设以脂肪形式储藏的热量百分之百有效, 而每 kg 脂肪含 10000 单位热量. 求这个人的体重随时间变化的规律.

解　这个问题中并没有"导数"这样的关键词出现, 但我们注意到最后的问题是求体重 (记为 w) 随时间 (记为 t) 的变化规律, 而体重的瞬时变化正好是导数 $\dfrac{\mathrm{d}w}{\mathrm{d}t}$. 如果把体重 w 看成时间 t 的连续函数, 就能找到含有 $\dfrac{\mathrm{d}w}{\mathrm{d}t}$ 的方程.

问题中所涉及的时间为"每天", 所以就以一天为限列出概念性的文字方程:

$$\text{每天体重的变化} = \text{输入} - \text{输出}.$$

输入是扣除了基本新陈代谢之外的净质量吸收, 输出是进行健身训练时的消耗.

这样可以得出关于变化率的结构式:

体重变化/天 = 净吸收量/天 − 健身训练消耗/天.

下面对各个部分给出具体数值;

$$\text{每天净吸收量} = 2500 - 1200 = 1300 \text{ 单位/天},$$

$$\text{每天的净输出} = 16 \times w = 16w \text{ 单位/天},$$

$$\text{每天的体重变化} = \frac{\Delta w}{\Delta t} \text{kg/天} = \frac{\mathrm{d}w}{\mathrm{d}t} \text{kg/天} \quad (\text{当 } \Delta t \to 0 \text{ 时}).$$

注意到上述关系式中单位不一致, 左边是 kg/天, 右边单位是单位/天, 利用有关信息的最后一句话, 它给出每 kg 含 10000 单位热量, 即得出

$$\text{单位/天} = \text{kg/天} \times 10000 \text{ 单位/kg}.$$

把这些数据代进去得

$$\begin{aligned}\frac{\mathrm{d}w}{\mathrm{d}t} &= \frac{(2500-1200)-16w}{10000}\\ &= \frac{1300-16w}{10000}.\end{aligned} \tag{5.2}$$

这是一阶常系数线性微分方程, 要得到数字答案, 还需要一个初始条件, 即开始时刻的体重

$$w(0)=w_0. \tag{5.3}$$

由 (5.2)、(5.3) 得到微分方程

$$\begin{cases} \dfrac{\mathrm{d}w}{\mathrm{d}t} = \dfrac{(2500-1200)-16w}{10000}, \\ w(0)=w_0. \end{cases} \tag{5.4}$$

下面求解 (5.4). 先求 (5.4) 中第一个方程的解, 用分离变量法:

$$\frac{\mathrm{d}w}{1300-16w}=\frac{\mathrm{d}t}{10000},$$

$$-\frac{1}{16}\ln|1300-16w|=\frac{t}{10000}+C.$$

由初始条件 $w(0)=w_0$, 得出 $C=-\dfrac{1}{16}\ln|1300-16w_0|$, 从而得出

$$|1300-16w|=|1300-16w_0|\mathrm{e}^{-16t/10000}.$$

因为 $\mathrm{e}^{-16t/10000}>0$, 所以去绝对值号得

$$1300-16w=(1300-16w_0)\mathrm{e}^{-\frac{16t}{10000}}.$$

所以

$$w=\frac{1300}{16}-\left(\frac{1300-16w_0}{16}\mathrm{e}^{-\frac{16t}{10000}}\right)$$

从这个结果看出, 当 $t\to\infty$ 时, 这人体重会趋于平衡态 $\dfrac{1300}{16}$kg.

5.1.3 建模步骤

建立数学模型分以下五步.

1) 理解实际问题

就实际问题建立数学模型时, 首先需要明确: 要做什么? 目的是什么? 结果如何检验?

2) 作出假设

实际问题中因素众多, 需要根据建模的目的分清层次, 对次要因素做合理假设, 使问题简化, 便于确定数学模型. 在例 5.1 中, 目的是探讨未来细菌的数量, 假定细菌数量随时间的改变是连续的甚至可微的, 使问题简化, 得到一个简洁的数学命题作为数学模型.

3) 构建模型

构建模型力求简单. 为此, 先识别和列出相关因素, 收集和检查有助于说明各因素状态的数据, 用数学符号表示变量, 确定单位, 然后运用数学知识给出相关变量间的关系式和方程.

4) 模型求解

运用解方程的方法求解析解或用计算机模拟求数值解, 得出变量的值.

5) 将数学结果与实际问题作对比检验

将数学方法导出的结果, 用到实践中, 检查所得数值解是否有意义, 所得解是否符合预期, 是否需要改变初值条件, 增减变量. 由此对模型作出评判, 判断它是否达到建模的目的, 如果所得结果尚需改进, 说明对模型所做的假设必须加以修正, 于是再回到步骤 2) 继续建模.

应用举例.

例 5.3　　假设一块石头从一个建筑物的顶部竖直向上抛出, 那么在 t 时刻石块相对于地面的位置 $S(t)$ 是多少?

解　　1) 理解实际问题

问题是: 确定 t 时刻石块相对于地面的位置是多少?

2) 作出假设

(1) 设初速度为 $v(0) = v_0$, 建筑物的高度为 $S(0) = S_0$.

(2) 石块相对于建筑物是很小的, 可以记为一个点, 这样石块距地面的距离就是这个点到地面的距离, 而无须考虑石块的顶部还是底部的离地高度, 以免问题复杂化.

(3) 对于石块, 空气阻力可忽略不计, 因此可假设它只受到重力 mg.

3) 建立模型

石块的加速度 $a = \dfrac{\mathrm{d}^2 S}{\mathrm{d}t^2}$, 设竖直向上的方向为正方向, 由牛顿运动第二定律得

$$m\frac{\mathrm{d}^2 S}{\mathrm{d}t^2} = -mg$$

或

$$\frac{\mathrm{d}^2 S}{\mathrm{d}t^2} = -g.$$

再根据初始速度和建筑物的初始高度得到二阶微分方程初值问题

$$\begin{cases} \dfrac{\mathrm{d}^2 S}{\mathrm{d}t^2} = -g, \\ S(0) = S_0, S'(0) = v_0. \end{cases} \tag{5.5}$$

4) 模型求解

在 (5.5) 中第一个方程两边积分两次得

$$S(t) = -\frac{gt^2}{2} + a_1 t + a_2.$$

由 $S(0) = S_0, S'(0) = v_0$ 得到 $a_1 = v_0, a_2 = S_0$. 所以

$$S(t) = -\frac{gt^2}{2} + v_0 t + S_0. \tag{5.6}$$

5) 将数学结果与实际问题作对比检验

当 $t = 0$ 时, $S(0) = S_0$, 当 $t = \dfrac{v_0 + \sqrt{v_0^2 + 2gS_0}}{g}$ 时, $S = 0$.

因此当 $t = \dfrac{v_0 + \sqrt{v_0^2 + 2gS_0}}{g}$, 石块落地. 从式 (5.6) 看出, 建筑物高度越高, 即 S_0 越大, $S(t)$ 也越大, 即同样时间 $t\left(t < \dfrac{v_0}{g}\right)$ 内石块距地面越远. 此外, v_0 越大, 同样时间内 $S(t)$ 也越大, 即同样时间内石块距地面越远. 这符合实际情况.

5.1.4　建模的方法

在 1.1.2 节中讨论实际问题时, 实际上已经涉及建模. 现对微分方程的建模方法作出进一步说明.

1) 根据规律列方程

前面例 5.1、例 5.2 就是根据规律列方程的方法, 根据规律列方程, 首先要明确自变量, 未知函数, 变化率等. 举例进一步说明此方法.

例 5.4 (单摆运动)　质量为 m 的球, 用长为 l 的悬线挂在 O 点, 见图 5.1, 以初始角度 θ_0, 初始速度 φ_0 在地球引力下做往复运动, 若不计悬线的质量, 则此系统称为单摆, 求摆球的运动方程式.

解　首先明确自变量为时间 t, 未知函数为细线与垂线的摆角 $\theta(t)$. 运动遵循牛顿第二运动定律. 设 t 时刻摆线偏角为 $\theta(t)$, 球速度为 $v(t) = l\theta'(t)$, 加速度为 $l\theta''(t)$.

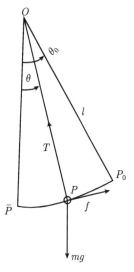

图 5.1　单摆运动

分析运动时受力. 在 t 时刻摆球受力如下: 受到重力 mg, 悬线的拉力 T 和摩擦力 f.

将重力分解为运动方向上投影 $mg\sin\theta$ 和拉线方向上投影 $mg\cos\theta$. 由于拉线方向上受力平衡, 因此

$$T = mg\cos\theta.$$

在运动方向上按牛顿运动第二定律有

$$-mg\sin\theta - f = ml\theta''(t).$$

根据摩擦力 f 与速度 $l\theta'(t)$ 成正比, 比例系数记为 $\mu > 0$, 所以 $f = \mu l\theta'(t)$. 因此

$$\theta''(t) + \frac{\mu}{m}\theta'(t) + \frac{g}{l}\sin\theta(t) = 0.$$

下面根据实际情况简化模型:

(1) 当 θ 充分小时, 可令 $\sin\theta \sim \theta$, 故可得近似方程

$$\theta''(t) + \frac{\mu}{m}\theta'(t) + \frac{g}{l}\theta(t) = 0.$$

由题意, 当 $t = 0$ 时, $\theta(0) = \theta_0, \theta'(0) = \varphi_0$.

因此得二阶微分方程初值问题

$$\begin{cases} \theta''(t) + \dfrac{\mu}{m}\theta'(t) + \dfrac{g}{l}\theta(t) = 0, \\ \theta(0) = \theta_0, \theta'(0) = \varphi_0. \end{cases}$$

2) 微元分析法

与第一种方法不同, 微元分析法不是应用定理和规律直接对未知函数与未知函数的导数给出关系式, 而是寻求某些微元间的关系式, 再应用规律与定理来建立方程.

例 5.5   金属杆中的热传导

设长为 l 的金属细杆, 两端放在支架上, 见图 5.2, 金属杆左端 Q_1 维持在一固定温度 T_1, 右端维持在一固定温度 $T_2, (T_2 < T_1)$. 设温度与时间 t 无关, 杆件导热系数为 λ, 截面面积为 A, 截面的周界为 P, 表面对周围介质传热系数设为常数 a, 杆周围介质的温度为 T_3. 试确定杆件中任何点的温度与此点离热端距离之间的关系.

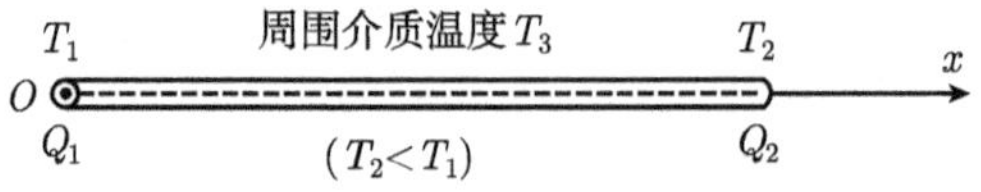

图 5.2   金属杆中热传导

解 本例中强调金属细杆, 意味着杆横截面上任何点温度 T 只与热端距离 x 有关, 与垂直于轴心方向上点的温度变化无关, 即 T 只是 x 的函数 $T(x)$.

首先取时间的微元段 dt 和杆件上距离热端的微元段 dx 来应用热传导定律列出方程. 因此我们取距 Q_1 端距离为 x 处的、长度为 dx 的一个微元段研究热量的传导情况. 按照热传导定律, 在 dt 时间内, 通过离杆端 Q_1 的距离为 x 的截面上的热量是 $-\lambda AT'(x)dt$. 在 dt 时间内, 通过离杆端 Q_1 的距离为 $x + dx$ 的截面上的热量是 $-\lambda AT'(x + dx)dt$, 由 $T'(x + dx) - T'(x) \approx dT'(x) = T''(x)dx$, 所以

$$-\lambda AT'(x + dx)dt \approx -\lambda A[T'(x) + T''(x)dx]dt.$$

因此在 dt 时间内, 介于这两个截面之间长为 dx 的杆上传导的热量为上面两个热量之差, 即

$$\lambda AT''(x)dxdt,$$

而在 dt 时间内, 这段长为 dx 的杆散发在周围介质中的热量损失为

$$aPdx(T(x) - T_3)dt,$$

由热量守恒定律, 长为 dx 的金属杆在 dt 时间内传导的热量等于它散发到周围介质中的热量, 所以

$$\lambda AT''(x)dxdt = aPdx(T(x) - T_3)dt.$$

因为 dx, dt 是任意的, 所以

$$\frac{d^2 T}{dx^2} = \frac{aP}{\lambda A}(T - T_3).$$

这是金属杆中热传导方程.

3) 模拟近似法

例 5.6 (马尔萨斯模型) 英国人口统计学家马尔萨斯 (1766～1834) 在担任牧师期间, 查看了教堂 100 多年人口出生统计资料, 发现人口出生率是一个常数, 于 1789 年在《人口原理》一书中提出了闻名于世的马尔萨斯人口模型, 它的基本假设是: 在人口自然增长过程中, 净相对增长 (出生率与死亡率之差) 是常数, 即单位时间内人口的增长量与人口成正比, 比例系数设为 r, 在此假设下, 推导并求解人口随时间变化的数学模型.

解 设时刻 t 的人口为 $f(t)$, 把 $f(t)$ 当作连续可微函数处理 (因为人口总数很大, 可近似地这样处理), 据马尔萨斯的假设, 在 t 到 $t + \Delta t$ 时间段内, 人口的增长量为

$$f(t + \Delta t) - f(t) = rf(t)\Delta t,$$

并设 $t = t_0$ 时刻的人口为 f_0, 于是

$$
\begin{cases}
\dfrac{\mathrm{d}f}{\mathrm{d}t} = rf, \\
f(t_0) = f_0.
\end{cases}
$$

这就是马尔萨斯人口模型, 用分离变量法易求出通解为

$$
f(t) = f_0 \mathrm{e}^{r(t-t_0)},
$$

此式表明人口以指数规律随时间无限增长.

模型检验: 据估计, 1961 年地球上的人口总数为 3.06×10^9, 而在以后 7 年中, 人口总数以每年 2% 的速度增长, 这样 $t_0 = 1961, f_0 = 3.06 \times 10^9, r = 0.02$, 于是

$$
f(t) = 3.06 \times 10^9 \mathrm{e}^{0.02(t-1961)}.
$$

从这个公式看出, 要使人口增长一倍, 需要时间

$$
2f_0 = f_0 \mathrm{e}^{r(t-t_0)},
$$

则

$$
t - t_0 \approx 34.6,
$$

即需要 34.6 年人口增长一倍.

这个公式非常准确地反映了在 1700~1961 年世界人口总数. 因为, 这期间地球上的人口大约每 35 年翻一番.

但是, 后来人们以美国人口为例, 用马尔萨斯模型计算结果与人口资料相比, 却发现有很大差异, 尤其用此模型预测未来地球人口总数时, 发现了令人不可思议的结果. 按此模型, 到 2670 年, 地球将有 36000 亿人口. 如果地球表面全是陆地, 我们也只能互相踩着肩膀排成两层了, 这是非常荒谬的. 因此人口总数不太大时, 线性微分方程模型所提供的结果是可以接受的, 但当人口总数非常大时, 线性模型就不准确了. 地球上的各种资源只能供一定数量的人生活, 随着人口的增加, 自然资源环境条件等因素对人口增长的限制越来越明显. 如果当人口较少时, 人口的自然增长率可以看作常数的话, 那么当人口增加到一定程度后, 这个增长率就随人口的增加而减少. 因此需要修改模型.

例 5.7 (Logistic 模型) 1838 年, 荷兰生物学家 Verhulst 为说明自然环境条件所能容许的最大人口数, 引入 $\overline{f}$, 并且假设增长率为 $r\left(1 - \dfrac{f(t)}{\overline{f}}\right)$, 即净增长率随着 $f(t)$ 的增加而减少, 当 $f(t) \to \overline{f}$ 时, 净增长率趋于零, 按此假定建立人口预测模型.

解 由 Verhulst 假定, 马尔萨斯模型应改为

$$\begin{cases} \dfrac{\mathrm{d}f}{\mathrm{d}t} = r\left(1 - \dfrac{f}{\overline{f}}\right)f, \\ f(t_0) = f_0, \end{cases}$$

上式就是 1.1.2 中已经接触过的 Logistic 模型, 该方程为可分离变量方程, 其解为

$$f(t) = \frac{\overline{f}}{1 + \left(\dfrac{\overline{f}}{f_0} - 1\right)\mathrm{e}^{-r(t-t_0)}}.$$

下面对模型作一简单分析:

(1) 当 $t \to \infty, f(t) \to \overline{f}$, 即无论人口的初值如何, 人口总数趋向于极限值 $\overline{f}$;

(2) 分析人口增长速度, 当 $0 < f < \overline{f}$ 时, $\dfrac{\mathrm{d}f}{\mathrm{d}t} = r\left(1 - \dfrac{f}{\overline{f}}\right)f > 0$, 这说明 $f(t)$ 是时间 t 的单调递增函数;

(3) 分析人口增长率速度, 由于

$$\ddot{f} = r\dot{f} - 2r\frac{f\dot{f}}{\overline{f}} = r\dot{f}\left[1 - \frac{2f}{\overline{f}}\right] = r^2\left(1 - \frac{f}{\overline{f}}\right)\left(1 - \frac{2f}{\overline{f}}\right)f,$$

所以当 $f < \dfrac{\overline{f}}{2}$ 时, $\dfrac{\mathrm{d}^2f}{\mathrm{d}t^2} > 0$, 即 $\dfrac{\mathrm{d}f}{\mathrm{d}t}$ 单增; 当 $f > \dfrac{\overline{f}}{2}$ 时, $\dfrac{\mathrm{d}^2f}{\mathrm{d}t^2} < 0$, 即 $\dfrac{\mathrm{d}f}{\mathrm{d}t}$ 单减, 即人口增长率 $\dfrac{\mathrm{d}f}{\mathrm{d}t}$ 由增变减, 在 $\dfrac{\overline{f}}{2}$ 处最大, 也就是说在人口总数达到极限值一半以前是加速生长期, 过这一点后, 生长的速率逐渐减少, 并且迟早会达到零, 这是减速生长期, 最终人口增长率趋于 0.

用该模型检验美国 1790~1950 年的人口, 发现模型计算的结果与世界人口数量在 1930 年以前都非常吻合, 自从 1930 年以后, 误差越来越大, 一个明显的原因是在 1960 年左右美国的实际人口已经突破了 1900 年左右所设的极限人口. 由此可见该模型的缺点之一是 $\overline{f}$ 不易确定, 事实上, 随着一个国家经济的腾飞, 她所拥有的食物越丰富, $\overline{f}$ 就越大, 因此 $\overline{f}$ 也是一个变量;

由此例看出, 模型近似法要注意以下两条:

(1) 把握好模型的假设条件, 对不同的条件可有不同的模拟方法, 也就有不同的模型;

(2) 要对由模拟的微分方程得到的解的特性进行分析, 并与实际情况作对比, 确定结果与实际情况是否基本一致. 若基本一致, 则说明假设的条件符合实际情况, 建立的微分方程模型是适用的, 否则就要修改模型.

关于上面讨论的人口模型, 原则上也适用于在自然环境下单一物种方式生存着的其他生物, 如森林中的树木、池塘中的鱼虾等. Logistic 模型有着广泛的应用.

习　题　5.1

1. 已知一个培养皿中细菌增长速率与数量成正比, 且 1 小时后有 100 个细菌, 3 小时后有 $100\mathrm{e}^6$ 个细菌, 求初始时刻细菌数量.

2. 设 P 为某物品市场价, Q 是该物品在市场上的数量, P, Q 都是时间的函数, 若把价格和数量看成是两个相互作用的物种, 则有下面的模型:

$$\frac{\mathrm{d}P}{\mathrm{d}t} = aP\left(\frac{b}{Q} - P\right),$$

$$\frac{\mathrm{d}Q}{\mathrm{d}t} = cQ(fP - Q),$$

其中 $a, b, c, f > 0$. 判断并讨论模型的正确性.

(1) 找出方程的平衡点, 并讨论当 $a = 1, b = 20000, c = 1, f = 30$ 时各平衡点的稳定性, 若有的不易判定, 找出原因;

(2) 对于确定稳定性的平衡点给出经济学解释.

3. 房间桌上放了一碗汤, 设环境介质始终保持 15℃, 汤慢慢冷却, 描述汤随时间变化的模型.

4. 一曲线的法线被第一象限两坐标所截线段的长等于 2, 且经过坐标原点, 求该曲线方程.

5. 质量为 Q 的气球牵引一堆地面上的绳铅直上升, 气球受到三个力: 上升力 P、重力 Q 和与速度平方成正比的阻力 $-bx^2$, 绳的单位长度质量为 ρ, 开始时气球静止且高度为 H, 求气球上升的速度.

5.2　微分方程模型的求解

5.2.1　设定条件求解析解

解析解是解的基本形式, 它是一个显式函数表达式. 解析解能够很直观地体现各参数之间的关系, 对于定性分析十分重要.

例 5.8 (导弹追踪问题)　如图 5.3 所示, 设在初始时刻 $t = 0$ 导弹位于坐标原

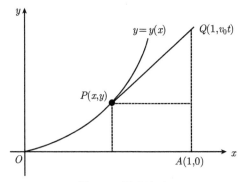

图 5.3　导弹追踪

点 $O(0,0)$, 军舰位于 $A(1,0)$, 导弹头始终对准军舰, 军舰沿着平行于 y 轴方向以速度 v_0(常数) 行驶, 导弹的速度是 $5v_0$, 现在问题是: 确定导弹的运动轨迹, 以及需要多长时间导弹击中军舰?

解 首先我们来建立导弹的运动方程模型. 设自变量为沿 x 轴的位移 x, 未知函数为运动方程 $y = y(x)$. 假设在 t 时刻导弹的位置为 $P(x(t), y(t))$, 军舰位于 $Q(1, v_0 t)$.

由于导弹头始终对准军舰, 故此时直线 PQ 与 $y = y(x)$ 相切, 切点是 P, 即 $y'(x) = \dfrac{v_0 t - y(x)}{1 - x}$, 变形得

$$(1 - x)y'(x) + y(x) = v_0 t. \tag{5.7}$$

又根据导弹的速度是军舰速度的 5 倍, 所以相同时间 t 内导弹运行的路程是军舰路程的 5 倍, 即弧长 OP 等于 $5|AQ|$, 即

$$\int_0^x \sqrt{1 + (y'(x))^2}\mathrm{d}x = 5v_0 t, \tag{5.8}$$

结合式 (5.7)、(5.8)

$$(1 - x)y'(x) + y(x) = \frac{1}{5}\int_0^x \sqrt{1 + (y'(x))^2}\mathrm{d}x.$$

上式两边分别对 x 求导, 有

$$(1 - x)y''(x) = \frac{1}{5}\sqrt{1 + (y'(x))^2}. \tag{5.9}$$

下面确定初值条件. 由题意, 初始时刻 $t = 0$ 导弹位于坐标原点 $O(0,0)$ 得 $y(0) = 0$, 导弹在初始时刻运动轨迹的切线方向为 x 轴, 因此 $y'(0) = 0$. 结合 (5.9) 得到初值问题

$$\begin{cases} (1 - x)y''(x) = \dfrac{1}{5}\sqrt{1 + (y'(x))^2}, \\ y(0) = 0, y'(0) = 0. \end{cases} \tag{5.10}$$

解初值问题 (5.10). 先求 (5.10) 中方程的通解. 令 $p(x) = y'(x)$, 则 $p'(x) = y''(x)$, 代入式 (5.10) 得

$$(1 - x)p'(x) = \frac{1}{5}\sqrt{1 + p^2(x)},$$

这是可分离变量型方程, 分离变量得

$$\frac{\mathrm{d}p}{\sqrt{1 + p^2(x)}} = \frac{1}{5(1 - x)}\mathrm{d}x,$$

两边对 x 积分得

$$\int \frac{1}{\sqrt{1+p^2(x)}}\mathrm{d}p = \int \frac{1}{5(1-x)}\mathrm{d}x$$

所以

$$\ln\left(p(x) + \sqrt{1+p^2(x)}\right) = -\frac{1}{5}\ln(1-x) + C_1,$$

其中 C_1 为任意常数, 即

$$\ln\left(y'(x) + \sqrt{1+(y'(x))^2}\right) = -\frac{1}{5}\ln(1-x) + C_1.$$

由初始条件 $y'(0) = 0$, 确定出 $C_1 = 0$. 所以

$$\sqrt{1+(y'(x))^2} = (1-x)^{-\frac{1}{5}} - y'(x),$$

即 $y'(x) = \dfrac{(1-x)^{-\frac{2}{5}} - 1}{2(1-x)^{-\frac{1}{5}}}$. 两边再对 x 积分,

$$\begin{aligned}
y(x) &= \int \frac{(1-x)^{-\frac{2}{5}} - 1}{2(1-x)^{-\frac{1}{5}}}\mathrm{d}x + C_2 \\
&= \frac{1}{2}\int (1-x)^{-\frac{1}{5}} - (1-x)^{\frac{1}{5}}\mathrm{d}x + C_2 \\
&= -\frac{5}{8}(1-x)^{\frac{4}{5}} + \frac{5}{12}(1-x)^{\frac{6}{5}} + C_2.
\end{aligned}$$

由初始条件 $y(0) = 0$ 确定出 $C_2 = \dfrac{5}{24}$. 所以导弹的运动轨迹为

$$y(x) = -\frac{5}{8}(1-x)^{\frac{4}{5}} + \frac{5}{12}(1-x)^{\frac{6}{5}} + \frac{5}{24}.$$

下面求多长时间导弹击中军舰. 由导弹的运动轨迹, 当 $x = 1$ 时, $y = \dfrac{5}{24}$, 即导弹在点 $\left(1, \dfrac{5}{24}\right)$ 处击中军舰. 击中时间为 $t = \dfrac{y}{v_0} = \dfrac{5}{24v_0}$.

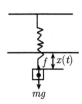

图 5.4　无阻尼振动弹簧

例 5.9 (无阻尼自由振动弹簧系统)　一弹簧上端固定, 下端挂一个质量为 m 的物体, 设物体不受任何阻力, 只受重力和弹簧回复力, 初始位置在 x_0, 以初始速度 v_0 在平衡位置附近上下振动, 研究其运动规律.

解　设自变量为时间 t, 未知函数为 $x(t)$, 平衡位置指物体处于静止状态时的位置, 设平衡位置指坐标轴的零点, 向下的方向为 x 轴正方向.

分析物体受力: 受到向下的重力, 弹簧的回复力. 如图 5.4 所示. 弹簧满足胡克定律, 即弹簧的回复力和它伸长的长度 x 成正比. 当物体在平衡位置时, 受力平衡. 设弹簧伸长了 s, 则

$$mg = ks. \tag{5.11}$$

物体从平衡位置移动 x (在平衡位置向上, 则 $x < 0$, 在平衡位置向下, 则 $x > 0$), 则弹簧回复力为 $k(x+s)$, 由牛顿运动第二定律,

$$m\frac{\mathrm{d}^2 x}{\mathrm{d}t^2} = mg - k(x + s). \tag{5.12}$$

由 (5.11)、(5.12),

$$m\frac{\mathrm{d}^2 x}{\mathrm{d}t^2} = -kx, \tag{5.13}$$

(5.13) 中负号表示弹簧回复力方向与位移方向相反. 用质量 m 去除式 (5.13) 两边得

$$\frac{\mathrm{d}^2 x}{\mathrm{d}t^2} + \omega^2 x = 0, \tag{5.14}$$

其中 $\omega^2 = \dfrac{k}{m}$. 这就是无阻尼自由运动方程. 由题意, 初始位置在 x_0, 初始速度 v_0, 得初始条件

$$x(0) = x_0, \quad x'(0) = v_0, \tag{5.15}$$

于是得到无阻尼自由运动满足的初值问题 (5.14), (5.15).

以下求解初值问题. 先求 (5.14) 的通解. 这是二阶常系数线性齐次微分方程, 由特征方程 $\lambda^2 + \omega^2 = 0$ 求出特征根 $\lambda_{1,2} = \pm\omega\mathrm{i}$, 于是通解为

$$x(t) = C_1 \cos\omega t + C_2 \sin\omega t$$

(C_1, C_2 为任意常数). 由初始条件 (5.15) 得出 $C_1 = x_0, C_2 = \dfrac{v_0}{\omega}$. 所以

$$x(t) = x_0 \cos\omega t + \frac{v_0}{\omega} \sin\omega t, \tag{5.16}$$

为了便于表明实际意义, 写出 x 的另一种表示形式:

$$x(t) = A\sin(\omega t + \varphi), \tag{5.17}$$

其中 $A = \sqrt{\left(\dfrac{v_0}{\omega}\right)^2 + x_0^2}$, φ 满足 $\sin\varphi = \dfrac{C_1}{A} = \dfrac{x_0}{A}$, $\cos\varphi = \dfrac{C_2}{A} = \dfrac{v_0}{\omega A}$, $\tan\varphi = \dfrac{C_1}{C_2} = \dfrac{x_0 \omega}{v_0}$. 要证明等式 (5.17), 只需将 (5.17) 右端按正弦函数的加法公式展开

$$x(t) = A\sin\omega t\cos\varphi + A\cos\omega t\sin\varphi$$
$$= (A\sin\varphi)\cos\omega t + (A\cos\varphi)\sin\omega t$$
$$= A\frac{x_0}{A}\cos\omega t + A\frac{v_0}{\omega A}\sin\omega t$$
$$= x_0\cos\omega t + \frac{v_0}{\omega}\sin\omega t.$$

即为式 (5.16).

从式 (5.17) 看出解曲线为正弦曲线, 其中振幅为 $A = \sqrt{x_0^2 + \left(\dfrac{v_0}{\omega}\right)^2}$, 周期为 $T = \dfrac{2\pi}{\omega} = \dfrac{2\pi\sqrt{m}}{\sqrt{k}}$, 相位角 $\varphi = \arctan\dfrac{x_0\omega}{v_0}$. 可以看出物体在平衡位置附近来回振动, 这种运动称为**简谐振动**.

例 5.10 (悬链线的微分方程模型)　悬链线是一种曲线, 两端固定的柔软绳子因受自身重力作用自然垂落下来, 从而得名. 试建立悬链线形状的微分方程模型.

解　取平面直角坐标系, 使 y 轴过悬链线的最低点 A, 与重力垂直的方向为 x 轴正方向, $A\left(0, \dfrac{1}{a}\right)$, S 是 A 点到 (x,y) 点的链长, ρ 是链的密度. 最低点 A 点处受水平向左的拉力 T_0, (x,y) 点处受一个斜向上的拉力 T, 设 T 与水平方向夹角为 θ, 悬链线从 A 点到 (x,y) 点的质量为 m, 见图 5.5.

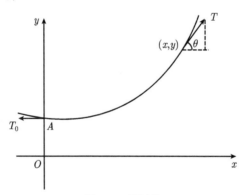

图 5.5　悬链线

对 T 沿 x, y 轴分解, 由力的平衡 $T\cos\theta = T_0, T\sin\theta = mg$, 并且 $\tan\theta = \dfrac{dy}{dx} = \dfrac{mg}{T_0}, mg = \displaystyle\int_0^S \rho dr = \rho S.$ 因此

$$T\sin\theta = \rho S = T_0\tan\theta = T_0\frac{dy}{dx}.$$

对 x 微分一次有

$$T_0\frac{d^2y}{dx^2} = \rho\frac{dS}{dx} = \rho\sqrt{1 + (y')^2},$$

即

$$\frac{\mathrm{d}^2 y}{\mathrm{d}x^2} = \frac{1}{T_0} \rho \sqrt{1 + (y')^2}, \tag{5.18}$$

(5.18) 为悬链线的数学模型, 是二阶非线性微分方程. 由 $A\left(0, \dfrac{1}{a}\right)$ 得初始条件 $y(0) = \dfrac{1}{a}$. 因为 A 点处切线方向为水平方向, 所以 $y'(0) = 0$, 因此得到初值问题

$$\begin{cases} \dfrac{\mathrm{d}^2 y}{\mathrm{d}x^2} = \dfrac{1}{T_0} \rho \sqrt{1 + (y')^2}, \\ y(0) = \dfrac{1}{a}, y'(0) = 0. \end{cases} \tag{5.19}$$

求解初值问题 (5.19) 中方程的通解. 不妨设 $\dfrac{\rho}{T_0} = a > 0$, $y' = p$, 则由 (5.18),

$$\frac{\mathrm{d}p}{\mathrm{d}x} = a\sqrt{1 + p^2}.$$

分离变量,

$$\frac{\mathrm{d}p}{\sqrt{1 + p^2}} = a\mathrm{d}x,$$

两边积分,

$$\int \frac{\mathrm{d}p}{\sqrt{1 + p^2}} = \int a\mathrm{d}x,$$

所以

$$\ln(p + \sqrt{1 + p^2}) = ax + C_1.$$

由初始条件 $p(0) = 0$ 得 $C_1 = 0$. 所以 $\ln(p + \sqrt{1 + p^2}) = ax$, 即 $p = \dfrac{1}{2}(\mathrm{e}^{ax} - \mathrm{e}^{-ax})$. 由 $y' = p$ 得

$$y(x) = \int y'(x)\mathrm{d}x = \frac{1}{2a}(\mathrm{e}^{ax} + \mathrm{e}^{-ax}) + C_2.$$

由初始条件 $y(0) = \dfrac{1}{a}$ 得 $C_2 = 0$, 所以

$$y(x) = \frac{1}{2a}(\mathrm{e}^{ax} + \mathrm{e}^{-ax}) = \frac{1}{a}\mathrm{ch}ax$$

给出了悬链线形状的解析表达式.

例 5.11 (速降线的微分方程模型) 设一条光线从光疏介质 A 点斜射入光密介质里的 B 点, A 点较高, AB 不在同一铅直线上, 研究由 A 到 B 沿什么路径传播用时最少 (介质在铅直方向从上到下逐渐由光疏变到光密)?

解 建立模型: 先设光疏介质和光密介质只两层, 界线在 x 轴上. 建立直角坐标系, 从光疏到光密介质的分界线设为 x 轴, 向右为 x 轴正方向, 如图 5.6 (a), A

点到 x 轴垂直连线方向为 y 轴, 向上为 y 轴正方向, $A(0, a)$, $B(c, -b)$, 入射角为 α_1, 反射角 α_2, 自变量 x, 未知函数 $y(x)$.

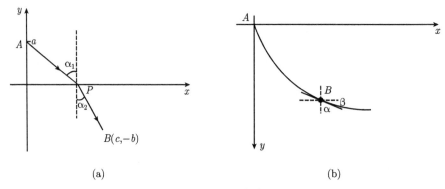

(a)　　　　　　　　　　　　　　　　　　(b)

图 5.6　速降线

设这束光线以速度 v_1 从 A 点到达 $P(x, 0)$ 点, 再以 v_2 到达 B, 如图 5.6(a), 那么从 A 到 B 耗时

$$T = \frac{1}{v_1}\sqrt{a^2 + x^2} + \frac{1}{v_2}\sqrt{b^2 + (c - x)^2},$$

又光线按使 T 最小的路径传播, 所以 $\dfrac{\mathrm{d}T}{\mathrm{d}x} = 0$, 即

$$\frac{x}{v_1\sqrt{a^2 + x^2}} = \frac{c - x}{v_2\sqrt{b^2 + (c - x)^2}}. \tag{5.20}$$

入射角为 α_1, 折射角为 α_2, 所以

$$\sin\alpha_1 = \frac{x}{\sqrt{a^2 + x^2}}, \tag{5.21}$$

$$\sin\alpha_2 = \frac{c - x}{\sqrt{b^2 + (c - x)^2}}. \tag{5.22}$$

由 (5.20)~(5.22) 得

$$\frac{\sin\alpha_1}{v_1} = \frac{\sin\alpha_2}{v_2}.$$

再设有多层介质. 要使传播时间最短, 则应满足

$$\frac{\sin\alpha_1}{v_1} = \frac{\sin\alpha_2}{v_2} = \cdots = \frac{\sin\alpha_n}{v_n} = \cdots$$

当介质越来越薄, 厚度趋于 0 时, 就成为光疏介质逐渐过渡到光密介质的情况. 这时有

$$\frac{\sin\alpha}{v} = k = \text{const.}$$

回到最初问题, 光线从 A 以最短时间传到 B, 那么满足

$$\frac{\sin\alpha}{v} = k = \text{const.} \tag{5.23}$$

如图 5.6 (b). 图上 A 点在坐标原点处, y 轴正向向下. 因此

$$\begin{cases} \dfrac{\mathrm{d}y}{\mathrm{d}x} = \tan\beta, \\ \sin\alpha = \cos\beta, \\ \cos\beta = \sqrt{\dfrac{1}{1+\tan^2\beta}}, \end{cases} \tag{5.24}$$

解得

$$vk = \sqrt{\frac{1}{1+(y'(x))^2}},$$

根据能量守恒定律有 $\dfrac{mv^2}{2} = mgy$, 即

$$v = \sqrt{2gy} \tag{5.25}$$

把 (5.25) 代入 (5.24) 得 $k\sqrt{2gy} = \sqrt{\dfrac{1}{1+(y'(x))^2}}$, 即

$$y(1+y'(x)^2) = C,$$

其中 $C = \dfrac{1}{2gk^2}$. 令初始条件 $y(0) = 0$, 也就是设 A 点位置在 $(0,0)$ 处. 这是一阶非线性常微分方程初值问题.

下面解方程, 令 $\tan\varphi = \left(\dfrac{y}{C-y}\right)^{\frac{1}{2}}$, $0 \leqslant \varphi \leqslant \dfrac{\pi}{2}$, 则 $y = C\sin^2\varphi$, $\mathrm{d}y = 2C\sin\varphi\cos\varphi\mathrm{d}\varphi$, 故 $\mathrm{d}x = \tan\varphi\mathrm{d}y = 2C\sin^2\varphi\mathrm{d}\varphi = C(1-\cos2\varphi)\mathrm{d}\varphi$. 两边积分 $x = \dfrac{C}{2}(2\varphi - \sin2\varphi) + c_1$. 由初始条件, $\varphi = 0$ 时, $x = y = 0$, 得 $c_1 = 0$. 于是

$$\begin{cases} x = \dfrac{C}{2}(2\varphi - \sin2\varphi), \\ y = C\sin^2\varphi = \dfrac{C}{2}(1-\cos2\varphi). \end{cases}$$

令 $\theta = 2\varphi, a = \dfrac{C}{2}$, 则

$$\begin{cases} x = a(\theta - \sin\theta), \\ y = a(1-\cos\theta), \end{cases}$$

θ 为参数, 即为光线速降线方程的解. 由于 $\theta = 2\varphi$. 上式中 $0 \leqslant \theta \leqslant \pi$.

例 5.12 (混合物问题)　　假设一个大容器里盛有体积为 a 的盐溶液, 含盐量为 d, 另有一个 b 浓度的盐溶液以速率 c 倒入大容器中混合, 同时以同样速率倒出, 建立大容器内含盐的模型.

解　　设自变量为时间 t, 未知函数为盐数量 $x = x(t)$, 在这过程中, 遵循着

容器中盐溶液的浓度 (在 t 时刻) 变化的速率 = 盐倒入的速率 − 盐倒出的速率,

即

$$\frac{\mathrm{d}x}{\mathrm{d}t} = 盐倒入的速率 - 盐倒出的速率 = R_1 - R_2, \tag{5.26}$$

盐倒入的速率 = 倒入盐溶液的浓度 × 盐溶液的倒入速率, 所以

$$R_1 = b \cdot c, \tag{5.27}$$

盐倒出的速率 = 倒出盐溶液的浓度 × 盐溶液倒出速率, 所以

$$R_2 = 倒出盐溶液的浓度 \times c$$

由于倒出盐溶液的浓度 = 容器内盐溶液的浓度, 而容器内盐溶液的总量不变, 所以容器内盐溶液的浓度为 $\frac{x}{a}$, 故盐倒出速率为

$$R_2 = \frac{x}{a} \cdot c, \tag{5.28}$$

由 (5.26)∼(5.28),

$$\frac{\mathrm{d}x}{\mathrm{d}t} = bc - \frac{x}{a}c,$$

由最初容器内含盐量得初始条件 $x(0) = d$, 即得出含盐量的微分方程模型

$$\begin{cases} \dfrac{\mathrm{d}x}{\mathrm{d}t} = -\dfrac{x}{a}c + bc, \\ x(0) = d. \end{cases}$$

这是一阶线性非齐次微分方程初值问题.

先求得方程通解为 $x(t) = ab + Ce^{-\frac{c}{a}t}$. 由 $x(0) = d$ 得 $C = d - ab$. 因此 $x(t) = ab + (d - ab)e^{-\frac{c}{a}t}$. 看出当 $t \to \infty$ 时, $x(t) \to ab$, 也就是说, 大容器内含盐量最终趋于平衡态.

例 5.13　　长为 l 的横梁两端都固定在支撑物里, 常载荷 w 均匀分布在整个横梁上, 横梁在自身重力和载荷作用下发生偏移, 建立关于横梁偏移量的数学模型, 并求横梁的偏移量.

解　　假设横梁是均匀的, 横梁面都相同. 建立坐标系, 如图 5.7 所示, 横梁不受任何外力及自身重力作用时, 处于水平状态, 向右为 x 轴正向, 横梁的左端点为 O 点, 竖直向下为 y 轴正向. 设自变量为 x, $x \in [0, l]$, 表示横梁上距 O 点 x 远处的点.

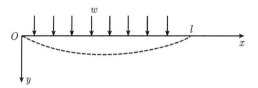

图 5.7 横梁受力偏移

横梁受力后各点位置上下偏移而成曲线状, 偏移量为未知函数 $y = y(x)$, 可以通过 x 轴的位置来计算. 系统满足弹性定理, 即 x 点的弯曲矩 $M(x)$ 和每单位长度的载荷有关, 这个关系可以描述为

$$\frac{\mathrm{d}^2 M}{\mathrm{d}x^2} = w, \tag{5.29}$$

弯曲矩 $M(x)$ 与弹性曲线的曲率 κ 成正比

$$M(x) = EI\kappa, \tag{5.30}$$

这里 E, I 为常数, E 是横梁弹性的杨氏模量, I 是横截面的惯性矩, EI 称为抗脑刚度. 曲率 κ 可由微积分知识

$$\kappa = \frac{y''}{(1 + (y')^2)^{3/2}}$$

给出. 当偏斜量 $y(x)$ 很小时, 斜率 $y' \approx 0$, 即 $(1 + (y')^2)^{3/2} \approx 1$. 若令 $\kappa = y''$, 则由 (5.30),

$$M''(x) = EIy^{(4)}(x), \tag{5.31}$$

由 (5.29)、(5.31),

$$EIy^{(4)}(x) = w. \tag{5.32}$$

这是横梁满足的方程. 下面建立边界条件, 由横梁两端固定, 所以端点没有偏斜量, 偏斜曲线在端点与 x 轴相切, 因此

$$y(0) = 0, \quad y(l) = 0, \quad y'(0) = 0, \quad y'(l) = 0. \tag{5.33}$$

解边值问题 (5.32), (5.33). 方程 (5.32) 的通解是

$$y(x) = c_1 + c_2 x + c_3 x^2 + c_4 x^3 + \frac{w}{24EI} x^4.$$

将边界条件 $y(0) = 0, y'(0) = 0$ 代入上式, 得出 $c_1 = c_2 = 0$. 再将 $y(l) = 0, y'(l) = 0$ 代入, 得

$$c_3 l^2 + c_4 l^3 + \frac{w}{24EI} l^4 = 0,$$

$$2c_3l + 3c_4l^2 + \frac{w}{6EI}l^3 = 0,$$

解得 $c_3 = \dfrac{wl^2}{24EI}, c_4 = \dfrac{-wl}{12EI}$. 所以偏斜量

$$y(x) = \frac{wl^2}{24EI}x^2 - \frac{wl}{12EI}x^3 + \frac{w}{24EI}x^4 = \frac{wx^2}{24EI}(x-l)^2.$$

注 5.1　　(1) 若横梁左端固定, 右端是自由端, 则边界条件为

$$y(0) = 0, \quad y'(0) = 0, \quad y''(l) = 0, \quad y'''(l) = 0.$$

(2) 若横梁简单支撑 (支点支撑), 则 $y(0) = 0, y''(0) = 0, y(l) = 0, y''(l) = 0$.

5.2.2　设定条件求数值解

　　由于许多微分系统难于求得解析解, 因此在设定条件下需要通过编程, 利用数学软件求数值解, 这在前几章, 尤其是第 4 章中有所介绍. 有些问题即使可以求得解析解, 但是为直观起见, 也常常用数学软件计算数值解, 然后利用软件的强大作图功能, 将结果用图形显示出来, 直观而且清楚. 以下就一些具体数学模型, 给出利用 MATLAB 求解的程序, 程序中一些指令的作用已在前几章作过说明, 这里所给的程序, 其意义和作用请读者自行领会和掌握.

　　对例 5.8 (导弹追踪问题). 如图 5.3 所示, 设在初始时刻 $t = 0$ 导弹位于坐标原点 $O(0,0)$, 军舰位于 $A(1,0)$, 导弹头始终对准军舰, 军舰沿着平行于 y 轴方向以速度 v_0(常数) 行驶, 导弹的速度是 $5v_0$, 现在的问题是: 确定导弹的运动轨迹, 经过多长时间导弹击中军舰?

　　求数值解并作图. 令 $y_1 = y, y_2 = y_1'$, (5.10) 化为一阶微分方程组

$$\begin{aligned}
y_1' &= y_2, \\
y_2' &= \frac{\sqrt{1+y_1^2}}{5(1-x)}, \\
y_1(0) &= 0, \quad y_2(0) = 0.
\end{aligned}$$

先建立 M 文件 eq1.m.

```
function dy=eq1(x,y)
dy=zeros(2, 1);
dy(1)=y(2);
dy(2)=1/5*sqrt(1+y(1)*y(1))/(1-x);
```

(其中 sqrt$(1 + y(1) * y(1))$ 是对 $1 + y^2$ 求平方根, 即计算 $\sqrt{1+y_1^2}$.)
再建立主程序 eq122.m 为

```
[t,y]=ode15s('eq1', [0  0.9999], [0  0]);
```

```
plot(t,y(:, 1), 'r.')
hold on
y=0:0.001:0.4;
plot(1,y,'b.')
```

输出图形如图 5.8, 图中横轴和纵轴分别表示 x 轴和 y 轴.

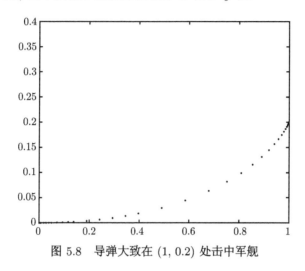

图 5.8　导弹大致在 $(1, 0.2)$ 处击中军舰

对例 5.9 (无阻尼自由振动弹簧系统), 也可用 MATLAB 计算数值解.
初值问题 (5.14)、(5.15), 假设 $\omega = 1, x_0 = 0, v_0 = 1$.
令 $y_1 = x, y_2 = y_1'$, 初值问题 (5.14)、(5.15) 化为一阶微分方程组

$$y_1' = y_2,$$
$$y_2' = -y_1,$$
$$y_1(0) = 0, y_2(0) = 1$$

先建立 M 文件 eq2.m

```
function dy=eq2(t,y)
dy=zeros(2, 1);
dy(1)=y(2);
dy(2)=-y(1);
```

取 $t_0 = 0, t_f = 50$, 建立主程序 eq122.m 为

```
[t,y]=ode15s('eq2', [0  50], [0  1]);
plot(t,y(:, 1), 'r-')
```

输出图形如图 5.9 所示. 横轴表示时间 t, 纵轴表示 y_1.

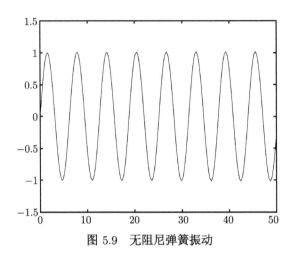

图 5.9　无阻尼弹簧振动

习　题　5.2

1. 在习题 5.1 第 5 题中, 当 $f(p,t) = bp + d, g(p) = kp + l, b, d, k, l$ 为常数, 求价格函数, 并用 MATLAB 作图.

2. 设一个直径为 0.5cm 的圆柱形浮筒铅直放入某液体中, 当稍向下按压它后突然放开, 浮筒在液体中上下振动的周期为 2s, 求浮筒的质量.

3. 竞争模型:
$$\frac{\mathrm{d}x}{\mathrm{d}t} = \frac{a_1 x}{K_1}(K_1 - x - \alpha y),$$
$$\frac{\mathrm{d}y}{\mathrm{d}t} = \frac{a_2 y}{K_2}(K_2 - y - \beta x).$$
假设 $\dfrac{K_1}{\alpha} < K_2, \dfrac{K_2}{\beta} < K_1$,

(1) 判断平衡点 $(0,0)$ 和 $(K_1, 0), (0, K_2)$ 的稳定性;

(2) 作出相图.

4. 人们同时捕猎两种物种的模型如下:
$$\frac{\mathrm{d}x}{\mathrm{d}t} = x - xy - \frac{3}{4}y,$$
$$\frac{\mathrm{d}y}{\mathrm{d}t} = xy - y - \frac{3}{4}x,$$
求模型在初始条件 $x(0) = \dfrac{1}{2}, y(0) = 1$ 时的数值解.

5. 研究一质量为 m 的物体, 以初始速度 v_0 在竖直方向上运动, 如果空气阻力为 $R = -kv^2, v$ 是速度, k 是常数. 确定物体所能达到的最大高度.

6. 串联电路中电压随时间变化的模型为 $u''(t) + \dfrac{R}{L}u'(t) + \dfrac{1}{LC}u = \dfrac{E_m}{LC}\sin\omega t$, 其中 R 为电阻, L 为电感, C 为电容, R, L, C, E_m 为常数. 求出电压函数, 并用 MATLAB 作图.

5.3 微分方程模型的实例

例 5.14 (捕食–被捕食模型) 假设两种不同的生物, 如狐狸与兔子生活在一个海岛上, 狐狸吃兔子, 兔子吃草, 草非常丰盛, 兔子无饮食之忧, 推导狐狸和兔子的数量随时间变化的数学模型.

解 设 $x(t)$ 和 $y(t)$ 分别表示 t 时刻狐狸和兔子的数量, 将 $x(t), y(t)$ 当作连续可微的函数 (因为狐狸、兔子数量很大, 可近似这样处理). 下面分析狐狸与兔子数量变化之间的关系.

如果没有兔子, 可以预见狐狸的数量将因为缺乏充足的食物供给, 互相竞争食物造成的死亡速度与总数成正比, 因此用

$$x''(t) = -ax, \quad a > 0 \tag{5.34}$$

来描述. 这实际上就是方程 (1.1), 但这时限定系数 $-a < 0$.

当兔子处在上述环境中时, 两种动物在单位时间内的数量增减与 x 及 y 成正比, 也就是说与它们数量的乘积成正比. 有兔子可捕猎时, 对狐狸来说就有食物供应, 繁衍增加, 每个狐狸吃到食物的可能性与兔子数成正比, 所以狐狸数量以 $bxy, b > 0$ 的速率增加, 将这一速率加到狐狸数量的模型 (5.34) 中有

$$x'(t) = -ax + bxy. \tag{5.35}$$

再考虑兔子数量模型.

如果没有狐狸, 且兔子没有食物供应的限制, 则兔子繁殖速度与兔子总量和成正比, 故有

$$\dot{y}(t) = dy, \quad d > 0, \tag{5.36}$$

当狐狸存在于这一环境中时, 每个兔子被吃掉的可能性与狐狸数量成正比, 所以兔子数量以 cxy 速率减少, 把它加在 (5.36) 中有

$$\frac{\mathrm{d}y}{\mathrm{d}t} = dy - cxy, \tag{5.37}$$

这样 (5.35), (5.37) 构成了非线性微分方程组

$$\begin{cases} \dot{x}(t) = -ax + bxy = x(-a + by), \\ \dot{y}(t) = dy - cxy = y(d - cx), \end{cases} \tag{5.38}$$

其中 $a, b, c, d > 0$. 这是著名的 **Lotka-Volterra 捕食–被捕食模型**. 这个模型除了有解 $x(t) = 0, y(t) = 0$, 及 $x(t) = \dfrac{d}{c}, y(t) = \dfrac{a}{b}$ 外, 不能用初等函数求解, 只能作定

性分析, 但是能求数值解.

在 (5.38) 中令 $a = 0.1, b = 0.01, c = 0.02, d = 0.3$, 创建 eq10, 将此函数保存在 M 文件 eq10.m 中:

```
function dy=eq10(t,y)
dy=zeros(2, 1);
dy(1)=-0.1*y(1)+0.01*y(1)*y(2);
dy(2)=0.3*y(2)-0.02*y(1)*y(2);
```

设定范围 $t \in [0, 200]$ 和初值 $y(1) = 30, y(2) = 20$ 然后调用 ODE 算法计算数值解并画出解曲线, 见图 5.10.

```
[t,y]=ode15s('eq10', [0  200], [30  20]);
plot(t,y(:, 1), 'r-', t,y(:, 2), 'b-')
```

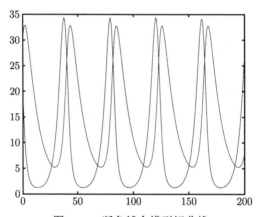

图 5.10　狐兔捕食模型解曲线

再输入命令 $\mathrm{plot}(y(:, 2), y(:, 1), 'r-')$ 就画出相位图, 见图 5.11.

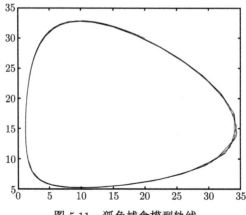

图 5.11　狐兔捕食模型轨线

例 5.15 (竞争模型)   两种生物 A, B 生活在一个生态系统中, 它们不是捕食者与被捕食者, 但它们在同一生态系统中竞争相同的资源 (包括食物、生存空间). 假定资源有限, 建立这两种生物 A, B 数量随时间变化的数学模型.

解   设 $x(t), y(t)$ 分别表示 t 时刻 A 和 B 的数量, 把它们看成连续可微的函数.

先分析 A 物种的数量情况.

如果 B 物种不存在, 可以预见繁殖速度与总量成正比, 故有

$$\frac{\mathrm{d}x}{\mathrm{d}t} = a_1 x, \quad a_1 > 0$$

但同时注意到, A 物种受到资源的限制, 不能无限制的增大, 故与现实更接近的速率为

$$\frac{\mathrm{d}x}{\mathrm{d}t} = a_1 x - b_1 x^2, \tag{5.39}$$

当 B 物种存在于同一环境中, A 物种增长速率的减少与 A, B 的数量成正比, 即 A 减少速率与 $c_1 xy$ 成正比, 把它加在 (5.40) 中有

$$\frac{\mathrm{d}x}{\mathrm{d}t} = a_1 x - b_1 x^2 - c_1 xy = x(a_1 - b_1 x - c_1 y).$$

同理分析 B 物种有

$$\frac{\mathrm{d}y}{\mathrm{d}t} = a_2 y - b_2 y^2 - c_2 xy = y(a_2 - b_2 y - c_2 x),$$

系数均为正. 这样得到一阶非线性方程组

$$\begin{cases} \dfrac{\mathrm{d}x}{\mathrm{d}t} = x(a_1 - b_1 x - c_1 y), \\ \dfrac{\mathrm{d}y}{\mathrm{d}t} = y(a_2 - b_2 y - c_2 x), \end{cases} \tag{5.40}$$

称为竞争模型.

数值解

在 5.41 中令 $a_1 = 0.5, b_1 = 0.5, c_1 = 0.1, a_2 = 0.3, b_2 = 0.2, c_2 = 0.02$, 创建 eq13, 将此函数保存在 M 文件 eq13.m 中:

```
function dy=eq13(t,y)
dy=zeros(2, 1);
dy(1)=0.5*y(1)−0.5*y(1)*y(1)−0.1*y(1)*y(2);
dy(2)=0.3*y(2)−0.2*y(2)*y(2)−0.02*y(1)*y(2);
```

设定范围 $t \in [0, 300]$ 和初值 $y(1) = 0.5, y(2) = 0.6$ 然后调用 ODE 算法并画出解曲线

```
[t,y]=ode15s('eq13', [0  300], [0.5  0.6]);
plot(t,y(:, 1), 'r-',t,y(:, 2), 'b-')
```

竞争模型解曲线见图 5.12.

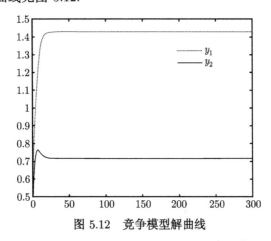

图 5.12　竞争模型解曲线

再输入命令 $\text{plot}(y(:, 2), y(:, 1), 'r-')$ 就画出竞争模型相位图见图 5.13. 图中横轴和纵轴分别是 y_2 轴和 y_1 轴.

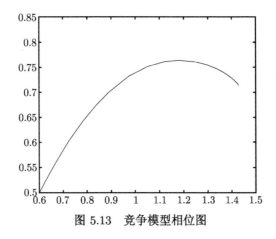

图 5.13　竞争模型相位图

例 5.16 (人盯人问题)　甲、乙两人, 乙对甲实施人盯人, 即乙与甲保持一定距离, 始终盯着甲运动, 求乙的运动路线.

解　设甲沿直线运动, 建立坐标系, 以甲运动方向向上为 y 轴正方向, 与甲运动方向的垂直方向向右为 x 轴正方向. 假设开始甲在原点, 乙在 $(a, 0)$ 点, $(a > 0)$, 甲乙始终保持距离 a, 设乙运动轨迹 $y = y(x)$, 由导数的几何意义,

$$y'(x) = -\frac{\sqrt{a^2 - x^2}}{x}$$

即为人盯人的数学模型, 积分得

$$y = a \ln \left(\frac{a + \sqrt{a^2 - x^2}}{x} \right) - \sqrt{a^2 - x^2}.$$

例 5.17 (广告问题) 一种新商品上市, 有必要用各种广告宣传, 引导消费者购买. 试建立购买量与广告量的数学模型, 并加以分析.

解 假设时间为自变量 t, 在 t 时刻商品的当前购买量为 $x(t)$, 对商品的广告量为 $y(t)$, 商品的最高购买量 X_0, 最大的广告量为 Y_0.

顾客购买商品的速度与对商品的需求量有关, 即对商品是否达到最大购买量有关, 如果当前购买量与最大购买量差距很大, 则购买速度也大, 反之, 如果两者差距很小, 则购买速度也小,

$$\dot{x}(t) = a(X_0 - x), \quad a > 0.$$

此外, 顾客购买商品的速度与广告量有关, 在广告不超过最大限制时, 广告越多, 购买速度越大; 广告越少, 则购买速度也越小

$$\dot{x}(t) = a(X_0 - x) + by(Y_0 - y), \quad a, b > 0.$$

另一方面, 单位时间的广告量受消费者对商品需求量的影响, 即

$$\dot{y}(t) = c(X_0 - x), \quad c > 0.$$

这样得到商品销售量与广告量的数学模型

$$\begin{cases} \dot{x}(t) = a(X_0 - x) + by(Y_0 - y), \\ \dot{y}(t) = c(X_0 - x). \end{cases} \tag{5.41}$$

计算得平衡点 $M(X_0, 0), N(X_0, Y_0)$.

对于 M 点, 线性近似方程的特征方程

$$\begin{vmatrix} -a - \lambda & bY_0 \\ -c & 0 - \lambda \end{vmatrix} = 0,$$

解得 $\lambda_{1,2} = \dfrac{1}{2} \left[-a \pm \sqrt{a^2 - 4bcY_0} \right]$. 所以 M 是稳定的焦点或结点.

对于 N 点, 线性近似方程的特征方程

$$\begin{vmatrix} -a - \lambda & -bY_0 \\ -c & 0 - \lambda \end{vmatrix} = 0,$$

解得 $\lambda_{1,2} = \dfrac{1}{2} \left[-a \pm \sqrt{a^2 + 4bcY_0} \right]$. 所以 N 是不稳定的.

下面指出 (5.41) 无闭轨.

$$\frac{\partial}{\partial x} (a(X_0 - x) + by(Y_0 - y)) + \frac{\partial}{\partial y} c(X_0 - x) = -a < 0.$$

所以 (5.41) 无闭轨, 即不会产生购买量与广告量的周期性变化.

相图见图 5.14.

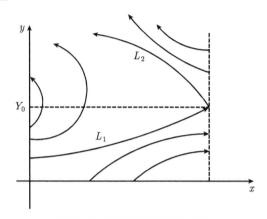

图 5.14　购买量与广告量相图

可以看出, 当广告量不超过 Y_0 时, 随着广告增加, 购买量增加, 即广告有促销作用; 当广告量超过 Y_0 时, 随着广告增加, 购买量减少, 即广告有副作用. 以 L_1, L_2 为分界线, 在分界线所交区域内部, 购买量随时间推移最终会趋于 0; 在分界线 L_1 下方, 购买量随广告量增加而增大.

因此对 t_0 时刻的购买量 $x(t_0)$, 要有合适广告量 $y(t_0)$ 与之对应, 使得 $(x(t_0), y(t_0))$ 落在分界线下方, 否则, 随时间推移, 购买量会减少至 0.

结论: 广告太少, 销售量低; 广告太多, 也会使销售量减少, 这是广告太多的负面影响.

习　题　5.3

1. 市场价格取决于市场供需之间的关系, 当供给大于需求时, 价格下降, 当供给小于需求时, 价格上升, 假设价格 $p(t)$ 变化率与需求 $f(p, t)$ 和供给 $g(p)$ 之差成正比, 建立价格随时间不断变化的数学模型.

2. 设有一个串联电路, 由电阻 R, 电感 L, 电容 C, 电源 E 组成, 其中 $E = E_m \sin \omega t$, R, L, C, E_m 为常值, 建立串联电路中电压随时间变化的模型.

3. 质量为 m 的物体悬于弹簧上成平衡状态, 现在向下拉物体, 将弹簧伸长 $s_1 \mathrm{cm}$ 后放开, 设介质的阻力与运动速度成正比, 建立物体运动的方程.

4. 一质量为 m 的船以速度 v_0 行驶, 在 $t = 0$ 时, 动力关闭, 假设水的阻力正比于 v^n, n 为一常数, v 为瞬时速度, 建立滑行距离与速度的微分方程模型.

5. 在某工厂推广新技术, 设该工厂工人总数为 N, 在 $t = 0$ 时刻已掌握新技术的人数为 x_0, 掌握新技术人数的增长速度与已掌握和未掌握新技术的人数乘积成正比, 建立已掌握新技术的人数随时间变化的微分方程模型. 并求出在 t 时刻已掌握新技术人数, 再画出图形.

部分习题参考答案

声明 答案中出现的 C 或者 C_i, $i = 1, 2, \cdots$ 均表示任意常数, 不再一一叙述.

习　题　1.1

1. (1) 隐式;　(2) 隐式;　(3) 显式;　(4) 显式;　(5) 隐式;　(6) 隐式.

2. (1) 三阶;　(2) 二阶;　(3) 二阶;　(4) 一阶.

3. (2) (4) 线性.

5. (1) $x(t) = C_1 + C_2 - 2t - \sin t, C_1, C_2 \in \mathbb{R}$;　(2) $x(t) = 3 + (t-1)\mathrm{e}^t$;

　　(3) 无解;　(4) .

6. (1) $m' = km, m(t) = C\mathrm{e}^{kt}, C \in \mathbb{R}$;　(2) $m = 50\mathrm{e}^{kt}$;

　　(3) $k = \dfrac{1}{2}(\ln 9 - \ln 10)$;　(4) $t = \dfrac{1}{k}\ln\dfrac{1}{2}$.

7. 通解为 $x(t) = C_1 t + C_2 - \dfrac{1}{2}t^2, C_1, C_2 \in \mathbb{R}$, 特解为 $x(t) = \dfrac{1}{2} + \dfrac{1}{2}t - \dfrac{1}{2}t^2$.

8. $x^2 = 4t + C, C \in \mathbb{R}$, $x = \sqrt{4t+1}, t \geqslant -\dfrac{1}{4}$, $x = -\sqrt{4t+1}, t \geqslant -\dfrac{1}{4}$.

9. $\dfrac{5000}{9}$.

10. (1) $Q(t) = 5\mathrm{e}^{-2.5t}$;　(2) $I(t) = -12.5\mathrm{e}^{-2.5t}$.

习　题　1.2

1. (1) 5;　(2) 5;　(3) $3\sqrt{2}$;　(4) 1.

3. $A'(t) = \begin{pmatrix} \mathrm{e}^t & -4\mathrm{e}^{-2t} \\ 3\mathrm{e}^t & 2\mathrm{e}^{-2t} \end{pmatrix}$, $|A(t)| = \sqrt{10}\mathrm{e}^t$, $|A'(t)| = \sqrt{10}\mathrm{e}^t$.

4. $A'(t) = \begin{pmatrix} -2\sin 2t & \mathrm{e}^t(2\cos 2t + \sin 2t) \\ \mathrm{e}^{-t}(-\cos 2t - 2\sin 2t) & 2\cos 2t \end{pmatrix}$, $|A(t)| = |\sin t|\sqrt{1 + \mathrm{e}^{2t}}$,

　　$|A'(t)| = \sqrt{(2\cos 2t + \sin 2t)^2\mathrm{e}^{2t} + 4\cos^2 t}$.

7. (1) 否;　(2) 否;　(3) 能;　(4) 否.

习　题　1.3

1. $D_f = \{(t, x) : t \in \mathbb{R}, x \geqslant 0\}$.

习　题　2.1

1. $P_1(D) + P_2(D) = (2+t)D + \sin t - \cos t$;

　　$P_1(D)P_2(D) = 2tD^2 + 2\sin tD + t\sin t - \sin t\cos t$;

　　$P_2(D)P_1(D) = 2tD^2 + (2 - t\cos t)D + 2\cos t - \sin t\cos t$.

2. $\frac{1}{2}C_1 e^t - \frac{1}{2}C_2 e^{-t} - t.$

3. $\left(-\frac{1}{4}C_1 + \frac{1}{2}C_1 t + \frac{1}{2}C_2\right)e^t + \frac{1}{4}C_3 e^{-t} + 1.$

4. (1) $e^{2t}(3t^2 + 10t + 8)$;　(2) $e^t[2\sin t + 2(t+1)\cos t]$;

　　(3) $\begin{pmatrix} (1+2t)e^t \\ 2e^{-t} \end{pmatrix}$;　(4) $\begin{pmatrix} 3t^2 + 2t & t^2 + 2t \\ t^2 & 8t^2 + 12t + 2 \end{pmatrix} e^{2t}.$

6. **特解** $x(t) = e^t(1 + \cos 2t + \sin 2t).$

7. (1) $x(t) = Ce^{t^3}$;　(2)$x(t) = Ce^{-t^2}$;

　　(3) $x(t) = 1 + Ce^{-\frac{t^3}{3}}$;　(4) $y(t) = \dfrac{1}{1 + Ce^t}.$

习　题　2.2

1. (1) $x = Ce^{-t^3}$;　(2) $x(t) = C/t$;

　　(3) $x(t) = -t - 1 + Ce^t$;　(4) $x(t) = -\dfrac{1}{5}(2\cos 2t + \sin 2t) + Ce^t$;

　　(5) $x(t) = \dfrac{1}{2}t^2 e^t + C_2 e^t$;　(6) $y^2(t) = \dfrac{x}{2x^2 + Cx^3}$;

　　(7) $\dfrac{1}{x(t)} = e^{2t}\left(\dfrac{1}{2}e^{-2t} + C\right)$;　(8) $x^3(t) = \dfrac{1}{2} + Ce^{-6t}$;

　　(9) $x(t) = (1-t)[-\ln(1-t) + C]$;　(10) $x(t) = t\left[\dfrac{t^2}{2} - 2\ln t + C\right].$

2. (1) $x(t) = \dfrac{1}{t}\left(\dfrac{t^2}{2} + \dfrac{1}{2}\right)$;　(2) $x(t) = 2 + (t^2 + 1)^{-\frac{3}{2}}$;

　　(3) $x(t) = t^{-2}\left(2t^2 - \dfrac{31}{16}\right)^{-\frac{1}{4}}$;　(4) $x(t) = \dfrac{2}{t} + \dfrac{1}{t}\displaystyle\int_1^t \dfrac{\sin s}{s}\,\mathrm{d}s.$

3. (1) $t = e^{\frac{1}{x}}\left(\displaystyle\int e^{-\frac{1}{x}}\,\mathrm{d}x + C\right)$;　(2) $t = \dfrac{x}{\ln x + C}$;

　　(3) $x^2 = y^2(-2\ln y + C)$;　(4) $t - 1 = \dfrac{x-2}{x-1}C.$

4. (1) $x(t) = C_2 e^{2t} + C_1 e^{-2t} - \dfrac{t}{2}$;　(2) $\dfrac{1}{4} + \dfrac{1}{2}t^2 e^{2t} + (C_1 + C_2 t)e^{2t}$;

　　(3) $x(t) = \dfrac{C_1}{t}\sinh(t^2) + \dfrac{C_2}{t}\cosh(t^2)$;　(4) $x(t) = \dfrac{t}{2} + \dfrac{5}{4} + e^{2t}C_1 + e^t C_2.$

5. (1) $x(t) = \dfrac{1}{2t} + \dfrac{e^{t^2}}{2e^t}$;　(2) $x(t) = e + e^{t^3 - 1}.$

6. (1) $x(t) = C_1 e^{-t}\sin t + C_2 e^{-t}\cos t$;　(2) $x(t) = C_1 e^{-t} + C_2 e^{-3t}$;

　　(3) $x(t) = C_1 e^{-t} + C_2 t e^{-t}$;　(4) $x(t) = C_1 \sin 2t + C_2 \cos 2t.$

7. (1) $x(t) = e^{-t}(C_1 \cos t + C_2 \sin t) + \dfrac{1}{25}(-4 + 5t)e^t$;

　　(2) $x(t) = e^{-t}(C_1 \cos t + C_2 \sin t) + \dfrac{1}{2}e^{-t}(\cos t + t\sin t)$;

　　(3) $x(t) = e^{2t}(C_1 + C_2 t) + (3 + t)e^t$;

(4) $x(t) = C_1 \sin 3t + C_2 \cos 3t + \frac{1}{8} \cos t - \frac{t}{6} \cos 3t.$

8. (1) $x(t) = C_1 e^t + C_2 e^{-t} + C_3 e^{\sqrt{2}t} + C_4 e^{-\sqrt{2}t};$

(2) $x(t) = C_1 e^{-2t} + C_2 e^{4t} \sin(\sqrt{2}t) + C_3 e^{4t} \cos(\sqrt{2}t);$

(3) $x(t) = e^{-2t}(C_1 + C_2 t + C_3 t^2 + C_4 t^3);$

(4) $y(t) = e^t(C_1 + C_2 t + C_3 t^2);$

(5) $y(t) = e^{\frac{1}{2}t}\left[(C_1 + C_2 t)\sin\left(\frac{\sqrt{3}}{2}t\right) + (C_3 + C_4 t)\cos\left(\frac{\sqrt{3}}{2}t\right)\right];$

(6) $x(t) = C_1 \cos t + C_2 \sin t + C_3 \cos 3t + C_4 \sin 3t.$

9. (1) $\frac{1}{2}t^2 e^t;$ (2) $\left(\frac{1}{4} - \frac{t}{4}\right)\sin t - 1 + \left(-\frac{1}{2} - \frac{t}{4}\right)\cos t;$

(3) $\left(-\frac{1}{8}t^2 + \frac{1}{24}t^3\right)(t-1)e^{-t};$ (4) $\frac{1}{2}e^{-t}(\cos t + t\sin t - 2t\cos t);$

(5) $-\frac{4}{9}\cos 2t - \frac{1}{3}t\sin 2t + \frac{1}{2}t\sin t;$ (6) $\frac{1}{4} + e^t + \frac{1}{2}t^2 e^{2t}.$

10. (1) $\frac{1}{36}t^4 + C_1 t + C_2 t^2 + C_3 t^{-2};$ (2) $C_2 t^2 + C_1 t^{-2} + \frac{1}{36}t^4(3\ln t - 2);$

(3) $C_1 t^2 + C_2 t^3 + \frac{1}{60t}(6t^5 + 15t^4 + 5C_3 - 15t^4 \ln t);$

(4) $t\ln t C_1 + t C_2 + \frac{1}{4}t^3(\ln t - 1).$

11. (1) $C_1 e^{-4t} + C_2 e^{-t} + \frac{e^{-4t}}{18}\left[-6e^{3t}\ln(1 - e^t) + 2e^{3t} + 3e^{2t} + 6e^t + 6\ln(-1 + e^t)\right];$

(2) $e^{-t}\left[\left[\int \ln|\sec t + \tan t|dt + C_1 e^t + C_2\right]\right].$

12. (1) $\begin{cases} x_1 = C_1 e^{-5t} + C_2 e^{2t}, \\ x_2 = 3C_1 e^{-5t} + \frac{2}{3}C_2 e^{2t}; \end{cases}$

(2) $\begin{cases} x_1 = C_1 e^{\sqrt{14}t} + C_2 e^{-\sqrt{14}t}, \\ x_2 = -C_1\sqrt{14}e^{\sqrt{14}t} + C_2\sqrt{14}e^{-\sqrt{14}t} + 3C_1 e^{\sqrt{14}t} + 3C_2 e^{-\sqrt{14}t}; \end{cases}$

(3) $\begin{cases} x_1 = -\frac{1}{2}C_2 e^{-4t} + \frac{2}{3}C_3 e^{3t} + \frac{C_1}{6}, \\ x_2 = C_1 + C_2 e^{-4t} + C_3 e^{3t}, \\ x_3 = \frac{C_2}{2}e^{-4t} - \frac{2}{3}C_3 e^{3t} - \frac{13}{6}C_1; \end{cases}$ (4) $\begin{cases} x_1 = -C_2 e^{5t} + C_3 e^t + C_1 e^{3t}, \\ x_2 = C_2 e^{5t} + C_3 e^t, \\ x_3 = -\frac{1}{2}C_2 e^{5t} + \frac{C_3}{2}e^t - \frac{1}{2}C_1 e^{3t}. \end{cases}$

13. (1) $\begin{cases} x_1 = -e^{3t}(2C_3 t + C_2 t^2) - \frac{32}{27} + \frac{11}{9}t + e^{3t}C_1, \\ x_2 = C_3 e^{3t} + C_2 e^{3t}t + \frac{37}{9} - \frac{8}{3}t, \\ x_3 = \frac{1}{2}C_2 e^{3t} - C_3 t e^{3t} - \frac{1}{2}C_2 t^2 e^{3t} - \frac{27}{16} + \frac{10}{9}t + \frac{1}{2}C_1 e^{3t}; \end{cases}$

$(2)\begin{cases} x_1 = e^{2t}\left(\dfrac{t^3}{6} + \dfrac{t^2 C_3}{2} + C_2 t + C_1\right) + e^t - \dfrac{1}{2}, \\[2mm] x_2 = \left(\dfrac{1}{2}t^2 + C_3 t + C_2\right)e^{2t} - e^t, \\[2mm] x_3 = (t + C_3)e^{2t}. \end{cases}$

14. $(1)\begin{cases} x_1 = C_2 e^{(\sqrt{5}+2)t} + C_1 e^{(2-\sqrt{5})t} + \dfrac{1}{2}e^{-t} - \dfrac{1}{4}e^t, \\[2mm] x_2 = 1/2 e^{(5^{1/2}+2)t} C_2 5^{1/2} - 1/2 e^{(5^{1/2}+2)t} C_2 - 1/2 e^{(2-5^{1/2})t} C_1, \\[2mm] \quad -1/2 e^{(2-5^{1/2})t} C_1 5^{1/2} + 1/4 e^t - e^{-t} - 1/2 t e^t; \end{cases}$

$(2)\begin{cases} x_1 = e^{4t}(C_1 \cos 3t + C_2 \sin 3t) - \dfrac{1}{3}e^{4t} - \dfrac{13}{80}\sin t - \dfrac{1}{80}\cos t, \\[2mm] x_2 = e^{4t}(C_1 \sin 3t - C_2 \cos 3t) + \dfrac{3}{80}\cos t + \dfrac{9}{80}\sin t. \end{cases}$

15. $(1)\begin{cases} x = C_1 e^t + C_2 e^{(-\frac{1}{2}+\frac{1}{2}\sqrt{21})t} + C_3 e^{(-\frac{1}{2}-\frac{1}{2}\sqrt{21})t}, \\[2mm] y = -6C_1 e^t - \dfrac{3+\sqrt{21}}{2}C_2 e^{(-\frac{1}{2}+\frac{1}{2}\sqrt{21})t} - \dfrac{3-\sqrt{21}}{2}C_3 e^{(-\frac{1}{2}-\frac{1}{2}\sqrt{21})t}; \end{cases}$

$(2)\begin{cases} x_1 = \dfrac{1}{2}e^{-t} + C_2 e^t + C_3, \\[2mm] x_2 = -\dfrac{1}{2}e^{-t} + C_2 e^t + C_1 e^{2t}. \end{cases}$

16. $(1)\begin{cases} x_1 = 2e^t - e^{2t}, \\ x_2 = e^t; \end{cases}$ $(2)\begin{cases} x_1 = -\dfrac{1}{12}e^{2t} + \dfrac{3}{4}e^{-2t} - \dfrac{2}{3}e^{-t}, \\[2mm] x_2 = \dfrac{1}{3}e^{2t} - \dfrac{1}{3}e^{-t}; \end{cases}$

$(3)\begin{cases} x_1 = \dfrac{e^2}{2(e^4-1)}(e^{2t} - e^{-2t}) + \dfrac{1}{2\sin 2}\sin 2t, \\[2mm] x_2 = \dfrac{e^2}{2(e^4-1)}(e^{2t} - e^{-2t}) - \dfrac{1}{2\sin 2}\sin 2t. \end{cases}$

习　题　2.3

1. (1) 不稳定;　(2) 渐近稳定;　(3) 渐近稳定;　(4) 不稳定.

习　题　2.4

1. (1) $e^{-t}\left(C_1 + C_2 t + \dfrac{t^3}{6}\right)$;　(2) $\dfrac{1}{2}(-1 + t + t\sin t e^{-t})$;

(3) $e^t(-t + te^t - e^t)$;　(4) $\begin{cases} x(t) = t, \\ y(t) = 1; \end{cases}$

(5) $-e^{-5t}\left[\dfrac{1}{520}\sin(2t+1) + \dfrac{1}{104}\cos(2t+1)\right] + \dfrac{1}{24}$;

(6) $\dfrac{1}{4}\sin t + \dfrac{5}{4}e^t + \dfrac{3}{4}e^{-t} - \dfrac{3}{8}e^t t + \dfrac{5}{8}e^{-t}t$.

2. (1) $-\dfrac{2077}{2652}e^{3t}\sin 4t + \dfrac{683}{663}e^{3t}\cos 4t + \dfrac{56}{663}\sin\left(\dfrac{t}{2}\right) - \dfrac{20}{662}\cos\left(\dfrac{t}{2}\right)$;

(2) $\dfrac{-1}{144}(13+12t)\mathrm{e}^{-t}+\mathrm{e}^{2t}$.

习 题 3.1

1. (1) $x(t)=\dfrac{1}{\ln t+C}$;　(2) $x(t)=-\dfrac{1}{2}t^2+t\ln(\mathrm{e}^t-1)-\displaystyle\int\ln(\mathrm{e}^t-1)\mathrm{d}t+C$;

　(3) $x(t)=-t+1+C\mathrm{e}^t$ 或 $x(t)=-3t+C$;

　(4) $\dfrac{1}{2}\ln\left(\dfrac{t^2+x^2}{t^2}\right)+\arctan\left(\dfrac{x}{t}\right)+\ln t+C=0$;

　(5) $t^2=(-x^2+C\mathrm{e}^{\frac{2t}{x}})^{\frac{1}{2}}$;　(6) $y(x)=3\tan(3x^2+C)$;

　(7) $t=(-2x^4+C\mathrm{e}^{2t/x})^{1/4}$ 或 $t=-(-2x^4+C\mathrm{e}^{2t/x})^{1/4}$

　　　　或 $t=\mathrm{i}(-2x^4+C\mathrm{e}^{2t/x})^{1/4}$ 或 $t=-\mathrm{i}(-2x^4+C\mathrm{e}^{2t/x})^{1/4}$;

　(8) $x=\pm(2\ln t+C)^{\frac{1}{2}}t$;　(9) $x=\pm(-4t+Ct^2)^{\frac{1}{2}}$;

　(10) $t=x\left(\dfrac{1}{2}\ln x+C\right)^2$.

2. (1) $-2x-\mathrm{e}^{xy}+y^2+C=0$;　(2) $y=\dfrac{x}{2}\pm\dfrac{1}{2}(t^2-C)^{\frac{1}{2}}$;

　(3) $y=\dfrac{1}{2x}[-1+(1+24x)^{\frac{1}{2}}]$;　(4) $y=\dfrac{x}{2}+\dfrac{1}{2}(x^2+8)^{\frac{1}{2}}$;

　(5) $-x\cos y-y\cos x+C=0$.

3. (1) $y=\dfrac{1}{2x}\left[x\ln x+Cx\pm(x^2\ln^2 x+2Cx^2\ln x+C^2x^2+4x)^{\frac{1}{2}}\right]$;

　(2) $\ln x-C-\dfrac{4}{9}\ln\left(\dfrac{y}{x^{\frac{3}{4}}}\right)+\dfrac{4}{9}\ln\left(-3+\dfrac{2y^4}{x^3}\right)=0$;

　(3) $y=x\tan(x+C)$;　(4) $x=\dfrac{3}{t(t^3+2)}$;

　(5) $y=\dfrac{1}{3}+C\mathrm{e}^{-x^3}$;　(6) $x=\left(\dfrac{1}{2}y^2-1\right)y$.

4. (1) $x=t-a\ln t+C$;　(2) $x=t-1$;

　(3) $\begin{cases} x=-2+C\mathrm{e}^{-p}, \\ y=(-2+C\mathrm{e}^{-p})(1+p)+p^2; \end{cases}$　(4) $\begin{cases} x=p(2+Cp), \\ y=p^2(5+2Cp). \end{cases}$

习 题 3.2

1. (1) 渐近稳定;　(2) 不稳定.

2. (1) $(0,0),i(0,0)=0$, 不稳定; $(-1,2),i(-1,2)=1$ 不稳定;

　(2)$(0,1),i(0,1)=1$, 不稳定; $(3,0),i(3,0)=0$, 不稳定.

习 题 3.3

1. (1) $\mu=1$, 叉式分支;　(2) $\mu=0$, Hopf 分支.

习 题 3.4

1. (1) $\dfrac{1}{5}(\cos t+2\sin t)\mathrm{e}^t\cos t+\dfrac{2}{5}\mathrm{e}^t-\dfrac{3}{5}+\dfrac{\pi}{3}$.

习 题 4.1

4. 最高阶的线性三步方法是 6 阶的, 系数为

$$\alpha_3 = 1, \quad \alpha_2 = -\alpha_1 = \frac{27}{11}, \alpha_0 = -1;$$

$$\beta_3 = \beta_2 = \frac{3}{11}, \quad \beta_1 = \beta_0 = \frac{27}{11}.$$

5. 对于 $k = 1, 2, 3, 4$ 的 Gear 法表达式为

$k = 1: u_{n+1} - u_n = h f_{n+1},$

$k = 2: u_{n+2} - \dfrac{4}{3} u_{n+1} + \dfrac{1}{3} u_n = \dfrac{2}{3} h f_{n+2},$

$k = 3: u_{n+3} - \dfrac{18}{11} u_{n+2} + \dfrac{9}{11} u_{n+1} - \dfrac{2}{11} u_n = \dfrac{6}{11} h f_{n+3},$

$k = 4: u_{n+4} - \dfrac{48}{25} u_{n+3} + \dfrac{36}{25} u_{n+2} - \dfrac{16}{25} u_{n+1} + \dfrac{3}{25} u_n = \dfrac{12}{25} h f_{n+4}.$

7. Quade 是 5 阶方法, 误差常数为 $-\dfrac{12}{19}$.

8. (1) 相容但不收敛;   (2) 不相容且不收敛;   (3) 相容且收敛;

(4) 相容, $|a| \leqslant 1$ 且 $a \neq -1$ 时收敛.

10. (1) $(-6, 0)$;   (2) 绝对不稳定.

习 题 4.2

1. (1) 20, $h < 0.139$;   (2) 4001, $h < 0.00138$;   (3) 10^6, $h < 2.78 \times 10^{-6}$.

3. (1) A 稳定;   (2) 不是 A 稳定, $A(37°14')$ 稳定.

5. (1) A 稳定, $r \geqslant \dfrac{1}{4}$ 时, 方法还是代数稳定的;   (2) A 稳定.

习 题 4.3

1. 常微分方程或常微分系统的解析解.

(1) $y = x + \dfrac{1}{1 - \operatorname{arctanh} x}$.

(2) $x(t) = -\dfrac{69}{25} e^{-t} + \dfrac{3}{50} e^{4t}, \quad y(t) = \dfrac{69}{25} e^{-t} + \dfrac{1}{25} e^{4t}.$

(3) $x(t) = e^t (-6 \sin 2t + 2 \cos 2t), \quad y(t) = e^t (\sin 2t + 3 \cos 2t).$

(4) $x(t) = (e^t + 1) e^t, \quad y(t) = e^t.$

(5) $x(t) = 4 e^{-t/2} + 7 e^{3t} - 9 e^{2t}.$

(6) $x(t) = 3 \sin t + 2 \cos t + 3t \sin t.$

2. 用 Euler 方法和步长 $h = 0.05$ 计算时, 速度 $v(6) = 92.4979$.

5. 提示: 取定一个初值, 如 $u = (1, 10^{-2}, 1)^T$, 利用 ode15s 计算.

习 题 5.1

1. $100 e^{-3}$ 个.

2. $(0, 0), (\sqrt{b/f}, \sqrt{bf})$.

3. $\dfrac{\mathrm{d}H}{\mathrm{d}t} = -k(H-15)$.

5. 提示: 方程为: $P - \rho(H+y) - Q - b(y')^2 = Qy'', y(0) = 0$, y 指路程, y' 指速度.

习　题　5.2

3. (1) $(0,0)$ 是不稳定的, $(K_1,0)$ 和 $(0,K_2)$ 是渐近稳定的.

5. 提示: 微分方程模型 $x'' + \dfrac{k^2}{m^2}v^2 = -g$, 最大高度是 $\dfrac{1}{2\omega^2}\ln\dfrac{g+\omega^2 v_0^2}{g+\omega 62 v^2}, \omega^2 = \dfrac{k}{m}$.

6. 提示: 二阶线性非齐次微分方程.

习　题　5.3

1. $\dfrac{\mathrm{d}p}{\mathrm{d}t} = a(f(p,t) - g(p))$.

2. $u''(t) + \dfrac{R}{L}u'(t) + \dfrac{1}{LC}u = \dfrac{E_{\mathrm{m}}}{LC}\sin\omega t$.

4. $mv\dfrac{\mathrm{d}v}{\mathrm{d}x} = -kv^n$.

5. 提示: 模型为 $x'(t) = Kx(N-x)$, K 为正比例系数.

参 考 文 献

[1] 丁同仁, 李承治. 常微分方程教程 (第二版). 北京: 高等教育出版社, 2004.

[2] 葛渭高, 李翠哲, 王宏洲. 常微分方程与边值问题. 北京: 科学出版社, 2008.

[3] 葛渭高. 应用数学. 北京: 语文出版社, 2006.

[4] 胡健伟, 汤怀民. 微分方程的数值解法 (第二版). 北京: 科学出版社, 2007.

[5] 李荣华, 冯果忱. 微分方程数值解法 (第三版). 北京: 高等教育出版社, 1996.

[6] 林群. 微分方程数值解法基础教程. 北京: 科学出版社, 2001.

[7] 林武忠, 汪志鸣, 张九超. 常微分方程. 北京: 科学出版社, 2003.

[8] 金福临, 阮炯, 黄振勋. 应用常微分方程. 上海: 复旦大学出版社, 1991.

[9] 王高雄, 周之铭, 朱思铭等. 常微分方程 (第二版). 北京: 高等教育出版社, 2006.

[10] 王树禾. 微分方程模型与混沌. 合肥: 中国科学技术大学出版社, 1999.

[11] 西南师大数学与财经学院. 常微分方程. 重庆: 西南师范大学出版社, 2005.

[12] 薛定宇, 陈阳泉. 高等应用数学问题的 MATLAB 求解. 北京: 清华大学出版社, 2004.

[13] 张芷芬等. 微分方程定性理论. 北京: 科学出版社, 1985.

[14] 张伟年. 常微分方程. 北京: 科学出版社, 2005.

[15] 钟益林, 彭乐群, 刘炳文. 常微分方程及其 Maple, MATLAB 求解. 北京: 清华大学出版社, 2007.

[16] Bronson R. Differential Equations(影印版). 北京: 高等教育出版社, 2000.

[17] Edwards C H, Penny D E. Differential Equations and Boundary Value Problems(影印版). 北京: Pearson Edu. Asia limited and Tsinghua Univ. Press, 2004.

[18] Hairer E, Wanner G. Solving Ordinary Differential Equations I(影印版). 北京: 科学出版社, 2006.

[19] Hairer E, Wanner G. Solving Ordinary Differential Equations II(影印版). 北京: 科学出版社, 2006.

[20] Hsieh P F, Sibuya Y. Basic Theory of Ordinary Differential Equations(影印版). 北京: 高等教育出版社, 2007.

[21] Lucas W F. 微分方程模型 (影印版). 长沙: 国防科技大学出版社, 1998.

[22] Perko L. Differential Equations and Dynamical Systems. New York: Springer-Verlag, 1991.

附录　常系数齐次线性微分系统的基础解系

1. 一类函数向量的线性无关

定理 A.1　设有实 $s_i, \beta_i, i = 1, 2, \cdots, l,\ \beta_i > 0,\ s_1 < s_2 < \cdots < s_l$ 及矩阵 $A_{ij}, B_{ij}, C_{ij},\ i = 1, 2, \cdots, l, j = 1, 2, \cdots, n,$ 它们各由线性无关的 n 维列向量组成, 则函数向量组

$$\{A_{ij}t^j \mathrm{e}^{s_i t}, B_{ij}t^j \mathrm{e}^{s_i t}, C_{ij}t^j \mathrm{e}^{s_i t} : 0 \leqslant j \leqslant n, 1 \leqslant i \leqslant l\}$$

在 $\mathbb{R}$ 上是线性无关的.

证　不妨设

$$\mathrm{rank} A_{ij} = r_{ij}^{(1)}, \quad \mathrm{rank} B_{ij} = r_{ij}^{(2)}, \quad \mathrm{rank} C_{ij} = r_{ij}^{(3)}.$$

由 A_{ij}, B_{ij}, C_{ij} 内列向量的无关性, 可知 A_{ij}, B_{ij}, C_{ij} 各矩阵的列数分别为 $r_{ij}^{(1)}, r_{ij}^{(2)}, r_{ij}^{(3)}.$ 用数学归纳法给出证明.

当 $l = 1$ 时, 设有常向量 $k_1 = (k_{10}, k_{11}, \cdots, k_{1n})$, 其中

$$k_{1j} = (k_{1j}^{(1)}, k_{1j}^{(2)}, k_{1j}^{(3)})^{\mathrm{T}}, \quad j = 0, 1, \cdots, n$$

且 $k_{1j}^{(1)}, k_{1j}^{(2)}, k_{1j}^{(3)}$ 分别是维数为 $r_{1j}^{(1)}, r_{1j}^{(2)}, r_{1j}^{(3)}$ 的列向量, 使 $\forall t \in \mathbb{R}$, 成立

$$\sum_{j=0}^{n} (A_{1j}t^j \mathrm{e}^{s_1 t} k_{1j}^{(1)} + B_{1j}t^j \mathrm{e}^{s_1 t} \cos \beta_1 t k_{1j}^{(2)} + C_{1j}t^j \mathrm{e}^{s_1 t} \sin \beta_1 t k_{1j}^{(3)}) = 0. \tag{A.1}$$

分别令 $t = 0, \dfrac{\pi}{\beta_1}, \dfrac{\pi}{1\beta_1}$, 得

$$\begin{cases} A_{10}k_{10}^{(1)} + B_{10}k_{10}^{(2)} = 0, \\ A_{10}k_{10}^{(1)} - B_{10}k_{10}^{(2)} = 0, \\ A_{10}k_{10}^{(1)} + C_{10}k_{10}^{(3)} = 0. \end{cases}$$

解得

$$A_{10}k_{10}^{(1)} = B_{10}k_{10}^{(2)} = C_{10}k_{10}^{(3)} = 0.$$

由 A_{10}, B_{10}, C_{10} 中列向量的线性无关性可知

$$k_{10}^{(1)}, k_{10}^{(2)}, k_{10}^{(3)}$$

都是零向量. 从而在 (A.1) 中约去 t 得

$$\sum_{j=1}^{n}(A_{1j}t^{j-1}e^{s_1 t}k_{1j}^{(1)} + B_{1j}t^{j-1}e^{s_1 t}\cos\beta_1 t k_{1j}^{(2)} + C_{1j}t^{j-1}e^{s_1 t}\sin\beta_1 t k_{1j}^{(3)}) = 0.$$

分别令 $t = 0, \dfrac{\pi}{\beta_1}, \dfrac{\pi}{1\beta_1}$, 可得 $k_{11} = (k_{11}^{(1)}, k_{11}^{(2)}, k_{11}^{(3)})$ 为零向量. 由数学归纳法可得

$$k_{01}, k_{11}, \cdots, k_{1n}$$

全为零向量. 设 $l = p$ 时, 结论成立, 即由

$$\sum_{i=1}^{p}\sum_{j=0}^{n}(A_{ij}t^{j}e^{s_i t}k_{ij}^{(1)} + B_{ij}t^{j}e^{s_i t}\cos\beta_i t k_{ij}^{(2)} + C_{ij}t^{j}e^{s_i t}\sin\beta_i t k_{ij}^{(3)}) = 0 \tag{A.2}$$

可得 $k_{ij} = 0, 1 \leqslant i \leqslant p, 0 \leqslant j \leqslant n$.

当 $l = p+1$ 时, 则由

$$\sum_{i=1}^{p+1}\sum_{j=0}^{n}(A_{ij}t^{j}e^{s_i t}k_{ij}^{(1)} + B_{ij}t^{j}e^{s_i t}\cos\beta_i t k_{ij}^{(2)} + C_{ij}t^{j}e^{s_i t}\sin\beta_i t k_{ij}^{(3)}) = 0. \tag{A.3}$$

两边乘 $t^{-n}e^{-s_{p+1}t}$, 分别令 $t_q = \dfrac{2q\pi}{\beta_{p+1}}, \dfrac{(2q+1)\pi}{\beta_{p+1}}, \dfrac{\left(2q+\dfrac{1}{2}\right)\pi}{\beta_{p+1}}, q \in \mathbb{Z}^{+}$, 并在 $q \to \infty$ 时求极限, 则有

$$\begin{cases} A_{p+1,n}k_{p+1,n}^{(1)} + B_{p+1,n}k_{p+1,n}^{(2)} = 0, \\ A_{p+1,n}k_{p+1,n}^{(1)} - B_{p+1,n}k_{p+1,n}^{(2)} = 0, \\ A_{p+1,n}k_{p+1,n}^{(1)} + C_{p+1,n}k_{p+1,n}^{(3)} = 0, \end{cases}$$

于是 $A_{p+1,n}k_{p+1,n}^{(1)} = B_{p+1,n}k_{p+1,n}^{(2)} = C_{p+1,n}k_{p+1,n}^{(3)} = 0$. 由 $A_{p+1,n}, B_{p+1,n}, C_{p+1,n}$ 各组中列向量线性无关, 故

$$k_{p+1,n}^{(1)}, k_{p+1,n}^{(2)}, k_{p+1,n}^{(3)}$$

都是零向量, 于是 (A.3) 成为

$$\sum_{i=1}^{n+1}\sum_{j=0}^{n-1}(A_{ij}t^{j}e^{s_i t}k_{ij}^{(1)} + B_{ij}t^{j}e^{s_i t}\cos\beta_i t k_{ij}^{(2)} + C_{ij}t^{j}e^{s_i t}\sin\beta_i t k_{ij}^{(3)}) = 0.$$

两边乘 $t^{-(n-1)}e^{-s_{n+1}t}$, 分别令 $t_q = \dfrac{2q\pi}{\beta_{n+1}}, \dfrac{(2q+1)\pi}{\beta_{n+1}}, \dfrac{\left(2q+\dfrac{1}{2}\right)\pi}{\beta_{n+1}}, q \in \mathbb{Z}^{+}$, 并在

$q \to \infty$ 时求极限, 则可得

$$k_{p+1,n-1}^{(1)}, k_{p+1,n-1}^{(2)}, k_{p+1,n-1}^{(3)}$$

为零向量. 以此类推, 对 $j = 1, 2, \cdots, n,$

$$k_{p+1,j}^{(1)}, k_{p+1,j}^{(2)}, k_{p+1,j}^{(3)}$$

全为零向量. 于是 (A.3) 成为 (A.2), 这样由 $l = n$ 时的假设得

$$k_{ij} = 0, \quad 1 \leqslant i \leqslant p+1, \quad 0 \leqslant j \leqslant n.$$

定理得证.

2. 伴随矩阵

设常系数线性微分方程

$$A(D)x = \theta \tag{A.4}$$

中, $A(D)$ 为 n 阶方阵, 其中每个元素都是微分算子 D 的多项式, θ 是 n 阶零向量, $x = (x_1, x_2, \cdots, x_n)^{\mathrm{T}}$ 是 n 维待定函数向量. 设 $\det A(\lambda) \neq 0$.

记 $B(D) = A^*(D)$ 是 $A(D)$ 的伴随矩阵,

$$P(\lambda) = \det A(\lambda) \tag{A.5}$$

为 λ 的多项式, 称为 $A(D)$ 的特征多项式, 其中当 $A(D) = DI - A$, I 为 n 阶单位矩阵时,

$$P(\lambda) = \det(\lambda I - A)$$

是线性代数中熟知的情况.

设 a 是 (A.5) 中特征多项式的 m 重根, 在含参数矩阵列

$$B(\lambda), B'(\lambda), \cdots, B^{(m-1)}(\lambda), B^{(m)}(\lambda)$$

中, $B^{(m)}(\lambda)$ 是 $B(\lambda)$ 对参数 λ 的 m 阶导数矩阵. 令 $\lambda = a$, 得常矩阵列

$$B(a), B^1(a), \cdots, B^{(m-1)}(a), B^{(m)}(a) \tag{A.6}$$

现在由阵列 (A.6) 来确定微分系统 (A.4) 中形如

$$\{p_k(t)\mathrm{e}^{at} : k = 0, 1, \cdots, m-1\}$$

的线性无关解, 其中 $p_k(t)$ 表示 t 的多项式向量, 向量的维数为 n. 由定理 A.1 可知, 可以按照 $p_k(t)$ 中 t^k 的系数向量来确定线性无关向量组.

3. 线性无关向量组的确定

由于 $\lambda = a$ 是特征多项式 $P(\lambda)$ 的 m 重根, 故微分系统 (A.4) 对应 $\lambda = a$ 的全部解由

$$
\begin{aligned}
x(t) &= B(D) \sum_{i=1}^{n} \left(\sum_{j=0}^{m-1} k_{ij} t^j \mathrm{e}^{at} \right) e_i \\
&= \sum_{j=0}^{m-1} \left(\sum_{i=1}^{n} B(D) k_{ij} t^j \mathrm{e}^{at} e_i \right) \\
&= \sum_{j=0}^{m-1} \sum_{i=1}^{n} k_{ij} (B(D) t^j \mathrm{e}^{at}) e_i \\
&= \sum_{j=0}^{m-1} \sum_{i=1}^{n} k_{ij} \left(\sum_{l=0}^{j} \mathrm{C}_j^{j-l} t^{j-l} \mathrm{e}^{at} B^{(l)}(a) \right) e_i \\
&= \sum_{j=0}^{m-1} \sum_{l=0}^{j} \mathrm{C}_j^{j-l} t^{j-l} B^{(l)}(a) \mathrm{e}^{at} \sum_{i=1}^{n} k_{ij} e_i \\
&= \mathrm{e}^{at} \sum_{j=0}^{m-1} \mathrm{C}_j^{j-l} t^{j-l} B^{(l)}(a) \begin{pmatrix} k_{1j} \\ \vdots \\ k_{nj} \end{pmatrix}
\end{aligned}
\tag{A.7}
$$

给出, 其中 $k_{ij}(i = 1, 2, \cdots, n, \ j = 0, 1, \cdots, m-1)$ 是任意常数, $\{e_1, e_2, \cdots, e_n\}$ 是 $\mathbb{R}^n$ 中的标准基. 在解族 (A.7) 中可按如下过程选定线性无关向量组.

设 $\hat{r}_0 = \mathrm{rank} B(a) \leqslant n$, 在 $B(a)$ 中选取 $\hat{r}_0$ 个线性无关列向量, 不妨设就是 $B(a)$ 中的 $\hat{r}_0$ 个列向量, 它们构成 $B(a)$ 中的 $n \times \hat{r}_0$ 子阵 $\hat{B}_{0,1}(a)$, 记

$$
B(a) = (\hat{B}_{0,1}(a), \ \hat{B}_{0,2}(a)),
$$

则存在满秩阵

$$
\hat{C}_0 = \begin{pmatrix} I_{0,1} & C_{0,2} \\ O_{0,1} & I_{0,2} \end{pmatrix}
$$

使 $B(a)\hat{C}_0 = (\hat{B}_{0,1}(a), O_0)$, 其中 $I_{0,1}, I_{0,2}$ 分别是 $\hat{r}_0$ 阶和 $n - \hat{r}_0$ 阶单位阵, $C_{0,2}$ 是 $\hat{r}_0 \times (n - \hat{r}_0)$ 常阵, $O_{0,1}$ 是 $(n - \hat{r}_0) \times \hat{r}_0$ 零矩阵, O_0 是 $n \times (n - \hat{r}_0)$ 零矩阵. 同时记

$$
\hat{B}_0(\lambda) = B(\lambda)\hat{C}_0 = (\hat{B}_{0,1}(\lambda), \hat{B}_{0,2}(\lambda)),
$$

显然 $\hat{B}_{0,2}(a) = O_0$. 之后设

$$
\mathrm{rank} \hat{B}_{0,2}'(a) = \hat{r}_1 \leqslant n - \hat{r}_0.
$$

不妨设 $\hat{B}'_{0,2}(a)$ 中前 $\hat{r}_1$ 个列向量线性无关, 并记它们构成的 $n \times \hat{r}_1$ 矩阵为 $\hat{B}_{1,1}(a)$, 则存在满秩阵

$$\hat{C}_1 = \left(\begin{array}{cc} I_{1,1} & C_{1,2} \\ O_{1,1} & I_{1,2} \end{array} \right)$$

使 $\hat{B}'_{0,2}(a)\hat{C}_1 = (\hat{B}_{1,1}(a), \hat{O}_1)$, 其中 $I_{1,1}, I_{1,2}$ 分别是 $\hat{r}_1$ 阶单位阵和 $n - \hat{r}_0 - \hat{r}_1$ 阶单位阵, $C_{1,2}$ 是 $\hat{r}_1 \times (n - \hat{r}_0 - \hat{r}_1)$ 常阵, $O_{1,1}$ 是 $(n - \hat{r}_0 - \hat{r}_1) \times \hat{r}_1$ 零矩阵, $\hat{O}_1$ 是 $n \times (n - \hat{r}_0 - \hat{r}_1)$ 零矩阵. 记

$$\hat{B}_1(\lambda) = \hat{B}'_{0,2}(\lambda)\hat{C}_1 = (\hat{B}_{1,1}(\lambda), \; \hat{B}_{1,2}(\lambda)),$$

显然 $\hat{B}_{1,2}(a) = \hat{O}_1$. 由 $\hat{B}_{1,2}(\lambda)$, 得到 $\hat{B}'_{1,2}(\lambda)$. 记

$$\mathrm{rank}\hat{B}'_{1,2}(a) = \hat{r}_2 \leqslant n - \hat{r}_0 - \hat{r}_1.$$

不妨设 $\hat{B}'_{1,2}(a)$ 中的前 $\hat{r}_2$ 个列向量线性无关, 则有

$$\hat{C}_2 = \left(\begin{array}{cc} I_{2,1} & C_{2,2} \\ O_{2,1} & I_{2,2} \end{array} \right)$$

使 $\hat{B}'_{1,2}(a)\hat{C}_2 = (\hat{B}_{2,1}(a), \hat{O}_2)$, 其中 $I_{2,1}, I_{2,2}$ 分别是 $\hat{r}_2$ 阶和 $n - \hat{r}_0 - \hat{r}_1 - \hat{r}_2$ 阶单位阵, $C_{2,2}$ 是 $\hat{r}_2 \times (n - \hat{r}_0 - \hat{r}_1 - \hat{r}_2)$ 常阵, $O_{2,1}$ 是 $(n - \hat{r}_0 - \hat{r}_1 - \hat{r}_2) \times \hat{r}_2$ 零矩阵, $\hat{O}_2$ 是 $n \times (n - \hat{r}_0 - \hat{r}_1 - \hat{r}_2)$ 零矩阵. 记

$$\hat{B}_2(\lambda) = \hat{B}'_{1,2}(\lambda)\hat{C}_2 = (\hat{B}_{2,1}(\lambda), \hat{B}_{2,2}(\lambda)),$$

显然 $\hat{B}_{2,2}(a) = \hat{O}_2$. 由此, 由数学归纳法得到含参数矩阵列

$$\hat{B}_0(\lambda), \; \hat{B}_1(\lambda), \; \cdots, \; \hat{B}_{m-1}(\lambda), \; \hat{B}_m(\lambda) \tag{A.8}$$

和满秩常矩阵列

$$\hat{C}_0, \; \hat{C}_1, \; \cdots, \; \hat{C}_{m-1}, \; \hat{C}_m, \tag{A.9}$$

其中 (A.8) 中的矩阵列数不增, (A.9) 的常矩阵都是方阵, 阶数不增.

在此基础上, 进一步构造矩阵列

$$\tilde{B}_0(\lambda), \; \tilde{B}_1(\lambda), \; \cdots, \; \tilde{B}_{m-1}(\lambda), \; \tilde{B}_m(\lambda)$$

和

$$C_0, \; C_1, \; \cdots, \; C_{m-1}, \; C_m,$$

其中

$$\tilde{B}_0(\lambda) = \hat{B}_0(\lambda),$$
$$\tilde{B}_k(\lambda) = (\hat{B}_{0,1}(\lambda), \hat{B}_{1,1}(\lambda), \cdots, \hat{B}_{k,1}(\lambda)), \quad k = 1, 2, \cdots, m,$$
$$C_0 = \hat{C}_0,$$

$$C_k = \begin{pmatrix} I_{0,1} & & & \\ & \ddots & & \\ & & I_{k,1} & \\ & & & \hat{C}_k \end{pmatrix}, \quad k = 1, 2, \cdots, m.$$

这时, 有

$$\tilde{B}_k(a)C_k = (\hat{B}_{k-1,1}(a), \ \hat{B}_{k,1}(a), \ \hat{O}_k).$$

设 $r_k = \mathrm{rank}\tilde{B}_k(a)$, 则

$$\mathrm{rank}\tilde{B}_k(a) \leqslant \mathrm{rank}\hat{B}_{k-1,1}(a) + \mathrm{rank}\hat{B}_{k,1}(a)$$
$$= \mathrm{rank}\hat{B}_{k-1}(a) + \mathrm{rank}\hat{B}_k(a)$$
$$= \hat{r}_{k-1} + \hat{r}_k, \quad k = 1, 2, \cdots, m-1.$$

记 $B_{0,1}(a) = \hat{B}_{0,1}(a)$, 则 $r_0 = \mathrm{rank}B_{0,1}(a) = \hat{r}_0$, 记 $B_0(a) = (B_{0,1}(a), \ O_0)$, $O_0 = \hat{O}_0$. 在 $\hat{B}_{1,1}(a)$ 中取 $r_1 - r_0$ 个列向量构成矩阵 $B_{1,1}(a)$, 令

$$B_1(a) = (B_{0,1}(a), \ B_{1,1}(a), \ O_1)$$

其中 O_1 为 $n \times (n - r_1)$ 零矩阵. 再在 $\hat{B}_{2,1}(a)$ 中取 $r_2 - r_1$ 个列向量构成的子矩阵 $B_{2,1}(a)$, 使

$$\mathrm{rank}(B_{0,1}(a), \ B_{1,1}(a), \ B_{2,1}(a)) = r_2,$$

并令

$$B_2(a) = (B_{0,1}(a), \ B_{1,1}(a), \ B_{2,1}(a), \ O_2),$$

其中 O_2 为 $n \times (n - r_2)$ 零矩阵. 由此得到 n 阶矩阵列

$$B_0(a), \ B_1(a), \ \cdots, \ B_k(a), \ \cdots, \ B_{m-1}(a), \tag{A.10}$$

其中 $B_k(a) = (B_{0,1}(a), \ B_{1,1}(a), \ \cdots, \ B_{k,1}(a), \ O_k)$, 而 O_k 为 $n \times (n - r_k)$ 零矩阵. 这时有 $\sum\limits_{i=0}^{m-1} \hat{r}_i$ 阶满秩阵

$$\hat{D} = \begin{pmatrix} I_{0,1} & \hat{D}_{0,2} \\ O_{0,1} & \hat{I}_{0,2} \end{pmatrix}$$

使 $(\hat{B}_{0,1}(a),\hat{B}_{1,1}(a),\cdots,\hat{B}_{m-1,1}(a))\hat{D} = B_{0,1}(a),B_{1,1}(a),\cdots,B_{m-1,1}(a),O)$. 由此, 构造

$$D = \begin{pmatrix} \hat{D} & O_{2,1} \\ O_{1,2} & \hat{I} \end{pmatrix}, \tag{A.11}$$

其中, $O_{2,1}, O_{1,2}$ 分别是 $\left(n - \displaystyle\sum_{i=0}^{m-1}\hat{r}_i\right) \times \displaystyle\sum_{i=0}^{m-1}\hat{r}_i$ 和 $\displaystyle\sum_{i=0}^{m-1}\hat{r}_i \times \left(n - \displaystyle\sum_{i=0}^{m-1}\hat{r}_i\right)$ 零矩阵, I

为 $\left(n - \displaystyle\sum_{i=0}^{m-1}\hat{r}_i\right)$ 阶单位阵.

根据矩阵列 (A.10), 可以得到:

由 $t^{m-1}\mathrm{e}^{at}$ 的向量系数确定的 $p_{m-1}(t)\mathrm{e}^{at}$ 型线性无关解为

$$\sum_{l=0}^{m-1} \mathrm{C}_{m-1}^l B_{0,1}^{(l)}(a) t^{m-1-l}\mathrm{e}^{at}$$

给定, 有 r_0 个.

由 $t^{m-2}\mathrm{e}^{at}$ 的向量系数确定的 $p_{m-2}(t)\mathrm{e}^{at}$ 类型的线性无关解为

$$\sum_{l=1}^{m-1} \mathrm{C}_{m-1}^l B_{0,1}^{(l)}(a) t^{m-1-l}\mathrm{e}^{at} \text{ 和 } \sum_{l=0}^{m-2} \mathrm{C}_{m-2}^l B_{1,1}^{(l)}(a) t^{m-2-l}\mathrm{e}^{at}$$

给定, 有 $(r_1 - r_0) + r_0 = r_1$ 个.

用数学归纳法, 对 $k = 0,1,\cdots,m-1$, 由 $t^{m-k-1}\mathrm{e}^{at}$ 的线性无关向量系数, 确定 $p_{m-k-1}(t)\mathrm{e}^{at}$ 型线性无关解由

$$\sum_{l=k}^{m-1} \mathrm{C}_{m-1}^l B_{0,1}^{(l)}(a) t^{m-1-l}\mathrm{e}^{at},$$

$$\sum_{l=k-1}^{m-2} \mathrm{C}_{m-2}^l B_{1,1}^{(l)}(a) t^{m-2-l}\mathrm{e}^{at},$$

$$\vdots$$

$$\sum_{l=0}^{m-k-1} \mathrm{C}_{m-k}^l B_{k,1}^{(l)}(a) t^{m-k-l}\mathrm{e}^{at}$$

给定, 有 $r_0 + \displaystyle\sum_{i=1}^{k}(r_i - r_{i-1}) = r_k$ 线性无关解.

因此微分系统 (A.4) 对应 $\lambda = a$ 的, 形如

$$p_k(t)\mathrm{e}^{at}, \quad k = 0,1,\cdots,m-1$$

的线性无关解的个数为 $\displaystyle\sum_{i=0}^{m-1} r_i$.

4. 线性无关解个数的基本定理

定理 A.2　设 $\lambda = a$ 是系统 (A.4) 的特征多项式 $P(\lambda)$ 的 m 重根, 则系统 (A.4) 的形如

$$p_k(t)\mathrm{e}^{at}, \quad k = 0, 1, \cdots, m-1$$

的线性无关解的个数为

$$\sum_{i=0}^{m-1} r_i = m.$$

为证定理 A.2, 需要如下概念.

定义 A.1　设 $P(\lambda)$ 是 λ 的多项式, 如果有整数 $m \geqslant 0$, 使

$$P(\lambda) = (\lambda - a)^m P_0(\lambda), \quad P_0(a) \neq 0$$

则说 m 是多项式 $P(\lambda)$ 中关于 $(\lambda - a)$ 因子的重数, 记为

$$(\mathfrak{M}r)_a P(\lambda) = m.$$

显然, 当 $P(\lambda), Q(\lambda)$ 都是 λ 的两个多项式时,

$$(\mathfrak{M}r)_a(P(\lambda)Q(\lambda)) = (\mathfrak{M}r)_a P(\lambda) + (\mathfrak{M}r)_a Q(\lambda),$$

且 $(\mathfrak{M}r)_a 1 = 0$, 规定 $(\mathfrak{M}r)_a 0 = \infty$.

于是当 a 是特征多项式 $P(\lambda) = \det A(\lambda)$ 的 m 重根, C 为同阶满秩阵, $B(\lambda) = A^*(\lambda)$ 为 $A(\lambda)$ 伴随矩阵,

$$(\mathfrak{M}r)_a(A(\lambda)C) = (\mathfrak{M}r)_a A(\lambda) = m,$$
$$(\mathfrak{M}r)_a(A(\lambda)B(\lambda)) = (\mathfrak{M}r)_a A(\lambda) + (\mathfrak{M}r)_a B(\lambda) = mn,$$

于是

$$(\mathfrak{M}r)_a(B(\lambda)) = m(n-1). \tag{A.12}$$

同时, 由于 $\det A(\lambda)$ 可以按行展开, 可知 $A(\lambda)$ 中任一行的代数余子式的公因子所含 $\lambda - a$ 因子的重数 $\leqslant m$, 因而 $A(\lambda)$ 的伴随阵 $B(\lambda)$ 中任一列, 例如第 k 列, 其公因子记为 $f_k(\lambda)$, 则

$$(\mathfrak{M}r)_a f_k(\lambda) \leqslant m, \quad k = 1, 2, \cdots, n. \tag{A.13}$$

此外, 假设 n 阶矩阵 $C(\lambda)$, 当 $\det C(\lambda) = $ 常数 $\neq 0$ 时, 不妨设 $\det C(\lambda) = 1$, 并设 $B(\lambda)C(\lambda)$ 中第 k 列中各元素公因子为 $F_k(\lambda)$. 这时由于

$$(\mathfrak{M}r)_a(\det(A(\lambda)C(\lambda))) = (\mathfrak{M}r)_a(\det A(\lambda)) = m,$$

故而

$$(\mathfrak{M}r)_a F_k(\lambda) \leqslant m.$$

由此, 有

$$(\mathfrak{M}r)_a \det B(\lambda)$$

$$= (\mathfrak{M}r)_a \det \left(\sum_{i=0}^{m} \frac{1}{i!} B^{(i)}(a)(\lambda - a)^i \right)$$

$$= (\mathfrak{M}r)_a \det \left(\sum_{i=0}^{m} \frac{1}{i!} B^{(i)}(a)(\lambda - a)^i \prod_{i=0}^{m-1} C_i \right)$$

$$= (\mathfrak{M}r)_a \det \left(\sum_{i=0}^{m} B^{(i)}(a)(\lambda - a)^i \prod_{i=0}^{m-1} C_i \right)$$

$$= (\mathfrak{M}r)_a \det \left[\left(\hat{B}_{0,1}(a), \sum_{i=1}^{m} \hat{B}_{0,2}^{(i)}(a)(\lambda - a)^i \right) \prod_{i=0}^{m-1} C_i \right]$$

$$= (\mathfrak{M}r)_a \det \left[\left(\hat{B}_{0,1}(a), (\lambda - a) \sum_{i=0}^{m-1} \hat{B}_1^{(i)}(a)(\lambda - a)^i \right) \prod_{i=0}^{m-1} C_i \right]$$

$$= (n - \hat{r}_0) + (\mathfrak{M}r)_a \det \left[\left(\hat{B}_{0,1}(a), \sum_{i=0}^{m-1} \hat{B}_1^{(i)}(a)(\lambda - a)^i \right) \prod_{i=0}^{m-1} C_i \right].$$

由数学归纳法可证得, 对 $k = 1, 2, \cdots, m$, 有

$$B(\lambda) = \sum_{i=0}^{k-1} (n - \hat{r}_i) + (\mathfrak{M}r)_a \det \left[\left(\hat{B}_{0,1}(a), \sum_{i=0}^{m-1} \hat{B}_{1,1}^{(i)}(a)(\lambda - a)^i, \right. \right.$$

$$\left. \left. \cdots, \sum_{i=0}^{m-k+1} \hat{B}_{k-1,1}^{(i)}(a)(\lambda - a)^i, \sum_{i=0}^{m-k} \hat{B}_k^{(i)}(a)(\lambda - a)^i \right) \prod_{i=k}^{m-1} C_i \right].$$

特别是当 $k = m$ 时,

$$(\mathfrak{M}r)_a \det B(\lambda) = \sum_{i=0}^{m-1} (n - \hat{r}_i) + (\mathfrak{M}r)_a \det \left(\hat{B}_{0,1}(a), \sum_{i=0}^{m-1} \hat{B}_{1,1}^{(i)}(a)(\lambda - a)^i, \cdots, \right.$$

$$\left. \sum_{i=0}^{1} \hat{B}_{m-1,1}^{(i)}(a)(\lambda - a)^i, B_m(a) \right).$$

引进式 (A.11) 所给的 n 阶满秩阵 D, 记

$$\left(\hat{B}_{0,1}(a), \sum_{i=0}^{m-1}\hat{B}_{1,1}^{(i)}(a)(\lambda-a)^i, \cdots, \sum_{i=0}^{1}\hat{B}_{m-1,1}^{(i)}(a)(\lambda-a)^i\right)\hat{D}$$

$$=\left(B_{0,1}(a), \sum_{i=0}^{m-1}B_{1,1}^{(i)}(a)(\lambda-a)^i, \cdots, \sum_{i=0}^{1}B_{m-1,1}^{(i)}(a)(\lambda-a)^i,\right.$$

$$\left.\sum_{i=0}^{m-1}E_i(a)(\lambda-a)^i\right),$$

则由

$$(\hat{B}_{0,1}(a), \hat{B}_{1,1}(a), \cdots, \hat{B}_{m-1,1}(a))\hat{D} = (B_{0,1}(a), B_{1,1}(a), \cdots, B_{m-1,1}(a), \hat{O}),$$

可知 $E_0(a) = \hat{O}$ 为 $n \times \left(\sum\limits_{i=0}^{m-1}(\hat{r}_i - r_i)\right)$ 的零矩阵.

$$(\mathfrak{M}r)_a \det B(\lambda) = (\mathfrak{M}r)_a \det(B(\lambda)D)$$

$$= \sum_{i=0}^{m-1}(n-\hat{r}_i) + (\mathfrak{M}r)_a \det\left(B_{0,1}(a), B_{1,1}(a), \cdots,\right.$$

$$\left.B_{m-1,1}(a), \sum_{i=1}^{m-1}E_i(a)(\lambda-a)^i, B_m(a)\right)$$

$$= \sum_{i=0}^{m-1}(n-\hat{r}_i) + \sum_{i=0}^{m-1}(\hat{r}_i - r_i) + (\mathfrak{M}r)_a \det\left(B_{0,1}(a), \cdots,\right.$$

$$\left.B_{m-1,1}(a), \sum_{i=1}^{m-1}E_i(a)(\lambda-a)^{i-1}, B_m(a)\right),$$

这时 $\det(B_{0,1}(a), B_{1,1}(a), \cdots, B_{m-1,1}(a), E_1(a), B_m(a)) \neq 0$, 设不然, 则矩阵 $B(\lambda)$ $\prod\limits_{i=0}^{m-1}C_iD$ 的后 $n - \sum\limits_{i=1}^{m-1}r_i$ 中至少有一列其上各元素有公因子 $(\lambda-a)^{m+1}$. 但是 $B(\lambda)\prod\limits_{i=0}^{m-1}C_iD$ 矩阵是 $D^{-1}\prod\limits_{i=0}^{m-1}\mathrm{C}_{m-1-i}^{-1}A(\lambda)$ 的伴随矩阵. 由

$$\det\left(D^{-1}\prod_{i=0}^{m-1}\mathrm{C}_{m-1-i}^{-1}A(\lambda)\right) = P(\lambda)$$

仅以 $\lambda - a$ 为 m 重因子, 就与 (A.13) 中的结论矛盾. 于是由

$$(\mathfrak{M}r)_a \det\left(B_{0,1}(a), \cdots, B_{m-1,1}(a), \sum_{i=1}^{m-1} E_i(a)(\lambda-a)^i, B_m(a)\right)$$

$$=(\mathfrak{M}r)_a \det(B_{0,1}(a), \cdots, B_{m-1,1}(a), E_1(a), B_m(a))$$

$$=0,$$

知

$$(\mathfrak{M}r)_a \det B(\lambda) = \sum_{i=0}^{m-1}(n-r_i) = mn - \sum_{i=0}^{m-1} r_i.$$

再由式 (A.12), 既得 $\sum_{i=0}^{m-1} r_i = m$.

定理 A.2 得证.

推论 A.1 设 $\lambda = a$ 是特征多项式 $P(\lambda)$ 的 m 重根, 则当 $\mathrm{rank}B(a) \neq 0$ 时, 必定 $\mathrm{rank}B(a) = 1$, 且微分系统 (A.4) 的一个基本解组由

$$\left\{\sum_{i=0}^{k} \mathrm{C}_k^i b^{(i)}(a) t^{k-i} \mathrm{e}^{at}, \ k = 0, 1, \cdots, m-1\right\}$$

给出, 其中 $b^{(i)}(a)$ 由 $B(a)$ 中任取一列非零向量后在 $B^{(i)}(a)$ 所得的同列上的向量.

推论 A.2 设 $\lambda = a$ 是特征多项式 $P(\lambda)$ 的 m 重根, 对 $k = 1, 2, \cdots, m-1$, 如果

$$\mathrm{rank}B^{(i)}(a) = 0, \quad 0 \leqslant i \leqslant k-1, \quad \mathrm{rank}B^{(k)}(a) \neq 0,$$

则

$$\mathrm{rank}B^{(k)}(a) = \begin{cases} 1, & k < \dfrac{m}{2}, \\ 1 \text{ 或 } 2, & \dfrac{m}{2} \leqslant k < \dfrac{2}{3}m, \\ 1, 2 \text{ 或 } 3, & \dfrac{2}{3}m \leqslant k < \dfrac{3}{4}m, \\ m, & k = m-1. \end{cases}$$

推论 A.3 设 $A(\lambda)$ 为 n 阶矩阵, $\lambda = a$ 是特征多项式 $P(\lambda)$ 的 m 重根, 当 $m > n$ 时, 如果

$$\mathrm{rank}B^{(i)}(a) = 0, \quad 0 \leqslant i \leqslant m-3,$$

则 $\mathrm{rank}B^{(m-2)}(a) \neq 0$.

推论 A.1~ 推论 A.3 有助于减少计算微分系统 (A.4) 基本解组时的工作量及一定程度上验证计算过程中的正确性.

5. 常系数非齐次线性微分系统的可解性

设 $A(D)$ 是以 D 的常系数多项式为元素的 n 阶矩阵, $F : J \subset \mathbb{R} \to \mathbb{R}^n$ 为足够光滑的函数向量. 对非齐次线性微分方程系统

$$A(D)x = F(t), \quad t \in J. \tag{A.14}$$

当 $\det A(D) \neq 0$ 时, 由前讨论知, 系统 (A.14) 是可解的, 当 $\det A(D) = 0$ 时, 就可能出现无解的情况.

如果从 $A(D)$ 的任意指定 k 行和任意指定 k 列上取 $k \times k$ 元素构成一个 k 阶行列式, 此行列式称为 $A(D)$ 的一个 **k 阶子式**. 设 $A(D)$ 中的所有 $r+1$ 阶子式全为零, 至少有一个 r 阶子式不为零, 则说 $A(D)$ 的阶为 r, 记为

$$\mathrm{rank} A(D) = r.$$

又设

$$B(D) = \begin{pmatrix} b_{11}(D) & \cdots & b_{1k-1}(D) & f_1(t) \\ \vdots & & \vdots & \vdots \\ b_{k1}(D) & \cdots & b_{kk-1}(D) & f_k(t) \end{pmatrix}$$

为 k 阶矩阵, 前 $k-1$ 列上各个元素都是 D 的多项式, 最后一列是 t 的函数向量, 有充分的光滑性. 规定

$$\det B(D) = \sum_{i=1}^{k} A_i(D) f_i(t), \tag{A.15}$$

其中 $A_i(D)$ 是 $B(D)$ 中元素 $f_i(t)$ 的代数余子式. 根据 (A.15), 我们可以计算增广矩阵

$$(A(D) \ F(t)) \tag{A.16}$$

的秩. 如果 $\mathrm{rank} A(D) = r < n$, 当 $\forall t \in J$ 时,

$$\mathrm{rank}(A(D) \ F(t)) = r = \mathrm{rank} A(D),$$

则系统 (A.14) 在 J 上有解; 当至少有一点 $t \in J$, 使

$$\mathrm{rank}(A(D) \ F(t)) = r + 1 > \mathrm{rank} A(D),$$

则系统 (A.14) 在 J 上无解.

在 $\mathrm{rank} A(D) = r < n$ 且系统有解的情况下, 不妨设

$$\det \begin{pmatrix} a_{11}(D) & \cdots & a_{1r}(D) \\ \vdots & & \vdots \\ a_{r1}(D) & \cdots & a_{rr}(D) \end{pmatrix} \neq 0,$$

则在系统 (A.14) 中可删去后 $n-r$ 个方程, 成为

$$
\begin{pmatrix} a_{11}(D) & \cdots & a_{1r}(D) \\ \vdots & & \vdots \\ a_{r1}(D) & \cdots & a_{rr}(D) \end{pmatrix} \begin{pmatrix} x_1 \\ \vdots \\ x_r \end{pmatrix} + \begin{pmatrix} a_{1r+1}(D) & \cdots & a_{1n}(D) \\ \vdots & & \vdots \\ a_{rr+1}(D) & \cdots & a_{rn}(D) \end{pmatrix} \begin{pmatrix} x_{r+1} \\ \vdots \\ x_n \end{pmatrix} = \begin{pmatrix} F_1(t) \\ \vdots \\ F_r(t) \end{pmatrix},
$$

即

$$
\begin{pmatrix} a_{11}(D) & \cdots & a_{1r}(D) \\ \vdots & & \vdots \\ a_{r1}(D) & \cdots & a_{rr}(D) \end{pmatrix} \begin{pmatrix} x_1 \\ \vdots \\ x_r \end{pmatrix}
$$
$$
= \begin{pmatrix} F_1(t) \\ \vdots \\ F_r(t) \end{pmatrix} - \begin{pmatrix} a_{1r+1}(D) & \cdots & a_{1n}(D) \\ \vdots & & \vdots \\ a_{rr+1}(D) & \cdots & a_{rn}(D) \end{pmatrix} \begin{pmatrix} x_{r+1} \\ \vdots \\ x_n \end{pmatrix}. \tag{A.17}
$$

这时 $x_{r+1}, x_{r+2}, \cdots, x_n$ 为**自由函数**, 可令

$$
x_k = \varphi_k(t), \quad k = r+1, \cdots, n.
$$

如果记 d_k 为 $A(D)$ 中第 k 列上各元素

$$
a_{1k}(D), a_{2k}(D), \cdots, a_{rk}(D)
$$

中微分算子 D 的最高幂次, 则对 $k = r+1, \cdots, n$, 自由函数 $\varphi_k(t)$ 要求 k 次连续可微.

例 A.1 讨论微分系统

$$
\begin{pmatrix} D+1 & D-1 & D \\ D^2-D & D+2 & 1 \\ D^3+D & 2D^2+D & D^2+D \end{pmatrix} \begin{pmatrix} x_1 \\ x_2 \\ x_3 \end{pmatrix} = \begin{pmatrix} \cos(t) \\ t \\ 1-\sin(t) \end{pmatrix} \tag{A.18}
$$

的可解性.

解 记 x 的系数矩阵为 $A(D)$, 则因

$$
\det A(D) = 0, \quad \begin{vmatrix} D-1 & D \\ D+2 & 1 \end{vmatrix} = -(D^2+D+3) \neq 0,
$$

故 $\mathrm{rank}A(D) = 2$ 且

$$\det \begin{pmatrix} D+1 & D-1 & \cos(t) \\ D^2-D & D+2 & t \\ D^3+D & 2D^2+D & 1-\sin(t) \end{pmatrix}$$

$$=D(D^3-3D^2-2D-2)\cos t - D(-D^3+3D^2+2D+2)t$$

$$\quad + (-D^3+3D^2+2D+2)(1-\sin t)$$

$$=0,$$

$$\det \begin{pmatrix} D+1 & D & \cos(t) \\ D^2-D & 1 & t \\ D^3+D & D^2+D & 1-\sin(t) \end{pmatrix}$$

$$=D(D^3-D^2-D-1)\cos t - D(-D^3+D^2+D+1)t$$

$$\quad + (-D^3+D^2+D+1)(1-\sin t)$$

$$=0,$$

$$\det \begin{pmatrix} D-1 & D & \cos(t) \\ D+2 & 1 & t \\ 2D^2+D & D^2+D & 1-\sin(t) \end{pmatrix}$$

$$=D(D^2+D+1)\cos t + D(D^2+D+1)t - (D^2+D+1)(1-\sin t)$$

$$=0,$$

由 $\mathrm{rank}(A(D)\ F(t)) = \mathrm{rank} A(D)$, 知系统 (A.18) 有解. 取 $x_1 = \varphi(t)$ 为自由函数, 则系统 (A.18) 等价于

$$\begin{pmatrix} D-1 & D \\ D+2 & 1 \end{pmatrix} \begin{pmatrix} x_2 \\ x_3 \end{pmatrix} = \begin{pmatrix} \cos(t) \\ t \end{pmatrix} - \begin{pmatrix} (D-1)\varphi(t) \\ (D+2)\varphi(t) \end{pmatrix}. \tag{A.19}$$

显然, φ 应是三次连续可微的.

6. 矩阵 $A(D)$ 的三角形化和初值条件的设定

首先考虑 $\det A(D) \neq 0$ 的情况, 通过行的初等变换, 使它三角形化.

对微分系统 (A.14)

$$A(D)x = F(t)$$

作如下变换:

(1) 交换系统中各方程次序;

(2) 用非零常数 k 左乘系统中某个方程两边;

(3) 用 D 的常系数多项式左乘系统中某个方程的两边加到另一个方程上.

显然, 由以上变换所得的新系统和变换前的系统同解.

将系统 (A.14) 以增广矩阵 (A.16)

$$(A(D)\ F(t))$$

的形式表示, 则上述变换对增广矩阵 (A.14) 以及其中任一列向量而言是作了**初等行变换**.

命题 A.1 设非零列向量 $(a_1(D), a_2(D), \cdots, a_k(D))^{\mathrm{T}}$ 中每一个分量都是 D 的多项式, 且各分量中的最大公因式为 $C(D)(C(D) \neq 0)$, 且不妨设 $C(D)$ 中 D 的最高幂次的系数为 1. 这时我们可以由初等行变换将其变换为列向量

$$(C(D), 0, \cdots, 0)^{\mathrm{T}}.$$

证 不妨设 $C(D) = 1$, 若不然记

$$(a_1(D), a_2(D), \cdots, a_k(D))^{\mathrm{T}} = C(D)(b_1(D), \cdots, b_k(D))^{\mathrm{T}},$$

则 $\{b_i(D), i = 1, 2, \cdots, k\}$ 的最大公因子就是 1.

设 $a_1(D), a_2(D), \cdots, a_k(D)$ 中作为 D 的多项式, 幂次最低的多项式是 m 次多项式. 不妨设 $a_1(D)$ 的最高幂次是 m, 则有

$$a_i(D) = q_i(D)a_1(D) + r_i(D), \quad i = 2, \cdots, k,$$

$r_i(D)$ 中的 D 的最高幂次 $\leqslant m - 1$.

将 $-q_i(D)$ 乘 $a_1(D)$ 加到第 i 行上, 得到向量

$$(a_1(D), r_2(D), \cdots, r_k(D))^{\mathrm{T}}.$$

不妨设各分量中最低幂次的多项式为 $m^{(1)}$ 次多项式 $m^{(1)} \leqslant m - 1$. 交换次序, 上述向量成为

$$\left(a_1^{(1)}(D), a_2^{(1)}(D), \cdots, a_k^{(1)}(D)\right)^{\mathrm{T}}$$

$a_1^{(1)}(D)$ 是 D 的 $m^{(1)}$ 次多项式, 于是有

$$a_i^{(1)}(D) = q_i^{(1)}(D)a_1^{(1)}(D) + r_i^{(1)}(D), \quad i = 2, \cdots, k.$$

将 $-q_i^{(1)}(D)$ 乘 $a_1^{(1)}(D)$ 加到第 i 行上, 得到向量

$$\left(a_1^{(1)}(D), r_2^{(1)}(D), \cdots, r_k^{(1)}(D)\right)^{\mathrm{T}}.$$

进而通过交换次序, 得

$$\left(a_1^{(2)}(D), a_2^{(2)}(D), \cdots, a_k^{(2)}(D)\right)^{\mathrm{T}},$$

其中 $a_1^{(2)}(D)$ 是 D 的 $m^{(2)}$ 次多项式, 它是各多项式中次数最低的多项式. 依次进行, 最多进行 m 次后得到

$$\left(a_1^{(m)}(D), 0, \cdots, 0\right)^{\mathrm{T}}$$

其中 $a_1^{(m)}(D) = 1$, 否则和 $\{a_i(D), i = 1, 2, \cdots, k\}$ 公因子为 1 矛盾.

命题得证.

定理 A.3　设 n 阶矩阵 $A(D)$ 中各元素为 D 的多项式, $\det A(D) \neq 0$, 则 $A(D)$ 可以通过初等行变换变成一个上三角形矩阵, 即矩阵主对角线下方全是零元素, 主对角线上方全是最高幂次的系数为 1 的关于 D 的多项式, 且主对角线上方的元素为下列两种情况之一:

(1) 当 $\hat{a}_{ii}(D) = 1$ 时, 其上方元素全为 0;

(2) 当 $\hat{a}_{ii}(D)$ 是 D 的 $m(m \geqslant 1)$ 次多项式时, 其上方各元素至多是 D 的 $m - 1$ 次多项式.

证　设 $A(D)$ 中第一列各元素的最大公因式为 $C_1(D)$, 则由命题 A.1 知, 可由对 $A(D)$ 初等行变换使第一列变为 $(C_1(D), 0, \cdots, 0)^{\mathrm{T}}$. 之后, 设变换后的矩阵在第 2 列上考虑后 $m - 1$ 个元素的最大公因式 $C_2(D)$, 则对所有矩阵的后 $n - 1$ 行作初等行变换, 由命题 A.1, 可使变换后的矩阵第二列为 $(a_{12}^{(1)}(D), C_2(D), 0, \cdots, 0)^{\mathrm{T}}$. 依次进行就得到矩阵

$$\begin{pmatrix} C_1(D) & a_{12}^{(1)}(D) & a_{13}^{(1)}(D) & \cdots & a_{1n}^{(1)}(D) \\ & C_2(D) & a_{23}^{(2)}(D) & \cdots & a_{2n}^{(2)}(D) \\ & & C_3(D) & \cdots & a_{3n}^{(3)}(D) \\ & & & \ddots & \vdots \\ & & & & C_n(D) \end{pmatrix}.$$

之后, 设 $a_{12}^{(1)}(D) = q_{12}(D)C_2(D) + r_{12}(D)$, 则用 $-q_{12}(D)$ 乘第 2 行加到第一行, 其中

$$r_{12}(D) = 0, \ \text{当} C_2(D) = 1,$$

$$r_{12}(D) \text{为幂次低于} C_2(D) \text{的多项式}, \ \text{当} C_2(D) \neq 1.$$

显然, 在 $\det A(D) \neq 0$ 的条件下, 由于初等行变换使所得矩阵对应的行列式相差一个非零的常数因子, 因此 $C_i(D)$ 均不为 0. 于是所得矩阵中第 1 行第 2 列的元素为

$r_{12}(D)$, 即

$$\begin{pmatrix} C_1(D) & r_{12}(D) & \hat{a}_{13}^{(1)}(D) & \cdots & \hat{a}_{1n}^{(1)}(D) \\ & C_2(D) & \hat{a}_{23}^{(1)}(D) & \cdots & \hat{a}_{2n}^{(1)}(D) \\ & & C_3(D) & \cdots & \hat{a}_{3n}^{(1)}(D) \\ & & & \ddots & \vdots \\ & & & & C_n(D) \end{pmatrix}.$$

接着设 $\hat{a}_{i3}^{(1)}(D) = q_{i3}(D)C_3(D) + r_{i3}(D)$, 其中 $i = 1, 2$,

$$r_{i3}(D) = \begin{cases} 0, & C_3(D) = 1, \\ \text{幂次低于}C_3(D)\text{的多项式}, & C_3(D) \neq 1. \end{cases}$$

将第 3 行乘 $-q_{i3}(D)$ 加到第 i 行上, $i = 1, 2$, 得

$$\begin{pmatrix} C_1(D) & r_{12}(D) & r_{13}(D) & \cdots & \hat{a}_{1n}^{(2)}(D) \\ & C_2(D) & r_{23}(D) & \cdots & \hat{a}_{2n}^{(2)}(D) \\ & & C_3(D) & \cdots & \hat{a}_{3n}^{(2)}(D) \\ & & & \ddots & \vdots \\ & & & & C_n(D) \end{pmatrix}.$$

以此方式进行, 最终得到

$$\begin{pmatrix} C_1(D) & r_{12}(D) & r_{13}(D) & \cdots & r_{1n}(D) \\ & C_2(D) & r_{23}(D) & \cdots & r_{2n}(D) \\ & & C_3(D) & \cdots & r_{3n}(D) \\ & & & \ddots & \vdots \\ & & & & C_n(D) \end{pmatrix}. \tag{A.20}$$

就是定理所要求的三角形矩阵.

当矩阵 $A(D)$ 经过初等行变换化成三角形阵 (A.20) 后, 就可以由初值条件确定系统 (A.14) 的特解. 设 $C_1(D), C_2(D), \cdots, C_n(D)$ 分别是 D 的

$$m_1, m_2, \cdots, m_n$$

次多项式, 则对系统 (A.14) 可指定初值条件

$$(x_1(t_0), x_1'(t_0), \cdots, x_1^{(m_1-1)}(t_0), x_2(t_0), \cdots, x_2^{(m_2-1)}(t_0), \cdots,$$
$$x_n(t_0), \cdots, x_n^{(m_n-1)}(t_0))$$
$$= (a_1, a_1', \cdots, a_1^{(m_1-1)}, a_2, a_2', \cdots, a_2^{(m_2-1)}, \cdots, a_n, a_n', \cdots, a_n^{(m_n-1)}).$$

在上述定理 A.3 的条件中, 对某些 $C(k)$, 如果 $m_k = 0$ 即 $C(k) = 1$ 的情况, 显然初值条件中对 $x_k(t_0)$ 的值是不作限定的, 因为其他变量的初值给定后 $x_k(t_0)$ 也就相应确定, 其中 $t_0 \in J$.

我们也可以通过初等行变换将 $A(D)$ 变换为下三角形矩阵, 即矩阵主对角线上方元素全为 0.

例 A.2　确定下列微分系统的可解性, 并就未知函数给出适当的初值条件:

$$\begin{pmatrix} D+1 & D-1 & 2D+1 \\ D^2 & D+1 & D^2-1 \\ D+2 & 1 & D \end{pmatrix} \begin{pmatrix} x_1 \\ x_2 \\ x_3 \end{pmatrix} = \begin{pmatrix} f(t) \\ g(t) \\ h(t) \end{pmatrix}, \tag{A.21}$$

其中 f, g, h 是区间 J 上的充分光滑的函数.

解　记未知函数向量 $x = (x_1, x_2, x_3)^{\mathrm{T}}$ 的系数矩阵为 $A(D)$, 经计算

$$\det A(D) = 2D^3 - 8D^2 - 6D + 1 \neq 0.$$

故 $\mathrm{rank} A(D) = 3$, 可知系统 (A.21) 在 J 上可解.

现在对 $A(D)$ 作初等行变换

$$
A(D) \Rightarrow \begin{pmatrix} 1 & -D+2 & -D-1 \\ D & 2D-3 & 3D+2 \\ 0 & -2D^2+4D+1 & -2D^2-2D-1 \end{pmatrix}
$$
$$
\Rightarrow \begin{pmatrix} 1 & -D+2 & -D-1 \\ 0 & D^2-3 & D^2+4D+2 \\ 0 & -2D^2+4D+1 & -2D^2-2D-1 \end{pmatrix}
$$
$$
\Rightarrow \begin{pmatrix} 1 & -D+2 & -D-1 \\ 0 & D^2-3 & D^2+4D+2 \\ 0 & 4D-5 & 6D+3 \end{pmatrix}
$$
$$
\Rightarrow \begin{pmatrix} 1 & -D+2 & -D-1 \\ 0 & 5D-12 & -2D^2+13D+8 \\ 0 & 4D-5 & 6D+3 \end{pmatrix}
$$
$$
\Rightarrow \begin{pmatrix} 1 & -D+2 & -D-1 \\ 0 & 5D-12 & -2D^2+13D+8 \\ 0 & 23 & 8D^2-22D-17 \end{pmatrix}
$$
$$
\Rightarrow \begin{pmatrix} 1 & -D+2 & -D-1 \\ 0 & 0 & 2D^3-8D^2-6D+1 \\ 0 & 23 & 8D^2-22D-17 \end{pmatrix}
$$

$$\Rightarrow \begin{pmatrix} 1 & -D+2 & -D-1 \\ 0 & 1 & \dfrac{1}{23}(8D^2-22D-17) \\ 0 & 0 & 2D^3-8D^2-6D+1 \end{pmatrix}$$

$$\Rightarrow \begin{pmatrix} 1 & 0 & \dfrac{1}{23}(8D^3-38D^2+4D+11) \\ 0 & 1 & \dfrac{1}{23}(8D^2-22D-17) \\ 0 & 0 & 2D^3-8D^2-6D+1 \end{pmatrix}$$

$$\Rightarrow \begin{pmatrix} 1 & 0 & -\dfrac{1}{23}(6D^2-28D-7) \\ 0 & 1 & \dfrac{1}{23}(8D^2-22D-17) \\ 0 & 0 & D^3-4D^2-3D+\dfrac{1}{2} \end{pmatrix}.$$

因此对系统 (A.14) 可由定解条件

$$(x_3(t_0), x_3'(t_0), x_3''(t_0)) = (a_3, a_3', a_3'')$$

得到唯一解, 其中 $t_0 \in J$, a_3, a_3', a_3'' 为任意给定常数.

由于变换为三角形矩阵的途径不同, 可以得出初值条件不同的给定方式.

在 $\det A(D) = 0$ 时, 当确定系统 (A.14) 有解, 则在将自由函数移到系统中各等式的右方, 或为 (A.17) 的形式后, 可按上述方式由矩阵

$$\begin{pmatrix} a_{11}(D) & \cdots & a_{1r}(D) \\ \vdots & & \vdots \\ a_{r1}(D) & \cdots & a_{rr}(D) \end{pmatrix}$$

确定初值条件的给定方式.

除了将 $A(D)$ 化为三角形阵, 以确定初值条件的形式外, 容易证明

命题 A.2　设矩阵 $A(D)$ 在 $\det A(D) \neq 0$ 时可经初等行变换化为

$$\begin{pmatrix} C_1(D) & r_{12}(D) & \cdots & r_{1n}(D) \\ r_{21}(D) & C_2(D) & \cdots & r_{2n}(D) \\ \vdots & \vdots & & \vdots \\ r_{n1}(D) & r_{n2}(D) & \cdots & C_n(D) \end{pmatrix} \tag{A.22}$$

其中设 $C_1(D), C_2(D), \cdots, C_n(D)$ 分别是 D 的

$$m_1, m_2, \cdots, m_n$$

次多项式, 且对 $i = 1, 2, \cdots, n$, $k \neq i$, 有

$$m_i = 0 \text{ 时}, \quad r_{ki}(D) = 0,$$

$$m_i \geqslant 1 \text{ 时}, \quad r_{ki}(D) \text{ 至多是 } D \text{ 的 } m_i - 1 \text{次多项式},$$

则由初值条件

$$(x_1(t_0), x_1'(t_0), \cdots, x_1^{(m_1-1)}(t_0), x_2(t_0), \cdots, x_2^{(m_2-1)}(t_0), \cdots,$$

$$x_n(t_0), \cdots, x_n^{(m_n-1)}(t_0))$$

$$= (a_1, a_1', \cdots, a_1^{(m_1-1)}, a_2, a_2', \cdots, a_2^{(m_2-1)}, \cdots, a_n, a_n', \cdots, a_n^{(m_n-1)})'$$

可唯一确定系统 (A.14) 的一个特解, 其中 t_0 是区间 J 中任意给定的一点.

显然, $A(D) = DI - A$ 是命题 A.2 的一个特例. $\forall t_0 \in J$, 初值可由

$$(x_1(t_0), x_2(t_0), \cdots, x_n(t_0)) = (a_1, a_2, \cdots, a_n)$$

给定, 因为这时 $m_1 = m_2 = \cdots = m_n = 1$.

至于以 D 的常系数多项式为元素的任一矩阵 $A(D)$, 是否可以由初等行变换转换成 (A.22) 的形式, 尚有待论证.

索　引

后　记

本书完稿之时, 恰好是即将告别教坛之际. 回顾往昔, 征程渐遥, 瞻望前路, 学海无涯. 既有解鞍息马的轻松之感, 又有挥手惜别的依依之情.

本书的出版除得到北京理工大学研究生院的资金支持外, 还得到了在读博士生的多方帮助. 尤其是赵俊芳博士和赵志红博士 (博士后)、王琳琳博士 (博士后) 为本书录入了部分书稿, 作了部分题解, 甚为感谢. 同时, 对访问学者张立新 (北京联合大学)、芦伟 (安徽宿州学院)、孙忠民 (山东潍坊教育学院)、郭忠海 (山西忻州学院)、高庆玲 (山东齐鲁师范学院) 和焦淑芬 (山西金融职业学院) 等同志在本书撰写过程中给予的支持和帮助一并致谢.

以往的日子里, 节庆佳期常能得到毕业离校研究生的殷切问候, 感受到精神上的慰勉和温情. 为此, 对黄先开教授、刘锡平教授、贾梅教授、相秀芬教授及倪小红、廉玉芳、董世杰、周风琴等同志诚致谢忱.

感谢科学出版社编辑王丽平同志为本书出版所倾注的精力和作出的贡献.

最后, 向相濡以沫的伴侣常其霞医师表达感念之情, 感谢她几十年里给予我生活上的关照和事业上的支持. 同时对我们的女儿葛雅在我们历经风霜后带给我们的希望和温馨, 顺致谢意.

葛渭高

2010 年 1 月于北京